Elements of

量子力学
物質科学に向けて

Quantum

Michael D. Fayer
マイケル D. フェイヤー 著

TANI Toshiro
谷 俊朗 訳

Mechanics

東京大学出版会

Elements of Quantum Mechanics
by Michael D. Fayer

Copyright © 2001 by Oxford University Press, Inc.

Elements of Quantum Mechanics was originally published in English in 2001. This translation is published by arrangement with Oxford University Press. University of Tokyo Press is solely responsible for this translation from the original work and Oxford University Press shall have no liability for any errors, omissions or inaccuracies or ambiguities in such translation or for any losses caused by reliance thereon.

Transtaion by Toshiro TANI

University of Tokyo Press, 2018
ISBN978-4-13-062617-0

原著まえがき

Preface

　本書は，筆者がスタンフォード大学の化学科で（米国における）大学院初年次レベル[1] の量子力学コースとして，20年以上にわたり担当してきた講義をまとめたものである．本コース受講生の母体は広範であり，化学科をはじめ，化学工学，生物物理，生物系から，材料科学，電子・機械とその他の工学分野や，物理学科までをも含む．年ごとに加筆・修正して蓄えられた講義ノートに基づき，数年間の作業によりそれをまとめて，できあがった．

　本書は，大学院初年次で，1学期あるいはそれに半学期程度の延長期間を加えて教えられる程度の内容を目指している．読者には，量子論のいくつかの基本概念について，多少とも馴染みのあることを想定している．たとえば，不確定性原理の意味や，量子化されたエネルギー準位，等々である．ただしそれらは，本書でももちろん完備されている．本書では，最も基本的な概念から出発し，それらに基づき一貫して理論を展開していく．量子力学の良書は世に多いが，それらと本書のおもな違いは，次の点であろう．（a）量子論のシュレーディンガー表示にあまり焦点を絞り過ぎないように注意し，より一般的な扱い方に注力したこと，（b）大学院初年次コースで通常取り扱われている以上に，時間に依存する問題を，できるだけ広範かつ一般的に扱うことに意を用いたことであろう．コース内容を準備して本書に至った背景には，結局は適切な教科書を見いだせなかった現実があり，その思いが本書に反映している．大学院初年次のコースに一見適合していると思われた書籍でも，シュレーディンガー表示の記述のみか，それに大部分を割いていることが多く，時間に依存する量子力学に関する記述も余りに少な過ぎることが多かった．一方，望ましい素材を具備するように見え，量子力学の他の表示

---

1)　訳者注：我が国でならもちろん扱い方や分量にもよるが，物理系や応物系の学科であれば，学部2年後期に入門より順次開始して，3年生後期から4年生前期頃までに講義される内容に概ね対応していると考えられる．この点に関しては，訳者まえがきも参照してほしい．

ii 原著まえがき

法を含み，より一般的な表示法の取扱いと時間依存性を適度に記述している場合でも，今度は前提となる量子力学の基礎知識や，古典力学あるいは数学の基礎知識が，初年次コースとしては多大になり，結局その程度が高くなり過ぎている場合がほとんどであった．本書では，このギャップを少しでも埋めたいと願っている．

　本書は，ディラックにより導入された2つの鍵となる概念である**絶対寸法**と**重ね合せの原理**について，定性的な議論を開始する所から始まる．これによって，量子論と古典力学を明確に識別し，ベクトル代数（線形代数）を，量子力学を支える基本的な数学とすることが理解できる．量子力学の文脈で必要な線形代数は，第2章，第13章および本書の各所に必要に応じて準備され，線形代数を正式に履修していない読者にも，十分に内容をたどれるようにしてある．全体を通じて，読者が量子力学の展開をたどり，物理的な現象を分析できるよう，必要とされる数学的詳細と古典力学の背景を十分に準備した．たとえば，光輻射の吸収と放出に関する第12章では，分子（量子力学的に扱う）の輻射場（古典的に扱う）に対する結合を，かなり詳細に記述している．したがって，最終的な結論，すなわち遷移双極子ブラケット（行列要素）を含む表式は，それらに比べればむしろ簡潔に感じられるだろう．遷移双極子ブラケットは，既知概念として導出なしで提示されるか，あるいは逆に，相当な古典電磁気学の知識を必要とする導出を，いささか容赦のない形で提示されることが多い．本書では，読者が導出過程をたどるのに必要なすべての材料を順序立てて準備し，最終結果に含まれる近似の本質的な意味まで認識できるようにしてある．第12章では最後に，輻射の量子論についても簡潔に言及した．そこでは，光輻射場も古典的にではなく，量子力学的に扱われる．自然放出は，物質は量子力学的に扱い輻射場は古典的に扱うという半古典論として当面は接ぎ木するにしても，この議論は，輻射の量子論からはごく自然に導かれることを示すために用いられている．

　全体を通じて本書には，他書とは異なる独特の風味とでもいうべきものがある．この風味は，いくつかの章の内容を例示することで，感じてもらえるだろう．第6章では調和振動子を議論するが，まずはシュレーディンガー表示で，ついでディラック表示（昇降演算子による定式化）で，同じ問題を取り扱う．この2つの取扱いの違いを理解することにより，量子力学の基本的

な性格の明確なイメージを持つことができるであろう．同じ問題に対する異なる表示によるアプローチは，数学的にはまったく異なる表現になるが，観測可能な物理量に関しては最終的に同一の計算結果を与える．ディラックの昇降演算子による方法は，通常は量子力学の行列形式による定式化の章にあることが多く，調和振動子をシュレーディンガー表示でのみ扱う書籍では，取り上げられることさえ多くはない．また，昇降演算子による定式化は，シュレーディンガー表示法とは異なる，数学的にはより扱いやすい選択肢を提供する．さらに，調和振動子のディラック表示による取扱いは，固体の量子論や第 12 章の終わりで議論される輻射の量子論の基礎にもなっている．第 15 章では，昇降演算子による角運動量の量子力学的議論が展開される．昇降演算子の手法なしに，現在の学術的文献を深く読み込むことは難しい．第 6 章の最後の節では，近年の超高速分光法の文脈で，調和振動子波束の時間発展を議論する．ここでは，調和振動子波束は分子結合の動的過程を記述するのに用いられる．それは，超高速光パルスによって，電子励起状態のエネルギー面上に生成される分子振動波束として形成される．量子論を学ぶ初期の標準的な問題の 1 つである調和振動子が，最新の研究課題にまで直結しているのである．

時間に依存する 2 状態問題を扱う第 8 章では，量子力学的な 2 状態の間の結合問題を通じて，量子論の基本的な特徴を理解する．しかもこの問題が，いくつかの重要な物理現象の本質を議論する母体となることも示す．具体的な物理現象としては，電子移動，振動エネルギーの流れ，電子励起状態の移動などがある．まず，等エネルギーの 2 状態が結合する場合から出発し，時間発展の様子が詳しく調べられる．続いて，縮退していない場合が議論され，物質移動の時間発展に関連して，溶質–溶媒間の相互作用に関する熱的揺らぎの影響を定性的に記述している．これによって確率密度流のコヒーレントな振動と，そうでない不規則な飛びとの違いが，明確に識別されるであろう．章の後半では，2 状態問題を扱うことで得られた考え方が，特に周期的な結晶格子系に関して，無数の状態がある場合に拡張される．無限系の問題は，固体のバンド構造の概念の導入に適用される．固体物理学におけるブロッホの定理が議論され，1 次元の励起子バンドに関する固有状態と固有エネルギー（バンド構造）を見いだすのに適用される．励起子の群速度の計算を通し

iv 原著まえがき

て，励起子波束の輸送問題が述べられ，コヒーレントな励起子輸送とコヒーレントでない励起子輸送について議論される．励起子バンドの問題は，電気伝導度と抵抗による熱発生を説明するのにも用いられる．こうして，時間に依存する2状態問題に関する章は，物理学をはじめとして化学，生物学，物質科学などの物理的諸問題で，たとえば射影演算子の方法などとあわせて，量子力学的に普遍な多くの方法論の展開に用いられることを示す．

　密度行列と光に対する分子のコヒーレントな結合の第14章では，時間に依存する多くの量子力学的問題を解決する定式化の1つとして，密度行列が展開される．時間に依存する密度行列の計算は，現代の多くの研究領域で重要となっている．この章では，輻射場と1個の2準位分子とのコヒーレント結合の問題に適用することにより，時間に依存する密度行列の方法の運用法を具体的に示す．さらに，光学的なブロッホ方程式が導出され，その方程式を用いて，基底状態を初期状態とする系の2状態の占有密度の時間発展が計算される．分子と輻射場の結合問題（第12章）に関する時間に依存する摂動論による扱い方と対比させて，コヒーレントな強い結合が，基底状態と励起状態の間で占有密度の振動を引き起こすことを示す．密度行列の非対角要素，すなわち系の"コヒーレンス"を示す項の役割が議論され，自由歳差運動，異なる周波数を持つ2成分からなる系での周波数に関するうなり現象，遷移周波数の不均一な分布に起因する自由誘導減衰が，具体例として紹介される．パルス核磁気共鳴とコヒーレントな光学応答が極めて近い関係にあることも明らかにされる．時間に依存した密度行列に関するこの章では，時間に依存する現代のコヒーレント分光に通ずる定式化の手法が展開される．

　上記の諸例は，物質の本質をできるだけ具体的に描写するためであり，このことは本書を通して一貫している．多くの話題は，基本的には伝統的な流れに沿って提示されている．たとえば水素原子について，かなり詳細に議論してある．第17章では，化学における量子力学の最も重要な貢献の1つでもある，共有結合の基本的な特徴を説明する．ボルン–オッペンハイマー近似が導入され，電子に加え，核（格子振動）の"波動方程式"が議論される．非常に簡単な解析的手法を用いて，水素イオン分子と水素分子の問題を近似的に解いてみせる．この章は，電子構造の量子化学計算を示す章ではないが，その導入にはなっていよう．ここではむしろ，共有結合が本質的に量子力学

的な効果であることを示すことに主眼をおいた．数値計算は，現代の量子論では極めて重要である．しかし，本書を著すにあたっては，解析的な解が存在する事例を意識的に取り上げた．それならば，本書のページ数の制限内で，細部まで含めて説明し切れるからである．

　最終章に続いて，各章に関する演習問題を別途まとめた．これらの問題は，本書の基となった量子力学のコースで実際に使われたものである．本文と密接に連携し，そこで扱われたテーマを強調し拡張するのに用いられる．多くの演習問題は，本文で展開された方法論の物理的に重要な問題に適用する具体例にもなっている．後の章の問題は，前の章で導入された概念や方法を使うようにもなっている．

　本書は，量子力学のさまざまな局面における確固とした基礎を養い，広大な物質科学分野を理解する鍵となる概念を提供し，多様な物理的諸問題の解析に資することを期待している．それにより，より専門的な量子論の先端的課題に，読者が将来自らの努力の一部を傾注されるに至ることを切望している．

マイケル D. フェイヤー

訳者まえがき

　本書は，米国スタンフォード大学化学科量子化学講座のマイケル D. フェイヤー教授による，Elements of Quantum Mechanics（Oxford University Press, 2001）の邦訳である．氏は 20 歳台にして化学科教授になり，その活動領域の広さも相まって，訳者のような光物性物理系の研究者にもその存在は知られ，化学と物理，あるいは実験と理論の文武両道の今もなお現役の泰斗であり，知る人ぞ知る熱血の研究教育者である．1985 年にクリーブランドで開かれた小規模な国際シンポジウムで面識を得て以来の知己であり，実はまったくの同年でもあるが，原著の存在を知ったのは，発行直後の 2001 年 4 月，サンディエゴで開催されたアメリカ化学会国際研究集会の場であった．一見して期待違わず，その構成・内容ともに琴線に響くものがあり，爾来何度か自分の研究室ゼミで使用する分だけでもと訳出を試みたが，非才ゆえに諸般の現実に抗し切れず，果たせずにいた．その後 2015 年夏に至り，ようやく時間を捻出して邦訳原稿の準備に取り掛かり，基本的な見通しを得て，東京大学出版会より陽の目を見ることになった．

　量子力学が解ったという人間は，それこそが量子力学を解っていない人間だとファインマンも言ったと伝えられるように，量子力学は物理学の中でも一筋縄ではいかない，学ぶのに難しい分野である．そうは言っても，特に初学者にとっては，それでは実も蓋もない話であり，不思議で奇妙というだけではなく，哲学的にもなり過ぎない，しっかりとした道標が必須である．本書は，入門段階から丁寧に切れ目なく対応する，非相対論的な量子力学の基本骨格を構築する正統的な教科書であって，元は化学系大学院の初年次レベルに向けとあるが，材料・物性系，あるいは光物性系の，物理系初学者向けにこそ最適の教科書・参考書として，訳者は特に強く薦めたい．具体的な構成と章立ては，"原著まえがき"に詳しいのでここでは繰り返さない．初学者は，その前半部分にざっと目を通しておけば当面は十分であり，後半は，実はここに著者の真骨頂があるのだが，勉学の進捗につれて追々立ち戻って

viii 訳者まえがき

頂ければよく，その時々に得られるものもまた大きいだろう．

　昨今の理工系離れ，基礎離れはまことに憂うべき状況にあり，本離れがそれに輪をかけつつある．さらに，これは必ずしも我が国だけの事情ではないが，物理と化学，実験と理論の間の見えざる溝は，思いのほか大きく深いのかもしれないと，この翻訳作業を通じて改めて再認識した．原著出版から十数年を経て邦訳を出すにあたり，その間の事情は上述の通りであるが，もしかしたらこれは，著者が化学系であるのに本の内容は見事な物理であるために，はからずも化学と物理の間の見えざる溝に落ち込んでいたためではなかったかとも思われる．訳者にとっては，皮肉にも幸運であったというほかはない．今一つは，我が国の化学系の学生・院生に，このような物理的な内容が本当に受け入れられるのかという指摘もあった．これはある意味でより深刻で，訳者も直ちに適切な解を用意できないでいる．敢えて今言えるのは，我が国以外ではこれが現実の世界標準であり，量子力学に化学向けも物理向けも本来はあるべくもない，ということである．その意味もあって，内容をより具体的に反映すべく，邦訳には「物質科学に向けて」という副題を付けた．

　本書の大きな特色は，全体を貫徹する論理構成に加えて，それを実際に読者に伝える文章構成にある．著者の慧眼に基づく深い見識と力量，明確な表現が随所にみられ，まさに眼から鱗が落ちるであろう．その意味で，現場の教育者や実戦最中の研究者が基礎に立ち返って量子論の基本概念を再確認する，座右の書にもなりうると信ずる．

　当初は，原文にほとんど手を加えず邦訳するつもりであったが，途中からは少し考え方を変えて，量子力学の要素間をつなぐ訳者注を用意して，特に初学者の便を図ることを試みた．その準備にあたり，旧電子技術総合研究所（現産業技術総合研究所の前身の1つ）時代からの若手同僚であった時崎高志氏，東京農工大学時代の苦楽を共にした現九州工業大学准教授の小田 勝氏，最近に至り，芝浦工業大学大宮キャンパスで共通物理の非常勤仲間としてご一緒した東京工業大学名誉教授の岡本清美氏の3氏には，特に深い示唆を頂いた．記して厚く御礼申し上げる．これら訳者注とあわせ，原著の味わいを損ねないよう，言葉使い等には細心の注意を払いつつ，我が国の類書ともより共存しやすいよう細かいチューニングを各所に施した．最後に，原稿

の隅々まで気配りを頂き，辛抱強くお付き合い頂いた編集の岸 純青氏には，厚く御礼申し上げる．

翻訳文化には，我が国独特のものがあるが，特に理工系基礎的分野では，一定の社会的貢献を果たして来たと思われる．本邦訳が，類書の中で屋上屋を重ねることなく独自の立ち位置を確保し，多くの読者の真のニーズに応えることを願っている．

2018 年 3 月，つくばにて，谷　俊朗

目次
Contents

原著まえがき　i

訳者まえがき　vii

第1章　絶対寸法と重ね合せの原理 ……………………………………1

第2章　ケット，ブラ，演算子と固有値問題 ………………11

　A.　ケットとブラ　11

　B.　線形演算子　16

　C.　固有値と固有ベクトル　20

第3章　1自由粒子の運動量と波束 ………………………………25

　A.　1個の自由粒子の運動量状態　26

　B.　運動量固有関数の規格化　28

　C.　波束　32

　D.　波束の運動と群速度　39

第4章　交換子 —— ディラックの量子条件と不確定性原理 ………47

　A.　ディラックの量子条件　47

　B.　交換子と同時固有関数　50

　C.　期待値と平均　53

xii 目次

D. 不確定性原理 57

第5章 シュレーディンガー方程式
── 時間に依存する場合と依存しない場合 ……………63

A. シュレーディンガー方程式 63

B. 期待値の運動方程式 67

C. 自由粒子のエネルギー固有値問題 70

D. 箱の中の粒子のエネルギー固有値問題 72

E. 有限高の箱の中の粒子──トンネル現象とイオン化 79

第6章 シュレーディンガー表示とディラック表示による
調和振動子 ………………………………………91

A. シュレーディンガー表示による量子調和振動子 93

B. ディラック表示による量子調和振動子 107

C. 時間に依存する調和振動子波束 121

第7章 水素原子………………………………………125

A. シュレーディンガー方程式の変数分離 126

B. 3本の1次元微分方程式の解 130

C. 水素原子の波動関数 141

第8章 時間に依存する2状態問題 ………………………149

A. 電子励起の移動 154

B. 射影演算子 158

C. 定常状態 159

D. 縮退のない場合と熱的揺らぎの役割 163

目次　xiii

E.　無限個の系 —— 励起子　166

第9章　摂動論 ·······································177

A.　縮退のない状態の摂動論　178

B.　例題 —— 摂動のある調和振動子と剛体平板回転子のシュタルク効果　184

C.　縮退のある状態の摂動論　192

第10章　ヘリウム原子 —— 摂動論的取扱いと変分原理
·······································201

A.　摂動論的取扱いによるヘリウム原子の基底状態　201

B.　変分定理　208

C.　ヘリウム原子基底状態の変分法による取扱い　211

第11章　時間に依存する摂動論 ·······································215

A.　時間に依存する摂動論の構築　216

B.　イオン–分子のかすり衝突による振動励起　218

C.　［追記］フェルミの黄金律 —— 時間に依存する摂動論の重要な帰結　226

第12章　輻射の吸収と放出 ·······································233

A.　電磁場中の荷電粒子のハミルトニアン　234

B.　時間に依存する摂動論の応用　241

C.　自然放出　251

D.　選択則　254

E.　時間に依存する摂動論による取扱いの限界　255

xiv　目次

第13章　行列表示 ·······························261

A. 行列と演算子　261

B. 基底の変換　268

C. エルミート演算子と行列　274

D. 行列表示による調和振動子　276

E. 行列の対角化による固有値問題の解法　279

第14章　密度行列 —— 分子と光のコヒーレントな結合 ···········285

A. 密度演算子と密度行列　285

B. 密度行列の時間依存性　286

C. 時間に依存する2状態問題　291

D. 演算子の期待値　293

E. 光場による2状態系のコヒーレントな結合　295

F. 自由歳差運動　301

G. 純粋系と混合系の密度行列　303

H. 自由誘導減衰　305

第15章　角運動量 ·······························309

A. 角運動量演算子　310

B. $\hat{J}^2$ と $\hat{J}_z$ の固有値　314

C. 角運動量行列　319

D. 軌道角運動量とゼーマン効果　321

E. 角運動量の合成（加法）　327

第16章　電子スピン ·······························339

A. 電子スピンの仮説　341

目次　xv

　　B.　スピン-軌道結合　344

　　C.　反対称化とパウリの原理　356

　　D.　一重項状態と三重項状態　369

第17章　共有結合 ………………………………………………373

　　A.　電子と角の運動の分離 ── ボルン-オッペンハイマー近似
　　　373

　　B.　水素分子イオン　376

　　C.　水素分子　384

演習問題　393

物理定数表とエネルギー単位の変換因子　414

索引　415

第1章 絶対寸法と重ね合わせの原理

Absolute Size and the Superposition Principle

1920 年代後半までに，量子論に関するいくつかの定式化が進められた．なかでもシュレーディンガーとハイゼンベルクは，量子力学に関する数学的にまったく異なる表示法を別個につくり上げたが，どちらの表示形式の理論が正しいのか，多くの議論がなされ，なかには注目すべき反論もあった．その後 1928 年に至り，ディラックが量子論に関するより一般的なアプローチを発展させた．その中で彼は，シュレーディンガーとハイゼンベルクによるいずれの方法も，より一般的な理論の一部であることを明らかにした．ディラックは議論を展開するに当たり，2 つの概念を基礎に置いた．それがすなわち，**絶対寸法**（absolute size）と**重ね合わせの原理**（superposition principle）である．この 2 つの考え方は，古典物理学と量子論の違いの核心となるものである．この考え方を詳細に議論し，物理的な問題に適用していくに先立ち，ここではそれらについての定性的な議論から始めることにする．

最初に考えるのは，寸法の概念についてである．古典的な理論では，寸法が大きいとか小さいとかは相対的な概念である．大きな物体は，より小さな構成要素によって説明され，小さな物体はさらにより小さな要素で説明される．この連鎖に終わりはない．ある物体が大きいか小さいかは，単に他の物体との比較だけで決められる．象はネズミと比較すれば大きいが，ネズミは，蟻と比較すれば大きい．ここでは寸法は，**相対的**なのである．

科学は，**観測可能な量**（observables）を扱う．対象物の観測は，それに何らかの影響を及ぼしうる外部の何かとその物体を相互作用させることで，はじめて可能となる．この観測（相互作用）に伴う**擾乱**が無視できる場合に，物体は大きいと言われる．この擾乱が無視できないならば，物体は小さいということである．たとえば，壁に向かってボーリングの球を投げ込んで，壁の状態を調べたとしよう．このとき，壁にはおそらく無視できない擾乱が残

2　第1章　絶対寸法と重ね合わせの原理

るだろう．しかし一方で，強度の弱い光を使って壁の状態を調べるときには，その場合の擾乱は無視できるだろう．したがって物体の寸法は，その物体を観測する際に生じうる擾乱に関連付けることができる．

　それでは，物体を観測する際に生じる擾乱の大きさは，どう考えればよいであろうか？　古典理論では，擾乱の大きさは，望むだけいくらでも小さくできると仮定される．すなわち，何を観測しようとも，擾乱が無視できる程度に小さい実験方法を，我々は必ず見つけることができるのである．言い換えると，古典理論では寸法は**相対的**なのである．物体の寸法は，その物体と我々の実験技術のみに依存する．ここでは，寸法の概念に固有なものは特に何もない．観測に際して，正しい方法，つまり無視できる程度の擾乱しか生じない方法を用いれば，どんな物体でも大きいと考えることができる．

　これに対してディラックは，絶対的な寸法の概念を提案して，以下のように述べた．「観測に関する我々の能力，言い換えると精度には限界がある．それゆえに，観測に伴う擾乱の"小ささ"にも限界がある．この限界は，物事の本質に関わる固有のものであって，技術的な改善や観測者の技能の改善などで克服できる類のものではない」と．これは，寸法に絶対的な意味をもたせる，基礎となる仮定である．もし，それを観測する際に伴う擾乱の大きさが無視できるなら，その物体は大きく，無視できないのなら，物体は**絶対的な意味**で小さい．古典力学は，絶対的な意味で小さい物体を取り扱えるようにはできていないのである．

　古典力学は**因果律**（causality）に従っており，その特徴のため直截でわかりやすく見えるのだが，量子論ではこれが失われている．**絶対寸法**という概念は，量子論での因果律の本質に密接に関連している．古典力学では，異なる出来事の間には，明確な因果関係が存在する．たとえば，運動はその軌道で記述できる．物体の初期の位置と運動量，そして物体に働く力が与えられるなら，物体の軌道を記述することが可能であり，それ以降に観測されるはずの位置などの量（観測可能量）の具体的な値を予測することができる．石を投げたときには，石の軌道はその瞬間に決定され，それ以降のいかなる時刻での石の位置も予測できる．そして，これらの予測は，直接観測することで検証できる．石の運動は，その観測で乱されない限り，予測された軌道をたどる．もちろん，軌道上を動くあいだに，たとえば鳥が飛びこんだりし

たら，無視できない擾乱が生じて，当然それ以降の観測結果は先に予想した
軌道から外れるであろう.

　量子論でも，もちろん軌道を予測することは可能である. ただし，絶対的
に小さい物体では，予測を検証するための観測がなされない限りで，その軌
道は維持されるのである. 因果律は，擾乱を受けない系にのみ現れる. "事
象の本質に固有"なために，どのような観測であっても，小さい物体に対し
ては（小さい物体の定義により）無視できない擾乱を引き起こさざるをえず，
そのため，途中である観測をすると，それ以降の観測結果に関しては，因果
律に従う予測は成り立たなくなる. 微小な量子力学的系の定義を考えるなら，
これは驚くことではまったくない. その系で何がどうなっているのかは，
我々が系を観測しない限りで，いえることなのである. 観測可能量の計算に，
不確定性（indeterminacy）が登場する. 微小な物体については，一連の観
測に関する正確な結果を予測できないが，その代わりに量子論は，その観測
によって特定の結果が生じる**確率**を計算する方法を提供するのである.

　量子論で因果律がなくなることは，奇妙でもなければ不思議なことでもな
い. 量子論では，擾乱のない系でのみ予測ができるが，小さい系では，観測
する行為自体が重大な擾乱を引き起こす. つまり，因果律がなくなるのは，
絶対寸法の概念に直接関係しているのである.

　ディラックが提案した第2の概念は，**重ね合わせの原理**である. 量子力学
的な諸法則の中で，これは最も基礎的でかつ思い切った法則の1つである.
この原理を詳細に定式化する前に，まず2つの例について議論しよう. それ
は，光子の**偏光**（分極，偏極）と光子の**干渉**についてである.

　ある種の結晶を，偏光子[1] として用いる場合を考える. ある結晶軸方向
に**偏光**した光がちょうど結晶を通り抜けるとき，その方向を"平行"方向と
呼ぶことにしよう. これに"垂直"な軸方向に偏光した光は，結晶を通過し
ないとする. 古典電磁気学では，光を波動として表現するが，このような実
験で発生しうる結果を予測できる. 平行な光は偏光子を通り抜け，垂直な光

---

1)　訳者注：特定の偏光方向のみに振動する光だけを透過し，それ以外の方向に振動する
　　光は透過しない性質をもつ光学素子.（直線）偏光は，このような偏光子を透過させて
　　得られ，ある1つの方向のみに振動する光である.

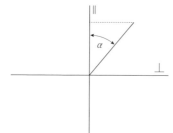

図 1.1 α 偏光の電場成分の，光軸 ∥ への射影．

は吸収されるか反射される．平行な結晶軸に対して角度 α だけ偏光面を回転した光は，$\cos^2\alpha$ の割合だけ偏光子を通過する（図 1.1 参照）．

　一方アインシュタインは，光電効果（photoelectric effect）の説明に際して，光は波動ではないと提案した．すなわち光は，個別の粒子である**光子**（photons）からなると仮定したのである．光電効果では，電子を放出させるために偏光した光を用いると，電子はある特定の方向に，選択的に放出されることがわかっている．したがって偏光特性は，**個々の光子**がもつべき**属性**である．直線偏光した光ビームは，直線偏光した光子からなる．だから，偏光子に作用する光ビームは，偏光した光子からなるのである．このように考えても，光子の偏光方向が平行か垂直かのどちらか一方の場合には，特段の概念的な問題は引き起こされない．平行な光子はまさしく通り抜け，垂直な光子は，吸収されるか反射されるに違いない．しかしながら，ある角度 α だけ偏光面が平行方向から回転した光子（i.e. α 偏光）の場合には，観測の結果がどうなるかは，必ずしも明らかではなくなるのである．

　量子力学は**観測可能な量**を記述するものであり，あらゆる物理的な問い掛けは，観測可能量に関してのみ意味のあるものになるので，この場合に何が起きるかを議論するためには，実験が必要になる．ここでは，ある時刻に複数の光子が偏光子に入射する，上記の配置の実験を考えよう．偏光子の後方で検出を行えば，光子の観測が可能と考えられるので，光検出器を偏光子の後方に置こう．量子力学では，この結果は次のように予測される．あるときには，入射光子と同一のエネルギーをもった丸々 1 個の光子が観測され，またあるときには，光子はまったく観測されない．光子が見いだされるときには，いつでも常に，それは平行に偏光している．それはあたかも，その光子

が α 偏光をもつ状態から平行偏光をもつ状態に飛び移ったかに見える．この実験を多数の光子について行うと，偏光子の後方では，平均個数の割合として $\cos^2\alpha$（の平行光子）が観測結果として得られる．

　この結果を理解するためには，光子状態の**重ね合わせ**を考えなければならない．α 偏光の光子を，P_α と書き表すことにすると，この光子は，平行偏光の光子（$P_\parallel$）と垂直偏光の光子（$P_\perp$）の一種の重ね合わせとして表せる．どのような偏光方向であっても，互いに直交する2つの偏光成分に分解できて，その重ね合わせとして表現できるのである．

$$P_\alpha = aP_\parallel + bP_\perp$$

ここで，a と b は係数であり，重ね合わせとして与えられる P_α に，それぞれの偏光成分がどの程度の割合で含まれるかを示す（標準的な表記法は後で示す）．光子が偏光子に出会うと，それが平行あるいは垂直のどちらに偏光しているかを知るという形で，観測がなされる．観測という行為によって，光子は，重ね合わされた2状態のうちのどちらか一方，すなわち完全に平行あるいは完全に垂直の状態に，強制される．すなわち，重ね合わせを構成する偏光成分のどちらも部分的に占めていた状態から，観測は，どちらか一方の状態に光子を急激に飛び移らせる．ある1つの光子がいずれの状態をとるかを断定することはできないのであり，このときいえることは，多数の観測を集積すると，古典的な場合と同じ結果になるということだけである．すなわち，入射光子のうちで $\cos^2\alpha$ の割合の光子が，平行偏光を示すのである．

　重ね合わせの原理について，第2の定性的な例は光の**干渉**である．入射光ビームが，反射率50%の反射鏡[2]（ビームスプリッター）に作用するとしよう．入射ビームの半分は透過し，半分は反射される．いずれのビームもそれぞれの進行方向に置かれた次の鏡で反射され，ほぼ自身の来た道（光路）

---

2)　訳者注：50%反射し50%透過する半透鏡（half beam splitter）は，基本的な光学素子の1つであり，本章の議論ではこの定義で十分であるが，これに限らず多くの光学素子は，存外おもしろい道具である．実際の半透鏡は，光学ガラス平板の光を入射する表側には反射防止膜，光の出射する裏面には反射増強膜が付けられ，半透鏡として機能する裏面では，屈折率の大きい媒体と小さい媒体の界面を用いるため，反射光だけ波の位相が反転する（自由端反射）．したがって，光の位相まで考慮する必要がある量子光学などの実験では，重要な機能を担う場合がある．

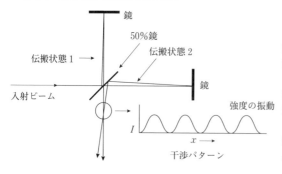

図 1.2 光学的な干渉の観測装置を模式的に示す．1 本のビームを分割し，分割された 2 本のビームを空間的に再び重ね合わせる．吹き出しは，ビームの重なり合う領域と，結果としてそこに生じる干渉パターンを示す．

を戻るとする．この 2 本のビームは，50 % 反射鏡を再度通過した後の光路上のどこかで，小角で交差し重なり合うようにしておく．すると，ビームの重なり合った領域では，光学的な**干渉縞（干渉パターン）**が形成される．実験装置と得られる干渉パターンを，図 1.2 に模式的に示す．

得られた干渉パターンは，古典電磁気学の理論を用いることで容易に説明できる．そこでは光を波動として扱う．古典的描像では，波の半分が鏡で反射され，半分が通過する．分離された 2 つの波動はやがて戻って来て重なり合い，干渉パターンをつくる．2 つの波は有限の角度で交差するので，おのおのの波が図 1.2 の x 軸上の特定の点に到達するまでの伝搬距離は，x により異なる．ある点では，伝搬距離の差が波長の 1/2 倍になる．そこでは波の位相差は，180° の逆位相となり，干渉して打ち消し合い，パターンの強度としては 0 となる．それぞれの波は波動関数で記述され，干渉パターンの詳細は直截に計算することができる．

ひとたび，入射光ビームが波動ではなく光子からなることがわかると，古典的な記述が直面する困難さに気づかされることになる．当初は，波動による光ビームを粒子によるビームに単純に置き換えても，特段の違いは生じないと考えられていた．その場合，ビームスプリッターの所で光子の半数は反射され，半数は透過する．別個の光子からなるこれら 2 本のビームは，再結合して干渉パターンを生成する．一方のビームの光子は他方のビームの光子と結合あるいは対消滅して，交互に交替する明暗の領域を形成すると考えられていた．これを古典電磁気学的な説明と矛盾なく両立させるために，古典電磁気学における波動関数は，空間のある場所での光子数を記述すると考えられていた．

空間内の特定の場所における光子数が，その場所の電磁気学的波動関数によってわかるというのは，深刻な誤りである．実際，この説明には多くの問題がある．その1つは，干渉パターンは，入射する光ビームの強度には依存しないという事実である．感光性のフィルムを干渉パターンの記録に用いるものとして，光の強度を落としていくとしよう．それによってパターンができるまでの時間は長くなっていくが，得られるパターン自体は同一である．これは，光強度を十分に落として，たとえば1時間当たりに1個の光子が作用する状況になっても，正しく成り立つ．波動関数が空間内のある領域での光子数を表すという誤った観点で考えると，いかなる光子もそれが1個の光子である限り，装置の一方の分枝のみにある状況になる．ある時間間隔に装置内にある光子が1個だけの状況になると，これと干渉するべき他方の分枝には，光子は当然もう1個もないはずである．よって，干渉パターンは消滅する．

　この問題を量子力学的に解析するには，光子の2つの伝搬状態に，重ね合わせの原理を適用すればよい．装置の一方の分枝に光子がある状態を，伝搬状態1（T_1）と表し，他方の分枝に光子がある状態を，伝搬状態2（T_2）で表す．1個の光子がビームスプリッターに入射するとして，その結果，装置のどちらかの分枝に光子を見いだす確率は等しいとしよう．系の状態は，T_1 と T_2 の等分の重ね合わせになる．言い換えれば，系の状態 T は，2個の可能な伝搬状態の重ね合わせとなったので，次のように書けるとしてよかろう．

$$T = T_1 + T_2$$

各光子が装置の両方の分枝にいるというのは，それぞれの分枝にその光子を見いだす確率が等しいという意味である．この場合には干渉は，各光子がビームの重なり領域で自分自身と干渉するという形で説明される．したがって，得られる干渉パターンは，ある時刻に装置内に存在する光子の数によらず，同一になる．それぞれの光子の移動状態自体は，古典電磁気学の波動関数で記述して構わないのである．光の干渉問題を重ね合わせ状態で記述することで基本的に重要な点は，**波動関数は空間のある領域に光子を見いだす確率を与える**のであって，そこにある光子の数を与えるのではないということである．光波動と光子の関係は，本質的に統計的なのである．

8　第1章　絶対寸法と重ね合わせの原理

　重ね合わせの原理を定式化するためには，はじめに"系の状態"という用語を定義する必要がある．系は，質量，慣性モーメント，電荷などの何らかの属性をもつ物体の集まりからなる．それらの物体は，各属性に特有な力の法則に従って相互作用する．結果として生ずるある運動は，物体の属性とそれらに働く力の法則に密接に結びついている．そのような運動のいずれもが，系の状態になれる．ディラックは次のような定義をした．

◆**定義**：ある系の状態とは，外乱のない運動であって，理論的に可能なできるだけ多くの条件により矛盾なく限定される運動状態である．

　系の状態は，ある時刻での状態もあれば，ある時間間隔を通しての状態もある．一例として，クーロン相互作用をしている1個の陽子と1個の電子があり，結果として系は水素原子を形成する．この系の最低エネルギー状態は$1s$状態である．他の状態，たとえば$2s$状態とか$2p$状態なども存在する．これら個別の状態の性質は，関与する電荷，質量と相互作用によって定まる（水素原子の状態については，第7章で詳しく議論する）．

　ディラックは，系の状態を議論する量子論の最も根源的な仮説として，重ね合わせの原理を据えることを提案したのである．

◆**仮定**：系がある特定の状態にあると考えられる場合には，同時に系は，2個ないしそれ以上の別の状態に，それぞれ部分的にあると考えることが常に可能である．

　ある元の状態は，常に他の2あるいはそれ以上の状態の重ね合わせであるとみなすことができる．言い換えれば，2あるいはそれ以上の状態を重ね合わせて，新たな状態をつくることも常に可能である．これは，非古典的な重ね合わせである．数学的には重ね合わせは常に可能であるが，物理的にはそれが必ずしも有用ではないこともありうる．定性的な事例として，光子の偏光あるいは干渉が示すように，それにより，はじめて観測可能な量を説明できるという点で，重ね合わせの原理は，量子力学的な系を理解するために不可欠の基礎概念である．

以下で定量的に議論するように，重ね合わせの原理は，量子力学的な観測可能量の計算の中心概念となる．次章では，系の状態を示す標準的なディラックの表示法が導入されるであろう．はじめは，系が状態 A と B の2通りの状態をとる場合を考える．状態 A にいる状態を観測すると，結果 a を与えるとする．状態 B にいる系を観測すると結果 b が得られる．A と B の重ね合わせ状態を観測すると，結果 a あるいは結果 b のどちらか一方が得られる．1つの観測は，a あるいは b のどちらか一方以外の結果は与えない．単発の観測で結果 a あるいは b を得る確率は，重ね合わせにおける A と B の相対的な重みによって決定される．ディラックの言葉を引用すると，「重ね合わせによってつくり出される状態が中間的な性格を帯びるのは，観測によりある特定の結果を得る**確率**が，元々の状態に関して"中間的"になる点に，最もよく現れるのであり，**観測結果自体が元々の状態の対応する結果の中間値になるのではない**」[3]．

　たとえば，水素原子が $2p$ 状態と $3p$ 状態の重ね合わせ状態にあるとして，そのエネルギーを測定するとする．単発の観測に対しては，$2p$ 状態のエネルギーが観測されるか，あるいは $3p$ 状態のエネルギーが観測されるかのいずれか一方である．系の状態が水素原子の2つの状態の重ね合わせであるとしても，$2p$ と $3p$ のエネルギーの中間のエネルギー値が観測されることは決してない．まったく同一条件で準備された原子寸法の系について，一連の観測を繰り返すと，一般に得られる結果は，そのたびごとに異なる．十分多くの回数を繰り返せば，観測結果に関する確率分布を描き出すことができる．量子力学は，そのような場合の確率分布を算出する方法を与えてくれるのである．

---

3)　訳者注：本章を中心にその後に続く数章を包含した，著者自身による一般向け解説書（*Absolutely Small: How Quantum Theory Explains Our Everyday World*, M. D. Fayer, AMACOM, 2010; 邦訳：マイケル D. フェイヤー 著『絶対微小——日常生活を量子論で理解する』丑田公則・吉信　淳 訳，化学同人，2013）がある．

第2章 | ケット，ブラ，演算子と固有値問題

Kets, Bras, Operators, and the Eigenvalue Problem

A. ケットとブラ

　第1章では，重ね合わせの原理について定性的な議論をした．量子論を展開するためには，重ね合わせの原理を理論に組み込むための数学的な定式化を進めねばならない．重ね合わせの意味するところは，状態を互いに足し合わせると，それが新たな状態を生成する点にある．量子力学的な状態に関連付けられる数学的な実体もまた，互いに足し合わせることができて，それが重ね合わされた状態を表す表現でなければならない．**ベクトル**（vectors）は，その資格を備えている．3次元の実空間では，いかなるベクトルも，3個の基本ベクトル（basis vectors）の重ね合わせで書き表すことができ，適切な組み合わせ規則のもとに3個のベクトルは適当に組み替えることができ，一般のベクトルを表現できる新しい**基本ベクトル**の組を生成できる．このように，ベクトルは量子力学的な状態を表現するために必要な基本的特性を備えているのである．量子力学的系では，3個よりはるかに多くの状態がありうる．1個の状態を記述するのに1個のベクトルが必要なので，系の状態の個数が有限個か無限個かに応じて，有限あるいは無限の個数の（基本）ベクトルが必要になる．

　ディラックは，量子力学的なベクトルを**ケットベクトル**（ket vectors），あるいは単に**ケット**（kets）と呼んだ．一般にケットは，記号 $|\ \rangle$ で表される．たとえば A という状態に対しては，記号で $|A\rangle$ と表す．ケットには複素数を掛けることができ，それらを足し合わせることもできる．

$$|R\rangle = C_1 |A\rangle + C_2 |B\rangle \tag{2.1}$$

ここで，C_1 と C_2 は複素数である．ケットベクトルは任意の数だけ足し合わせることができて，

12　第2章　ケット，ブラ，演算子と固有値問題

$$|S\rangle = \sum_i C_i |L_i\rangle \qquad (2.2)$$

と書き表せる．あるいは，$|x\rangle$ が適当な x の変域で連続的な量であれば，

$$|Q\rangle = \int C(x)|x\rangle dx \qquad (2.3)$$

と書き表すことができる．

　あるケットが他のケットの線形結合で書き表される場合には，それらに関して線形従属であるという．すなわち，

$$|R\rangle = C_1|A\rangle + C_2|B\rangle \qquad (2.4)$$

の場合には，$|R\rangle$ は $|A\rangle$ と $|B\rangle$ に線形従属である．あるケットの集合について，そのいずれのケットも他のケットの線形結合で表現できない場合には，それらは互いに線形独立であるという．ケットベクトルは，互いに**線形独立**（linearly dependent）か，または**線形従属**（linearly independent）である．

　ここまでは，ベクトルすなわちケットの集合は，その集合内で複素数を掛けたり互いに足し合わせたりできるものと定義してきた．さらに議論を進めるためには，次の仮定が必要である．

◆**仮定**：ある時刻での力学的な**系の状態**は，どの状態にもそれぞれ1個ずつのケットベクトルが対応する．それは，ある状態が他の状態の重ね合わせの結果ならば，対応するケットベクトルも他の状態に対応するケットベクトルの線形結合で表現できるような対応である．

これが，物理的な系と数学的な定式化の間の，基本的な結合関係である．

　ケットの重ね合わせの順序は，問題ではない．

$$|R\rangle = C_1|A\rangle + C_2|B\rangle = C_2|B\rangle + C_1|A\rangle \qquad (2.5)$$

もし $|R\rangle = C_1|A\rangle + C_2|B\rangle$ ならば，$|A\rangle$ は $|R\rangle$ と $|B\rangle$ で表現できる．すなわち，$|A\rangle = b_1|R\rangle + b_2|B\rangle$ の形で表せる．系の各状態は，それぞれある特定のケットに対応するので，あるケットが他の状態に対応するケットに従属するなら，その状態は他の状態に従属する．

　ケットベクトルの自分自身との重ね合わせは，新しいケットベクトルを生成するのではなく，元のケットと同一の状態に対応するケットになる．

$$C_1|A\rangle + C_2|A\rangle = (C_1+C_2)|A\rangle \Rightarrow |A\rangle \tag{2.6}$$

ただし，ケットはベクトルなので有限の長さをもたねばならず，$(C_1+C_2) = 0$ ではないものとする．同様にして，ある状態に 0 でない複素数を掛けた状態に対応するケットは，同一の状態に対応するケットとなる．ここで重要なのは，状態は，ケットベクトルの**方向**にその属性が対応することである．長さに意味があるのでも，符号に意味があるのでもない．これは，量子力学的な重ね合わせが，古典力学的な重ね合わせとは**際立って異なる**点である．

固定端をもつ弦について，古典的な定在波（standing wave）を考えよう（図 2.1 を参照）．古典的な系では，2 個の同一な状態を足し合わせると，結果は，振幅が 2 倍の定在波になる．これは，運動としては異なる状態である．しかし量子論では，同一の状態の和は，異なる状態には決してならない．古典的な系では，振幅が 0，すなわち弦がまったく運動していない状態はありうるが，量子論では，ケットベクトルの振幅が 0 になることはない．ケットベクトルの方向が状態に対応するため，そのベクトルの長さは 0 にはなりえないからである．

以上で，物理的な系の状態に対応するケットベクトルが導入された．数学では，あるベクトルの集合に対応して，**双対ベクトル**（dual vectors）と呼ばれるもう一組のベクトルの集合を必ず生成することができる．まず，ケットベクトル $|A\rangle$ に対応して，$|A\rangle$ の線形関数としての数 ϕ を関連付けることができる．

$$|A\rangle + |A'\rangle \Rightarrow \phi + \phi'$$
$$C|A\rangle \Rightarrow C\phi$$

あるベクトルの線形関数となるべき数は，たとえば他の，適当なベクトルと

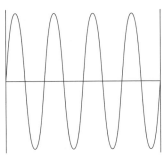

図 2.1 固定端を持つ古典的な弦の振動の定在波．

14 第2章 ケット，ブラ，演算子と固有値問題

のスカラー積をつくることによって得られる．これらの他の適当なベクトル
は，**ブラベクトル**（bra vectors），あるいは単に**ブラ**（bras）と呼ばれる．
一般に，ブラの記号を⟨|と書き表す．あるブラ B について，その記号表
式は ⟨B| である．ブラベクトルとケットベクトルを ⟨bra|ket⟩ の形式に組
み合わせたものを，**ブラケット**と呼ぶ．完結したブラケット，つまり⟨ | ⟩の
形式の組は，ベクトルではなく数である．ブラケットは，ブラベクトルとケッ
トベクトルとの**スカラー積**（scalar product；**内積**）を表現する．閉じてい
ない不完全なブラケットは，ベクトルである．また，ブラケットについては，

$$\langle B|\{|A\rangle+|A'\rangle\}=\langle B|A\rangle+\langle B|A'\rangle \tag{2.7}$$

$$\langle B|\{C|A\rangle\}=C\langle B|A\rangle \tag{2.8}$$

の関係式が成り立つ．

さて，ブラは任意のケットとのスカラー積が知られるとき，完全に定義さ
れる．たとえば，任意の $|A\rangle$ について ⟨P|A⟩=0 ならば ⟨P|=0 である．
ブラの**加法**は，適当なケット $|A\rangle$ とのスカラー積で定義される．

$$\{\langle B|+\langle B'|\}|A\rangle=\langle B|A\rangle+\langle B'|A\rangle \tag{2.9}$$

複素定数である C との積もまた，$|A\rangle$ とのスカラー積で定義される．

$$\{C\langle B|\}|A\rangle=C\langle B|A\rangle \tag{2.10}$$

ケットベクトルに対応するブラベクトルは，互いに異なる別ものである．当
面それらの間を結び合わせる関係は，スカラー積のみである．

◆**仮定**：ケットとブラの間には，1対1の対応がある．すなわち，$|A\rangle+$
$|A'\rangle$ に対応するブラは，$|A\rangle$ と $|A'\rangle$ に対応するブラの和に対応し，$C|A\rangle$
に対応するブラは，$|A\rangle$ に対応するブラの $\overline{C}$ あるいは C^* 倍に対応する．

ここで，$\overline{C}$ あるいは C^* は複素数 C の複素共役である．したがって，ケッ
ト $|A\rangle$ に対応するブラは，$|A\rangle$ の複素共役 $\overline{|A\rangle}$ である．$|A\rangle$ に対応するブ
ラは，⟨A| である．力学的な系の状態は，ケットと同様に，ブラの**方向**によ
っても特徴付けられる．理論はブラとケットに関して対称である．

ブラとケットの間の複素共役の関係は，当然次の関係を含む．

$$\langle B|A\rangle=\overline{\langle A|B\rangle} \tag{2.11}$$

なぜならば，$\langle A|=\overline{|A\rangle}$ であり，しかも $\langle B|=\overline{|B\rangle}$ だからである．$|B\rangle=|A\rangle$

と置くことにより，$\langle A|A \rangle$ は実数でなければならないことは明らかである．自身の複素共役に等しい複素数は実数だからである．$\langle A|A \rangle$ は，ケットベクトルとそれに対応するブラとのスカラー積であり，それは実数となる．$\langle A|A \rangle > 0$ を仮定する（正値性）と，$|A \rangle = 0$ でない限り，ケットベクトルの長さは正の実数となる．

　　実空間のベクトル A と B のスカラー積は実数となり，スカラー積は掛け算の順序の交換に関して対称である．

$$A \cdot B = B \cdot A$$

一方，ブラとケットのスカラー積は，一般に複素数となり，

$$\langle A|B \rangle = \overline{\langle B|A \rangle}$$

となる．積の順序の入れ替えは，元の数値（スカラー積）の複素共役になる．

　　おのおの 0 ではないあるブラとケットのスカラー積が 0，つまり，

$$\langle B|A \rangle = 0$$

となる場合には，それらは互いに**直交**するという．2 個のケット $|B \rangle$ と $|A \rangle$ が互いに直交するのは，

$$\langle B|A \rangle = 0$$

が成り立つ場合である．また，2 個のブラ $\langle B|$ と $\langle A|$ が互いに直交するのは，

$$\langle B|A \rangle = 0$$

が成り立つ場合である．力学的な系の 2 つの状態が互いに直交するのは，それらを表現するベクトルが互いに直交する場合である．

　　ケットやブラベクトルは，その長さではなく方向が系の状態を定義する一方で，系の状態に対応するベクトルの長さを**規格化**する（normalize）と便利なことが多い．ブラ $\langle A|$ あるいはケット $|A \rangle$ の長さは，$(\langle A|A \rangle)^{1/2}$ である．すべての $|A \rangle$ について

$$(\langle A|A \rangle)^{1/2} = 1$$

が成り立つとき，状態は規格化されているという．

　　量子力学的なベクトルは，その長さと方向が定義されても，ベクトルはまだ完全には決定されていない．γ を実数として，因子 $e^{i\gamma}$ をベクトルに掛けてみよう．この演算は，ケットの長さも変えず，方向も変えない．ケッ

16 第2章 ケット，ブラ，演算子と固有値問題

ト $|A\rangle$ が規格化されている，つまり

$$(\langle A\,|\,A\rangle)^{1/2}=1$$

として，この因子との積を

$$|\,A'\rangle=e^{i\gamma}|\,A\rangle$$

と置けば，対応するブラは

$$\langle\,A'\,|=e^{-i\gamma}\langle A\,|$$

であり，その長さは

$$(\langle\,A'\,|\,A'\rangle)^{1/2}=[e^{-i\lambda}e^{i\gamma}\langle A\,|\,A\rangle]^{1/2}=1$$

となることがわかる．こうして，$e^{i\gamma}$ を掛けてもケットの長さは変わらないことがわかった．$e^{i\gamma}$ は，**位相因子**（phase factor）と呼ばれる．γ が時間の関数であるような位相因子は，以下の章で議論される，時間に依存する数多くの問題で用いられる．

　ケットベクトルとブラベクトルは，物理的な系の状態を，数学的に表現するのに用いられる．力学的な系の状態をケットとブラという抽象的な量に関係付けるために，多くの仮定や規則が提案され，導入されてきた．量子論の発展にともない，ケットあるいはブラを含む多くの数学的関係が，物理的な**観測可能量**にも適用できるようになっている．その目指すところは，実験的に観測可能な量に影響を及ぼすさまざまな要因を予測し理解できることである．これから更に議論を進めていくには，ケットやブラを操作する具体的な方法を導入する必要がある．

B. 線形演算子

　ケット $|F\rangle$ がケット $|A\rangle$ の関数になることがある．それを一般に

$$|F\rangle=\hat{a}\,|A\rangle \tag{2.12}$$

と表す．ここで，$\hat{a}$ は**演算子**を表す（ここでは常法に従い，演算子を上付きのハット ^ で表す）．量子論では，演算子は線形である．演算子が次の2通りの関係に従う場合に，演算子は**線形**（linear）であるという．

$$\hat{a}(|A\rangle+|A'\rangle)=\hat{a}|A\rangle+\hat{a}|A'\rangle \tag{2.13}$$

$$\hat{a}(C|A\rangle)=C\,\hat{a}|A\rangle \tag{2.14}$$

ただし，C は複素数である．系のすべてのケットに作用させた結果が既知の

場合に，**線形演算子**（linear operator）は完全に定義される．

線形演算子は，互いに加え合わせることができる（**加法的**；additive）．

$$[\hat{\alpha}+\hat{\beta}]|A\rangle = \hat{\alpha}|A\rangle + \hat{\beta}|A\rangle \tag{2.15}$$

また，線形演算子の積は，**結合的**（associative）である．

$$[\hat{\alpha}\hat{\beta}]|A\rangle = \hat{\alpha}[\hat{\beta}|A\rangle] = \hat{\alpha}\hat{\beta}|A\rangle \tag{2.16}$$

しかし一般には，線形演算子は必ずしも**交換可能**（**可換**；commutative）ではない．すなわち一般には，

$$\hat{\alpha}\hat{\beta}|A\rangle \neq \hat{\beta}\hat{\alpha}|A\rangle \tag{2.17}$$

である．以下に続く各章で，観測可能量の計算と不確定性原理に関連して，線形演算子の**非可換性**は，極めて重要なことがわかるであろう．

特別な場合には，線形演算子は可換になりうる．すなわち，

$$\hat{\gamma}\hat{\delta}|A\rangle = \hat{\delta}\hat{\gamma}|A\rangle$$

が任意の $|A\rangle$ について成り立つなら，演算子 $\hat{\delta}$ と $\hat{\gamma}$ は**交換**する（commute）という．2つの演算子が可換であることを，単に $\hat{\gamma}\hat{\delta}=\hat{\delta}\hat{\gamma}$ と表現することがよくある．これは，もちろん短縮した表記であり，$\hat{\gamma}\hat{\delta}$ が $\hat{\delta}\hat{\gamma}$ と単純に等しいという意味ではない．任意のケットに $\hat{\gamma}\hat{\delta}$ を作用させると，得られる結果が，そのケットに $\hat{\delta}\hat{\gamma}$ を作用させて得られる結果に等しい，という意味で等しいのである．

ケットと線形演算子を用いる際には，ケットは演算子の右側に置かれ，演算子は常に右方に作用する．線形演算子はブラにも作用できる．その場合には，ブラは線形演算子の左側に置かれ，すなわち $\langle B|\hat{\alpha}$ であって，演算子は左方に作用する．

ケットベクトルに線形演算子を作用させると，ケットベクトルができる．線形演算子をケットに作用させた結果に，左方からブラを掛けると，それは数になる．これを見るのに，次式

$$\langle B|\hat{\alpha}|A\rangle = \langle B|\{\hat{\alpha}|A\rangle\}$$

を考えよう．ここで $\{\hat{\alpha}|A\rangle\}$ は，新たなケット $|Q\rangle$ を与える．したがって，

$$\langle B|\hat{\alpha}|A\rangle = \langle B|Q\rangle = C$$

となり，一般に複素数になる．閉じたブラケットは常に数であった．

特定の状況では，ケットとブラの組み合わせは，線形演算子として作用することもある．たとえば，$\langle A|B\rangle$ は数であるが，$|A\rangle\langle B|$ は線形演算子で

18 第2章 ケット, ブラ, 演算子と固有値問題

ある. $|A\rangle\langle B|$ は, 閉じたブラケットではない. $|A\rangle\langle B|$ が線形演算子であることを知るために, 任意のケット $|P\rangle$ にこれを作用させてみよう. すなわち,

$$|A\rangle\langle B|P\rangle=|A\rangle\phi=\phi|A\rangle \tag{2.18}$$

を考える. ここで ϕ は数である. なぜならば, $\langle B|P\rangle$ は閉じたブラケットだからである. $|P\rangle$ に作用させると, 新たなケットである $|A\rangle$ を生成した. $|A\rangle\langle B|$ をあるケットに作用させると, 別のケットを生成する. したがって $|A\rangle\langle B|$ は, 線形演算子である. $|A\rangle\langle B|$ はまた, ブラ $\langle Q|$ に作用することもできる. すなわち,

$$\langle Q|A\rangle\langle B|=\theta\langle B| \tag{2.19}$$

を考えると, $\langle Q|A\rangle$ は閉じたブラケットなので, θ は数である. $\langle Q|$ に右から作用すると, 新たなブラ $\langle B|$ を生成する. このタイプの線形演算子は, 量子論では重要な役割を演じうる場合がある. 特に, $|A\rangle\langle A|$ の形式の線形演算子は**射影演算子**（projection operators）と呼ばれ, 後続の章で用いられる.

ブラ, ケット, および線形演算子を含む代数を導入してきたが, ここでひとまず, それらをまとめておこう.

1. 積に関して結合法則（associative law）が成り立つ.
2. 分配法則（distributive law）が成り立つ.
3. 交換法則（commutative law）は一般には成り立たない.
4. 閉じたブラケット $\langle\ \rangle$（$\langle\ |\ \rangle$ も同じ）は, 数になる.
5. $\langle\ |$ と $|\ \rangle$ は, ベクトルである.

ブラとケットは, ある与えられた時刻での力学的な系の状態に対応する. 線形演算子もまた, 物理的な意義をもつ.

◆**仮定**：線形演算子は, 物理的な系の**力学的**（動的）**変数**に対応する.

ここで力学的（動的）変数とは, 座標, 速度成分, 角運動量, 双極子モーメントやそれらのさまざまな関数といった, 物理的な量（属性）である（dynamical valuables；**物理量**ともいう）．一方，線形演算子は，系について問いかけることのできる**質問**に対応するといえる．言い換えれば，系の**観測可能量**である．たとえば質問が "（系の）エネルギーの大きさは？" であれば，これに対応するエネルギー線形演算子が存在する． "運動量は？" であれば，運動量演算子が存在する． "粒子の位置は？" であれば，位置演算子が存在する．観測可能量ごとに，対応する線形演算子が存在する．しかし，ある特定の観測可能量を表現する線形演算子を得るための数学的な方法は，1通りではない．力学的変数に対応する内部的に無矛盾な線形演算子の集合は，複数組存在できる．それぞれの集合が，量子論の "**表現**"（representation）になる．異なる表現による線形演算子は，多くの場合，数学的には非常に異なって見える．それにもかかわらず，与えられた系のある観測可能量について計算した結果は，表現の選択にはよらず，最終的には同じになるだろう．線形演算子を選定する処方箋は，**ディラックの "量子条件"** により与えられる（第4章参照）．

古典力学での力学的変数と量子力学での力学的変数との間には，根本的な違いがある．量子論では，力学的変数を表現する線形演算子は代数法則に支配されていて，そこでは積に関する**交換法則**は一般には成り立たない．これは，絶対的な意味で小さい系を記述するための仕組みとして，重ね合わせの原理をそこに組み込んだことによる結果である．

ケット，ブラ，線形演算子を含む，一群の有用な関係がある．これらは，**共役**な関係（conjugate relations）と呼ばれる．上述の議論から，$\langle B|A \rangle = \overline{\langle A|B \rangle}$ であることはすでにわかっている．さらに，

$$\langle B|\bar{\hat{\alpha}}|P \rangle = \overline{\langle P|\hat{\alpha}|B \rangle} \tag{2.20}$$

である．ここで，$\bar{\hat{\alpha}}$ は演算子 $\hat{\alpha}$ の複素共役である．これは，**随伴**（adjoint）と呼ばれ，力学的変数の複素共役に対応する表現になる．$\bar{\bar{\hat{\alpha}}} = \hat{\alpha}$，すなわち随伴の随伴は，元の演算子に等しい．$\bar{\hat{\alpha}} = \hat{\alpha}$ ならば，演算子 $\hat{\alpha}$ は**自己随伴**（self-adjoint）であるという．これは，力学的変数が実数であることに対応する．上述のように，ここでの等号は，$\bar{\hat{\alpha}}$ が単純に代数的に $\hat{\alpha}$ と等しいということではなく，任意のケットにおのおのを作用させると同一の結果となる，という意味での等号である．同じことが，次の関係式についてもいえる．

$$\overline{\hat{\beta}\hat{\alpha}} = \bar{\hat{\alpha}}\bar{\hat{\beta}} \tag{2.21}$$

20　第2章　ケット，ブラ，演算子と固有値問題

$$\overline{\hat{\alpha}\hat{\beta}\hat{\gamma}} = \overline{\hat{\gamma}}\,\overline{\hat{\beta}}\,\overline{\hat{\alpha}} \tag{2.22}$$

$$\overline{|A\rangle\langle B|} = |B\rangle\langle A| \tag{2.23}$$

一般に，ブラ，ケット，線形演算子を含む，あらゆる積の形式の複素共役は，それぞれの因子の複素共役を逆の順序で積をとったものになる．

C.　固有値と固有ベクトル

次のような等式

$$\hat{\alpha}|P\rangle = p|P\rangle \tag{2.24}$$

を考えよう．すなわち，線形演算子 $\hat{\alpha}$ をケット $|P\rangle$ に作用させると，同一のケットが得られ，しかもその定数 p 倍になる．式（2.24）の形の等式は，**固有値方程式**（eigenvalue equation）と呼ばれる．通常は，演算子 $\hat{\alpha}$ が既知であり，p と $|P\rangle$ を見いだすことが問題となるが，これは**固有値問題**（eigenvalue problem）と呼ばれる．方程式の解となるケット $|P\rangle$ は**固有ケット**（eigenkets），付随して得られる数 p は**固有値**（eigenvalues）と呼ばれる．自明な解 $|P\rangle = 0$ は，無視される．一般に，このような演算子 $\hat{\alpha}$ を他のケットに作用させると，長さも方向も変わる．

固有値問題は，ブラで記述することも可能である．

$$\langle Q|\hat{\alpha} = q\langle Q| \tag{2.25}$$

ここで $\langle Q|$ は，固有値 q に対応する演算子 $\hat{\alpha}$ の**固有ブラ**（eigenbra）である．固有ブラと固有ケットは，**固有ベクトル**（eigenvectors）と呼ばれる．固有ベクトルと固有値は，その特定の演算子に関連してのみ意味をもち，固有ベクトルは，線形演算子の固有値に属するとも言われる．

固有値問題は，**線形代数**（linear algebra）と呼ばれる数学の一分野に属する．数学上の問題として厳密に検証されてきた結果，固有値方程式の特性や固有値問題の解法については，すでに多くの事項が知られている．固有値問題の数学的な解析結果のいくつかは，物理的にも重要な意味をもつ．言い換えれば，そのような結果が，量子力学的問題の解析にも用いられるのである．

量子論における**観測可能量**（observables）は，固有値方程式より得られる．ケットとブラは，力学的な系の**状態**を表現し，線形演算子は，系の**力学**

的変数を表現する．観測可能量は，実数の力学的変数に関係付けられ，**エル
ミート**な線形演算子（Hermitian linear operators）の固有値になっている．
エルミートな線形演算子は，**自己随伴**（self-adjoint）である．

$$\langle a | \hat{\gamma} | b \rangle = \langle a | \overline{\hat{\gamma}} | b \rangle \tag{2.26}$$

ここで，$|b\rangle = |a\rangle$ ならば，

$$\langle a | \overline{\hat{\gamma}} | a \rangle = \langle a | \hat{\gamma} | a \rangle \tag{2.27}$$

となる．任意の観測可能量ごとに，エルミートな線形演算子とそれに対応す
る固有値方程式が存在する．質問が"系の運動量の値は？"ならば，運動量
演算子と運動量の固有値方程式が存在する．方程式を解いた結果として得ら
れる固有値は，系の運動量として観測することのできる値であり，得られる
固有ベクトルは，その固有値に対応する系の状態を表現する．質問が"エネ
ルギーの値は？"であれば，別の線形演算子と別の固有値問題が存在する．
エネルギーの固有値問題で得られる固有値は，系のエネルギーとして観測す
ることのできる値を与え，固有ベクトルは，そのエネルギー固有値をもつ系
の状態の表現に関連付けられる．以下で証明するように，エルミート演算子
の固有値は，**実数**である．実験室で観測可能な量は常に実数だから，観測可
能量を表現する線形演算子は，必ず**エルミート**である．

　固有値問題と観測可能量に関する重要な関係式の多くは，直接に証明が可
能である．証明は特に難しくはなく，それらの結果はたびたび用いられるの
で，ここでひと通り示しておく．

　$\hat{a}$ の固有ベクトルに任意の数 C を掛けると，得られた積は依然として，
同一の固有値に対応する固有ベクトルになっている．すなわち，

$$\hat{a} | A \rangle = a | A \rangle$$

$$\hat{a} [C | A \rangle] = C[\hat{a} | A \rangle] = C[a | A \rangle] = a [C | A \rangle]$$

である．固有ベクトルに定数を掛けても，固有値は変わらない．これが，ケ
ットベクトルはその方向が重要であり，長さは問題ではない理由である．そ
の一方で，ケットの長さを規格化しておくと便利なことが多いが，そのこと
で観測可能量の計算値を変えることはない．ケットには 0 でない任意の複素
数を掛けることができて，それでも同一の観測可能な固有値を生成するとい
う意味で，系の同じ状態を表現する．

　ある線形演算子の同一の固有値をもつ複数の固有ケットについて，それら

22 第2章 ケット，ブラ，演算子と固有値問題

が互いに線形独立なら，それらのどのような重ね合わせもまた，同じ固有値
をもつ固有ベクトルになる．実際，

$$\hat{a}|P_1\rangle = p|P_1\rangle$$
$$\hat{a}|P_2\rangle = p|P_2\rangle$$
$$\hat{a}|P_3\rangle = p|P_3\rangle$$
$$\hat{a}\{C_1|P_1\rangle + C_2|P_2\rangle + C_3|P_3\rangle\} = C_1\hat{a}|P_1\rangle + C_2\hat{a}|P_2\rangle + C_3\hat{a}|P_3\rangle$$
$$= p\{C_1|P_1\rangle + C_2|P_2\rangle + C_3|P_3\rangle\}$$

である．したがって，重ね合わせの固有値は，その重ね合わせを構成するそ
れぞれの固有ケットの固有値と同一になる．たとえば，水素原子の3個の異
なる p 軌道を考えよう．通常これらは，p_x，p_y，p_z と書き表され，すべて同
じエネルギーをもつ．これらは，水素原子のエネルギー固有値問題の固有ケ
ットになる．第7章で議論されるように，シュレーディンガー表示による水
素原子のエネルギー固有値問題の解は，同一のエネルギーをもつ3個の固有
ベクトル，p_1，p_0，p_{-1} となる．ここで下付き添え字は，角運動量の量子数
を示す指標である．通常使われる p_x，p_y，p_z は，p_1，p_0，p_{-1} の重ね合わせ
でそれぞれ表される．

　観測可能量については，固有ケットに関連する固有値と固有ブラに関連す
る固有値は同一である．ここで，仮に同じでないとしてみよう．観測可能量
に関わる議論なので，演算子 $\hat{\gamma}$ はエルミート $\overline{\hat{\gamma}} = \hat{\gamma}$ であるとする．そこでま
ず，

$$\hat{\gamma}|P\rangle = a|P\rangle$$

とする．ブラに対する同等な等式は，固有値が同じでないとすれば，この式
の複素共役をとった式で，a を異なる固有値 b に置き換えたものになる．い
まは $\overline{\hat{\gamma}} = \hat{\gamma}$ なので，それは

$$\langle P|\hat{\gamma} = b\langle P|$$

と書ける．最初の固有値方程式に左から $\langle P|$ を掛け，2番目の方程式には右
から $|P\rangle$ を掛けると，それぞれ

$$\langle P|\hat{\gamma}|P\rangle = a\langle P|P\rangle$$
$$\langle P|\hat{\gamma}|P\rangle = b\langle P|P\rangle$$

を得る．両辺引き算すれば，

$$0 = (a - b)\langle P|P\rangle$$

となる．ここで，右辺第 2 因子はケットベクトルの長さに対応するので，

$$\langle P \mid P \rangle > 0$$

であり，したがって，

$$a = b$$

を得る．こうして，理論はブラとケットに対して対称であり，ある固有ケットの複素共役である固有ブラは，同一の観測可能量の値を与えることになる．

　任意の固有ケットの複素共役は，同じ固有値に属する固有ブラを与える．逆もまた同様である．

　これも同様にして証明できるが，ここでは省略する．

　エルミート演算子の固有値は，実数である．まず，

$$\hat{\gamma} \mid P \rangle = a \mid P \rangle$$

から出発して，この式の複素共役をとると，

$$\langle P \mid \overline{\hat{\gamma}} = \langle P \mid \overline{a}$$

となる．演算子はエルミートなので，次式を得る．

$$\langle P \mid \hat{\gamma} = \langle P \mid \overline{a}$$

はじめの式に左から $\langle P \mid$ を掛け，後の式に右から $\mid P \rangle$ を掛けると，それぞれ

$$\langle P \mid \hat{\gamma} \mid P \rangle = a \langle P \mid P \rangle$$

$$\langle P \mid \hat{\gamma} \mid P \rangle = \overline{a} \langle P \mid P \rangle$$

となる．両辺を引き算すれば，

$$0 = (a - \overline{a}) \langle P \mid P \rangle$$

となる．$\langle P \mid P \rangle > 0$（ベクトルの長さ）なので，$(a - \overline{a})$ は 0 でなければならない．したがって，

$$a = \overline{a}$$

を得る．それ自身の複素共役に等しい数は実数なので，a は実数となる．

　次に取り上げる関係は，**直交定理**（orthogonality theorem）と呼ばれる．

　実数の力学的変数（*i.e.* エルミート演算子＝観測可能量）に関する 2 個の固有ベクトルは，異なる固有値に属する限り，互いに直交する．まずは，

$$\hat{\gamma} \mid \gamma' \rangle = \gamma' \mid \gamma' \rangle$$

$$\hat{\gamma} \mid \gamma'' \rangle = \gamma'' \mid \gamma'' \rangle$$

24 第2章 ケット，ブラ，演算子と固有値問題

として，はじめの方程式の複素共役をとると，$\hat{\gamma}$ はエルミートだから固有値 γ' は実数なので，

$$\langle \gamma' | \hat{\gamma} = \langle \gamma' | \gamma'$$

を得る．これに右から $|\gamma''\rangle$ を掛けると，

$$\langle \gamma' | \hat{\gamma} | \gamma'' \rangle = \gamma' \langle \gamma' | \gamma'' \rangle$$

同様に，2番目の方程式の左から $\langle \gamma' |$ を掛けると，

$$\langle \gamma' | \hat{\gamma} | \gamma'' \rangle = \gamma'' \langle \gamma' | \gamma'' \rangle$$

これら2式の両辺を引き算すれば，

$$\langle \gamma' | \gamma'' \rangle (\gamma' - \gamma'') = 0$$

を得る．ところで，固有値は互いに異なるとしたので $\gamma' \neq \gamma''$ である．したがって，

$$\langle \gamma' | \gamma'' \rangle = 0$$

が得られる．すなわち，$|\gamma'\rangle$ と $|\gamma''\rangle$ は互いに直交することがわかる．

　ここまでで，ケット，ブラ，線形演算子，および固有値問題が導入された．また，これらの量についての物理的な系の状態との関係も議論され，物理的な系に関する観測可能量を計算する基本的な処方箋も用意された．さらに多くの数学的表式が，以下に続く章で示されるが，当面必要な，物理的に重要な意味のある問題に取り組むための方法論[1] は，これでひと通り手に入れたことになる．

---

1) 訳者注：本章で導入された，ケット，ブラ，線型演算子と，その加法および代数法則を含む数学的な集合は，ヒルベルト空間（Hilbert space）とも呼ばれ，便利な呼称なのでよく使われる（*e.g.* 第3章B節）．ヒルベルト空間は，ユークリッド空間の概念を抽象的な関数ベクトル空間へ拡張，一般化した計量線形空間であり，内積（スカラー積）が備わっていて完備であるような空間である．内積を導入することにより，距離の概念が導入される．内積からベクトルの長さ（ノルム）が定義でき，それを用いて位相的概念（収束，極限など）が導入される．コーシー列が必ず収束し，極限操作について閉じた完備な空間になっている．ヒルベルト空間はいくつかの重要な性質を持つが，その多くは幾何学的な直感が効く概念であり，理工学の各所で現れる．たとえば不確定性関係にも関連して，基本的なシュワルツの不等式や三角不等式が成り立つほか，最も重要なのは，必ずそこに正規直交基底が存在し，あるいはつくることができる（シュミットの直交化法）ことであろう．この話題については第4章C節とそれ以降の各所で触れられている．当面，素朴な理解で十分であるが，詳しくは線形代数の教科書や専門的書籍を参照してほしい．量子力学との関連を論じた書籍も多い．

第3章 | 1 自由粒子の運動量と波束

Momentum of a Free Particle and Wave Packets

　前章までに提示した定式化とその考え方を用いて，本章では，1個の自由粒子の運動量状態と，波束の見地による自由粒子の記述について議論する．固有ベクトル，線形演算子，および固有値は，前章までに既に導入されている．

◆**エルミートな線形演算子**は，観測可能な物理量である，実数の力学的変数を表示する．

◆**固有ベクトル**は，ある特定の観測可能量に関連付けられた，系の状態を表示する．

◆**固有値**は，ある特定の線形演算子とその固有ベクトルに関連付けられた，観測可能量が実際にとりうる値である．

　これらを用いて，自由粒子の運動量状態と運動量固有状態の特性が決定される．運動量固有状態の重ね合わせをつくることで波束が得られ，波束についてのいくつかの特性とその運動が記述される．自由粒子の量子論的な記述は，古典力学的な描像とは対照的になるであろう．自由粒子の問題が重要なのは，その量子論的な性質を理解するのに用いられる諸概念が，後続の章で扱われる多くのより複雑な問題で，中心的な役割を果たすからである．
　自由粒子は仮想的な実体であり，電子や光子のような，外から力が働かない前提で空間を運動し続ける物体である．ここで仮想的というのは，恒星間のような空間でさえ，粒子には重力や電磁気的な力が働いているため，真に自由な粒子ではありえないという意味である．しかし，多くの現実的な状況

26　第3章　1自由粒子の運動量と波束

で，粒子は十分に自由粒子として振る舞うと考えてよい．真空中を運動する光子は，それがたとえ大気中であっても，十分に自由粒子として記述できるし，低エネルギー電子線回折（Low-Energy Electron Diffraction; LEED）の実験では，真空容器中を試料に向かって運動している電子も，基本的には自由粒子として振る舞うとみなせる．したがって，自由粒子を適切に記述することは，現実に実現可能な実験の状況を理解するうえで，大いに重要である．自由粒子は，量子力学的に記述する粒子の中で，最も単純な粒子である．そこには一切の力は働かず，ポテンシャルエネルギーも現れない．古典的には，自由粒子は直線（軌道）上を運動する．ある与えられた時刻で，それは明確に定義された位置と運動量をもつ．一旦これらが既知になると，古典的な自由粒子の位置はすべての時刻で決定できる．このような古典的振舞いは，量子論的自由粒子の振舞いとは明確に識別される．これは，物質の古典的な記述と量子的な記述との根本的な違いを端的に示している．

A. 1個の自由粒子の運動量状態

その解が運動量固有値，すなわち自由粒子が運動量としてとることのできる値を与える問題を，運動量固有値問題という．量子力学的自由粒子の運動量を決定するには，この問題を解く必要がある．固有ベクトルは，その自由粒子の特性を記述する．ここでの取扱いは非相対論的であるとする．したがって，運動量がとるべき値に，特殊相対論で考察されるような上限はない（i.e. 光速は無限大とみなす）．自由粒子は空間をある一方向にのみ運動するので，この方向に座標軸をとっても一般性を失うことなく，1次元の問題として扱える．

運動量固有値方程式は，

$$\hat{P}|P\rangle = \lambda|P\rangle \tag{3.1}$$

であり，$\hat{P}$ は運動量演算子である．λ は運動量固有値，$|P\rangle$ は運動量固有ケットである．運動量固有ケットは，それぞれが運動量の観測可能量として得られる λ 中のある値をその固有値とする，確定した運動量をもつ状態である．議論を先に進めるためには，運動量演算子を具体的な形で表現する必要がある．第2章で述べたように，これらはディラックの**量子条件**を用いて得

ることができるが，この条件は第4章で導入される．選択できる演算子は一意的ではなく，異なる演算子の選択は，量子論の異なる表示法を定義する．ここでは，シュレーディンガー表示による運動量演算子を用いよう．おそらく，これが最も見慣れた形でもある．シュレーディンガー表示による以下の運動量演算子は，次章でディラックの量子条件により正当化される．

シュレーディンガー表示では，運動量演算子は次式の形になる．

$$\hat{P} = -i\hbar\,\frac{\partial}{\partial x} \tag{3.2}$$

ここでx軸は，粒子の運動する方向に沿って選ばれている．$\hbar$は，プランクの定数hを2πで割った値$h/2\pi$である．式（3.2）を式（3.1）に代入すると，まったく単純な1階の微分方程式が得られる．ここで，次の関数

$$|P\rangle \equiv c e^{i\lambda x/\hbar} \tag{3.3}$$

をその解として考える．cは0以外の定数とし，ベクトルの長さを規定する．運動量は観測可能量，すなわち実体のある力学的変数であるから，この運動量演算子に関連する固有値は，すべて実数である．

$$\lambda = 実数$$

これは，すでに第2章で証明されている．λがすべて実数ではないならば，xが正あるいは負の無限遠に移行するのに伴い，$e^{i\lambda x/\hbar}$は発散するだろう．それは，素直な扱いやすい関数であるとは言い難い．

第1章で，光子の干渉問題に関連して，系の状態を表す関数が与えるものは，光子（粒子）を空間のある領域に見いだす確率であって，そこにいる光子（粒子）の個数ではないということを示した．すなわち，いかなる場所であっても，粒子を見いだす確率が無限大になることはありえず，したがって，系の状態を表すべき関数が無限大になるのは許容できない．

特定の座標系と特定の表現に基づく系の状態を表す陽関数は，通常**波動関数**（wavefunction）あるいは**固有関数**（eigenfunction）と呼ばれる．上述の確率に基づく論証によれば，波動関数は，空間のすべての場所で**有限**（有界）であり，したがって（積分された）全確率もまた有限でなければならないことを意味する．

関数$c e^{i\lambda x/\hbar}$は，運動量演算子の固有値λをもつ固有関数として話を進めてきた．これを確かめるために，式（3.3）と（3.2）を式（3.1）に代入し，

28 第3章 1自由粒子の運動量と波束

指定されている演算を実行すると，

$$-i\hbar\frac{\partial}{\partial x}[ce^{i\lambda x/\hbar}]=-i\hbar i\lambda/\hbar[ce^{i\lambda x/\hbar}]=\lambda[ce^{i\lambda x/\hbar}]$$

となる．演算子は関数に作用して，定数倍された同一の関数を再び生成する．言い換えると，

$$\hat{P}|P\rangle=\lambda|P\rangle$$

を満たす．したがって，式（3.3）で与えられる関数は，確かに自由粒子の運動量固有値問題の解である．また，実数 λ は固有値である．このような非相対論的な取扱いでは，λ の値に制限はない．運動量は，∞ から $-\infty$ まで連続的に任意の値をとることができる．この結果は，非相対論的な古典論での取扱いと同一であるが，まったく異なる手法でこの結論に到った．固有値 λ は，自由粒子の運動量のとるべき値である．よって $\lambda=p$ であり，運動量固有関数は

$$|P\rangle=\Psi_p=ce^{ipx/\hbar}=ce^{ikx} \tag{3.4}$$

と書ける．ここで $p=\hbar k$ であり，k は**波動ベクトル**（wave vector；**波数ベクトル**（wavenumber vector）ともいう）と呼ばれる．運動量の固有関数は，波動ベクトル k をもつ**平面波**である．

B. 運動量固有関数の規格化

自由粒子の量子力学的な記述の議論を先に進める前に，運動量固有関数の規格化の問題をここで取り上げる．第2章で証明したように，ある演算子に対応する特定の固有ケットには0でない任意の数を掛けることができて，それは依然として，同じ固有値をもつ固有ケットになっている．固有ベクトルは，その長さではなく，方向が系の状態を定義する．以下でより詳しく議論するが，ケットはある種の確率関数と解釈されるので，一般的なやり方として確率関数は0と1の間にあるものとしよう．その意味で，全空間で積分したときには，その粒子を見いだす全確率は1に等しいとするのが妥当であろう．要するに，粒子は全空間内のどこかには必ず存在するはずであると考えるのである．規格化の過程で，ディラックの δ（デルタ）関数（Dirac delta function）を導入する．ディラックの δ 関数は，量子論では頻繁に現れる．

規格化されたケットは，次の条件に従う．
$$(\langle a \mid a \rangle)^{1/2} = 1$$
ブラとケットはベクトルであるが，閉じたブラケットは数である．$\langle a \mid b \rangle$ は，ベクトル $|b\rangle$ のベクトル $\langle a|$ に対するスカラー積を表す．$\langle a \mid a \rangle$ は，ケット $|a\rangle$ の自分自身とのスカラー積である．さらに，$\langle a| = \overline{|a\rangle}$ である．言い換えると，ブラ $\langle a|$ は，ケット $|a\rangle$ の複素共役に等しい．それゆえベクトルの長さは，ベクトルの自分自身とのスカラー積で決まる．演算子操作的には，ブラケットはケットとそれに対応するブラからつくり出される．波動関数を用いる場合には，波動関数はベクトル関数であり，そのスカラー積は次のように定義できる．

$$\langle b \mid a \rangle = \int \psi_b^* \psi_a d\tau \tag{3.5}$$

ここで積分は，この波動関数が配位する空間全体について行っている．2個のベクトル関数のスカラー積に関しては，線形代数ではこれは標準的な形式である．すると，波動関数の自分自身とのスカラー積は，

$$\langle a \mid a \rangle = \int \phi_a^* \phi_a d\tau \tag{3.6}$$

で与えられる．

　おのおのの運動量固有ケットは，一意的な固有値をもつ．第2章で証明した直交定理によれば，異なる固有値に属する固有ケットは互いに直交する．したがって，運動量固有関数は互いに直交しなければならない．運動量固有関数に関する規格化定数を得る手続きの中で，運動量固有ケットが実際に直交していることも示される．規格化定数を見いだし，直交性を立証するには，次式の評価が必要である．

$$\langle P' \mid P \rangle = \int_{-\infty}^{\infty} \psi_{P'}^* \psi_P dx = \begin{cases} 1 & ; P' = P \\ 0 & ; P' \neq P \end{cases} \tag{3.7}$$

$P' = P$ の場合には，積分は固有ベクトルとそれ自身とのスカラー積になり，ベクトルの長さを与える．$P' \neq P$ の場合には，積分は異なるベクトル同士のスカラー積となり，それらが互いに直交する場合には，積分は0になる．$p = \hbar k$ として式（3.4）を用いると，積分は

$$c^2 \int_{-\infty}^{\infty} e^{-ik'x} e^{ikx} dx = c^2 \int_{-\infty}^{\infty} e^{i(k-k')x} dx \tag{3.8}$$

となる．この定積分は，そのままいきなり計算することはできない．そのことをわかりやすくするため，次のように書き換える．

$$\int_{-\infty}^{\infty} e^{i(k-k')x} dx = \int_{-\infty}^{\infty} [\cos(k-k')x + i\sin(k-k')x] dx$$

sin 項と cos 項は x に関して振動しているので，このままの形では積分を実行できない．この問題を避けるために，ディラックの δ 関数 $\delta(x)$ が用いられる．$\delta(x)$ は，

$$\delta(x) = 0 \quad ; x \neq 0 \tag{3.9a}$$

$$\int_{-\infty}^{\infty} \delta(x) dx = 1 \tag{3.9b}$$

で定義される．すなわち δ 関数が 0 でないのは，1 点でのみであり，またその全区間にわたる積分は 1 である．これに等価な定義としては，$x=0$ で連続である任意の関数 $f(x)$ について，

$$\int_{-\infty}^{\infty} f(x)\delta(x) dx = f(0) \tag{3.10}$$

が成り立つものとする．あるいは，

$$\delta(x-a) = 0 \quad ; x \neq a$$

$$\int_{-\infty}^{\infty} f(x)\delta(x-a) dx = f(a)$$

としてもよい．

δ 関数は，特異な関数である．δ 関数の特性を見るにあたって，図 3.1a に示すような，$x=0$ の周りに中心をもつ面積が 1 の矩形関数を考えよう．こ

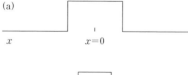

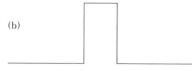

図 3.1 ディラックの δ 関数の模式的な説明．(a) 面積 1 の矩形型関数．(b) 高さを倍にして幅を半分にした場合，面積は依然として 1 である．これを無限回繰り返した極限は，δ 関数とみなせる．

の高さを倍にして，同時に幅を半分にすると，図3.1bに示すように面積は依然として1のままである．高さを2倍にしてそのつど幅を半分にする操作を繰り返すと，矩形関数の高さはますます高く，幅はますます狭くなる．その極限では，幅は0になり，高さは無限大となり，面積は依然として1のままである．これは確かに，δ関数に類似の関数である．それは限りなく狭く空間の1点でのみ定義され，しかも有限の面積（それを1とする）をもつ．

　δ関数の数学的な表現は，多数存在する．たとえば次の関数を考えよう．

$$\frac{\sin gx}{\pi x}$$

ここでgは，0ではない任意の実数とする．これは，0次の球ベッセル関数j_0でもある．小さいyに対しては$\sin y = y$なので，この関数は$x=0$で値g/πをもつ．一方$|x|$が大きくなるに従い，振幅は減少しつつ関数自体は正負に振動し，$-\infty$から∞まで積分すると，gの値によらず1になる．したがって$g \to \infty$の極限では，これはδ関数になると考えられる．

$$\delta(x) = \lim_{g \to \infty} \frac{\sin gx}{\pi x} \tag{3.11}$$

関数は積分すると1のままである．振動は限りなく速くなるので，どのような領域であれ，それが有限の間隔である限り，平均すれば0になる．

　この形式はδ関数として，運動量固有関数の規格化とそれらの間の直交性を示すのに用いることができる．式 (3.8) の積分は次のように変形できた．

$$\int_{-\infty}^{\infty} e^{i(k-k')x} dx = \int_{-\infty}^{\infty} [\cos(k-k')x + i\sin(k-k')x] dx$$

この右辺を，極限の形に書き直す．

$$\lim_{g \to \infty} \int_{-g}^{g} [\cos(k-k')x + i\sin(k-k')x] dx$$

有限領域の定積分は厳密に実行できて，

$$\lim_{g \to \infty} \left\{ \frac{[\sin(k-k')x]}{(k-k')} - \frac{[i\cos(k-k')x]}{(k-k')} \right\} \Big|_{-g}^{g} = \lim_{g \to \infty} \frac{2\sin g(k-k')}{(k-k')}$$

となる．これに式 (3.11) を用いれば，

$$= 2\pi \delta(k-k') \tag{3.12}$$

32　第3章　1自由粒子の運動量と波束

となり，ディラックの δ 関数 $\delta(k-k')$ の 2π 倍になる．$k \neq k'$ では $\delta(k-k')=0$ なので，式（3.12）は同時に，運動量固有ベクトルの直交性も示したことになる．

　規格化定数を得るには，ベクトル関数（ヒルベルト空間）は，その変量としてのベクトルのある連続的な値域について定義され，ある1点のみではないことを認識しておかねばならない．すなわち積分は点でなく，その点の周りの微小区間で行う必要がある．この場合（*i.e.* $k=k'$ について）には，

$$\int_{k'=k-\varepsilon}^{k'=k+\varepsilon} \delta(k-k')\,dk' = 1 \tag{3.13}$$

と考えるべきである．したがって，式（3.7），（3.8），（3.12）より，

$$\frac{1}{c^2}\langle P' \mid P \rangle = \begin{cases} 2\pi & ; P'=P \\ 0 & ; P' \neq P \end{cases} \tag{3.14}$$

となる．ケット $|P\rangle$ の集合は直交系をなし，運動量固有関数の規格化定数は

$$c = \frac{1}{\sqrt{2\pi}} \tag{3.15}$$

であり，規格化された自由粒子の運動量固有関数は

$$\Psi_p(x) = \frac{1}{\sqrt{2\pi}}\, e^{ikx} \tag{3.16}$$

となる．ここで，$\hbar k = p$ である．

C. 波束

　古典的な自由粒子は空間内で局在していて，その位置は明確に指定できる．量子力学的な自由粒子の波動関数が式（3.16）のように与えられた場合，運動量は $\hbar k = p$ と明確に定義される一方で，粒子の空間的な位置は，どうなっているのだろうか？　自由粒子の波動関数は，式（3.16）に得られるように，平面波である．これは，cos 関数と sin 関数で次のように書き直せる．

$$\Psi_p = \frac{1}{\sqrt{2\pi}}\, e^{ikx} = \frac{1}{\sqrt{2\pi}}(\cos kx + i \sin kx)$$

cos 項も sin 項も，$x = -\infty$ から $x = \infty$ までの全領域で連続的かつ単調に振動

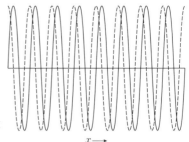

図 3.2 運動量固有関数を一部の空間で模式的に図示.実数成分 ($\cos(kx)$) は実線で,虚数成分 ($\sin(kx)$) は破線で示す.

している.波動関数は,空間の特定の領域にその粒子を見いだす確率に,関連付けられている.運動量固有関数の一部を図示すると,図 3.2 のようになる.cos 項と sin 項は位相が互いに 90°(i.e. 1/4 波長)ずれているので,これらの関数は,言ってみれば空間を"埋め尽くし"ている.cos が 0 のときには,sin は ±1 であり,逆もまた同様である.つまり,粒子は空間的には局在していない.言い換えると,x 軸に沿って均一に拡がっている.これは,古典的な粒子の概念とはまったく折り合わない.確定した運動量に対応する平面波は,全空間に拡がっているのである.

重ね合わせの原理によれば,系の状態は 2 個またはそれ以上の他の状態の重ね合わせからなると考えられる.そこで,多数の運動量固有状態を重ね合せた結果を考えよう.状態空間は連続的なので,重ね合わせは積分に置き換えられる.

$$\Psi_{\Delta p} = \int_p c(p) \Psi_p dp \tag{3.17}$$

ここで $c(p)$ は,この重ね合わせに寄与する各運動量固有状態の振幅である.

2 通りの重ね合わせの場合を具体的に議論する.まず,運動量 $\hbar k_0$ を中心とする,運動量固有関数の矩形の運動量分布を考えよう.この分布では,波動ベクトルのある領域にわたる重ね合わせ成分である各波動関数の振幅は,すべて等しい.波動関数の範囲は,運動量が $\hbar(k_0-\Delta k)$ から $\hbar(k_0+\Delta k)$ の範囲にわたるものとしよう.この領域の外側では,どのような運動量状態であれ,重ね合わせの振幅はすべて 0 である.そのような分布は,式 (3.17) の積分領域をその当該領域に限定し,そこでのすべての p に対して $c(p)$ を 1 と置くことで実行できる.p の代わりに k で計算を実行するとして,次式

$$\Psi_{\Delta k} = \int_{k_0-\Delta k}^{k_0+\Delta k} e^{ikx} dk \tag{3.18}$$

について調べよう．ただし $\Delta k \ll k_0$ として，規格化因子は簡単化のため無視する．これは，$x=0$ の周りの x について行われた点を除けば，上述の式 (3.8) の規格化積分の場合と同一である．この積分は，$k=k_0$ の周りで k について行われ，規格化因子を無視して積分の結果は，

$$\Psi_{\Delta k} = \frac{2 \sin (\Delta k\, x)}{x} e^{ik_0 x} \tag{3.19}$$

あるいは，

$$\Psi_{\Delta k} = \frac{2 \sin (\Delta k\, x)}{x} [\cos k_0 x + i \sin k_0 x] \tag{3.20}$$

となる．この波動関数は，全空間にわたって一様に拡がっているわけではなく，k_0 を含む項による高周波振動成分が発生している．それに比べれば，$\Delta k \ll k_0$ であるために，$\sin (\Delta k\, x)$ 項ははるかにゆっくりと振動し，分母 x のために減衰する．x で割り算された低振動数項は，その内側に実数または虚数の高振動数の振動項を包含する**包絡関数**（envelope function）になっている．$\Psi_{\Delta k}$ が，**波束**（wave packet）である．

波束の様子，すなわち本来は内側に高周波成分が一杯に詰まった包絡関数の形状を図 3.3 に示す．波束は $x=0$ で最大になり，$|x|$ が大きくなるにつ

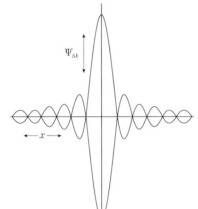

図3.3 自由粒子の運動量固有関数の重ね合わせにより形成された自由粒子波束の包絡関数．その内側には高周波成分が密に詰まっているが，図では省略されている．波束は，$2\Delta k$ の領域（式 (3.18) 参照）にある固有関数を等振幅で重ね合わせて得られる．

れて，振動しつつ減衰する．包絡線の内側は，k_0 を含む項から生成する高周波の振動項で埋め尽くされている．x が増大するに伴い，関数 $\Psi_{\Delta k}$ の振幅は急速に小さくなる．このようにして，粒子は多かれ少なかれ空間内で**局在**している．式 (3.18) の積分は，運動量空間での矩形関数を，運動量空間から位置空間へフーリエ変換（Fourier transform）することに等しい．

その結果は j_0，つまり0次の球ベッセル関数になる．Δk の増加とともに，波束の頂点はより高くなり，$|x|$ の増大とともにより急激に減衰する．その結果，波束はより強く局在する．大きな Δk は，大きな Δp を意味する．言い換えると，運動量固有状態に関係付けられる運動量の値の拡がりがより大きくなれば，波束の位置の拡がりはそれだけ，より狭くなる．p のより大きな不確定性が，x のより小さな不確定性をもたらすのである．

シュレーディンガーが，シュレーディンガー方程式（第5章で議論する，シュレーディンガー表示でのエネルギー固有値問題）の解として，量子力学的な波動関数という概念を導入したとき，彼はこの波動関数は物質波を表すものであり，現実の物理的実体であると主張したのだが，その後ボルンが，確率論に基づく波動関数の正しい解釈をつくり上げた．これは，"波動関数の**ボルン解釈**"（Born interpretation of the wavefunction）として知られている．

古典的な電磁気学的波動関数 φ の振幅は，電場 E に比例する

$$\varphi \propto E$$

とともに，

$$E^* E \propto I$$

である．すなわち，電場 E にその複素共役を掛けたもの，あるいはその絶対値の2乗が（光の）強度 I に比例する．量子力学的な波動関数のボルン解釈によれば，波動関数の絶対値の2乗が，空間のある領域に粒子を見いだす確率に比例する．すなわち，x と $x+\Delta x$ の間の領域内に粒子を見いだす確率は，

$$P(x,\ x+\Delta x) = \int_x^{x+\Delta x} \Psi^*(x)\Psi(x)dx \tag{3.21}$$

で与えられる．波動関数自体は，**確率振幅**（probability amplitude）を与える．波動関数は複素数になりうるが，確率は常に実数である．$\Delta x \to 0$ の

36 第3章 1自由粒子の運動量と波束

極限では，式（3.21）は $P(x)$ になり，点 x に粒子を見いだす確率を与える．$P(x)$ を単に $\Psi^*(x)\Psi(x)$ と書くことがよくあるが，空間のある1点に粒子を見いだす確率は，体積要素が0であるから常に0になる．したがって，点 x の周りの積分要素を常に包含して考えねばならない．こうして，波束を記述する式（3.20）の形の波動関数は，x 軸に沿って粒子を見いだす確率振幅になる．それは複素数であり，あるいは正負どちらの値も取りうる．一方 $\Psi^*\Psi$ は正の実数であり，空間内のさまざまな位置に，その粒子を見いだす確率（密度）である．ボルン解釈によれば，運動量固有ケットの重ね合わせからなる波束は，空間的に多かれ少なかれ局在している．これは，全空間にわたって非局在化している単一の運動量の固有ケットとは対照的である．

　波束は，確率振幅波動の間で互いに**強め合う**（constructive）干渉領域と互いに**弱め合う**（destructive）干渉領域の集まりで成り立っていて，運動量固有状態の重ね合わせをとることで得られる．x_0 に中心をもつ波束は

$$\Psi_{\Delta k}(x) = \int_{-\infty}^{\infty} f(k-k_0) e^{ik(x-x_0)} dk \tag{3.22}$$

の形に書ける．ここで $f(k-k_0)$ は，k_0 から離れるに従って減衰する，連続な素直な振舞いの**重み関数**（weighting function；図3.4）である．この重み関数は，k_0 近傍の k の状態のみを重ね合わすように，重ね合わせの積分を制限する．式（3.22）が実際に波束を与えることを見るには，波動がどこで互いに強め合って干渉しているか，あるいはどこで弱め合って干渉しているかを考察する必要がある．$x = x_0$ では，指数関数の偏角成分（複素数 z の極座標表示 $|z|e^{i\phi}$ における角度部分 ϕ．式（3.38）を参照のこと）は0になるので，

$$e^{ik(x-x_0)} = e^0 = 1 \;;\; 任意の k$$

となる．重ね合わせに関与するすべての k 状態は，ここでは互いに強め合いつつ干渉している．$x \neq x_0$ では，指数関数は

$$e^{ik(x-x_0)} = \cos k(x-x_0) + i\sin k(x-x_0)$$

と書ける．$(x-x_0)$ が大きくなると，$\cos$ 項と $\sin$ 項は，k の変化とともにより急激に振動する．したがってある点 x で見ると，ある k ベクトルの波は正に寄与し，別の k ベクトルの波は負に寄与するだろう．異なる k ベクトルからの寄与は互いに相殺する．言い換えれば，x が大きくなると互いに干

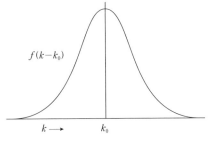

図3.4 自由粒子の運動量固有状態 k_0 を中心とする重み関数の模式図．重み関数は，重ね合わせに際して波束を構成する各 k 状態の振幅を与える．

渉して弱め合う．こうして，$|x| \gg x_0$ では $\Psi_{\Delta k} \to 0$ となり，粒子を見いだす確率は 0 となる．個々の運動量固有関数は，全空間にわたり拡がっている一方で，それら非局在状態の重ね合わせによる結果は，多くの強め合う干渉領域と弱め合う干渉領域を生み，程度の差こそあれ，最終的に粒子は空間的に局在化する．

波束のもう 1 つの具体例は，式（3.22）の重み関数を矩形の形状の代わりに**ガウス型**（Gaussian）にとることで得られる．ガウス関数（Gaussian function）は，

$$G(y) = \exp[-(y-y_0)^2/2\sigma^2] \tag{3.23}$$

で表され，ここで σ は，標準偏差（standard deviation）である．実際にガウス型波束をつくるには，重み関数（規格化されていない）を

$$f(k) = \exp\left[-\frac{(k-k_0)^2}{2(\Delta k)^2}\right] \tag{3.24}$$

ととる．これは，k に関するガウス関数であり，k の拡がりの幅は，k についての標準偏差 $\Delta k (=\sigma)$ で与えられる．式（3.24）を式（3.22）に代入すると，

$$\Psi_{\Delta k}(x) = \int_{-\infty}^{\infty} \exp\left[-\frac{(k-k_0)^2}{2(\Delta k)^2} + ik(x-x_0)\right] dk \tag{3.25}$$

ここで積分を実行すれば，

$$\begin{aligned}\Psi_{\Delta k} &= \sqrt{2\pi}\,\Delta k \exp\left[ik_0(x-x_0) - \frac{1}{2}(x-x_0)^2(\Delta k)^2\right] \\ &= \sqrt{2\pi}\,\Delta k\, e^{-\frac{1}{2}(x-x_0)^2(\Delta k)^2} e^{ik_0(x-x_0)}\end{aligned} \tag{3.26}$$

となり，これは，$k = k_0$ についての運動量固有ケットに，位置空間のガウス

38　第3章　1自由粒子の運動量と波束

型包絡関数を掛けた形をしている．変数 x に関する標準偏差は，$\sigma = 1/\Delta k$ である．言い換えると，高振動項（複素指数関数）に，$x = x_0$ に中心をもつ急速に減衰するガウス型形状関数を掛けた形になっている．高振動数の複素指数関数の実数成分と虚数成分が，ガウス型の包絡線内を埋め尽くしている．運動量固有状態のガウス型の重みによる重ね合わせは，位置空間においても，ガウス型の波束を生成する．式（3.25）の形の積分は，運動量空間でのガウス関数のフーリエ変換を実行することに対応していて，ガウス関数のフーリエ変換は，また別の，今の場合には位置空間のガウス関数を生成する．

ガウス型波形の幅は，標準偏差

$$\frac{1}{(\Delta k)^2} = \sigma^2$$

で決定される．大きな Δk は，小さな σ を意味する．運動量（波動ベクトル）の拡がりが大きくなればなるほど，波束は細く狭くなる．

このことを，もう少し定量的に見てみよう．粒子を空間のある位置 x に見いだす確率は，波動関数とその複素共役との積

$$\Psi_{\Delta k}^* \Psi_{\Delta k} \propto \exp\left[-(x-x_0)^2(\Delta k)^2\right] \tag{3.27}$$

に比例する．x_0 近傍の x に関しては，指数関数の偏角成分（指数部分）の絶対値は小さいので，そこに粒子を見いだす確率は相当程度存在する．偏角成分の絶対値が大きくなればなるほど，粒子を見いだす確率は小さくなる．元々は無限に拡がっていた運動量固有関数を，Δk の拡がり幅で重ね合わせることで式（3.27）まで"狭まった"のだから，$(x-x_0)$ を Δx と置き換えて，これを位置 x の拡がり幅と考えよう．この拡がり幅の下限が，x_0 からどの範囲までかは，Δk のとり方もあってはっきりしているわけではなく，その決め方には任意性がある．より定量的な議論は，不確定性原理に関連して第4章で述べることにして，ここでは定性的に，その下限の境界の目安を，ひとまずガウス型波形の $1/e$ 幅を与える $(x-x_0)^2(\Delta k)^2 \cong 1$ と考えよう．$(x-x_0) = \Delta x$ と置くと，拡がり幅の下限の条件は，

$$\Delta x \Delta k \geq 1$$

と書ける．ここで，$\hbar k = p$ を用いれば，

$$\Delta x \frac{\Delta p}{\hbar} \geq 1$$

あるいは

$$\Delta x \Delta p \geq \hbar \qquad (3.28)$$

を得る.

式 (3.28) は, 上記のような簡単な論述から導かれるが, それでも, **ハイゼンベルグの不確定性関係** ($\Delta x \Delta p \geq \hbar/2$) に対して 2 倍以内程度の誤差という, そう遠くない結果が得られる. その起源は, 波束問題の解析から明らかに見て取れる. 運動量の値が完全に定まる単一の運動量固有状態では, Δp は 0 である. 一方, その位置は全空間にわたって拡がり, Δx は無限大である. 波束は, 運動量固有ケットの重ね合わせからなる. 重ね合わせに関わる固有ケットの数が大きくなるにつれて, 運動量の測定で実際の観測に掛かる状態の数は増大する. すなわち, Δp が増大する. Δp が大きくなると, その波束はより局在する. より多くの波動が波束を形成するために重ね合わされると, 参加している波動の波長の拡がりは, より大きくなり, このことが結果として, 互いに弱め合う干渉が著しく生じ始める位置を, 波束の中心のより近くに引き寄せる. つまり, Δp が増大すると, 波束はより強く局在するのである. 運動量の不確定性が大きくなると, 位置の不確定性は小さくなり, 逆もまた同様である. これは, 重ね合わせの原理と固有ケットの確率波としての特性からの直接の帰結である.

D. 波束の運動と群速度

ここまで, 時間に依存しない運動量固有関数

$$\Psi_p(x) = ce^{ikx}$$

について, 議論を進めてきた. 上記に与えられた波束の説明には運動は含まれず, この波束は時間に依存していない. すなわち空間的な拡がりは記述されたが, どのように空間を**伝搬**するかについては, 何も説明されていない. 波束は, 程度の差こそあれ, 空間的に局在している粒子を記述するのであり, 光子や電子のような粒子を特徴付ける. 光電効果では, 十分に高いエネルギーをもった光子が金属表面に入射・作用し, 電子が金属から放出される. 明らかに, 両者とも動いているのであり, 自由粒子の量子力学的記述は, それらがどのように運動するのかを, 波束の見地からも説明しなければならない.

40　第3章　1自由粒子の運動量と波束

　第2章でのケットの規格化に関する議論で，方向と規格化因子が共に既知であっても，ケットにはまだ，位相因子

$$e^{i\phi}$$

を掛ける余地のあることが示された．ここで，ϕ は実数である．ところで，エネルギーが時間によって変わらない系については，時間に依存するシュレーディンガー方程式が，波動関数に

$$e^{-iEt/\hbar} = e^{-i\omega t} \tag{3.29}$$

の時間依存性の項を与えることを，第5章で示す．ここで，E はエネルギーであり，$\hbar\omega = E$ と置くことにする．式 (3.29) は，**時間に依存する位相因子**（time-dependent phase factor）であって，実際，それ自身の複素共役との積は

$$e^{-i\omega t}e^{i\omega t} = 1$$

であり，これは時間にはよらない定数（*i.e.* すなわち 1）である．運動量固有値問題は，運動量演算子のシュレーディンガー表示の式 (3.2) を用いて解かれたので，時間に依存する位相因子は，それを波動関数に含めても，元の運動量固有値問題をまったく変えることがなく，自由粒子の運動量固有関数の時間依存性として用いて構わないのである [1]．こうして，時間に依存する運動量固有関数は，

$$\Psi_k(x,\ t) = e^{i[k(x-x_0)-\omega t]} \tag{3.30}$$

1）　訳者注：ハミルトニアン $\hat{H}$ の固有値と固有状態は，量子系の時間発展に関し，重要な役割を演ずる．上述のように，正式な定式化は第5章A節で行われるが，時間に依存する位相因子 $\exp(-iEt/\hbar)$ は，シュレーディンガー方程式が時間に関して1階の微分方程式であることから直接に導かれ，初期状態 $|\psi(0)\rangle$ がエネルギー E の固有状態ならば，任意の時刻 t での状態は $|\psi(t)\rangle = \exp(-iEt/\hbar)|\psi(0)\rangle$ となる．$|\psi(0)\rangle$ と $|\psi(t)\rangle$ はまったく同じ量子状態であり，これは縮退があっても同じであり，系が閉じている限りは，1つの固有状態は同じ状態にとどまり続ける．$|\psi(0)\rangle$ が単一のエネルギー固有状態でない場合でも，固有エネルギーとエネルギー固有状態がすべて求められれば，一般の状態ベクトルの時間発展も求められるという意味で，時刻 $t=0$ から時刻 t への時間発展を記述する基礎となる．本書では直接扱わない（*cf.* たとえば，式 (5.27) 辺りを参照）が敢えて補足すると，時間に依存する位相因子は，時間発展演算子 $\hat{U}(0, t) = \exp(-i\hat{H}t/\hbar)$ を導入する出発点にもなっている．これは，シュレーディンガー方程式の正当性の議論を与え，シュレーディンガー表示の演算子と状態ベクトルをハイゼンベルグ表示のそれらと関係付けるユニタリ変換にもなっている．$\hat{H}$ が時間に依存する，閉じていない系の場合の一般論へも展開される．

となる．式 (3.30) で与えられる運動量固有関数は，依然として，全空間にわたって非局在であるが，今度は空間内を走行する波動になっている．式 (3.30) の実部ないし虚部を時間の関数として図示すると，ある固定点 x に対して，波の頂点は動いていることがわかる．

　時間に依存する運動量固有関数を用いても，波束は式 (3.22) と同様に書き下すことができる．

$$\Psi_{\Delta k}(x,\,t)=\int_{-\infty}^{\infty}f(k)\exp[i(k(x-x_0)-\omega t)]dk \qquad (3.31)$$

まず，真空中を運動する**光子**を考える．真空中の光子では，**分散関係**と呼ばれる角振動数 ω と波動ベクトル k の間の関係式は，線形である．すなわち

$$\omega=ck \qquad (3.32)$$

であり，c は真空中での光の速度である．この分散関係を用いれば，光子の波束は

$$\Psi_{\Delta k}(x,\,t)=\int_{-\infty}^{\infty}f(k)\exp[ik(x-x_0-ct)]dk \qquad (3.33)$$

と書き表せる．$f(k)$ は，波束の形状を決定する重み関数である．$t=0$ では，式 (3.33) の形状は，式 (3.22) と同一であり，波束は $x=x_0$ で頂点をもつ．この点では，指数関数の偏角成分がすべての k に対して 0 となる．よって $x=x_0$ では，すべての波動が最大限に強め合って干渉する．次に，時間が進むにつれて，この頂点は移動し，時刻 t ではその位置は，

$$x=x_0+ct$$

に来る．なぜならば，指数関数の偏角成分がこの点で k によらず 0 となり，それゆえ，最大限に強め合って干渉する点になっているからである．したがって，波束は光の速度で運動する．波束を構成するどの k の状態（平面波）も同じ速度で運動するので，波束の形状は運動中も維持される．この運動は，波束を構成する拡がった平面波（運動量固有状態）が，強め合ったり弱め合ったりして干渉する領域が時間とともに変化することによって生じている．局在性と運動は共に，固有状態の重ね合わせから発生する．

　たとえばガラスブロックのような，分散性の媒質に光子が入射する場合には，角振動数 ω は，波数ベクトル k にはもはや比例しなくなり，線形ではなくなる．媒質は一般に，波長に依存する**屈折率**（index of refraction）

42　第3章　1自由粒子の運動量と波束

$n(\lambda)$ をもつ．真空中では，光の速度はすべての波長について等しく c であった．ガラスや他の物質中では，光の速度は波長に関して次のように依存する．

$$V = c/n(\lambda) \tag{3.34}$$

したがって**角振動数** ω は，

$$\omega = 2\pi c/\lambda n(\lambda) \tag{3.35}$$

となる（角振動数 ω（ラジアン/秒）は，通常の振動数 ν（Hz）と $\omega = 2\pi\nu$ の関係にあり，波長 λ は，波動（波数）ベクトル k と $\lambda = 2\pi/k$ の関係にある）．一般には，当該の波長領域で十分に透明な物質でも，$n(\lambda)$ は波長が短くなると増大する複雑な関数である．したがって，ω は k についても複雑な関数となる．可視光領域のスペクトルの中心付近では，ガラスの屈折率は～1.5 である（吸収端近くの波長域では，屈折率は吸収強度に関連する虚数部を含む複素数になる）．

　分散性物質の重要な特性は，ω はもはや波動ベクトル k に対して線形には依存しないという点である．λ を k で表現すれば，式（3.35）は，

$$\omega(k) = ck/n(k) \tag{3.36}$$

とも書ける．波束を式（3.31）の形に書き表すことは依然として可能であるが，非分散性媒質の場合に式（3.33）を与えたような，単純な置き換えはもはやできない．分散性媒質中での光波束を記述する表式は

$$\Psi_{\Delta k}(x, t) = \int_{-\infty}^{\infty} f(k) \exp\left[i(k(x-x_0) - \omega(k)t)\right]dk \tag{3.37}$$

となる．式（3.37）は，それでも十分波束に見えるだろう．$t=0$ では，時間依存性を導入する以前の式（3.22）に一致する．波束は運動しているが，今度は真空中の光の速度ではない．重ね合わせにおける個々の状態は，それぞれ異なる速度で運動する．重ね合わせを構成する個々のある1つの状態の速度は，その状態の**位相速度**（phase velocity）と呼ばれる．

　分散性媒質中の波束の運動を決定するためには，波束の最大位置，すなわち波束の中心の速度を計算する必要がある．$t=0$ でしかも $x=x_0$ では，指数関数の偏角成分は，すべての k について 0 になり，すべての状態 k が同位相になる．これが，強め合って干渉する最大値を与える点であり，波束の"位置"になる．指数関数の偏角成分は

$$\phi = k(x - x_0) - \omega(k)t \tag{3.38}$$

で与えられる．一般には，$\omega(k)$ は k に対して線形にならない（比例しない）ので，$t>0$ に対しては，波束中のすべての k について，この偏角成分が同時に 0 になることはない．しかし，偏角成分が k に関して十分ゆっくりと変化する空間領域では，それによる遅い振動を生成するだけなので，最大限に強め合う干渉領域は概ね維持されよう．すなわち，$f(k)$ で決定される k の領域内で，ϕ が十分ゆっくり変化する場合には，強め合う干渉が生じる．言い換えると，ϕ の k についての変化が最小になる位置が，波束の頂点になる．これが生じる点 x は，次のように求められる．すなわち

$$\frac{\partial \phi}{\partial k} = 0 = (x - x_0) - t\frac{\partial \omega}{\partial k} \tag{3.39}$$

より，時刻 t での波束のピーク位置は

$$x = x_0 + t\frac{\partial \omega}{\partial k} \tag{3.40}$$

となる．時間 t の間に波束の移動する距離は

$$d = (x - x_0) = \left(\frac{\partial \omega}{\partial k}\right)t \tag{3.41}$$

となる．これは $d = Vt$ の形になっている．すなわち，移動距離は速度に時間を掛けたものに等しい．こうして波束の最大点は，**群速度**（group velocity）V_g と呼ばれる速度で運動することがわかる．

$$V_g = \left(\frac{\partial \omega}{\partial k}\right)_{k=k_0} \tag{3.42}$$

群速度 V_g は，分散性媒質中の波束の速度である．一方位相速度は，

$$V_p = \lambda \nu = \omega/k \tag{3.43}$$

となる．光子の群速度と位相速度は，

$$\omega(k) = ck$$

の場合にのみ等しくなる．言い換えれば，非分散性媒質，つまりは真空中でのみ成り立つ．

　式（3.42）で与えられる波束の群速度は，分散性媒質中の光子について得られたものである．しかし，この議論は静止質量 0 の粒子にのみ限定される

44　第3章　1自由粒子の運動量と波束

ものではない．運動量固有状態を用いて波束を構成する方法論は，光子でも電子でも，あるいは石礫であっても，まったく同じである．**電子波束**のような**物質粒子**に式 (3.42) を適用する場合には，**分散関係** $\omega(k)$ を知る必要がある．物質粒子に関連付けられる波長は，物質と光の理論を統合する．ド・ブロイは，粒子の運動量とその波長との関係式を導入した．

$$p = \hbar k = h/\lambda \tag{3.44}$$

ここで λ は，**ド・ブロイ波長**（de Broglie wavelength）と呼ばれる．

物質粒子に必要な分散関係は，$E = \hbar\omega$ と非相対論的な自由粒子のエネルギーを与える関係式 $E = p^2/2m$ とを用いて得られる．すなわち，

$$\omega(k) = \frac{E}{\hbar} = \frac{p^2}{2m\hbar} = \frac{\hbar k^2}{2m} \tag{3.45}$$

となる．この $\omega(k)$ を用いると，0でない静止質量をもつ自由粒子の群速度は

$$V_g = \frac{\partial \omega(k)}{\partial k} = \frac{\hbar}{2m}\frac{\partial k^2}{\partial k} = \frac{\hbar k}{m} = \frac{p}{m} \tag{3.46}$$

となる．

これは重要な結果である．波束の群速度は，古典的速度 p/m で運動するというのである．しかし，自由粒子の量子力学的な記述は，古典的な記述と根本的に異なる．量子力学では，粒子は運動量固有状態の重ね合わせで記述され，$\Delta x \Delta p \approx \hbar$ の関係を保ちつつ部分的に局在する．粒子が運動するのは，強め合って干渉する領域と弱め合って干渉する領域が，時間発展に伴い変化するからである．それにもかかわらず，物質粒子の量子論的記述は，古典力学と同一の速度を与える．これは，**対応原理** [2]（correspondence principle）に合致している．古典力学が適切な結果を与える領域では，たとえば物質粒子の速度に関しては，量子論もまた同じ結果をもたらすであろう．

---

2)　訳者注：対応原理とは，多くの粒子が存在する古典的極限では，量子力学の諸法則は平均として古典的な表現に一致するように選ばれねばならないとする，ボーアにより与えられた量子化の考え方である．本書では扱われないが，前期量子論での指導原理となった．今の場合では，波束をつくるところが古典的極限にあたると考えられる．古典的極限については，量子数が $n \to \infty$，あるいはプランク定数が $h \to 0$ など，いくつかの表現の仕方があるが，後述の第6章A節，図6.5や巨視的な振動子の議論なども，具体的事例の1つとして参照されたい．

静止質量が0でない自由粒子の量子論的速度と古典論的速度が同一であっても，量子論的記述は，古典的描像がなしえない現象の理解に道筋をつける．光子と電子の量子論的記述は同一である．どちらも，運動量固有状態の重ね合わせからなる波束であり，どちらも，部分的に局在している．それらの群速度の違いは，分散関係の違いに起因している．これらの記述の仕方が基本的に同一であるがゆえに，光子も電子も，波動の特性と粒子の特性を，同時にあわせもつべきであることも明らかである．波動としての特性と粒子としての特性のどちらが観測されるかは，実施される実験の状況のみに依存する．光電効果の実験で，1個の光子が1個の電子を放出するときには，光は粒子のような性質，すなわち局在性をあらわにする．回折格子により，光が回折されるときには，波動としての性質をあらわに示す．カラーテレビジョンのブラウン管内で，電子“銃”から発射された電子が加速される場合には，特定の色の光を放出するスクリーン上の微小な点に命中するように，偏向板により狙いを定めることができる．この場合の電子は，局在した粒子のように振る舞う．低エネルギー電子線回折による表面科学の実験で，結晶表面により電子が回折される場合には，電子は波動としての振舞いを示す．**波動-粒子の二重性**（wave-particle duality）は，光と物質の両者に当てはまるべきである．すべてのタイプの**粒子**は，どのような型のものであっても，すべて**波束**である．観測の仕方が，波束のどちらの側面を見せるかを決定する．波束の量子論（quantum theory of wave packets）は，光と物質に関して波動性と粒子性の統一された記述を提供するのである．

第4章 交換子──ディラックの量子条件と不確定性原理

Commutators — Dirac's Quantum Condition and the Uncertainty Principle

A. ディラックの量子条件

関数 f と g に関する古典的なポアソンの括弧式と，演算子 $\hat{f}$ と $\hat{g}$ に関する量子力学的な交換子とは対応させることができ，これによって，古典力学と量子力学を一定の定まった方式でつなぐことができる．

2個の線形演算子に関する**交換子**（commutator）は，

$$[\hat{A}, \hat{B}] = \hat{A}\hat{B} - \hat{B}\hat{A} \tag{4.1}$$

と定義される．A と B が共に数ならば，$AB - BA = 0$ である．数は積の操作に関して可換だからである．しかし，線形演算子は必ずしも可換ではない．ここで，

$$\hat{A}\hat{B}|C\rangle = \hat{A}[\hat{B}|C\rangle]$$
$$= \hat{A}|Q\rangle$$
$$= |Z\rangle$$

としよう．ケット $|C\rangle$ に $\hat{B}$ を作用させると，一般には新しいケット $|Q\rangle$ を生成し，その結果に $\hat{A}$ を作用させれば，さらに別のケット $|Z\rangle$ を生成する．一方

$$\hat{B}\hat{A}|C\rangle = \hat{B}[\hat{A}|C\rangle]$$
$$= \hat{B}|S\rangle$$
$$= |T\rangle$$

であり，$|Z\rangle$ と $|T\rangle$ は必ずしも等しくはならない．すなわち，交換子 $[\hat{A}, \hat{B}]$ を任意のケットに作用させると，必ずしも0ではない結果となるので，演算子 $\hat{A}$ と $\hat{B}$ は一般には可換ではない．演算子が可換ではないことを示すのに，単に $[\hat{A}, \hat{B}] \neq 0$ と書かれることも多い．この式は，もちろん文字通りの代数的な意味で捉えるべきではなく，交換子を任意のケットに作用させると0

48　第4章　交換子——ディラックの量子条件と不確定性原理

でない結果を与える，という意味で捉えるべきである．

　古典的な**ポアソンの括弧式**（classical Poisson bracket）は，

$$\{f,\, g\} = \frac{\partial f}{\partial x}\frac{\partial g}{\partial p} - \frac{\partial g}{\partial x}\frac{\partial f}{\partial p} \tag{4.2}$$

で与えられる．ここで，$f=f(x, p)$ と $g=g(x, p)$ は，古典的な位置 x と運動量 p の関数である．この f と g は古典的な**力学的**（動的）**変数**（dynamical valuables）を表し，まだ量子力学的な演算子ではない．

　古典的な力学的変数である，位置と運動量に関するポアソン括弧式は，

$$\{x,\, p\} = \frac{\partial x}{\partial x}\frac{\partial p}{\partial p} - \frac{\partial p}{\partial x}\frac{\partial x}{\partial p} \tag{4.3}$$

で与えられる．したがって，

$$\{x,\, p\} = 1 \tag{4.4}$$

となる．式（4.3）右辺の第1項は1であり，第2項は0だからである．

　ディラックは，2個の古典的な力学的変数に関する**ポアソン括弧式**とそれに対応する量子力学的な演算子に関する**交換子**との間に，矛盾なく受け入れられる量子演算子の集合を定義するための関係を提案した．この関係は，**ディラックの量子条件**（Dirac's quantum condition）と呼ばれる．ディラックはそれを次のように述べた．

　古典力学で定義される関数 f と g は，量子論に移行すると演算子 $\hat{f}$ と $\hat{g}$ に置き換えられるが，その場合には常に，それらの交換子が関数 f と g の**ポアソン括弧式**と，

$$i\hbar\,\{f,\, g\} \to [\hat{f},\, \hat{g}] \tag{4.5}$$

の規則に従うように置き換えるべきである．

　ディラックの量子条件を満たす演算子は，観測可能な量の計算に用いることのできる，内部的に矛盾のない演算子の集合を構成する．量子条件に従う演算子の集合は一意的ではなく，そのようないずれの集合も，量子論のある特定の表示の基底となる．

　演算子 $\hat{x}$ と $\hat{P}$ の量子力学的な交換子は，次の関係

$$[\hat{x},\, \hat{P}] = i\hbar\,\{x,\, P\} \tag{4.6}$$

に従わねばならない. このポアソン括弧式は 1 に等しいので,

$$[\hat{x}, \hat{P}] = i\hbar \tag{4.7}$$

となる. 先述のように, 式 (4.7) のような等式は, 交換子を任意のケットに作用させた結果が, そのケットに演算子 $i\hbar$ を作用させた結果と同一になることを意味する. $i\hbar$ のような数値には, 恒等演算子が暗黙のうちに掛けられていると考え, いつでも必要なときに演算子とみなすことができる. すなわち, $i\hbar$ は $i\hbar\hat{I}$ を意味し, $\hat{I}$ が**恒等演算子**である. 恒等演算子は, 任意のケットに作用させると同一のケットを生成する. つまり, ケットの方向も長さも不変に保つのである.

第 3 章で, シュレーディンガー表示の運動量演算子を用いた. この表式がディラックの量子条件に従うためには, 運動量と位置の古典的関数は, 以下のような演算子で置き換えられねばならない[1].

$$p \to \hat{P} = -i\hbar \frac{\partial}{\partial x} \tag{4.8}$$

$$x \to \hat{x} \tag{4.9}$$

この選択が量子条件に従うことを見るためには, 演算子 $\hat{x}$ と演算子 $\hat{P}$ の交換子を任意のケット $|S\rangle$ に作用させてみる.

$$[\hat{x}, \hat{P}]|S\rangle$$
$$= (\hat{x}\hat{P} - \hat{P}\hat{x})|S\rangle$$
$$= \hat{x}\left(-i\hbar\frac{\partial}{\partial x}\right)|S\rangle + i\hbar\frac{\partial}{\partial x}x|S\rangle$$

ここで, 第 3 式第 2 項に積の微分の規則を用いれば,

$$= i\hbar\left(-\hat{x}\frac{\partial}{\partial x}|S\rangle + |S\rangle + x\frac{\partial}{\partial x}|S\rangle\right)$$

となる. 第 1 項と第 3 項は打ち消し合い, 結果は

$$= i\hbar|S\rangle$$

となる. したがって,

---

1) 訳者注:この置き換えは, もちろん一意的ではない. 式 (4.9) をまず決めて (*i.e.* 座標あるいは位置表示), その条件の下で式 (4.8) が定まるのである. したがって, たとえば $p \to \hat{p}$ と運動量の方をそのまま残すような (*i.e.* 運動量表示), 異なる置き換え方も必ず存在する (章末問題も参照のこと).

50　第4章　交換子——ディラックの量子条件と不確定性原理

$$[\hat{x}, \hat{P}]|S\rangle = i\hbar|S\rangle$$

が得られ，$|S\rangle$ は任意のケットだから，これと等価な関係式として

$$[\hat{x}, \hat{P}] = i\hbar \tag{4.10}$$

が得られる．

　ディラックの量子条件は，古典力学と量子力学の間を直接に結び付ける．

B.　交換子と同時固有関数

　量子論では，**交換子**は根源的な役割を演ずる．ディラックの量子条件は，**力学的変数（観測可能量）**の表示に用いることのできる線形演算子の許容可能な集合を決定するが，そのとき交換子関係を用いている．前節で，位置と運動量の演算子は交換しないことを見た．一方，第3章C節で議論した波束の問題では，粒子の位置と運動量は同時には正確に測定できないことを示した．位置と運動量の不確かさの積に関して，定性的ではあるが1つの関係が式（3.28）で与えられた．しかし一方，なかには同時に正確に測定することができる観測可能量もあり，その場合には，それらの演算子は交換可能である．

　線形演算子 $\hat{A}$ と $\hat{B}$ で表示される，2個の力学的変数に関する次のような固有値方程式を考えよう．

$$\hat{A}|S\rangle = \alpha|S\rangle \tag{4.11a}$$
$$\hat{B}|S\rangle = \beta|S\rangle \tag{4.11b}$$

このような $|S\rangle$ は，演算子 $\hat{A}$ と $\hat{B}$ の**同時固有ベクトル**（simultaneous eigenvectors）と呼ばれ，それぞれ固有値 α と β の集合をもつ．線形演算子の固有値は観測可能量なので，$|S\rangle$ が観測可能量を表す2つ以上の線形演算子の同時固有ベクトルであれば，これらの観測可能量は厳密に同時に測定する（*i.e.* 決定する）ことができる．

　式（4.11a）に $\hat{B}$ を左から掛け，式（4.11b）に $\hat{A}$ を左から掛けると，

$$\hat{B}\hat{A}|S\rangle = \hat{B}\alpha|S\rangle \qquad \hat{A}\hat{B}|S\rangle = \hat{A}\beta|S\rangle$$

を得る．数は常に演算子とは交換するので，2式の右辺はそれぞれ

$$= \alpha\hat{B}|S\rangle \qquad\qquad = \beta\hat{A}|S\rangle$$

となる．ここで $\hat{B}$ と $\hat{A}$ を $|S\rangle$ に実際に作用させると，

$$= \alpha\beta|S\rangle \qquad\qquad = \beta\alpha|S\rangle$$

を得る. α と β は数であり, 数の積は交換可能なので, これらは互いに等しい. したがって,

$$\hat{A}\hat{B}|S\rangle = \hat{B}\hat{A}|S\rangle$$

あるいは

$$(\hat{A}\hat{B} - \hat{B}\hat{A})|S\rangle = 0$$

を得る. $(\hat{A}\hat{B} - \hat{B}\hat{A})$ は $\hat{A}$ と $\hat{B}$ の交換子なので,

$$[\hat{A}, \hat{B}] = 0$$

となる.

$[\hat{A}, \hat{B}] = 0$ の場合に, $\hat{A}$ と $\hat{B}$ は互いに**交換する**(commute;**可換,交換可能である**)と言われる. その固有ベクトルがすべて同時固有ベクトルであるような演算子は, 互いに交換する. 交換可能な演算子の固有ベクトルは, いつでもそれらが, 同時固有ベクトルになるように構成できることが証明される.

可換演算子の最も単純な例として, 自由粒子の運動量演算子とエネルギー演算子を考える. エネルギー演算子(ハミルトニアン)は, 運動エネルギーとポテンシャルエネルギーの和で与えられる古典的なハミルトン関数に基づいて, その古典的関数を, 適切な量子力学的演算子で置き換えることによって得られる. 自由粒子は運動エネルギーのみをもち, ポテンシャルエネルギーは至る所で 0 である. したがって, ハミルトン関数に対応するエネルギー演算子は,

$$\hat{H} = \frac{\hat{P}^2}{2m} \tag{4.12}$$

となる. これは運動量演算子の 2 乗を質量の 2 倍で割ったものである. 演算子の n 乗とは, 演算子を続けて n 回作用させるという意味である. よって, $\hat{P}^2$ は $\hat{P}\hat{P}$ と同一の作用をする. ハミルトニアンと運動量演算子の交換子は,

$$[\hat{H}, \hat{P}] = \frac{1}{2m}[\hat{P}^2, \hat{P}] \tag{4.13}$$

と書ける. 任意のケット $|S\rangle$ にこの交換子を作用させると,

$$[\hat{P}^2, \hat{P}]|S\rangle = \hat{P}^2\hat{P}|S\rangle - \hat{P}\hat{P}^2|S\rangle = \hat{P}\hat{P}\hat{P}|S\rangle - \hat{P}\hat{P}\hat{P}|S\rangle = 0 \tag{4.14}$$

となり, したがって

52 第4章 交換子——ディラックの量子条件と不確定性原理

$$[\hat{H}, \hat{P}] = 0 \qquad (4.15)$$

を得る．もちろん，任意のケットに対してこの交換子を作用させて得られる結果として書き表した．自由粒子の $\hat{H}$ と $\hat{P}$ は交換するので，エネルギーと運動量の演算子は同時固有ベクトルをもち，エネルギーと運動量は同時に正確に測定できる（決定できる）物理量である．

　一連の可換演算子の組は，どの観測可能量が同時に測定可能かを明確に示す点で重要である．系の状態は，観測可能な物理量で特徴付けられるが，単一の観測可能量だけで系の状態を特定するには不十分な場合が，たびたびある．たとえば，第7章で詳しく議論する水素原子の状態は，エネルギーだけでは完全には区別し，確定することができない．水素原子の2番目のエネルギー準位は，4種類の軌道よりなる．1個の $2s$ 軌道と3個の $2p$ 軌道である．これらの状態は4個ともすべて同じ**エネルギー**をもつので，エネルギーを計測するだけでは系の状態は確定しない．しかし一方で，$2s$ 状態と3個の $2p$ 状態はそれぞれ異なる**軌道角運動量**をもち，軌道角運動量の演算子はハミルトニアン（エネルギー演算子）とは交換する．したがって，エネルギーと軌道角運動量は同時に測定可能である．こうして，$2s$ 軌道と $2p$ 軌道は識別することが可能になる．さらに3個の異なる $2p$ 軌道は，ある軸に対する軌道角運動量の**射影**が異なる（第15章を参照）．この軸に対する射影を得る演算子が存在し，それはハミルトニアンと全軌道角運動量の演算子の両方に可換である．したがって，これら3個の特性のすべてが同時に測定可能（決定可能）であり，エネルギー的には縮退した4通りの系の状態は，完全に識別できることになる．

　系の状態は，一連の可換演算子の固有値で定義される．系の状態を完全に定義する可換演算子の完全な集合（*i.e.* 十分な種類の可換演算子）は必ず存在する．

　交換子関係を運用するに当たり，それらの操作に有用な関係式をいくつか列挙しておく．

$$[\hat{A}, \hat{B}] = -[\hat{B}, \hat{A}] \qquad (4.16a)$$

$$[\hat{A}, \hat{B}\hat{C}] = [\hat{A}, \hat{B}]\hat{C} + \hat{B}[\hat{A}, \hat{C}] \qquad (4.16b)$$

$$[\hat{A}\hat{B}, \hat{C}] = [\hat{A}, \hat{C}]\hat{B} + \hat{A}[\hat{B}, \hat{C}] \qquad (4.16c)$$

$$[\hat{A}, [\hat{B}, \hat{C}]] + [\hat{B}, [\hat{C}, \hat{A}]] + [\hat{C}, [\hat{A}, \hat{B}]] = 0 \qquad (4.16d)$$

$$[\hat{A},\ \hat{B}+\hat{C}]=[\hat{A},\ \hat{B}]+[\hat{A},\ \hat{C}] \tag{4.16e}$$

C. 期待値と平均

次の固有値方程式を考えよう．

$$\hat{A}|a\rangle=\alpha|a\rangle \tag{4.17}$$

ここで $\hat{A}$ は，ある力学的変数を表現する演算子である．$|a\rangle$ は，演算子 $\hat{A}$ の固有値 α に属する固有ベクトルである．α は，状態 $|a\rangle$ にある系に対して $\hat{A}$ で表現される力学的変数に関する測定を行うとき，実際に観測されるべき量である．$|a\rangle$ は規格化されているものとする．式（4.17）に左からブラ $\langle a|$ を掛けると，

$$\begin{aligned}
\langle a|\hat{A}|a\rangle&=\langle a|\alpha|a\rangle\\
&=\alpha\langle a|a\rangle\\
&=\alpha
\end{aligned}$$

を得る．演算子の固有ベクトルに関しては，$\langle a|\hat{A}|a\rangle$ のような形式の閉じたブラケットは固有値を与え，実数になる．

系の状態が特定の演算子の固有状態ではない場合も，もちろんありうる．したがって，演算子 $\hat{A}$ の固有ベクトルではない状態 $|b\rangle$ に対して，$\hat{A}$ で表現される観測可能量の測定を行った場合の結果がどうなるかを決定するためには，

$$\hat{A}|b\rangle$$

を具体的に評価する必要がある．$\hat{A}$ の固有ケット $|a_i\rangle$ の集合は，系の各状態に対して必ず対応するケットが存在するので，**完全系**（complete set）[2] になっている．$|a_i\rangle$ は規格化し，互いに直交化できる．一般に，ケットは規格

---

2) 訳者注：演算子 $\hat{A}$ の固有ケット $|a_i\rangle$ すべてからなる集合は，以下に述べられるように正規直交系をつくる．重要なのは，任意の波動関数 ϕ がこの関数系による級数展開でどの程度まで表せるかであり，ϕ が $\hat{A}$ の固有関数ならばこれは確かに可能である．任意のヒルベルト空間に属する ϕ に対してこれが可能なとき，この関数系は完全であるという（完備なともいう）．詳しくは線形代数の教科書ないしは少し進んだ量子力学書（たとえば，A. メシア 著『メシア量子力学 1〜3』小出昭一郎・田村二郎 訳，東京図書，1971-1972）を参照されたい．射影演算子（第8章B節）を用いた展開（第9章C節，式（9.71））はこの応用例でもある．

54　第4章　交換子——ディラックの量子条件と不確定性原理

化可能である．第2章C節で証明したように，縮退していない固有ケットは互いに直交している．固有ケットのうちのいくつかが縮退している場合には，それらの重ね合わせをとって互いに直交化させ，しかも依然として固有ケットであるように重ね合わせをとることは，常に可能である（グラム・シュミットの直交化法）．したがって，集合 $|a_i\rangle$ は完全な**正規直交基底系**になる．

　重ね合わせの原理により，ある状態は必ず他の状態の和（重ね合わせ）として表現できるので，ケット $|b\rangle$ は，完全系をなす状態 $|a_i\rangle$ で展開することができる．

$$|b\rangle = c_1|a_1\rangle + c_2|a_2\rangle + c_3|a_3\rangle + \cdots \tag{4.18}$$

固有ベクトル $|a_i\rangle$ が連続（たとえば，自由粒子の運動量固有状態）の場合には，和は積分で置き換えられる．固有ケットに離散的な領域と連続的な領域があるなら，それぞれを和と積分にとればよい．以下の解析では，離散的な固有ケットの場合についてのみ行うが，結果は一般的である．そこで，

$$|b\rangle = \sum_i c_i|a_i\rangle \tag{4.19}$$

を考える．最も簡単な場合は，2個の状態だけを含む展開であり，それを

$$|b\rangle = c_1|a_1\rangle + c_2|a_2\rangle \tag{4.20}$$

とする．このケット $|b\rangle$ に演算子 $\hat{A}$ を作用させると

$$\hat{A}|b\rangle = \hat{A}(c_1|a_1\rangle + c_2|a_2\rangle) \tag{4.21a}$$

$$= c_1\hat{A}|a_1\rangle + c_2\hat{A}|a_2\rangle \tag{4.21b}$$

$$= a_1 c_1|a_1\rangle + a_2 c_2|a_2\rangle \tag{4.21c}$$

となる．$|b\rangle$ は $\hat{A}$ の固有ケットではないので，$|b\rangle$ に $\hat{A}$ を作用させても元の $|b\rangle$ に戻るわけではない．$|b\rangle$ を $\hat{A}$ の固有ケットで展開すると，$\hat{A}$ の固有ケットに $\hat{A}$ を作用させた結果は既知なので，$|b\rangle$ に $\hat{A}$ を作用させた結果を計算することができる．その結果は，各固有ケットにその固有値を掛けたものになり，それが式（4.21c）に具体的に示されている．

　式（4.21c）には，今度は左からブラ $\langle b|$ を掛けることができて，

$$\langle b|\hat{A}|b\rangle = (c_1^*\langle a_1| + c_2^*\langle a_2|)(a_1 c_1|a_1\rangle + a_2 c_2|a_2\rangle) \tag{4.22a}$$

$$= a_1 c_1^* c_1 + a_2 c_2^* c_2 \tag{4.22b}$$

$$= a_1|c_1|^2 + a_2|c_2|^2 \tag{4.22c}$$

となる．α_i は，エルミート演算子の固有値なので実数である．係数 c_i は複素数にもなれるが，係数にその複素共役を掛けた積は実数であり，したがって，ブラケット $\langle b|\hat{A}|b\rangle$ は実数になる．式 (4.22c) の各項は，式 (4.20) の展開の各固有値に対応するケットについての展開係数の絶対値の 2 乗を，その固有値に掛けたものになっている．2 状態以上が展開に関与する場合も同様で，一般に，

$$|b\rangle = \sum_i c_i |a_i\rangle \tag{4.23}$$

に対して，

$$\langle b|\hat{A}|b\rangle = \sum_i \alpha_i |c_i|^2 \tag{4.24}$$

を得る．演算子 $\hat{A}$（観測可能量）の固有ベクトル $|a_i\rangle$ により $|b\rangle$ を展開して得られる展開係数の絶対値の 2 乗 $|c_i|^2$ は，$\hat{A}$ で表現される観測可能な物理量の測定を状態 $|b\rangle$ に関して行った場合に，固有値 α_i を得る確率を表す．

　ある演算子で表現される力学的変数について，測定を 1 回行うと，その演算子に対応する固有値のどれかが必ず測定される．系の状態が，演算子のある特定の固有状態にある場合には，当然その特定の状態に対応する固有値が測定される．もし系がまったく同一の方法で再度準備されて，その結果，系が同一の固有状態になるのなら，当然同じ固有値が再度計測されるだろう．しかし一般に系は，着目している力学的変数に対応する演算子の，ある特定の固有状態に常にあるわけではない．第 1 章で，定性的にではあるが，光子の偏光の問題を議論した．そこでは，当初偏極状態 a にいた光子を，偏光子を用いて観測すると，いつも必ず平行に偏極しているか垂直に偏極しているかのどちらかになることを，重ね合わせの原理を用いて説明した．重ね合わせの原理によれば，系の状態は，いつでも 2 個またはそれ以上の他の状態の重ね合わせとして表せる．

　特に系の状態が，着目している観測可能量を表現する演算子の固有状態ではない場合には，その状態は，その演算子の固有状態の重ね合わせで表現される．そこに単発の測定を行ったとすると，固有状態のうちのいずれか 1 個が測定される．再度まったく同様に系を準備しても，この系に対する計測は一般には異なる観測可能量の値，すなわち異なる固有値を与える．単発の測

56　第4章　交換子——ディラックの量子条件と不確定性原理

定により，ある特定の固有値が得られる確率は，観測される状態が当該の演算子（観測可能量）の固有ケットによる展開で表されるとき，その固有値に関する固有関数の係数の絶対値の2乗で与えられる（規格化されたケットに対して）.

　系が固有状態にはなっていない場合には，系に対して繰り返し測定を行うと，まったく同様に準備しても，そのつど異なる固有値を与えるだろう．まったく同様に準備された系について繰り返し観測を行うことにより，観測されるべき固有値の確率分布が得られる．この確率分布は，着目する力学的変数を表現する演算子の固有状態の重ね合わせとして記述される系の状態について，本質的な情報を与える[3].

◆**定義**：平均値とは，ある特定の結果にその出現確率を掛けて，すべての可能な結果について和をとった値である.

　平均値の定義から，$\langle b|\hat{A}|b\rangle$（式（4.24））は，そのつど同一の方法で準備され，それゆえ，状態$|b\rangle$にある系に対して，多数回観測を行う場合に得られる観測可能量$\hat{A}$の平均値である．1つの状態に着目し，測定を行い，測定値を記録する．系を再度同一の方法で準備して，2回目の測定を行う．この過程を繰り返し行う．$\langle b|\hat{A}|b\rangle$は，これら繰り返し行った測定結果の平均値を与える.

　多くの実験的状況では，1つの系に対して多数回の実験を行うよりも，多数個からなる同種の系に対して1回の実験を行う場合の方が多い．たとえば，単一の原子に対して多数回の測定を行うより，多数の同種原子に対して1回

---

3)　訳者注：これまでにも個別には議論されているが，式（4.24）の下4行目の段落からこの注釈までに述べられている，同一の状態を同一の方法で繰り返し準備すること，準備された状態を測定すること，状態の識別と固有値や確率分布，期待値との関係は，基礎的で重要である．ブラあるいはケットベクトルで記述される状態は，演算子とともに第2章で導入された．その基本的な考え方は，重ね合わせの原理に基づいている．それは，本章D節の不確定性関係の議論で一段落するので，その後に改めて反芻してほしい．念のため，ここで述べられる不確定性関係は，あくまでも1量子で同時刻の共役変数の間に要請されるものであり，同一量子でも時間が異なるか，複数個の量子，たとえば2個ある場合なら，異なる量子の変数や，それらの和や差など2個の量子にまたがる変数は，その縛りを免れることに注意されたい.

D. 不確定性原理 57

の計測を行うような場合である。念のため、今日では、真に単一の原子に対しても測定を行えることに注意したい。しかし現実的な状況として、大多数の実験は、巨視的な量の物質に対して行われている。

◆**仮定**：同一の手続きで準備された互いに相互作用をしていない多数個の系に関する1回の測定は、そのような系の1つについて、同一の手続きでそのつど準備された系に関する測定を、多数回繰り返すことと同等である。

　$\langle b|\hat{A}|b\rangle$ は、演算子 $\hat{A}$ の**期待値**（expectation value）と呼ばれる。それは、観測可能量の**量子力学的な平均値**である。多くの実験的な状況で、ある系、あるいはより多くの場合、多数の同種粒子からなる系は、すべてが単一の固有状態に常にあるわけではないので、測定はその観測可能量の期待値を与えることになる。

　量子論で特定の具体的な表示を用いると、ケットあるいはブラは、**ベクトル関数**あるいは**波動関数**として書き表される。波動関数の場合については、期待値は、

$$\langle b|\hat{A}|b\rangle = \int \psi_b^* \hat{A} \psi_b d\tau \tag{4.25}$$

と書ける。ここで $d\tau$ は、すべての空間座標についての積分要素を意味する。

D. 不確定性原理

　可換なエルミート演算子は、同時固有ベクトルをもつ。B節で議論したように、このことは、2種類の演算子に関連する2種類の観測可能量が、同時かつ厳密に測定できることを意味する。可換なエルミート演算子に対応する観測可能な（物理）量は、同時に任意の精度だけ明確に確定できるのである。一方A節では、$[\hat{x}, \hat{P}] \neq 0$ であることが示された。ガウス型の波束に関して、第3章C節で議論したように、位置と運動量は、同時に任意の精度で定義することはできないことがわかり、$\Delta x \Delta P \approx \hbar$ であることが得られた。このような関係は、**不確定性関係**と言われる。任意の非可換な演算子の組に関して、2種類の観測可能量がどの程度まで特定可能かを定量化する、不確定性

58　第4章　交換子──ディラックの量子条件と不確定性原理

関係が存在する.

　一般に，2個（種類の異なる）のエルミート演算子 $\hat{A}$ と $\hat{B}$ に関して，$\hat{C}$ を異なる演算子あるいは数（線形演算子の特別な場合）として，交換子関係

$$[\hat{A}, \hat{B}] = i\hat{C} \tag{4.26}$$

が成り立つ場合には，以下の関係が成り立つ.

$$\Delta\hat{A}\Delta\hat{B} \geq \frac{1}{2}|\langle\hat{C}\rangle| \tag{4.27}$$

$$\langle\hat{C}\rangle = \langle S|\hat{C}|S\rangle \tag{4.28}$$

ここで，$\langle\hat{C}\rangle$ は $\hat{C}$ の期待値であり，$\langle S|$ と $|S\rangle$ は，任意の規格化されたブラとケットである．エルミート演算子は，一般に，$\langle S|\overline{\hat{A}}|T\rangle = \langle S|\hat{A}|T\rangle$ が成り立つ演算子である.

　式（4.27）の関係を得るために，次のような演算子 $\hat{D}$ を考える.

$$\hat{D} = \hat{A} + \alpha\hat{B} + i\beta\hat{B} \tag{4.29}$$

ここで，α と β は実数とする．すると，一般に

$$\hat{D}|S\rangle = |Q\rangle \tag{4.30}$$

と置ける．任意のケットに演算子を作用させると，一般には元とは異なるケットを生成するからである．$\langle Q|Q\rangle$ はベクトルの長さだから，

$$\langle Q|Q\rangle = \langle S|\overline{\hat{D}}\hat{D}|S\rangle \geq 0 \tag{4.31}$$

である．式（4.31）に式（4.29）の定義を用いれば，以下の結果を直截に示すことができる.

$$\langle\hat{A}^2\rangle + (\alpha^2 + \beta^2)\langle\hat{B}^2\rangle + \alpha\langle\hat{C}'\rangle - \beta\langle\hat{C}\rangle \geq 0 \tag{4.32}$$

ここで，$\hat{C}' = \hat{A}\hat{B} + \hat{B}\hat{A}$ であり，演算子 $\hat{C}'$ は，演算子 $\hat{A}$ と $\hat{B}$ の**反交換子**と呼ばれる．反交換子は，記号で $\hat{A}\hat{B} + \hat{B}\hat{A} = [\hat{A}, \hat{B}]_+$ と表す．下付きの $+$ は，これが $\hat{A}$ と $\hat{B}$ の交換子ではなく，反交換子であることを示す（反交換子の表記としては，$\{\hat{A}, \hat{B}\} \equiv \hat{A}\hat{B} + \hat{B}\hat{A}$ もよく用いられる）.

　任意のケット $|S\rangle$ について，$\hat{B}|S\rangle \neq 0$ とする．すると式（4.32）は整理できて，

D. 不確定性原理　59

$$
\langle \hat{A}^2 \rangle + \langle \hat{B}^2 \rangle \left(\alpha + \frac{1}{2} \frac{\langle \hat{C}' \rangle}{\langle \hat{B}^2 \rangle} \right)^2 + \langle \hat{B}^2 \rangle \left(\beta - \frac{1}{2} \frac{\langle \hat{C} \rangle}{\langle \hat{B}^2 \rangle} \right)^2
$$
$$
- \frac{1}{4} \frac{\langle \hat{C}' \rangle^2}{\langle \hat{B}^2 \rangle} - \frac{1}{4} \frac{\langle \hat{C} \rangle^2}{\langle \hat{B}^2 \rangle} \geq 0
\tag{4.33}
$$

となる．これが任意の α と β について成り立つので，第2項，第3項の括弧の中が0になるように選ぶこともできる．したがって，

$$
\langle \hat{A}^2 \rangle \langle \hat{B}^2 \rangle \geq \frac{1}{4} \left(\langle \hat{C} \rangle^2 + \langle \hat{C}' \rangle^2 \right) \geq \frac{1}{4} \langle \hat{C} \rangle^2
\tag{4.34}
$$

としてよい．最初の $\geq$ の右に続く式は，上式（4.33）の括弧の項を0と置いて少し整理すると得られる．$\langle \hat{C} \rangle$ と $\langle \hat{C}' \rangle$ は，エルミート演算子の期待値なので，共に実数である．したがって，$\langle \hat{C} \rangle^2$ と $\langle \hat{C}' \rangle^2$ は実数の2乗なので，共に正となる．正の数は，それ自身と別の正の数の和よりは小さいか等しいことから，式（4.34）の第2の $\geq$ の右に続く項が導かれる．等号は，$\langle \hat{C}' \rangle^2 = 0$ の場合にのみ成り立つ．したがって，

$$
\langle \hat{A}^2 \rangle \langle \hat{B}^2 \rangle \geq \frac{1}{4} \langle \hat{C} \rangle^2
\tag{4.35}
$$

を得る．ここで次式を定義しよう．

$$
(\Delta A)^2 = \langle \hat{A}^2 \rangle - \langle \hat{A} \rangle^2
\tag{4.36}
$$

ΔA は，演算子 $\hat{A}$ に関する観測可能量 A の拡がり，あるいは不確定さであり，$(\Delta A)^2$ は，観測可能量 A について得られる実測値の分布の，2次のモーメントである．ガウス分布の場合には，これは標準偏差の2乗にあたる．同様にして，

$$
(\Delta B)^2 = \langle \hat{B}^2 \rangle - \langle \hat{B} \rangle^2
\tag{4.37}
$$

も定義する．よくある特別な場合，

$$
\langle \hat{A} \rangle = \langle \hat{B} \rangle = 0
\tag{4.38}
$$

については，式（4.35）〜（4.37）を組み合わせ，$(\langle \hat{C} \rangle^2)^{1/2} = |\langle \hat{C} \rangle|$ と書き直すと，基本的な不確定性関係[4]，あるいは**ハイゼンベルクの不確定性原理**が

---

4)　訳者注：不確定性関係は，現状では大別して3通りほど異なる状況に関するものがある．まず，本節で示されたのが最も基本的で，位置と運動量のように，1個の量子についての正準共役な力学変数に対応する演算子が非可換であることから導出される，**"物理量の揺らぎ"** の間に発生する不等式である．交換関係（4.26）が成り立ち，もし $\hat{C}$

60　第4章　交換子——ディラックの量子条件と不確定性原理

得られる.

$$\Delta A \Delta B \ge \frac{1}{2}|\langle \hat{C} \rangle| \tag{4.39}$$

が恒等演算子 $\hat{I}$ の定数倍 $k\hat{I}$ に等しいなら，物理量 A の揺らぎ ΔA と物理量 B の揺らぎ ΔB の間には，$\Delta A \Delta B \ge |k|/2$ が成り立つ．位置 $\hat{x}$ と運動量 $\hat{P}$ の場合には $k = \hbar$ であり，位置と運動量が両方とも確定した状態は存在しえず，運動量が ΔP だけ不確定な状態では，位置の揺らぎ Δx（不確定さ）は必ず $\hbar/2\Delta P$ 以上になる．もし運動量が確定値をとるなら，位置はまったく不定になる（第3章 A〜C 節参照）．関係（4.27）（＝（4.39））で $\hat{C}$ が 0 でない一般の場合には，$\langle \hat{C} \rangle$ が状態に依存するので，状況は単純ではなくなる．このあたりについては，以下の第2, 3の範疇も含めて，清水明著『新版量子論の基礎——そのやさしい理解のために』（サイエンス社，2004）に優れた解説がある．具体的には，一般化された角運動量あるいはスピン角運動量がこれにあたるので，当該の箇所（第15, 16章）で振り返って見直してほしい．

　　第2の範疇は，物理量 A の "**測定誤差**" ΔA あるいは測定の正確さと，その測定が別の物理量 B に引き起こす**反作用**としての "**擾乱**" ΔB の間の不等式である．ハイゼンベルクは，1927年に有名な "γ 線顕微鏡の思考実験" から，粒子の位置を測定すると，その運動量が不可避的に乱されることを見いだし，位置測定の誤差 Δx と運動量の擾乱 ΔP の間に不確定性関係を導き，後に一般の物理量 A と B の間に式（4.26）と（4.27）と同形の不確定性関係を得た．第1の範疇の不等式と同じ形式であったこともあり，区別があいまいになりがちだが，前者は，交換関係とボルンの確率規則（第3章）のみから導かれる**定理**であるのに対し，後者は，計測に関する詳細な知見と，誤差と擾乱に関する定量的な定義，言い換えると量子力学に対する基本的要請のすべてに準拠することが必要になり，不等式の右辺はそれらの仮定に依存して変化しうる．実際後者には，ハイゼンベルクの不等式のみならず，ブランシアードの不等式（C. Branciard, 2013）や近年特に注目を集める小澤の不等式（2003）など，いくつかの関係が提案されていて，実験的検証も進みつつある分野である．ちなみに，第1の範疇での測定は，直前の本章 C 節に論議されている手順によるべきで，もし同時に測定すると，そのこと自体は可能でも新たに "誤差" が加わり，右辺は 2 倍になることが知られている．

　　第3の範疇は，時間 t とエネルギー E に関する不等式である．非相対論的な本書の立場では，時間 t は古典論的に扱われる連続変数であり，力学変数ではない．したがって，対応するべき量子力学演算子は定義されえず，式（4.27）に類する関係は基本的には存在しない．しかし，シュレーディンガー方程式の正当性を検討する過程（第5章 A 節，訳者注）などから，仮にエネルギーを時間微分演算子とみなすなら，$E \to i\hbar\partial/\partial t$ の対応関係は受け入れやすく，**時間 t とエネルギー E に関する** $\Delta t \cdot \Delta E \ge \hbar/2$ という**不確定性**関係は，実用上は大変便利であり，現実にはよく使われている．振動する波動をそれと認識するには，その波長程度の時間をかけないと，その状態の変化も明確にならないということである．相対論は古典論の一部として，古典電磁気学のローレンツ変換不変な 4 元位置ベクトルや 4 元運動量ベクトルの導入部分をあらかじめ受け入れておくやり方もあるのかもしれない．

D. 不確定性原理　61

　一例として位置と運動量について考えよう．位置と運動量の演算子の交換子は，式（4.7）で与えられるように，

$$[\hat{x}, \hat{P}] = i\hbar \tag{4.40}$$

であって，式（4.26）の形式になっている．さらに，

$$\langle\hat{x}\rangle = \langle\hat{P}\rangle = 0 \tag{4.41}$$

である．$\hbar$ は数なので，暗黙の了解として恒等演算子が掛けられているとみなせ，その期待値は単に $\hbar$ である．したがって，位置–運動量に関する不確定性関係は

$$\Delta x \Delta P \geq \hbar/2 \tag{4.42}$$

となる．この厳密な関係式は，第3章で自由粒子の波束について定性的に導かれた関係とほとんど同じである．波束問題は，不確定性関係の起源についての物理的な洞察を与えてくれる．

　$\langle\hat{A}\rangle \neq 0$ および $\langle\hat{B}\rangle \neq 0$ のような場合には，2個の新たなエルミート演算子

$$\hat{A}' = \hat{A} - \langle\hat{A}\rangle\hat{I} \tag{4.43}$$

および

$$\hat{B}' = \hat{B} - \langle\hat{B}\rangle\hat{I} \tag{4.44}$$

を定義・導入することができる．期待値は実数であり，$\hat{I}$ は恒等演算子であるので，新しい演算子は，元の演算子と同じ交換子関係をもつ．

$$[\hat{A}', \hat{B}'] = i\hat{C} \tag{4.45}$$

一方今度は，$\hat{A}'$ の期待値は

$$\begin{aligned}
\langle\hat{A}'\rangle &= \langle\hat{A} - \langle\hat{A}\rangle\hat{I}\rangle \\
&= \langle\hat{A}\rangle - \langle\langle\hat{A}\rangle\hat{I}\rangle \\
&= \langle\hat{A}\rangle - \langle\hat{A}\rangle\langle\hat{I}\rangle \\
&= \langle\hat{A}\rangle - \langle\hat{A}\rangle \\
&= 0
\end{aligned}$$

となる．恒等演算子の期待値は1になるからである．同様の結果が，$\langle\hat{B}'\rangle$ についても得られる．したがって，

$$\langle\hat{A}'\rangle = \langle\hat{B}'\rangle = 0 \tag{4.46}$$

を得る．新しい演算子に関する期待値が0となったので，これらに対しては，

62　第4章　交換子──ディラックの量子条件と不確定性原理

上述の手続きを同様に適用できる．結果は，不確定性関係の一般形

$$(\Delta A)^2 (\Delta B)^2 \geq \left(\frac{\langle \hat{C} \rangle}{2} \right)^2 + \left(\frac{\langle \hat{C'} \rangle}{2} - \langle \hat{A} \rangle \langle \hat{B} \rangle \right)^2 \tag{4.47}$$

を与える．

第5章 | シュレーディンガー方程式——時間に依存する場合としない場合

The Schrödinger Equation—Time-Dependent and Time-Independent

A. シュレーディンガー方程式

シュレーディンガー方程式は，量子論で最も広く用いられる表示法の1つに関する基礎となる．時間に依存するシュレーディンガー方程式は，

$$i\hbar \frac{\partial \Phi(x,\ y,\ z,\ t)}{\partial t} = \hat{H}(x,\ y,\ z,\ t)\Phi(x,\ y,\ z,\ t) \tag{5.1}$$

と表される．ここで，位置と時間に依存する関数 $\Phi(x, y, z, t)$ は，**波動関数**と呼ばれる．$\hat{H}(x, y, z, t)$ はハミルトン演算子であり，シュレーディンガー表示におけるエネルギー演算子である．系に働く力が時間に依存するかもしれないので，エネルギーは粒子の座標に依存し，また時間にも依存する．まず最初は，ハミルトニアンが時間によらないとして考えよう．これは，系のエネルギーが時間によらず一定（*i.e.* 保存量）であることを意味する．時間によらないハミルトニアンの場合には，系のエネルギー自体は一定であるが，系のさまざまな特性はそれでもなお，時間とともに発展するのである．この型のハミルトニアンの具体例は第8章で，ハミルトニアンが時間に依存する場合の具体例については第11，12章および第14章で取り扱う．

古典的なハミルトニアン（ハミルトン関数）は，運動エネルギーとポテンシャルエネルギーの和である．すなわち

$$H_{classical} = \frac{P^2}{2m} + V \tag{5.2}$$

と書かれる．ここで，P は古典的な運動量であり，V はポテンシャルエネルギーである．量子力学的なハミルトン演算子は，古典的な力学的変数を対応する量子演算子で置き換えることで得られる．シュレーディンガー表示での演算子は，第4章で議論した．1次元の場合，**ハミルトン演算子**（ハミルト

64　第5章　シュレーディンガー方程式——時間に依存する場合としない場合

ニアン）は

$$\hat{H} = \frac{-\hbar^2}{2m} \frac{\partial^2}{\partial x^2} + V(x) \tag{5.3}$$

で与えられる．3次元では，ハミルトニアンは

$$\hat{H} = \frac{-\hbar^2}{2m} \nabla^2 + V(x, y, z) \tag{5.4}$$

となる．ここで ∇^2 は**ラプラス演算子**（ラプラシアン）であり，

$$\nabla^2 = \frac{\partial^2}{\partial x^2} + \frac{\partial^2}{\partial y^2} + \frac{\partial^2}{\partial z^2} \tag{5.5}$$

で定義される．

　ハミルトニアンが時間によらない，言い換えると $\hat{H}(x, y, z)$ の場合には，時間に依存するシュレーディンガー方程式は，以下の置き換えをすることにより，時間に依存する項としない項に分離することができる．

$$\Phi(x, y, z, t) = \phi(x, y, z) F(t) \tag{5.6}$$

すなわち，波動関数を時間に依存しない関数 $\phi(x, y, z)$ と時間に依存する関数 $F(t)$ の積の形式にとる．式（5.6）を式（5.1）に代入すると，

$$i\hbar \frac{\partial}{\partial t} \phi(x, y, z) F(t) = \hat{H}(x, y, z) \phi(x, y, z) F(t) \tag{5.7}$$

左辺では，$\phi(x, y, z)$ は時間の関数ではないので，微分の外に移項できる．右辺では，$\hat{H}$ は t によらないので，$F(t)$ には作用しない．つまり $F(t)$ は $\hat{H}$ の左側に移項できる．よって式（5.7）は，

$$i\hbar \phi(x, y, z) \frac{\partial}{\partial t} F(t) = F(t) \hat{H}(x, y, z) \phi(x, y, z) \tag{5.8}$$

と変形できる．両辺を $\Phi = \phi F$ で割ると，

$$\frac{i\hbar \dfrac{dF(t)}{dt}}{F(t)} = \frac{\hat{H}(x, y, z) \phi(x, y, z)}{\phi(x, y, z)} \tag{5.9}$$

式（5.9）の左辺は t のみに依存し，右辺は空間座標のみに依存する．したがって，x, y, z がどのように変化しようとも，左辺の値は変化しないので，右辺は座標によらず一定でなければならない．同様に，どのように時間 t が変化しようとも，右辺の値は変化しないので，左辺は時間によらず一定でな

けなければならない．したがって式（5.9）の両辺を，ともに定数 E に等しく

$$\frac{i\hbar \dfrac{dF}{dt}}{F} = E = \frac{\hat{H}\phi}{\phi} \tag{5.10}$$

と置くことができる．

式（5.10）の右側の等式は，

$$\hat{H}(x, y, z)\phi(x, y, z) = E\phi(x, y, z) \tag{5.11}$$

を与える．これは，**時間に依存しないシュレーディンガー方程式**であり，シュレーディンガー表示におけるエネルギー固有値問題でもある．エネルギー演算子であるハミルトン演算子を，時間に依存しない波動関数 $\phi(x, y, z)$ に作用させると，定数 E（元の波動関数の定数）倍となる．E がエネルギー演算子の固有値になっているので，E は関数 ϕ が表す状態のエネルギーである．この形式のエネルギー固有値問題は，ハミルトニアンが時間に依存しない場合に得られ，したがってエネルギーは時間によらず一定である．

式（5.10）の左側の等式は，波動関数の時間に依存する部分 $F(t)$ に関する方程式

$$\frac{i\hbar \dfrac{dF(t)}{dt}}{F(t)} = E \tag{5.12}$$

を与える．両辺に $F(t)$ を掛ければ F に関する微分方程式

$$i\hbar \frac{dF(t)}{dt} = E\,F(t) \tag{5.13}$$

が得られ，これを変形・整理し直すと

$$\frac{dF(t)}{F(t)} = -\frac{i}{\hbar}E\,dt \tag{5.14}$$

となる．C を積分定数として両辺を積分すると

$$\ln F = -\frac{iEt}{\hbar} + C \tag{5.15}$$

が得られる．この方程式について対数関数の逆関数をとり，C の値を波動関数の時間に依存する部分が規格化されるように定めると，結果として

$$F(t) = e^{-iEt/\hbar} \tag{5.16}$$

66　第5章　シュレーディンガー方程式——時間に依存する場合としない場合

を得る. $F(t)$ は, 時間に依存しないハミルトニアンをもつ系の, 波動関数の時間に依存する部分である. これは, 時間に依存する**位相因子**である.

エネルギー E をもつ状態の全波動関数は

$$\Phi_E(x, y, z, t) = \phi_E(x, y, z)e^{-iEt/\hbar} \tag{5.17}$$

となる. E はエネルギー固有値である. 観測可能量である E を状態の指標にそのまま用いている. Φ の規格化は波動関数の空間部分のみによる.

$$\langle \Phi_E | \Phi_E \rangle = \int \Phi_E^* \Phi_E d\tau = \int \phi_E^* e^{+iEt/\hbar} \phi_E e^{-iEt/\hbar} d\tau \\ = \int \phi_E^* \phi_E d\tau \tag{5.18}$$

時間に依存しない項が規格化されれば, 全波動関数が規格化される. 演算子 $\hat{S}$ は時間によらないものとして, $\hat{S}$ の期待値を考えると,

$$\langle \hat{S} \rangle = \langle \Phi | \hat{S} | \Phi \rangle = \int \Phi_E^* \hat{S} \Phi_E d\tau = \int \phi_E^* e^{iEt/\hbar} \hat{S} \phi_E e^{-iEt/\hbar} d\tau \tag{5.19}$$

である. $\hat{S}$ は時間に依存しないので $e^{-iEt/\hbar}$ と交換する. よって, その期待値の表式は

$$\langle \Phi | \hat{S} | \Phi \rangle = \int \Phi_E^* \hat{S} \Phi_E d\tau = \int \phi_E^* \hat{S} \phi_E d\tau \tag{5.20}$$

で与えられる. 期待値は時間によらず, 波動関数の時間によらない部分にのみ依存する[1].

---

1)　訳者注：物質波としての波動関数の特に時間発展を記述するシュレーディンガー方程式は, 本来波動力学の基本的な仮説であり, 厳密には導くことができない. その正当性は, それが実験事実を矛盾なく説明できる点にあると考えるべきで, 一般論として式 (5.1) から出発するのは, けだし卓見と言えよう. しかし初学者にとっては, いささか納得し難い面の残ることも否めず, 入門的な教科書に立ち戻り, その論拠を参照・復習してほしい. ここではその正当性のあらすじを, かいつまんで直感的に補足する. 前章で, 自由粒子の一般的状態を表す波動関数が波束 (3.31) であることを得たので, これを解とする最も簡単な微分方程式を座標表示で探す方向で考える. たとえば, 式 (3.31) を時間 t と力学変数 x でそれぞれ微分すれば, アインシュタイン ($E = \hbar\omega$) –ド・ブロイ ($p = \hbar k$) の関係式を用いて,

$$i\hbar \frac{\partial \Psi}{\partial t} = \int_{-\infty}^{\infty} \hbar\omega \cdot f(k) \exp[i(k(x-x_0) - \omega t)] dk \overset{\text{def}}{=} \langle\!\langle \hbar\omega \rangle\!\rangle = \langle\!\langle E \rangle\!\rangle \tag{#1}$$

$$-i\hbar \frac{\partial \Psi}{\partial x} = \int_{-\infty}^{\infty} p \cdot f(k) \exp[i(k(x-x_0) - \omega t)] dk \overset{\text{def}}{=} \langle\!\langle p \rangle\!\rangle \tag{#2}$$

が得られる. ここで $\langle\!\langle A \rangle\!\rangle$ は, A に関する共通の積分操作を見やすくするためだけに導

B. 期待値の運動方程式

　位置や運動量演算子のような演算子は，シュレーディンガー表示では時間とともに変化することはない．時間依存性は，波動関数の方に含まれるのである．ある状態 $|S\rangle$ に関し，ある観測可能量を表現する演算子 $\hat{A}$ の期待値は

$$\langle \hat{A} \rangle = \langle S | \hat{A} | S \rangle$$

と計算される．古典力学で記述される系に関しては，古典的な力学変数（たとえば，運動量 P のような観測可能量）は，系のいかなる状態についても原理的に計算が可能である．量子論的な系に関しては，対応する演算子の期待値が計算できるのである．運動量については，期待値は $\langle S | \hat{P} | S \rangle$ であって，観測可能量の平均値である．古典力学では，古典的関数の時間微分をと

入した．式（#1）は，$i\hbar \partial/\partial t$ が（量子力学的）演算子として定義でき，エネルギー E とは対応関係 $E \to i\hbar \partial/\partial t$ の存在を示唆するとも言えよう．式（#2）は，すでに導入済みの $p \to -i\hbar \partial/\partial x$ によるなら，いわば恒等式だが，これを更にもう一度 x で微分すると，

$$-\hbar^2 \frac{\partial^2 \Psi}{\partial x^2} = \int_{-\infty}^{\infty} (p)^2 \cdot f(k) \exp[i(k(x-x_0) - \omega t)] dk$$
$$\underset{\text{def}}{=} \langle\!\langle p^2 \rangle\!\rangle = 2m \langle\!\langle E \rangle\!\rangle \tag{#3}$$

となる．ただし，$E = p^2/2m$ を用いた．ここで，式（#1）と（#3）をなかば機械的に結び付けると，

$$i\hbar \frac{\partial \Psi}{\partial t} = -\frac{\hbar^2}{2m} \frac{\partial^2 \Psi}{\partial x^2} \tag{#4}$$

となり，これが1次元自由粒子のシュレーディンガー方程式になっている．一旦式（#4）にたどり着ければ，ポテンシャル $V(x)$ の中を運動する場合を経て3次元空間内を運動する粒子への拡張はほとんど自明で，解析力学のハミルトン関数（5.2）に準拠すれば，時間に依存する一般の場合の式（5.1）まで，ほぼ一瀉千里であろう．この推論のポイントは，前章までに導入・準備した基本的概念にひと通り則り，1. 波動関数は複素関数（*i.e.* 観測可能量ではない）であり，2. 線形の微分方程式に従うこと，言い換えれば，何らかの形で固有値方程式になっていることを仮定している．時間に関して2階の微分方程式の古典的波動が従う波動方程式では不十分で，量子力学的波動関数は導けないのである．時間 t に関しては1階（*i.e.* 閉じた系では，初期状態 $\Psi(t=0)$ が与えられれば，$t \neq 0$ での $\Psi(t)$ が一意的に決まる）で，ハミルトン演算子の固有値方程式にもなっているシュレーディンガー方程式は，古典力学で時間発展を記述するニュートンの運動方程式の第1積分に対応するともみなせるだろう．ハミルトン関数が時間に依存しない場合には，これは力学的エネルギー保存則を表し，対応原理（第3章）にも合致している．

68　第5章　シュレーディンガー方程式——時間に依存する場合としない場合

ることによって力学変数の時間微分を計算することができる．古典的な運動量の時間微分は

$$\dot{P}(t) = \frac{\partial P(t)}{\partial t} \tag{5.21}$$

である．古典的な運動量は量子力学的演算子に移行（$P \to \hat{P}$）するが，この量子力学的演算子は時間に依存しないため，式（5.21）に等価な関係式は，量子演算子を直ちに微分して得ることはできない．式（5.21）に等価な量子力学的表式を定義し，計算の方法を確定する必要がある [2].

◆定義：演算子 $\hat{A}$ の**時間微分**（これを $\dot{\hat{A}}$ で表す）は演算子であって，任意の状態 $|S\rangle$ に対するその期待値が，演算子 $\hat{A}$ の期待値の時間微分になっている演算子である．

　こうして，その期待値が次式

$$\frac{d\langle \hat{A} \rangle}{dt} = \frac{\partial}{\partial t} \langle S | \hat{A} | S \rangle \tag{5.22}$$

に等価な期待値をもつ演算子が必要になる．このような演算子は，シュレーディンガー方程式

$$\hat{H} | S \rangle = i\hbar \frac{\partial}{\partial t} | S \rangle \tag{5.23}$$

を用いて得ることができる．式（5.22）の右辺は以下のように書き直すこと

---

2)　訳者注：重ね合わせの原理を数学的に組み込むために，ディラックの方法に従い，第2章で状態ベクトルとそれに作用する演算子を導入した．本章で議論する**シュレーディンガー表示**は，演算子は時間に依存せず，式（5.19）に従って状態ベクトル（波動関数）が変化するという立場である．一方で，状態は一定で演算子が時間変化すると考える見方（元来，古典力学がこの立場）も実は可能で，これは**ハイゼンベルク表示**と呼ばれる．古典力学でさまざまな運動座標系が使われるのと同様に，**相互作用表示**と呼ばれるこれら2表示の中間に位置する表示もある．本書で一貫して用いられる**ディラック表示**は，いわば相互作用表示の仲間だが，演算子も状態ベクトルも共に変化しうる表示であり，問題に応じて柔軟に展開することが可能である．本章では，それらの基本となるシュレーディンガー表示について述べるが，今後，表示の違いをほとんど意識せず議論が進められるのは，そのためでもある．ハミルトニアンに時間に依存する（*e.g.* 相互作用）項がある場合には，特に威力を発揮する．時間に依存する摂動論や2状態問題，密度行列などの章で，その普遍性を改めて認識してほしい．

ができる.

$$\frac{\partial}{\partial t}\langle S|\hat{A}|S\rangle = \left(\frac{\partial}{\partial t}\langle S|\right)\hat{A}|S\rangle + \langle S|\hat{A}\left(\frac{\partial}{\partial t}|S\rangle\right) \tag{5.24}$$

ここで, 時間微分には積の微分法則 (product rule) を用いた. $\hat{A}$ は時間によらないので, 時間 t に関する微分は 0 になる. シュレーディンガー方程式の複素共役は

$$\langle S|\hat{H} = -i\hbar\frac{\partial}{\partial t}\langle S| \tag{5.25}$$

である. ここで $\hat{H}$ は, 左方向にブラに作用する. 式 (5.25) を用いると, 式 (5.24) のブラケット内の項は,

$$\left(\frac{\partial}{\partial t}\langle S|\right) = \frac{i}{\hbar}\langle S|\hat{H} \tag{5.26}$$

となる. 一方, 式 (5.23) からは,

$$\frac{\partial}{\partial t}|S\rangle = \frac{-i}{\hbar}\hat{H}|S\rangle \tag{5.27}$$

が得られ, 式 (5.26) と (5.27) を式 (5.24) に代入すると,

$$\frac{\partial}{\partial t}\langle S|\hat{A}|S\rangle = \frac{i}{\hbar}[\langle S|\hat{H}\hat{A}|S\rangle - \langle S|\hat{A}\hat{H}|S\rangle] \tag{5.28}$$

を得る. したがって,

$$\frac{d\langle\hat{A}\rangle}{dt} = \frac{i}{\hbar}[\langle S|\hat{H}\hat{A} - \hat{A}\hat{H}|S\rangle] \tag{5.29}$$

となる. 式 (5.29) の右辺は, $\hat{H}$ と $\hat{A}$ の交換子の期待値に $i/\hbar$ を掛けたものになっている. 式 (5.22) の前に与えられた定義に従うと, 量子力学的な力学変数の時間微分を表す演算子は,

$$\dot{\hat{A}} = \frac{i}{\hbar}[\hat{H},\ \hat{A}] \tag{5.30a}$$

で与えられる. なぜならば,

$$\frac{d\langle\hat{A}\rangle}{dt} = \frac{i}{\hbar}\langle[\hat{H},\ \hat{A}]\rangle \tag{5.30b}$$

だからである.

式 (5.30) に類似の方程式は, 量子力学では密度行列の表示に関する基底

70 第5章 シュレーディンガー方程式——時間に依存する場合としない場合

をつくるのに用いられる．密度演算子と密度行列については，第14章で議論する．密度行列は一般に時間に依存するが，この議論での演算子 $\hat{A}$ は，時間に依存しないものとした．一般に，$\hat{A}$ が時間に依存する場合には，

$$\frac{d\langle\hat{A}\rangle}{dt} = \frac{i}{\hbar}\langle[\hat{H},\ \hat{A}]\rangle + \left\langle\frac{\partial\hat{A}}{\partial t}\right\rangle \tag{5.31}$$

で与えられる [3]．

C. 自由粒子のエネルギー固有値問題

　時間に依存しないシュレーディンガー方程式は，エネルギー固有値問題の形式になっている．このシュレーディンガー方程式を解く最初の例として，ここでは自由粒子の問題を考えよう．自由粒子の運動量固有状態と波束の特性については，第3章で詳しく議論した．運動量固有値方程式は，

$$\hat{P}|P\rangle = p|P\rangle$$

である．シュレーディンガー表示では，自由粒子の運動量固有関数は

$$\psi_p(x) = \frac{1}{\sqrt{2\pi}}e^{ikx} \tag{5.32}$$

と決定された．ここで運動量固有値は $p=\hbar k$，あるいは $k=p/\hbar$ である．一方1個の自由粒子については，ハミルトニアンは

$$\hat{H} = \frac{\hat{P}^2}{2m} \tag{5.33}$$

---

3) 訳者注：この結果は，式（5.24）の3項の積の時間微分で $\hat{A}$ の時間微分を復活させれば，直ちに得られる．式（5.30b）あるいは式（5.31）に基づく量子力学的な演算子の時間微分の定義は，すべての表示に共通する合理的なものである．その一方で，式（5.30a）を単独で見ると，これはハイゼンベルク表示の演算子と見るのが自然でもある．シュレーディンガー表示では，定義式（5.21）は採用できないのだから，式（5.30a）までに留める方がわかりやすい．定義式（5.22）の右辺は，期待値の積分の後では，正準座標の時間変化に関する微分項は0になると考えればよいが，具体的な時間発展の問題では，変数や相互作用に応じて時間微分のとり方が変わりうるので，その都度意識してかかる（式（5.21）の定義も同類）のがよい．通常は問題ごとに自然な仕分け方が存在するが，一般論では必ずしも細部が自明ではないこともあり，注意が必要である．ベクトルポテンシャルについては，第12章A節（式（12.4）とそれ以下の記述）に，輻射場との相互作用の取扱いに関して具体例がある．

C. 自由粒子のエネルギー固有値問題　71

である．自由粒子のポテンシャルエネルギーは 0 なので，全エネルギーは運動エネルギーに等しい．運動量演算子と自由粒子ハミルトン演算子の交換子は

$$[\hat{P}, \hat{H}] = \frac{\hat{P}^3}{2m} - \frac{\hat{P}^3}{2m} = 0 \tag{5.34}$$

となり，これらの演算子は交換可能である．したがって，$\hat{P}$ と $\hat{H}$ は同時固有関数をもつ．言い換えれば，同一の波動関数が両演算子の固有関数になりうる．

エネルギー固有値問題は

$$\hat{H}|P\rangle = E|P\rangle \tag{5.35}$$

となり，この場合のケットは，運動量固有ケットになる．自由粒子のハミルトニアンとしてシュレーディンガー表示（*i.e.* 運動エネルギー演算子）

$$\hat{H} = -\frac{\hbar^2}{2m}\frac{\partial^2}{\partial x^2} \tag{5.36}$$

を用いれば，式 (5.35) は簡単に評価できる．すなわち，

$$\hat{H}|P\rangle = -\frac{\hbar^2}{2m}\frac{\partial^2}{\partial x^2}\left(\frac{1}{\sqrt{2\pi}}e^{ikx}\right) \tag{5.37}$$

$$= -\frac{\hbar^2}{\sqrt{2\pi}\,2m}(ik)^2 e^{ikx} \tag{5.38}$$

$$= \frac{\hbar^2 k^2}{2m}\left(\frac{1}{\sqrt{2\pi}}e^{ikx}\right) \tag{5.39}$$

$$= \frac{p^2}{2m}|P\rangle \tag{5.40}$$

となる．運動量ケットは，自由粒子ハミルトニアンの固有ケットにもなっていて，非相対論的な量子力学的自由粒子の観測可能なエネルギー値としてのエネルギー固有値は，

$$E = \frac{p^2}{2m} \tag{5.41}$$

で与えられる．量子論的自由粒子の観測可能なエネルギーは，古典的な自由粒子の場合と同じである．自由粒子の量子論的および古典的エネルギーが同一になっても，第 3 章で詳しく議論されたように，波束としての量子論的な

72　第5章　シュレーディンガー方程式——時間に依存する場合としない場合

自由粒子の記述は，古典的な記述とは根本的に異なる．量子論的な記述は，電子回折や光電効果のような物理過程を説明するときに必要となる．

D. 箱の中の粒子のエネルギー固有値問題

　自由粒子のハミルトニアンは運動エネルギー項のみを含む．ポテンシャルエネルギーは0である．たとえば原子や分子の中の電子のように自由粒子ではない場合には，式 (5.3) あるいは (5.4) のように，ハミルトニアンの中に運動エネルギーとポテンシャルエネルギーの両方の項を含む．物理的にそのまま実現できるわけではないが，束縛状態をもたらすポテンシャルエネルギーを含む最も簡単な量子力学的な問題として，箱の中（i.e. 井戸型ポテンシャル）の1次元粒子の問題がある．箱の中の粒子に類似の特徴をもつ現実の系としては，量子井戸構造中の電子がある．1次元のときポテンシャル $V(x)$ は，箱の中でのみ0であって，それ以外は至る所で無限大となるように定義される（図 5.1 参照）．定性的には，質量が限りなく大きく，かつ浸透することもできない壁をもつ箱を想定すればよい．箱の中に置かれた粒子は，ポテンシャルが無限大であるため，脱出することはできない．

　古典的には，限りなく重い壁からなる1次元的なラケットボールコートと，壁に対する衝突について完全に弾性的であるボールとによって，この状況を視覚化できよう．仮想的なこの1次元のラケットボールコートには，空気抵抗もないとする．このような条件の下で，プレーヤーが壁に向かってボールを打つと，それは運動エネルギーを損失することなく跳ね返るだろう．したがって，両方の壁の間で，ボールは限りなく跳ね返り続けるだろう．ボールのエネルギーは運動エネルギーのみである．ボールを強く打つか弱く打つかによって，その運動エネルギーを大きくしたり小さくしたりできる．古典的な粒子のエネルギーは，連続的である．（相対論的な効果は無視するならば）エネルギーはどんな値でもとることができる．0の値もとることができる．その場合には，粒子はある位置 x に留まり，運動量は0である．

　量子力学的な箱の中の粒子の問題は，たとえば電子のような粒子が，数十 nm 程度の寸法という絶対的な意味で小さい箱の中にいる場合に成立する．箱の中，つまり $V = 0$ の領域は，$-b$ から b の範囲とする．箱の中の量子論

D. 箱の中の粒子のエネルギー固有値問題　73

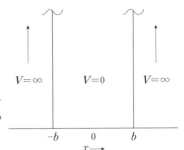

図 5.1 無限に高い壁をもつ箱の中の粒子に対するポテンシャルエネルギー．箱の中（$-b$ から b までの間）ではポテンシャルは 0 で，箱の外では無限大である．

的な粒子が，その古典的な対応系に比べて異なる特性をもつであろうことは，直ちに確認できる．たとえば，箱の中の量子論的粒子の最低エネルギーが 0 になりうるならば，粒子は静止して，箱の中のある位置に留まることになる．粒子の位置と運動量が同時に確定したことになり，言い換えれば $\Delta x \Delta p = 0$ となるので，これは不確定性原理に抵触する．すなわち，箱の中の量子力学的粒子の最低エネルギーは 0 になることはできない．これは，古典的問題とは根本的に異なる点である．

　箱の中の量子的な粒子の許容されるエネルギー状態を見いだすには，エネルギー固有値問題を実際に解くことになる．このエネルギー固有値問題は，1 次元の時間に依存しないシュレーディンガー方程式の形式をとることができて，

$$-\frac{\hbar^2}{2m}\frac{d^2\varphi(x)}{dx^2} + V(x)\varphi(x) = E\varphi(x) \tag{5.42}$$

と書ける．ここで，φ は固有関数，E はエネルギー固有値である．ポテンシャルエネルギー（$i.e.$ 井戸型ポテンシャル）は，

$$V(x) = 0, \quad |x| < b \tag{5.43a}$$
$$V(x) = \infty, \quad |x| \geq b \tag{5.43b}$$

と表せる．

　$|x| < b$ に対しては $V(x) = 0$ であり，ハミルトニアンは運動エネルギー項のみをもつ．すなわち

$$-\frac{\hbar^2}{2m}\frac{d^2\varphi(x)}{dx^2} = E\varphi(x) \tag{5.44}$$

となる．

74　第5章　シュレーディンガー方程式——時間に依存する場合としない場合

　式（5.44）は微分方程式である．これを解くと，関数 $\varphi(x)$ を得る．これらの関数は，第3章C節で議論したように，確率振幅として解釈される．φ が微分方程式の解になり，しかもそれが物理的に意味をもつ，扱いやすい波動関数になるためには，許容可能な解の特性に関する付加的な条件を設定する必要がある．波動関数を確率振幅関数とする**ボルン解釈**は，単に微分方程式の数学的な解であるだけではなく，シュレーディンガー方程式としての解が，量子力学的固有値問題の解として許容可能で物理的に意味があるために，備えねばならない**ボルン条件**を導く．許容可能な波動関数となるためのボルン条件は，次の4項目からなる．

1. 波動関数は，至る所で有限（有界）でなければならない．
2. 波動関数は，1価関数でなければならない．
3. 波動関数は，連続でなければならない．
4. 波動関数の1階微分は，連続でなければならない．

　これらの4条件は，シュレーディンガー方程式の解である確率振幅関数が，自然界の合理的な物理的描像に関して，矛盾を生じないようにするために設定された．条件1は，空間のある領域に粒子を見いだす確率は，無限大ではありえないことを述べている．条件2は，空間のある領域に粒子を見いだす確率は，1通りの値しかとりえないことを述べている．条件3と4は，自然はやはり，本質的に不連続ではありえないという観点から発生している．系の特性は，位置の微小な変化に対して急激に変化することはありえても，その変化は決して不連続ではありえないのである．ボルン条件は，シュレーディンガーの微分方程式の解に関する**境界条件**となる．

　式（5.44）は，これら4項目の条件を満たす関数で解かれなければならない．与式を変形すると

$$\frac{d^2\varphi(x)}{dx^2} = -\frac{2mE}{\hbar^2}\varphi(x) \tag{5.45}$$

を得る．すなわち，ある関数の2階微分が元の関数の負の定数倍になっている．このような特性をもつ関数は，sin 関数と cos 関数である．

D. 箱の中の粒子のエネルギー固有値問題　75

$$\frac{d^2 \sin(ax)}{dx^2} = -a^2 \sin(ax) \tag{5.46a}$$

$$\frac{d^2 \cos(ax)}{dx^2} = -a^2 \cos(ax) \tag{5.46b}$$

sin 関数または cos 関数のどちらか一方，あるいは sin 関数と cos 関数の任意の線形結合は，

$$a^2 = \frac{2mE}{\hbar^2} \tag{5.47}$$

の場合に，微分方程式の解になりうる．

　式 (5.47) の条件のもとで，式 (5.46) は微分方程式の解になりうるが，それらはまだ物理的に適切な波動関数ではない．ポテンシャルは $|x| \geq b$ で無限大なので，波動関数は，箱の壁の面で消滅しなければならない．箱の外に粒子を見いだす確率は 0 であるので，箱の外側では φ は 0 でなければならず，しかも波動関数は，連続でなければならない．図 5.2 に図示するような関数は，微分方程式の解ではあるが箱の壁面で連続ではない．$|x| = b$ で関数は有限の値をもっているが，$|x| \geq b$ で φ は 0 に等しくなければならないので，壁面で不連続である．

　許容できる sin および cos 関数は，$|x| = b$ で 0 でなければならない．次の条件

$$a = \frac{n\pi}{2b} \equiv a_n \tag{5.48}$$

が成り立つ場合には，$|x| = b$ で φ は消滅する（*i.e.* 0 になる）ので，許容可能な波動関数になりうる．ここで n は，cos 関数に関しては

$$\cos a_n x, \quad n = 1, 3, 5, \cdots \tag{5.49a}$$

sin 関数に関しては

$$\sin a_n x, \quad n = 2, 4, 6, \cdots \tag{5.49b}$$

の値をとる整数である．式 (5.48) の関係の意味は，壁面の位置で振幅が 0 になるためには，壁面間の距離が半波長の整数倍でなければならないのである．半波長の整数倍が箱の幅に等しければ，任意の sin 関数と cos 関数が許容可能な波動関数になる．これらを合わせて考えると，a に関して 2 個の条件が存在する．1 つは式 (5.47) であり，もう 1 つは式 (5.48) である．こ

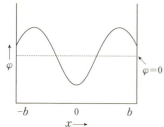

図 5.2 無限に高い壁をもつ箱の中の粒子に関するシュレーディンガー方程式の解のうち，微分方程式を解いて得られる解ではあるが，(物理的に)許容できる波動関数ではない例を，模式的に示す．波動関数は箱の外では 0 なのに，例示の関数は 0 でなく，壁の所で連続でない．

れらを組み合わせると，

$$\frac{n^2\pi^2}{4b^2} = \frac{2mE}{\hbar^2} \tag{5.50}$$

となる．式 (5.50) は，エネルギー固有値 E_n について解くことができて，

$$E_n = \frac{n^2\pi^2\hbar^2}{8mb^2} = \frac{n^2h^2}{8mL^2} \tag{5.51}$$

となる．ここで，L は箱の長さであり，$2b$ に等しい．エネルギー固有値は整数 n で指標付けされ，これは**量子数**と呼ばれる．

　箱の中の量子論的粒子のエネルギーは，離散的な値をとる．箱の中の量子論的な粒子のエネルギー準位は，連続的なエネルギー値をとる古典的な粒子の場合と著しい対照をなす．すなわち，最低のエネルギー準位は $n=1$ の場合であって，E は 0 にはならない．最低エネルギー状態であっても有限の運動エネルギーをもつ．上記で定性的に議論したように，粒子は完全に局在し静止することはなく，よって不確定性原理には抵触しないのである．

　箱の中の粒子の問題の解法で特に重要なのは，許容可能な波動関数を得るにあたって，ボルン条件を境界条件として用いていることである．微分方程式の解というだけでは，量子化されたエネルギー準位は得られない．量子化は，数学的な解にボルン条件を付加し，式 (5.45) を許容可能な波動関数に仕立て上げることで，はじめて発生した．数学的な問題に物理的な考察を加えることによって，はじめて物理的に意味のある解が導かれ，エネルギー準位の量子化が導かれたのである．

　箱の中の粒子の問題設定は，極めて人為的である．自然界では，ポテンシャルが不連続的に無限大になることはない．箱の中の粒子の問題では，ボルン条件のはじめの 3 個は，解を得る過程に反映されているが，波動関数の 1

D. 箱の中の粒子のエネルギー固有値問題 77

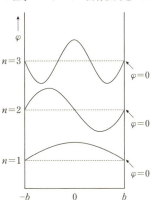

図 5.3 無限に高い壁をもつ箱の中の粒子波動関数について，エネルギーが下から 3 番目までの低エネルギー状態の関数の様子を示す．

階の導関数が連続になる 4 番目の条件は，まだ使われていない．実際，波動関数の微分係数は，$|x|=b$ で連続ではない．箱の外側では傾きは 0 だが，箱の内側では傾きは $|x|=b$ で有限である．すべてのボルン条件を満たすべきはずであるが，これが残ってしまっている不徹底さは，自然界には本来ありえないポテンシャルの不連続性（i.e. 跳び）から生じたのである．

箱の中の粒子の波動関数は，

$$\varphi_n(x) = \left(\frac{1}{b}\right)^{1/2} \cos\frac{n\pi x}{2b}, \quad |x| \leq b, \quad n=1,3,5,\cdots \tag{5.52a}$$

および

$$\varphi_n(x) = \left(\frac{1}{b}\right)^{1/2} \sin\frac{n\pi x}{2b}, \quad |x| \leq b, \quad n=2,4,6,\cdots \tag{5.52b}$$

となる．ここで $2b$ は箱の長さであり，cos および sin 関数の前に掛かる因子は規格化定数である．箱の外側では，波動関数は 0 である．箱の内部での最低エネルギーの下から 3 個目までの関数の様子を，図 5.3 に模式的に示す．波動関数は，箱の中のある場所に粒子を見いだす確率振幅に空間依存性があることを示す．波動関数自体は，正にも負にも（複素数にも）なりうる．関数の絶対値の 2 乗（i.e. $\varphi^*\varphi$）は正の実数関数であり，空間のある領域に粒子を見いだす確率を与える．第 3 章 C 節で議論したように，空間のある領域に粒子を見いだす確率は，$\varphi^*\varphi$ をその領域にわたって積分することで与えられる（式 (3.21) を参照）．$n>1$ の波動関数は，箱の壁面以外の内部にも

78　第5章　シュレーディンガー方程式——時間に依存する場合としない場合

節（node）をもつ．節の位置に粒子を見いだす確率は0である．

粒子は，箱の中のある領域から他方の領域にどのように節を越えて動くのかという疑問が出ることが多い．この疑問が出る背景には，粒子は明確に定義される軌跡を描いて移動するはずだという暗黙の想定がある．しかしこれは古典的な描像であって，ここには適用できない．波動は，それが古典的な波であっても節をもちうる．波動関数は確率振幅の波であり，そもそも波動に結び付けた軌跡によって粒子を記述するわけではないのである．

エネルギー準位の量子化と波動関数の形状は，両方ともボルンの境界条件によりもたらされるが，これは，両端を固定した弦の振動モードの古典的問題に類似している．結果として弦の固定端は，弦のモードが半波長の整数倍であることを要請する境界条件になる．弦の両端が固定されるということは，振動の振幅が強制的に両端で0になることを要請する．最低振動数のモード，あるいは基本モードは，図5.3に図示された$n=1$の関数に似ている．たとえば，これはギターの弦を弾いたときに発生するモードである．もちろんその高調波を発生させることも可能であり，それらは波の中に1個またはそれ以上の節がある弦のモードに対応する．これらのモードは箱の中の粒子波動関数の$n>1$モードに似ているように見える．しかし類推をやり過ぎることは戒めるべきである．古典的な弦の振動エネルギーは連続的である．弦をより強く弾くと，弦はより大きな振幅で振動し，そのエネルギーはより大きくなる．弦は静止することもできて，それがエネルギー0の状態に対応する．

箱の中の粒子の問題は，物理的には現実的ではないものの，得られる結果は原子や分子中の電子エネルギーの大きさを見積もるのに用いることができる．最も単純なありうるモデルとして，分子内の1個の電子を，分子と同程度の寸法をもった1次元の箱の中の粒子と考えよう．ここでは，分子の3次元的な特徴と，分子を構成している荷電粒子間のクーロン相互作用も，無視している．それにもかかわらず，分子の寸法そのものが，エネルギー状態にどのような効果をもたらすかを見るのは興味深い．アントラセン分子を考えよう（図5.4を参照）．そこではいわゆるπ電子が，3員環構造の全体にわたって非局在化している．許容される最小の電子遷移は，最高被占結合π分子軌道にいるπ電子の1個を，エネルギーが最も低い空の反結合π分子軌道に励起することに相当する．この遷移は，光子を吸収することで誘起で

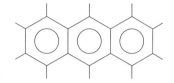

図 5.4 アントラセン分子の模式的構造.

きる．必要な光子のエネルギーは，電子の基底状態と最初の励起状態のエネルギー差に等しい．この基底状態は S_0 と呼ばれ，最初の一重項励起状態は S_1 と呼ばれる．S という呼称は，スピンという電子系に固有な角運動量の状態に関連している．電子系のスピンが対になっている場合には一重項と呼ばれる．電子スピンや一重項状態，不対電子スピンを伴う状態（三重項状態）については，第 16 章で議論する．

アントラセンの最も素朴なモデルとして，それを 1 次元の箱と考えよう．すると，S_0 から S_1 への遷移エネルギーは，箱の中の粒子の $n=1$ と $n=2$ 状態のエネルギー差に相当する．式（5.51）を用いると，このエネルギー差は

$$\Delta E = E_2 - E_1 = \frac{3h^2}{8mL^2} \tag{5.53}$$

となる．ここで m は電子の質量であり，L は箱の長さであり，アントラセンの場合には $\sim 6\,\text{Å}$ である．これより，吸収されるべき光の波長が 393 nm となる．実験的に観測されているアントラセンの最初の強い吸収は $\sim$ 400 nm にある（実際の吸収波長は，溶媒や温度，圧力などに依存して変化する）．アントラセンの場合のこの非常に良い一致は，むしろ偶然と考えるべきである．他の分子の場合には，それほどの一致はない．393 nm の波長は，ちょうど紫外領域に入る．大切なのは，分子の寸法程度の箱の中に閉じ込められた電子は，分子構造の詳細やクーロン相互作用の詳細によらず，そのエネルギー準位の間隔が，光の波長で言えば可視から紫外領域に対応するという点にある．系（分子）の寸法と粒子（電子）の質量が，エネルギーの尺度を定めるのである．

E. 有限高の箱の中の粒子——トンネル現象とイオン化

ポテンシャルの壁の高さが無限大にはならず，有限の一定値となるような

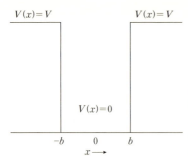

図 5.5 有限の高さの壁をもつ箱の中の粒子に対するポテンシャルエネルギー．箱の中（$-b$ から b までの間）ではポテンシャルは 0 で，箱の外では一定値 V をとる．壁の高さは有限だが，厚みは無限大とする．

場合の 1 次元の箱の中の粒子は，無限に高い壁をもつ箱の中の粒子とは基本的に異なるいくつかの重要な特性を示す．箱の内部ではポテンシャルは $V(x)=0$ であり，箱の外側では $V(x)=V$ としよう．これを模式的に示すと，図 5.5 のようになる．

時間に依存しないシュレーディンガー方程式は

$$-\frac{\hbar^2}{2m}\frac{d^2\varphi(x)}{dx^2}+V(x)\varphi(x)=E\varphi(x) \tag{5.54a}$$

であり，ポテンシャルエネルギー（*i.e.* 有限高の井戸型ポテンシャル）は

$$V(x)=0, \quad |x|<b \tag{5.54b}$$
$$V(x)=V, \quad |x|\geq b \tag{5.54c}$$

と表される．箱の外側でポテンシャルは無限大ではないので，箱の内外で 0 にはならないシュレーディンガー方程式の波動関数解が存在する．

箱の内部では，シュレーディンガー方程式は無限大の高さの壁の箱の問題と同一である．

$$\frac{d^2\varphi(x)}{dx^2}=-\frac{2mE}{\hbar^2}\varphi(x) \tag{5.55}$$

この方程式の解は，

$$\varphi(x)=q_1\sin\sqrt{\frac{2mE}{\hbar^2}}\,x \tag{5.56a}$$

あるいは

$$\varphi(x)=q_2\cos\sqrt{\frac{2mE}{\hbar^2}}\,x \tag{5.56b}$$

で与えられる．

E. 有限高の箱の中の粒子——トンネル現象とイオン化　81

箱の外部では，シュレーディンガー方程式は次のように整理できる.

$$\frac{d^2\varphi(x)}{dx^2} = -\frac{2m(E-V)}{\hbar^2}\varphi(x) \tag{5.57}$$

ここで2つの場合がある. 一方は，粒子のエネルギーが箱の外部のポテンシャルエネルギーより低い，すなわち $E < V$ の場合である. このときには，粒子は（箱に）束縛された状況にある. 他方は $E > V$ の場合である. 粒子はポテンシャル壁を越えられるエネルギーをもっている. この場合には，粒子は束縛されない. これは，イオン化して原子から離脱した電子と等価である.

1 束縛状態とトンネル現象

束縛状態とは，$E < V$ であるような状態である. よって，式 (5.57) の $E - V$ は負になるので，箱の外側での系の状態を記述する方程式は，

$$\frac{d^2\varphi(x)}{dx^2} = \frac{2m(V-E)}{\hbar^2}\varphi(x) \tag{5.58}$$

と書ける. ここでは，右辺の波動関数に掛かる因子は正である. 式 (5.55) とは異なり，この方程式の解は振動的ではなく，$\exp(\pm ax)$ の関数形になる. 実際，

$$\frac{d^2 e^{\pm ax}}{dx^2} = a^2 e^{\pm ax}$$

となる. したがって，微分方程式 (5.58) の $|x| \geq b$ での $E < V$ の場合の解は，

$$\varphi(x) = \exp\left(\pm[2m(V-E)/\hbar^2]^{1/2}x\right) \tag{5.59}$$

である.

さて，この解が許容可能な波動関数になるためには，まず，$\varphi(x)$ が至る所で有限であるというボルン条件を満たさねばならない. $\varphi(x)$ が $|x| \to \infty$ で発散しないためには，波動関数は

$$\varphi(x) = r_1 \exp\left(-[2m(V-E)/\hbar^2]^{1/2}x\right), \quad x \geq b \tag{5.60a}$$

$$\varphi(x) = r_2 \exp\left(+[2m(V-E)/\hbar^2]^{1/2}x\right), \quad x \leq -b \tag{5.60b}$$

とならなければならない. 式 (5.60) は，量子論の重要な特徴を例示してい

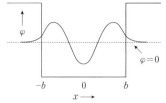

図 5.6 有限の高さの壁をもつ箱の中の粒子の波動関数の例．箱の壁の位置で，波動関数とその1階微分は連続である．波動関数は，古典的な禁制領域にまで拡がっている．

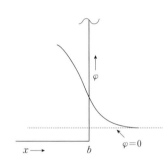

図 5.7 有限の高さの壁をもつ箱の中の粒子の波動関数を壁近傍で拡大して示す．古典的には禁制されている領域への波動関数の浸み出しの様子を示す．

る．波動関数，すなわち粒子を見いだす確率は，$E<V$ であるような空間領域でも0にはならない．ポテンシャルエネルギーが粒子のエネルギーより大きい領域にも，粒子を見いだすことができる．古典的な系では，これは起こりえない．$E<V$ であるような領域は，古典的には存在を禁止される．古典的粒子は決してそのような領域には入らないのである．古典的な禁制領域に量子論的粒子が立ち入ることができるという事実は，以下に議論する重要な物理的効果の起源になる．

　束縛状態については，式（5.56）が箱の内部の解を，式（5.60）が箱の外部の解を与える．ボルン条件を満たすためには，全波動関数もその1次微分も，箱の壁面の位置で連続でなければならない．箱の内部では関数は振動関数的であり減衰せず，箱の外側では指数関数的に減衰する．これらの振動的関数と指数関数は，箱の壁面で滑らかにつながらなければならない．$n=3$ の状態について，この様子を模式的に図 5.6 に示す．無限に高い箱の場合とは異なり，波動関数の振動部分は壁の位置で0にはならない．そうなる代わりに，古典的には禁制領域にある指数関数成分と滑らかに一体化している．有限の高さの箱では，4項目すべてのボルン条件が満たされる．つまり，無限に高い箱の場合と異なり，波動関数とその1次微分は，壁面で連続である．

E. 有限高の箱の中の粒子——トンネル現象とイオン化 83

両方の連続条件と式 (5.56) と (5.60) を用いることにより，4 個の定数 q_1,
q_2, r_1, r_2 を数値計算で実際に解くことができ，量子化されたエネルギー固
有値を求めることができる．ここではこの数値的な計算はこれ以上は進めな
いで，むしろ古典的には禁止された領域への波動関数の浸み出しについて少
し述べよう．

図 5.7 には，波動関数が古典的には禁止されている領域にも浸み出してい
る部分を，拡大して示す．箱の外側では関数は指数関数的に減衰するので，
関数は 0 に漸近する．確率振幅の減衰の速さ（速度）は，ポテンシャルエネ
ルギー（壁の高さ）と粒子のエネルギーとの差 $V-E$ によって決まる．この
差が大き過ぎなければ，波動関数は壁の中のかなりの深度まで，相当な大き
さの振幅をもちつつ侵入しうる．壁の厚さが有限の場合には，波動関数の指
数関数的に減衰した裾が，壁の裏側の地点でも 0 とはならないことが十分あ
りうる．壁の裏側におけるポテンシャルが 0（あるいは，粒子のエネルギー
よりは小さい）の場合には，波動関数は再度振動関数的になり，壁の裏側，
すなわち箱の外側で粒子を見いだす確率振幅は有限になる．粒子は壁を**トン
ネル**したといわれる（**トンネル現象，トンネル効果**）．

図 5.8 は，箱の左側に無限に高い壁をもち，右側には有限の高さで有限の
厚みの壁をもつ，箱の中の粒子に関する波動関数の振舞いを模式的に示す．
波動関数は，右側の壁を浸透して通り抜ける．すなわち壁の裏側で波動関数
は有限の振幅をもつ．右壁から離れるとポテンシャルは 0 である．したがっ
て，ハミルトニアンは運動エネルギー項のみをもち，波動関数は振動関数的
になる．

箱の中の粒子は，箱の壁を通り抜けてトンネルすることにより，漏れ出す
ことができる．トンネル現象に対応する古典的な現象はない．箱の中の古典
的粒子は，ポテンシャル障壁を乗り越えられるエネルギーをもたない限り，
箱の中に留まる．量子論的粒子は，その障壁を乗り越えるに十分なエネルギ
ーをもたなくても，障壁を通り抜けることができる．箱の外側に粒子を見い
だす確率は，古典的な禁制領域での波動関数の指数関数的な減衰の裾の拡が
りの程度による．

古典的には，ポテンシャル障壁のエネルギー高さより低いエネルギーで運
動している箱の中の粒子は，箱の内部に留まり続ける．壁面との衝突が完全

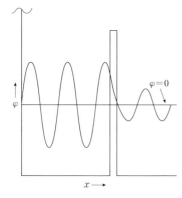

図 5.8 一方の壁の高さが無限大で，他方が有限の高さと厚みの壁をもつ箱の中の粒子のポテンシャルエネルギーと波動関数．波動関数は古典的な禁制領域に浸み出し，箱の外でも有限の振幅をもつ．粒子は，古典的な禁制領域をトンネル効果で通り抜ける．

に弾性的で，他に減衰する機構が存在しないような理想化された状況では，古典的粒子は限りなく往復し，跳ね返り続ける．

　古典的粒子の量子力学的に等価な対応概念は，第3章で議論された波束であろう．しかしこの問題の場合の波束は，自由粒子の運動量固有状態の重ね合わせに代わり，有限高さをもつ箱の中の粒子のハミルトニアンの固有状態の重ね合わせで構成されるだろう．箱の中の粒子は多かれ少なかれ局在していて，箱を構成する壁の間で，行ったり来たりと運動している．それは，波束を構成している固有状態の重ね合わせによって決まる群速度（第3章 D節）をもって，往復運動しているであろう．どちらかといえば相対的に，箱（図5.8）[4] の左側の壁に近い空間領域により局在している波束では，右側の有限の高さの壁の位置に粒子を見いだす確率振幅は非常に小さくなりうる．したがって，この場合のトンネル現象が起こる確率，つまりトンネル確率は

---

4) 訳者注：図5.8のように縦軸がエネルギーと波動関数を同時に示す場合には，暗黙の了解がいくつかある．波動関数の横軸（$\varphi=0$）が，有限高の壁の左右で横一直線になっている場合には，左右で粒子のエネルギーは同一であり，したがって波動ベクトルも共通である．図5.8ではさらに，波動関数の時間発展の要素は切り離して考えている点にも，改めて注意する必要がある．有限高の壁の左側では粒子の入射波と反射（散乱）波の重ね合わせによる定常状態，右側では透過による進行波状態（ただし，入射波とは位相がずれる）の空間部分を，ある時刻 t での瞬間像として示している．言い換えると，波束の描像に移し替えて議論していることになる．厳密な1粒子の解のままではできない議論で，左側の井戸から右側の半無限空間にトンネル効果で粒子が少しずつ漏れ出ていくが，その変化は無視できるほどに小さいと仮定して論じている．1次元井戸型ポテンシャルの問題は変化が多く，類書の解説も豊富である．

E. 有限高の箱の中の粒子——トンネル現象とイオン化 85

無視できる．しかし粒子が右側の壁の近傍にある場合には，右手の壁の位置での波動関数の確率振幅は大きくなり，トンネル確率も最大になる．箱の幅が波束の拡がりに比べて大きい場合には，トンネル現象は主に粒子が右側の壁に“当たる”ときに起こるだろう．この右壁に衝突する繰り返し周波数 ν_c は，$\nu_c = V_g/2L$ となる．V_g は波束の群速度であり，L は箱の幅である．粒子を箱の外側で見いだす単位時間当たりの確率は，$\nu_c P_c$ の程度である．ここで P_c は，粒子が1回の衝突で箱を抜けて外側に見いだされる確率である．P_c は波束を構成している状態の重ね合わせと，障壁の高さと厚さで決まる．有限の箱の中に多数の同種粒子を入れた系を同時に同じ条件で準備したとすると，外側の観測者は，周期 ν_c で粒子が現れるのを見ることができるだろう．

　図5.8 に示された矩形ポテンシャルのトンネル確率について，より深い洞察を与えてくれる表式を導出することも可能である．障壁は $x=b$ の点で始まり，$x=c$ の点で終わるとする．式（5.60a）を用いれば，点 b と点 c における存在確率の比を計算することができる．確率の比は，次式で与えられる．

$$\frac{P_c}{P_b} = \frac{\int_c^{c+\varepsilon} \psi^*(x)\psi(x)dx}{\int_b^{b+\varepsilon} \psi^*(x)\psi(x)dx} \tag{5.61}$$

確率は，厳密には1点では定義できないので，無限小 ε の間隔にわたる積分を実行しなければならない．点 c のどちら側にその間隔をとるかは，関数とその1次導関数が連続なので重要ではない．式（5.60a）で与えられる波動関数を，式（5.61）の分子分母に代入して積分を実行すると

$$\frac{P_c}{P_b} = \frac{\psi^*(c)\psi(c)}{\psi^*(b)\psi(b)} \tag{5.62}$$

となる．これは，ある点での確率に関して，より厳密でない表現 $\psi^*\psi$ を用いた場合と同じ結果になる．具体的な表式は，

$$\frac{P_c}{P_b} = \exp\left(-2[2m(V-E)/\hbar^2]^{1/2}(c-b)\right) \tag{5.63}$$

となる．矩形の障壁の厚さを $c-b=d$ とすると，得られる表式は，

86　第5章　シュレーディンガー方程式──時間に依存する場合としない場合

$$\frac{P_c}{P_b} = \exp\left(-2d[2m(V-E)/\hbar^2]^{1/2}\right) \tag{5.64}$$

となる．ここで，V は障壁の高さ，E は粒子のエネルギーである．電子の質量をもつ粒子に対して，$E = 1000 \text{ cm}^{-1}(2\times10^{-20}\text{J})$ と $V = 2000 \text{ cm}^{-1}(4\times10^{-20}\text{J})$ を仮定すると，$d = 1$ Å，10 Å，100 Å に対して，確率比はそれぞれ 0.68，0.02，3×10^{-17} となる．これより，適度な高さの障壁であって，原子や分子の大きさの程度の距離であれば，電子は容易にトンネルできることがわかる．しかし，一旦原子程度の寸法に比べて相当程度距離が大きくなると，トンネル確率は急激に小さくなる．

　現実の系では，障壁の形状は矩形にはならない．ポテンシャル障壁の形状に関して広く用いられるモデルは，倒立した放物線型形状の場合のものである．倒立放物線型の障壁については，**トンネル変数**（パラメーター；tunneling parameter）と呼ばれる，指数関数の減衰定数 λ

$$\lambda = d(2mV/\hbar^2)^{1/2} \tag{5.65}$$

が与えられている．ここで，d は粒子がトンネルする距離であり，m は粒子の質量，V は障壁の高さ，つまり障壁の頂点のエネルギーと粒子エネルギーとの差である．この表式は，矩形の障壁の場合とほとんど同じである．

　トンネル変数の式から明らかなように，トンネル現象は大きな距離を越えて生じる現象ではないし，重い粒子よりは軽い粒子の方がより大きな確率をもつ．電子では，トンネル現象は非常に重要で，化学や半導体エレクトロニクスにおける多くの効果の起源になる．水素原子（プロトン）トンネリングもまた化学では重要であるが，原子の質量や原子団の質量が大きくなるにつれて，化学過程における重要性は減少する．

　図5.9 には，ある種の化学反応における1次元のポテンシャル表面の構造を模式的に示す．ここでは，反応座標[5] を q とする．古典的には，反応は

---

5)　訳者注：化学反応（*i.e.* 原子・原子団・イオン類の出入りを含む結合の組み換え．第17章を参照のこと）の進行状況やエネルギー変化，反応速度などを理解するために，反応の開始から終了までの経路を図5.9 のように直線的に示し，その上で反応の進捗状況を示すとき，この直線に対応する横軸を反応座標と呼ぶ．通常は反応の進行方向を右向きにとり，系の（自由）エネルギーを縦軸にとる．反応座標は，具体的には反応種の原子間距離や結合角の変化などの原始状態から生成系の生成に直接に含まれる座標変化の集まりであり，反応系の原子配置に対応したポテンシャルエネルギー曲面（一般に多

E. 有限高の箱の中の粒子——トンネル現象とイオン化　87

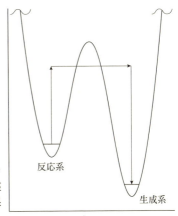

図 5.9　化学反応に関する二重井戸型ポテンシャル表面の構造を模式的に示す．q は反応座標である．ポテンシャル障壁をトンネル効果で抜けることで反応が進行する様子を示す．

反応系から生成系へ向けて，熱的な活性化のみで進行する．要するに熱的な活性化が系をポテンシャル障壁を越える点まで持ち上げる．そのような古典的反応の温度依存性は，障壁の高さに相当する活性化エネルギーをもつであろう．しかしながら，ある種の反応では，障壁の高さより低く見える活性化エネルギーを示すことが観測されている．図 5.9 に示すように，反応はまず，熱的に障壁の頂点に近い点まで持ち上げられ，続いてトンネル効果が，反応系を障壁の中をトンネルして生成系まで移行させる．この場合，反応系の側ではポテンシャル障壁の底の幅は非常に広い．トンネル変数（式 (5.65)）は，障壁の幅 d に依存する．したがって障壁を通り抜ける確率は，その幅とともに指数関数的に減少する．そのため，熱的な活性化によって反応系を障壁の途中まで持ち上げることが必要になるのである．途中の位置で，障壁を通り抜ける速度が著しく増大し，実際の反応として観測できるようになる．図 5.9 に示される過程ならば，熱励起過程だけを直接用いずに，トンネル過程を組み合わせて生成系を形成することが可能である．

次元）上のエネルギー極小点をたどる経路に対応する．その実体は明確でないことも多いが，直感的に理解しやすいので現象論的な議論によく用いられる．物性論における配位座標に類似の概念である．

88　第5章　シュレーディンガー方程式——時間に依存する場合としない場合

2　非束縛状態とイオン化

　粒子のエネルギー E がポテンシャルエネルギー V より大きい場合には，粒子はもはや束縛されない．すなわち，箱の外側であっても，系はもはや指数関数的に減衰する確率をもつことはない．式（5.57）に立ち戻る．$E>V$ の場合には，$E-V$ は正の数値になる．箱の中では $V=0$ であり，解は式（5.56）で与えられる．箱の外側では，式（5.57）は先に議論した形をもつ．すなわち波動関数の 2 階微分が同じ関数の負の定数倍となる．よって，式（5.57）の $E>V$ に対する解は，sin あるいは cos 関数となるはずで，実際，

$$\varphi(x) = s_1 \sin\sqrt{\frac{2m(E-V)}{\hbar^2}}\,x \tag{5.66a}$$

あるいは

$$\varphi(x) = s_2 \cos\sqrt{\frac{2m(E-V)}{\hbar^2}}\,x \tag{5.66b}$$

となる．解は，箱の内側と外側の両方で振動的である．波動関数とエネルギー固有値を得るためには，波動関数とその 1 階微分が箱の壁面の位置（$x=b$ と $x=-b$）で連続であるとする条件を，式（5.56）と式（5.66）に与えられる関数形とともに用いる．たとえば $x=b$ で，式（5.56a）と式（5.66a）を組み合わせれば，

$$q_1 \sin\sqrt{\frac{2mE}{\hbar^2}}\,b = s_1 \sin\sqrt{\frac{2m(E-V)}{\hbar^2}}\,b \tag{5.67}$$

を得る．連続の条件から得られる関係式を用いると，定数 q_1, q_2, s_1, s_2 とエネルギーに関する数値解を求めることができる．

　図 5.10 に，$E>V$ の場合の波動関数の一例を模式的に示す．エネルギーはポテンシャルエネルギーよりも大きいが，固有状態は四角い井戸型ポテンシャルの存在によって影響を受ける．波動関数は，至る所で振動していて，しかも無限に拡がっている．しかし同時に，四角い井戸は引力的なポテンシャルとしても振る舞い，井戸の近傍で粒子を見いだす確率を増大させる．

　$E \gg V$ の極限では $(E-V) \cong E$ である．この極限では，式（5.67）で $q_1 = s_1$ となる．すなわち，波動関数は全空間の至る所で等しい振幅をもつ．$E \gg V$ に対する波動関数は，単に

E. 有限高の箱の中の粒子——トンネル現象とイオン化　89

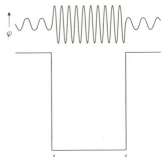

図 5.10 有限の高さの壁をもつ箱の中の粒子のポテンシャルエネルギーと波動関数．粒子のエネルギーが，箱の外側のポテンシャルエネルギーより大きい場合を示す．

$$\varphi(x)=\sin\sqrt{\frac{2mE}{\hbar^2}}x \tag{5.68}$$

となる．波動関数の形状は，あたかもポテンシャル壁がないのと同じになる．

　エネルギー準位の量子化を強制する連続性に関する境界条件がもはや存在しないため，エネルギーが連続的になる領域が存在する．十分に高エネルギーの状態では，粒子はポテンシャル壁の存在に影響されることがなくなり，あたかも自由粒子のように振る舞う．束縛状態から自由になったという意味で，粒子は"イオン化"されたのである．自由粒子に対しては，

$$\sqrt{\frac{2mE}{\hbar^2}}=\sqrt{\frac{2mp^2}{2m\hbar^2}}=\sqrt{\frac{\hbar^2k^2}{\hbar^2}}=k \tag{5.69}$$

である．したがって波動関数は，

$$\varphi(x)=\sin kx \tag{5.70}$$

となり，これは正しく自由粒子の波動関数である．

　無限の高さの壁をもつ箱の中の粒子は，常に束縛されている．波動関数は，壁を越えて古典的に禁制されている領域に拡がることもできなければ，イオン化するに足る十分なエネルギーを粒子に加えることもできない．もちろん現実のポテンシャルが，このような特性を備えているわけではない．有限の高さの壁をもつ箱の中の粒子は，現実の系に特徴的な性質を備えていることがわかる．壁の高さが有限で，しかも厚みも同時に有限ならば，古典的には禁制されている領域（壁の内部）で指数関数的に減衰する波動関数の裾が，壁の裏側にまで到達し，0でない振幅をもつだろう．これがトンネル現象を引き起こす．粒子に十分なエネルギーが与えられれば，非束縛状態の連続的

90 第5章 シュレーディンガー方程式——時間に依存する場合としない場合

分布領域にも到達できるだろう．こうして，有限なポテンシャルは，トンネル現象とイオン化現象の起源にもなるのである．

第6章 | シュレーディンガー表示とディラック表示による調和振動子

The Harmonic Oscillator in the Schrödinger and Dirac Representations

　他の多くの複雑な問題を解析する基本になるため，1次元の調和振動子の問題は，古典力学と同様に量子力学においても重要である．化学では，それは分子振動や赤外分光を理解するための出発点になる．物理学では，固体の量子力学あるいは輻射（放射）の量子論で重要である．古典的な調和振動子の例として，理想的なバネに取り付けられた質量を考える．バネを引き伸ばすか圧縮するかして静かに離すと，質点はその平衡位置の周りで往復運動（振動）をするだろう．調和振動子では，バネは**フックの法則**（Hooke's law）に従うものとする．すなわち，力は変位に比例する．

$$F = -kx \tag{6.1}$$

ここでは，質点の変位を x 軸方向にとる．力は一般に，ポテンシャルの1階微分に負の符号を掛けたものに等しい．

$$F = -\frac{\partial V(x)}{\partial x} \tag{6.2}$$

したがって，調和振動子に対するポテンシャルエネルギーは，

$$V(x) = \int kx\,dx = \frac{1}{2}kx^2 \tag{6.3}$$

となる．ここで力の定数 k は，

$$k = 4\pi^2 m\nu^2 = m\omega^2 \tag{6.4}$$

で与えられる．m は振動している物体（質点）の質量，ν は運動の振動数（周波数），ω は角振動数である．

　調和振動子のポテンシャルは，図 6.1 に示すように放物線である．古典的な振動子で，バネを引き伸ばして静かに離したとすると，バネの解放点では全エネルギーはポテンシャルエネルギーに等しい．質点は図の放物線の中心に向かって引き戻され，移動するにつれて加速する．中心の位置では，全エ

92　第6章　シュレーディンガー表示とディラック表示による調和振動子

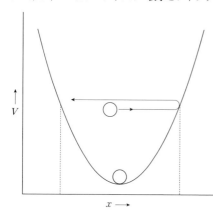

図 6.1　調和振動子の放物線型ポテンシャル．丸印は，古典的な調和振動子のとりうる2通りの典型的状況を示す．破線は古典的な転換点の位置を表す．

ネルギーは運動エネルギーであり，ポテンシャルエネルギーは0になる．質点が動き続けるに従い，バネは圧縮される．やがて全エネルギーが再びポテンシャルエネルギーになる点に到達する．そこで質点は停止し，今度は中心に向かって逆向きに加速していく．質点が停止するのは，ポテンシャルエネルギーが全エネルギーを占めるからであり，その点は古典的な**転換点**と呼ばれる．運動の軌跡を図 6.1 に模式的に示し，古典的な転換点の位置を破線で示す．古典的な調和振動子は，どのようなエネルギーの値でもとることができ，エネルギーのとりうる範囲は連続的である．エネルギーは，バネがどれだけ伸ばされるか，つまり転換点でのポテンシャルエネルギーの値で定まる．この質量の運動は振動的である．その位置は，時間とともに正弦関数的に変化する．振動子の運動は中心で最も速くなり，それゆえに中心付近に滞在する時間は最も短い．振動子は（運動）エネルギー0をとることが可能である．その場合には，粒子は動かず，放物線型ポテンシャル井戸の中心の位置に停止している．この状態も図 6.1 に示す．

　量子論的調和振動子は，その古典的な対応状態と比べて，非常に異なる振舞いを示す．その違いは，量子論的な調和振動子の最低エネルギー状態は，そのエネルギーが0にはなれないという事実にまず表れる．エネルギーが0の状態は，ポテンシャルの中心という明確に定まった位置と，値が0と明確に定まった運動量に対応する．したがって $\Delta x \Delta p = 0$ となり，不確定性原理の主張する $\Delta x \Delta p \geq \hbar/2$ に抵触する．

A. シュレーディンガー表示による量子調和振動子

まずはじめに，調和振動子のエネルギー固有値問題をシュレーディンガー表示のもとで解こう．第6章B節では，同じ問題をディラックの昇降演算子の方法で解くことも試みる．

1次元調和振動子のハミルトニアンは，

$$\hat{H} = -\frac{\hbar^2}{2m}\frac{d^2}{dx^2} + \frac{1}{2}kx^2 \tag{6.5}$$

で与えられる．エネルギーの固有値方程式

$$\hat{H}|\psi\rangle = E|\psi\rangle$$

は，次のようにも書き直せる．

$$(\hat{H} - E)|\psi\rangle = 0$$

シュレーディンガー表示では，これは次のような表式になる．

$$\frac{d^2\psi(x)}{dx^2} + \frac{2m}{\hbar^2}[E - 2\pi^2 m\nu^2 x^2]\psi(x) = 0 \tag{6.6}$$

ここで，

$$\lambda = \frac{2mE}{\hbar^2} \tag{6.7a}$$

および

$$\alpha = \frac{2\pi m\nu}{\hbar} \tag{6.7b}$$

とそれぞれ置いて代入すると，微分方程式は

$$\frac{d^2\psi(x)}{dx^2} + (\lambda - \alpha^2 x^2)\psi(x) = 0 \tag{6.8}$$

と整理できる．

固有値問題を解くためには，この方程式を$-\infty$から∞の範囲で満たす関数 $\psi(x)$ の集合を見つけだす必要がある．この関数は，第5章D節で与えられたボルンの4条件にも従わなければならない．

式 (6.8) を解くために，まず x が非常に大きくなった極限での解が見つかったとする．一旦 $x \to \infty$ の解（漸近解とも呼ばれる）が見つかると，次に

94 第6章 シュレーディンガー表示とディラック表示による調和振動子

は，大きな x の領域での解を任意の x でも成り立つ解に拡張するために，冪級数を導入することができる．この方法は**多項式法**（polynomial method, **冪級数展開法**の用語も多く用いられる）と呼ばれ，第7章で水素原子の問題を解くために再度用いられる．

十分に大きな x に対しては，

$$\alpha^2 x^2 \gg \lambda$$

であり，定数 λ は $\alpha^2 x^2$ と比較して十分小さいので無視できる．その結果，得られる方程式は

$$\frac{d^2\psi}{dx^2} = \alpha^2 x^2 \psi \tag{6.9}$$

となる．この x が非常に大きい領域についての方程式の解は，

$$\psi = e^{\pm(\alpha/2)x^2} \tag{6.10}$$

である．実際，

$$\frac{d^2\psi}{dx^2} = \alpha^2 x^2 e^{\pm(\alpha/2)x^2} \pm \alpha e^{\pm(\alpha/2)x^2} \tag{6.11}$$

であって，右辺第2項は，x が無限大に近づくにつれて第1項に比べて無視できるようになる．式（6.10）に与えられる2個の解，

$$e^{-(\alpha/2)x^2} \quad \text{および} \quad e^{+(\alpha/2)x^2}$$

のうちで，最初の解のみが許容可能な解になる．2番目の解は $x \to \pm\infty$ で無限大になり，ボルン条件の1つに抵触する．したがって，大きな x の領域の解は，

$$\psi(x) = e^{-(\alpha/2)x^2} \tag{6.12}$$

と定まる．

続いて，任意の x に対する解を見いだすには，次のような形の関数

$$\psi(x) = e^{-(\alpha/2)x^2} f(x) \tag{6.13}$$

を導入する．ここで $f(x)$ は，これから決定すべき未知の関数である．式（6.13）を元の方程式（6.8）に代入する．計算を進めるにあたって，2階微分

$$\frac{d^2\psi(x)}{dx^2} = e^{-(\alpha/2)x^2}(\alpha^2 x^2 f - \alpha f - 2\alpha x f' + f'')$$

が必要になる．ここで，

A. シュレーディンガー表示による量子調和振動子　95

$$f' = \frac{df}{dx}, \quad f'' = \frac{d^2f}{dx^2}$$

とする．これらを式（6.8）に代入し，

$$e^{-(\alpha/2)x^2}$$

で両辺を割ると，$f(x)$ に関する微分方程式

$$f'' - 2\alpha x f' + (\lambda - \alpha)f = 0 \tag{6.14}$$

が得られる．これを α で割れば，

$$\frac{1}{\alpha}f'' - 2xf' + \left(\frac{\lambda}{\alpha} - 1\right)f = 0 \tag{6.15}$$

を得る．ここで

$$\gamma = \sqrt{\alpha}\, x \tag{6.16}$$

と置換して x 軸の目盛りをつけ直し，解となる関数形を

$$f(x) = H(\gamma) \tag{6.17}$$

と定義し直す．式（6.15）に式（6.16）と（6.17）を用いると，**標準形**

$$\frac{d^2H(\gamma)}{d\gamma^2} - 2\gamma\frac{dH(\gamma)}{d\gamma} + \left(\frac{\lambda}{\alpha} - 1\right)H(\gamma) = 0 \tag{6.18}$$

を得る．式（6.18）は，**エルミート方程式**と呼ばれる．この例のような微分方程式は，1880 年代に盛んに研究された．式（6.16）のような置き換えは，解とその性質がよく知られる標準形を得るために行った．$H(\gamma)$ が見つかれば $f(x)$ が得られ，その $f(x)$ に大きな x の領域の解（式（6.13））を掛け合わせることにより，$\psi(x)$ が得られる．

　式（6.18）を実際に解いて $H(\gamma)$ を得るには，通常，**級数展開の方法**を用いる．すなわち，

$$H(\gamma) = \sum_{\nu} a_\nu \gamma^\nu = a_0 + a_1\gamma + a_2\gamma^2 + a_3\gamma^3 + \cdots \tag{6.19a}$$

と幂級数に展開する．これらの導関数は，項ごとに微分することで得られ，それぞれ

$$\frac{dH(\gamma)}{d\gamma} = \sum_{\nu} \nu a_\nu \gamma^{\nu-1} = a_1 + 2a_2\gamma + 3a_3\gamma^2 + \cdots \tag{6.19b}$$

$$\frac{d^2H(\gamma)}{d\gamma^2} = \sum_{\nu} \nu(\nu-1)a_\nu \gamma^{\nu-2} = 2a_2 + 6a_3\gamma + \cdots \tag{6.19c}$$

96　第6章　シュレーディンガー表示とディラック表示による調和振動子

となる．これら3本の級数（式 (6.19)）を式 (6.18) に代入すると，

$$2a_2 + 6a_3\gamma + 12a_4\gamma^2 + 20a_5\gamma^3 + \cdots$$
$$-2a_1\gamma - 4a_2\gamma^2 - 6a_3\gamma^3 - \cdots$$
$$+\left(\frac{\lambda}{\alpha}-1\right)a_0 + \left(\frac{\lambda}{\alpha}-1\right)a_1\gamma + \left(\frac{\lambda}{\alpha}-1\right)a_2\gamma^2 \tag{6.20}$$
$$+\left(\frac{\lambda}{\alpha}-1\right)a_3\gamma^3 + \cdots = 0$$

を得る．式 (6.20) は，位置変数 γ の任意の値に対してその和が0となるような無限個の項の和からなる．級数は，γ に関するすべての冪，すなわち，γ^0, γ^1, γ^2, γ^3, … を含む．γ は任意の値をとることができ，それでもなお級数の和が0に収束するためには，それぞれ γ の冪の項の係数がすべて0に等しくなければならない．式 (6.20) の対応する項を集めれば，γ の各冪の項の係数を求めることができ，それらをすべて0と置くと，

$$2a_2 + \left(\frac{\lambda}{\alpha}-1\right)a_0 = 0 \qquad [\gamma^0]$$

$$6a_3 + \left(\frac{\lambda}{\alpha}-3\right)a_1 = 0 \qquad [\gamma^1]$$

$$12a_4 + \left(\frac{\lambda}{\alpha}-5\right)a_2 = 0 \qquad [\gamma^2]$$

$$20a_5 + \left(\frac{\lambda}{\alpha}-7\right)a_3 = 0 \qquad [\gamma^3]$$

となる．各式の後にある角括弧中の表式は，各係数が結び付けられる γ の冪を示す．γ の ν 次の冪について，0に等置されるべき係数は，一般に

$$(\nu+1)(\nu+2)a_{\nu+2} + \left(\frac{\lambda}{\alpha}-1-2\nu\right)a_\nu = 0 \tag{6.21}$$

である．$a_{\nu+2}$ についてこれを解くと，

$$a_{\nu+2} = -\frac{\left(\dfrac{\lambda}{\alpha}-2\nu-1\right)}{(\nu+1)(\nu+2)}a_\nu \tag{6.22}$$

が得られる．

　式 (6.22) は，**漸化式**と呼ばれる．a_0 と a_1 が与えられれば（現時点では任意），a_2, a_3, a_4, … はすべて計算可能である．$a_0 = 0$ なら奇数番目の項の

A. シュレーディンガー表示による量子調和振動子 97

みが得られ，$a_1=0$ の場合には偶数項のみが得られる．したがって，**偶数項**による級数と**奇数項**による級数に分離できる．式（6.22）を式（6.19a）に適用することにより，微分方程式の級数展開による解が得られる．それらの結果と式（6.17）と式（6.13）を組み合わせて，元の微分方程式の解が得られる．

微分方程式に対する解には，無限の数の項を含む冪級数が含まれる．式（6.13）の $f(x)$ に代入される冪級数展開で，微分方程式は解けたものの，x が無限大になるにつれて解も無限大になるため，よい波動関数ではない．これは，大きな γ に対する解

$$e^{-\gamma^2/2}$$

を冪級数に掛けた場合にも，依然としてその状態で残る．このことを見るために，次の展開を考えよう．

$$e^{\gamma^2}=1+\gamma^2+\frac{\gamma^4}{2!}+\frac{\gamma^6}{3!}+\cdots+\frac{\gamma^\nu}{(\nu/2)!}+\frac{\gamma^{\nu+2}}{((\nu/2)+1)!}+\cdots \quad (6.23)$$

十分に大きな γ については，この級数の最初のいくつかの項はもはや重要ではなくなる．この展開の中で，次の係数を呼び出そう．

$$b_\nu=\frac{1}{(\nu/2)!}$$

すると，

$$b_{\nu+2}=\frac{1}{((\nu/2)+1)!}=\frac{1}{(\nu/2)!((\nu/2)+1)}$$

であり，したがって

$$b_{\nu+2}=\frac{1}{(\nu/2+1)}b_\nu$$

となる．$(\nu/2)\gg 1$ のような大きな値の ν については，この関係式は

$$b_{\nu+2}=\frac{2}{\nu}b_\nu \quad (6.24)$$

と還元できる．一方，ν が非常に大きな値になると，式（6.22）で与えられた漸化式は

$$a_{\nu+2}=-\frac{(-2\nu)}{\nu^2}a_\nu$$

98 第6章 シュレーディンガー表示とディラック表示による調和振動子

となり，これは更に

$$a_{\nu+2} = \frac{1}{\nu} a_\nu \tag{6.25}$$

となる．この2系列の級数の高次の項の比をとると

$$\frac{a_{\nu+2}}{b_{\nu+2}} = \frac{a_\nu}{b_\nu} = C \tag{6.26}$$

を得る．すなわち，これらの級数の高次の項の比は定数であって，その値は冪次数 ν によらない．つまり，$H(\gamma)$ に関する級数の高次の項は，e^{γ^2} に関する級数と定数倍しか違わない．H の展開において，低次の項が重要でないような大きな値の $|\gamma|$ 領域では，H は e^{γ^2} のように振る舞うのである．

微分方程式の解（式 (6.8)）は，

$$\psi(\gamma) = e^{-\gamma^2/2} H(\gamma) \tag{6.27}$$

で与えられるので，$|\gamma|$ の大きな値に対しては，

$$\psi(\gamma) = e^{-\gamma^2/2} e^{\gamma^2} = e^{\gamma^2/2} \tag{6.28}$$

となる．したがって，$H(\gamma)$ の級数展開が無限個の項を含むなら，$\psi(\gamma)$ は $\gamma \to \infty$ に伴って発散し，波動関数としては許容できなくなる．これは重要な点である．$H(\gamma)$ が無限個の級数項からなる場合には，式 (6.27) は微分方程式の解ではあっても，シュレーディンガー方程式の波動関数解に関するボルンの確率的解釈により課される数学的条件を満たしえないために，よい波動関数ではないことになる．

微分方程式の解で，しかも有効な波動関数となる解を得るためには，級数展開が有限の項数で終わることが必要である．いかなる項数であれ有限の項数であれば，$\gamma \to \infty$ に伴って，式 (6.27) で多項式 $H(\gamma)$ に掛けられたガウス関数因子が，多項式中の任意の冪の項が無限大に発散するよりも，より速く0に収束する．したがって関数全体としても，$\gamma \to \infty$ に伴って決して発散することなく，0に収束する．エネルギーを含むパラメーター λ が，n を整数として

$$\lambda = (2n+1)\alpha \tag{6.29}$$

に制限されるなら，漸化式（式 (6.22)）

A. シュレーディンガー表示による量子調和振動子 99

$$a_{\nu+2} = -\frac{\left(\dfrac{\lambda}{\alpha} - 2\nu - 1\right)}{(\nu+1)(\nu+2)} a_\nu$$

は，$\nu > n$ のすべての係数を 0 とする．よって，奇数番目の項による級数についても偶数番目の項による級数についても，有限の項数で終わらせることができる．a_1 が 0 で a_0 を有限にとれるなら，式 (6.29) で選択される n で定まる有限項数の偶数番級数が得られる．a_0 の方を 0 とし a_1 を有限にとれるなら，式 (6.29) で選択される n で定まる有限項数の奇数番級数が得られる．式 (6.29) に従って λ を選択することにより，有限の項数からなる多項式が定まり，それにより許容可能な波動関数が得られる．式 (6.7) で与えられる λ と α の定義を用いると，

$$\lambda = \frac{2mE}{\hbar^2} = \frac{(2n+1)2\pi m\nu}{\hbar} \tag{6.30}$$

となり，これを E について解けば，

$$E_n = \left(n + \frac{1}{2}\right)h\nu \tag{6.31}$$

が得られ，量子論的な調和振動子のエネルギー固有値を得る．微分方程式の（数学的な）解に，波動関数として満たすべきボルン条件を付加することで，エネルギー準位が量子化された．n は**量子数**と呼ばれる．

　量子調和振動子の最低エネルギーは，$n=0$ と置くことで得られる．

$$E_0 = \frac{1}{2}h\nu \tag{6.32}$$

これは，許される最低エネルギーが 0 となる古典的な調和振動子とは著しく異なる．量子力学的調和振動子の $n=0$ のエネルギーは，**零点エネルギー**と呼ばれる．エネルギー準位の間隔は $h\nu$ であり，準位は等間隔に並んでいる．この特性も，エネルギーが連続的に変化できる古典的調和振動子とは，大きく異なる点である．

　調和振動子の波動関数は，

$$\psi_n(x) = N_n e^{-\gamma^2/2} H_n(\gamma) \tag{6.33}$$

で与えられる．ここで N_n は**規格化定数**であり，H_n は**エルミート多項式**と呼ばれる．この時点では，偶数番系列の初項となる a_0，あるいは奇数番系

100　第6章　シュレーディンガー表示とディラック表示による調和振動子

列の初項となる a_1 は，任意の値をとることができる．規格化によってこれらの値は定まり，規格化定数は，

$$N_n = \left\{ \left(\frac{\alpha}{\pi} \right)^{1/2} \frac{1}{2^n n!} \right\}^{1/2} \qquad (6.34)$$

で与えられる（$0! = 1$ であることに注意）．N_n は順次計算できて，最初のエルミート多項式をいくつか具体的に示すと，以下の通りである．

$$H_0(\gamma) = 1 \qquad (6.34a)$$

$$H_1(\gamma) = 2\gamma \qquad (6.34b)$$

$$H_2(\gamma) = 4\gamma^2 - 2 \qquad (6.34c)$$

$$H_3(\gamma) = 8\gamma^3 - 12\gamma \qquad (6.34d)$$

$$H_4(\gamma) = 16\gamma^4 - 48\gamma^2 + 12 \qquad (6.34e)$$

$$H_5(\gamma) = 32\gamma^5 - 160\gamma^3 + 120\gamma \qquad (6.34f)$$

$$H_6(\gamma) = 64\gamma^6 - 480\gamma^4 + 720\gamma^2 - 120 \qquad (6.34g)$$

　量子調和振動子の最低エネルギー状態の波動関数 ψ_0 は，

$$\psi_0(x) = \left(\frac{\alpha}{\pi} \right)^{1/4} e^{-\alpha x^2/2} = \left(\frac{\alpha}{\pi} \right)^{1/4} e^{-\gamma^2/2} \qquad (6.35)$$

となり，これはガウス関数でもある．これを，位置座標パラメーターである γ についてグラフにしたものを図6.2に示す．波動関数は確率振幅を表した．つまり，空間のある点に粒子を見いだす確率は，$\psi^*\psi$ である．あるいは，この関数は実なので $(\psi)^2$ とも言える（第3章C節で議論したように，確率は正確には着目する点の周りに微小な領域を定め，その領域で $(\psi)^2$ を積分することで定義される）．$(\psi)^2$ あるいは $\psi^*\psi$ の様子を図示すると，図6.3になる．波動関数と確率は，両者とも中心でピークをもつ．この点は，ポテンシャルが最小になる位置である（図6.1参照）．これは古典的調和振動子とは対照的である．古典的な調和振動子では，速度は放物線型のポテンシャル井戸の中心で最大であり，古典的な転換点で0になる．古典的な振動子は確率関数で記述されてはいないが，振動子が中心で過ごす時間は最小で，転換点で過ごす時間が最大になることは容易に示せる．したがって古典的な振動子は，転換点で最も観測されやすく，中心点では最も見いだしにくい．

　古典的な転換点は，全エネルギーがポテンシャルエネルギーに等しくなる点となる．量子調和振動子の基底状態に関する確率分布の上に古典的な転換

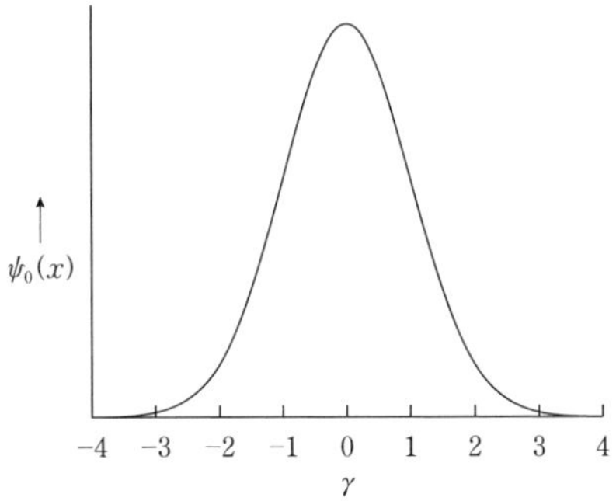

A. シュレーディンガー表示による量子調和振動子　101

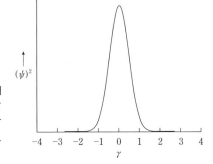

図 6.2　量子調和振動子の最低エネルギーの固有関数 ($n=0$) を，無次元化された位置座標 γ について示す．確率振幅関数は，古典的な調和振動子の場合と異なり，中心で最大となる．

図 6.3　量子調和振動子の $n=0$ の準位に関する確率分布関数を，位置座標 γ について示す．古典的な転換点は，$\gamma=\pm1$ に対応する．確率分布関数は古典的な転換点を越えて拡がっている．

点を重ねるために，それは $n=0$ の振動子のエネルギーがポテンシャルエネルギーに等しい点と考える．

$$\frac{1}{2}h\nu = \frac{1}{2}kx^2 \tag{6.36}$$

k, α, γ の定義（式 (6.4)，(6.7b)，(6.16)）をそれぞれ代入して γ について解くと，無次元化した古典的転換点の位置が得られる．

$$\gamma = \pm 1 \tag{6.37}$$

無次元化された位置パラメーター γ を用いれば，古典的な転換点は，振動子の質量や振動数，およびバネ定数にはよらない．

図 6.3 に示す確率のグラフから，確率分布の拡がりが古典的な転換点を明らかに越えているのがわかる．古典的には禁制されている空間領域に，量子論的粒子を見いだすことが有限の確率で存在する．有限の高さの壁をもつ箱の中の粒子の，非古典的なこの振舞いに関する結果のいくつかは第 5 章 E

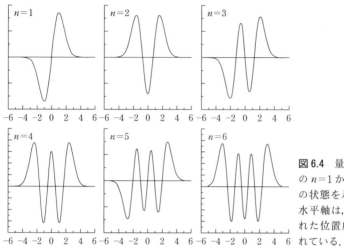

図 6.4 量子調和振動子の $n=1$ から $n=6$ までの状態を示す波動関数. 水平軸は, 無次元化された位置座標 γ で示されている.

節で議論している．左右の古典的な転換点の間の領域で $\psi^*\psi$ を積分すると, 古典的に許容される領域にいる確率的な割合がわかる．波動関数は規格化されているので，この割合を 1 から引くことにより，古典的には禁制されている領域に粒子を見いだす確率を得る．この確率は 0.16 であって，振動子の力学的な各パラメーターには依存しない．こうして，少なからぬ割合の確率で，粒子は古典的には禁制されている領域に浸み出していることがわかる.

 $n=1$ から $n=6$ までの波動関数を，図 6.4 に示す．水平軸は γ の単位で目盛りを振られていて，各図とも，水平軸の縦方向位置が確率振幅 0 の位置に対応する．量子数の増大とともに，波動関数は，節つまり確率振幅が 0 となる点をもち，その数が増大する．確率振幅は，節を横切るたびにその符号が変わる．波動関数は正から負までの間で振動できるが，確率 $\psi^*\psi$ は常に正である．図 6.5 には，$n=10$ の場合の確率分布関数を図示してある.

 $n=0$ の状態の確率分布関数（図 6.2）は，中心にピークがあり，$n=10$ の状態とは対照的である．量子数が大きくなるにつれて，節と節の間隔はより詰まってくる．大きな量子数では，確率分布は古典的な調和振動子の場合に似てくる．すなわち，運動の左右終端でピークをもち，中心では最小になる．確率分布の一般的な特徴は，n が増大するに従い，古典的振動子の確率分布に近づく．量子振動子は常に振動的な確率分布を有し，確率が 0 となる節を

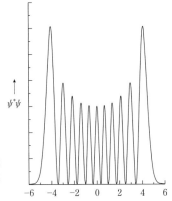

図 6.5 量子調和振動子の $n=10$ に対応する状態の確率密度関数 $\psi^*\psi$ を示す．水平軸は，無次元化された位置座標 γ で示されている．

伴う．これは，古典的な振動子にはない特徴である．しかし，巨視的な振動子の量子論的な記述は，古典的な記述と等価である．このことを見るために，1 g の質量を当初は 1 cm だけ引き伸ばし，振動子の周期が $\nu=1$ Hz となるようなバネにつなぐことを考える．式 (6.4) より，バネ定数は $k=4\pi^2$ g/s^2 となる．古典的な転換点 $x=1$ cm では，振動子のエネルギーは $(1/2)kx^2 = 2\pi^2$ g cm^2/s^2 となる．転換点ではすべてのエネルギーがポテンシャルエネルギーなので，これは全エネルギーでもある．これを量子調和振動子のエネルギーに等しいと置くと，$(n+1/2)h\nu=2\pi^2$ より，量子数として $n\approx 3\times 10^{27}$ を得る．巨視的な振動子は，とてつもなく巨大な量子数をもつのである．往復の振動幅として 2 cm 動く間には，おおよそ 10^{27} 個の節がある．節と節の間隔は 10^{-27} cm 程度であり，その距離は原子核 1 個の大きさより 13 桁も小さい．粒子を見いだす確率は微小な間隔にわたって定義されるので，意味のある有限の大きさの間隔をとれば，その間には途方もなく大きな数の節を含むに違いない．節はその間隔の中で平均化され，位置に対して確率をグラフにプロットすると，節のない滑らかな曲線になるだろう．それは，古典的に計算された分布と同一であるに違いない．

　調和振動子の波動関数は，無限の個数存在する．量子数 n が大きくなるにつれて，波動関数には，より多くの項数をもつ多項式が含まれるようになる．これらの状態のすべてに適用できる関係式，たとえば規格化定数などを得たいことがしばしばある．次の節で，量子調和振動子に関するディラック

104 第6章 シュレーディンガー表示とディラック表示による調和振動子

の方法を導入するが,ディラックの定式化を用いるとそれがより簡単であることを示す.しかしシュレーディンガー表示においては,個々の異なる多項式間には明確な関係があるにもかかわらず,すべての波動関数に適用できる関係式は個別に導出する必要がある.そのような関係式は,さまざまな種類がある**母関数**[1] (generating function) を用いる方法によっても導くことができる.エルミート多項式を含む有用な母関数の1つは,

$$S(\gamma, s) = \sum_n \frac{H_n(\gamma)s^n}{n!} = e^{\gamma^2 - (s-\gamma)^2} \tag{6.38}$$

である.

母関数を用いる例として,式 (6.34) に与えられた規格化定数を求め,同時に波動関数の直交性もその過程で得られることを示す.式 (6.33) に与えられる波動関数は,式 (6.34) で定義される規格化定数をもち,次の関係式に従う.

$$\int_{-\infty}^{\infty} \psi_n^*(x)\psi_m(x)dx = \delta_{nm} \tag{6.39}$$

---

1) 訳者注:数列 $\{a_m\}$ に対し,変数 t に関する形式的な級数展開の関数 $f(t) = \sum_m a_m t^m$ をその**母関数**という.無限数列や関数列 $\{f_m(x)\}$ についても同様で,後者では $f(z, t) = \sum_m f_m(z)t^n$ をその母関数という.数列に関する母関数の定義はいくつかあるが,このような定義が一般的で通常型母関数ともいう.母関数は数列に関するすべての情報を含み,互いに1対1の対応関係にある.物理で重要なのは,$f(t)$ が**閉じた**関数形となる場合であり,実際,式 (6.38) は,その具体的な例である.関数列に関する規格化定数や直交関係などを計算する場合に,このように大きな威力を発揮する.一方で母関数は,形式的な冪級数展開であり慣例的な側面もあり,厳密な意味での関数ではなく,**生成関数**(級数)と呼ばれることも多い.原著では術語 generating function が一貫して用いられていて,文字通りには後者の意味に対応するようである.本章での用例(式 (6.38))は,その狭義の意味に対応するので,ここでは母関数とした.続く第7章 C 項 1,2 では,広義の意味での生成公式(冪級数表示,母関数,微分公式,積分公式,漸化式など)の1つとして,微分公式(式 (7.57) と (7.63))が議論されている.少し章を下ると,第 10 章の式 (10.19) と (10.16a) を組み合わせた式は,ルジャンドルの多項式に関する閉じた母関数の例になる.

量子力学に普遍的な偏微分方程式の変数分離による解法と,それらの過程に現れる個々の微分方程式の具体的な境界値問題の解として定義される各種の**特殊関数**(エルミートの多項式,ルジャンドルの(陪)多項式,ラゲールの(陪)多項式,等々.第7章参照)に関しては,基本的にすべて対応する母関数をつくることが可能であり,それらの関数を操作し表現する重要な手法の1つになっている.より詳しくは,応用数学,(偏)微分方程式,特殊関数論に関する教科書を参照されたい.

A. シュレーディンガー表示による量子調和振動子　105

ここでクロネッカーのデルタ δ_{nm} は,

$$\delta_{nm} \equiv \begin{cases} 1, & m=n \\ 0, & m \neq n \end{cases} \tag{6.40}$$

と定義される. 各波動関数は異なる固有値に属するので, 固有関数は直交する（第2章C節参照). 言い換えると, 式（6.39）の積分は $m \neq n$ では0に等しい. これは, 規格化定数を導く過程の一環としてあらわに示される.

式（6.38）に示す母関数と, 第2の母関数

$$T(\gamma, t) = \sum_m \frac{H_m(\gamma)t^m}{m!} = e^{\gamma^2 - (t-\gamma)^2} \tag{6.41}$$

を用いれば, 次の積分

$$\int_{-\infty}^{\infty} ST e^{-\gamma^2} d\gamma = \sum_n \sum_m s^n t^m \int_{-\infty}^{\infty} \frac{H_n(\gamma)H_m(\gamma)}{n!\,m!} e^{-\gamma^2} d\gamma \tag{6.42}$$

が母関数を用いて表現できる. 式（6.42）の左辺は, 式（6.38）と（6.41）の最右辺の項を用いて書き直せて,

$$= \int_{-\infty}^{\infty} e^{-s^2 - t^2 + 2s\gamma + 2t\gamma - \gamma^2} d\gamma = e^{2st} \int_{-\infty}^{\infty} e^{-(\gamma - s - t)^2} d(\gamma - s - t) \tag{6.43}$$

となる. $y = \gamma - s - t$ と変数変換して積分を実行すれば,

$$= e^{2st} \int_{-\infty}^{\infty} e^{-y^2} dy = \pi^{1/2} e^{2st} \tag{6.44}$$

を得る. この指数関数を級数展開すると,

$$= \pi^{1/2} \left(1 + \frac{2st}{1!} + \frac{2^2 s^2 t^2}{2!} + \cdots + \frac{2^n s^n t^n}{n!} + \cdots \right) \tag{6.45}$$

となる. 式（6.42）の左辺が級数で展開された. 式（6.42）の右辺は, 級数に積分を掛けた表式になっている. m と n のそれぞれの値に対応し, 積分は次のような定数

$$\int_{-\infty}^{\infty} \frac{H_n(\gamma)H_m(\gamma)}{n!\,m!} e^{-\gamma^2} d\gamma \equiv \theta_{mn} \tag{6.46}$$

になる. 式（6.42）をこの二重の級数で書き直すと,

$$\sum_n \sum_m s^n t^m \theta_{mn} = \pi^{1/2} \left(1 + \frac{2st}{1!} + \frac{2^2 s^2 t^2}{2!} + \cdots + \frac{2^n s^n t^n}{n!} + \cdots \right) \tag{6.47}$$

となる. $n = m$ の場合には, 式（6.47）の左辺の級数は

106 第6章 シュレーディンガー表示とディラック表示による調和振動子

$$\sum_n s^n t^n \theta_{nn} \tag{6.48}$$

となる．ここで，（6.48）の表式が

$$\theta_{nn} = \frac{2^n \pi^{1/2}}{n!} \tag{6.49}$$

である場合には，これはそのまま式（6.47）における右辺の級数に等しい．
2個の級数は $n = m$ の場合に既に等しいので，式（6.47）左辺の残りの項
（$i.e.\ n \neq m$）はすべて 0 にならねばならない．すなわち，

$$\theta_{nm} = 0, \quad m \neq n \tag{6.50}$$

を得る．$n = m$ については，定義式（6.46）より実際

$$\theta_{nn} = \int_{-\infty}^{\infty} \frac{H_n H_n}{(n!)^2} e^{-\gamma^2} d\gamma = \frac{2^n \pi^{1/2}}{n!} \tag{6.51}$$

となっている．右側の等式に $(n!)^2$ を掛けることにより，規格化定数を得る
ために必要な積分が得られる．

$$\int_{-\infty}^{\infty} H_n H_n e^{-\gamma^2} d\gamma = \pi^{1/2} 2^n n! \tag{6.52}$$

さらに式（6.50）より，$n \neq m$ については $\theta_{nm} = 0$ であることから，波動関数
の直交性もあわせて証明された．規格化する前の波動関数は，

$$\psi_n(x) = e^{-\gamma^2/2} H_n(\gamma)$$

であったから，これを規格化するには，規格化する前の波動関数に式
（6.52）の右辺の平方根をとったものの逆数を掛けなければならない．γ の
代わりに位置変数を x に戻すと，式（6.52）の積分要素も $d\gamma = \sqrt{\alpha}\, dx$ に変
換する必要がある．最終的な結果は，式（6.34）に与えられている．

　調和振動子のすべての状態に対する規格化定数を求めるのに用いられた母
関数の方法は，調和振動子の状態間のその他の関係式を証明するのにも用い
ることができる．そのような関係式の一例として，光の吸収における選択則
があり，量子調和振動子のディラックの取扱いに関連させて，下記で議論す
る．

B. ディラック表示による量子調和振動子

　この節では，ディラック表示を用いて同じ量子調和振動子の問題を解くことを試みる．これにより，固有値と固有ベクトルを見いだそう．観測可能量である固有値は，問題を解くのに用いられる表示法には依存しない．しかし，固有ベクトルと問題を解く過程は，表示法により基本的に異なる．調和振動子に関する諸特性の計算において，ディラック表示は数学的にも大変魅力的な方法論を提供している．加えて，調和振動子問題のディラック表示による記述は，固体物理学や輻射の量子論における多くの課題の基礎となっている．

　1次元調和振動子のハミルトニアンは，運動エネルギーとポテンシャルエネルギーの和

$$\hat{H} = \frac{\hat{P}^2}{2m} + \frac{1}{2}k\hat{x}^2 \tag{6.53}$$

で与えられる．ここで，$\hat{P}$ は運動量演算子，$\hat{x}$ は位置演算子である．固有値方程式は，

$$\hat{H}|E\rangle = E|E\rangle \tag{6.54}$$

となる．固有ケット $|E\rangle$ を正規直交系にとる．固有ケットは規格化でき，第2章C節で証明されたように，各固有ベクトルは異なる固有値に属するため，それらは互いに直交する．

　位置–運動量交換子は，

$$[\hat{x}, \hat{P}] = i\hbar\hat{I}$$

である．ここで，$\hat{I}$ は恒等演算子である．質量，長さ，および時間の単位を，

$$m = k = \hbar = 1$$

となるように選び，これらの単位をハミルトニアンと交換子の記述に用いると

$$\hat{H} = \frac{1}{2}(\hat{P}^2 + \hat{x}^2) \tag{6.55}$$

$$[\hat{x}, \hat{P}] = i\hat{I} \tag{6.56}$$

となる．

　ここで，演算子 $\hat{a}$ と $\hat{a}^\dagger$ を次のように定義する．

108　第6章　シュレーディンガー表示とディラック表示による調和振動子

$$\hat{a} = \frac{i}{\sqrt{2}} (\hat{P} - i\hat{x}) \qquad (6.57)$$

$$\hat{a}^\dagger = \frac{1}{i\sqrt{2}} (\hat{P} + i\hat{x}) \qquad (6.58)$$

$\hat{P}$ と $\hat{x}$ はエルミート演算子なので，$\hat{a}^\dagger$ は $\hat{a}$ のエルミート共役な演算子になる．

$$\hat{a}^\dagger = \bar{\hat{a}} \qquad (6.59)$$

ハミルトン演算子は，演算子 $\hat{a}^\dagger$ と $\hat{a}$ を用いて書き表すことができる．具体的には，

$$\begin{aligned}
\hat{a}\hat{a}^\dagger &= \frac{1}{2} [(\hat{P} - i\hat{x})(\hat{P} + i\hat{x})] \\
&= \frac{1}{2} [\hat{P}^2 - i\hat{x}\hat{P} + i\hat{P}\hat{x} + \hat{x}^2] \\
&= \frac{1}{2} [\hat{P}^2 - i(\hat{x}\hat{P} - \hat{P}\hat{x}) + \hat{x}^2] \\
&= \frac{1}{2} [\hat{P}^2 + \hat{x}^2] - \frac{i}{2} [\hat{x}, \hat{P}] \\
\hat{a}\hat{a}^\dagger &= \hat{H} + \frac{1}{2}\hat{I}
\end{aligned} \qquad (6.60)$$

同様に，

$$\begin{aligned}
\hat{a}^\dagger\hat{a} &= \frac{1}{2} [\hat{P}^2 + i(\hat{x}\hat{P} - \hat{P}\hat{x}) + \hat{x}^2] \\
\hat{a}^\dagger\hat{a} &= \hat{H} - \frac{1}{2}\hat{I}
\end{aligned} \qquad (6.61)$$

なので，$\hat{a}$ と $\hat{a}^\dagger$ を用いれば，ハミルトニアンは

$$\hat{H} = \frac{1}{2} (\hat{a}\hat{a}^\dagger + \hat{a}^\dagger\hat{a}) \qquad (6.62)$$

となる．ほぼ同様にして，次の各交換子関係式が成り立つことを証明できる．

$$[\hat{a}, \hat{a}^\dagger] = \hat{I} \qquad (6.63\text{a})$$

$$[\hat{a}, \hat{H}] = \hat{a} \qquad (6.63\text{b})$$

$$[\hat{a}^\dagger, \hat{H}] = -\hat{a}^\dagger \qquad (6.63\text{c})$$

B. ディラック表示による量子調和振動子　109

　ハミルトニアンは演算子 $\hat{a}$ と $\hat{a}^\dagger$ を用いて書けるが，演算子 $\hat{a}$ と $\hat{a}^\dagger$ の特性はまだ定義していなかった．$\hat{a}$ と $\hat{a}^\dagger$ の特性は，次のようにして決定でき，その過程で固有値問題も解くことができる．ここで，式

$$\hat{a}|E\rangle = |Q\rangle \qquad (6.64)$$

を考えよう．ここで，$|E\rangle$ は $\hat{H}$ の固有ケットであり，$|Q\rangle$ はまだ定義されていない他のケットとする．式 (6.64) の複素共役をとると，

$$\langle Q| = \langle E|\bar{\hat{a}} = \langle E|\hat{a}^\dagger$$

を得る．また，ベクトルの自分自身とのスカラー積をとれば，

$$\langle Q|Q\rangle \geq 0$$

である．ここで $\langle Q|Q\rangle = 0$ は，$|Q\rangle = 0$ の場合に限り成り立つ．よって，

$$\langle Q|Q\rangle = \langle E|\hat{a}^\dagger\hat{a}|E\rangle \geq 0 \qquad (6.65)$$

を得る.

　式 (6.61) をこれに適用すれば，

$$\langle E|\hat{a}^\dagger\hat{a}|E\rangle = \langle E|\hat{H} - (1/2)\hat{I}|E\rangle = (E - 1/2)\langle E|E\rangle \geq 0 \qquad (6.66)$$

となる．固有ケット $|E\rangle$ は規格化されているので，式 (6.66) の最右辺の不等式からは，

$$E \geq 1/2 \qquad (6.67)$$

であることが導かれる．これは，最初に得られる重要な結果である．不等式 (6.67) は，調和振動子がとりうるエネルギー固有値に関して，最も基本的な情報をもたらしている．従来の単位系に戻せば，式 (6.67) は $E \geq (1/2)h\nu$ ということであり，これはシュレーディンガーの取扱いで得られた結論と同一である.

　ここで，

$$\hat{a}\hat{H}|E\rangle = E\hat{a}|E\rangle \qquad (6.68)$$

について考える．$|E\rangle$ は固有値 E をもつ $\hat{H}$ の固有ケットの 1 つである．E は数であり，演算子 $\hat{a}$ とは交換して，式 (6.68) の右辺を与える．交換子の関係式 (6.63b) より，

$$[\hat{a},\ \hat{H}] = \hat{a}\hat{H} - \hat{H}\hat{a} = \hat{a}$$
$$\hat{a}\hat{H} = \hat{H}\hat{a} + \hat{a} \qquad (6.69)$$

となり，式 (6.68) と (6.69) を組み合わせると，

$$(\hat{H}\hat{a} + \hat{a})|E\rangle = E\hat{a}|E\rangle$$

110 第6章 シュレーディンガー表示とディラック表示による調和振動子

が得られる．よって，

$$\hat{H}\hat{a}|E\rangle + \hat{a}|E\rangle = E\hat{a}|E\rangle$$

となり，さらには

$$\hat{H}\hat{a}|E\rangle = E\hat{a}|E\rangle - \hat{a}|E\rangle$$

となる．したがって，

$$\hat{H}[\hat{a}|E\rangle] = (E-1)[\hat{a}|E\rangle] \tag{6.70}$$

を得る．式 (6.70) は，$[\hat{a}|E\rangle]$ に $\hat{H}$ を作用させると，元と同じケットに数 $(E-1)$ を掛けたものを生成すると述べていて，$[\hat{a}|E\rangle]$ は固有値が $(E-1)$ の $\hat{H}$ の固有ケットであることを示している．よって，$(E-1)$ はケット $[\hat{a}|E\rangle]$ の固有値である．このことにより，演算子 $\hat{a}$ は次のように定義される．

$$\hat{a}|E\rangle = |E-1\rangle \tag{6.71}$$

$\hat{a}|E\rangle$ は，$\hat{H}$ の固有値 $(E-1)$ の固有ケットになっている．すなわち，

$$\hat{H}|E-1\rangle = (E-1)|E-1\rangle$$

なので，$\hat{a}|E\rangle$ はケット $|E-1\rangle$ でなければならない．$\hat{a}$ は**下降（消滅）演算子**と呼ばれる．演算子 $\hat{a}$ を $|E\rangle$ に作用させると，1 単位分だけエネルギーの低い新たな固有ケット $|E-1\rangle$ を生成する．下記に議論するように，$\hat{a}$ を $|E\rangle$ に作用させると，実際には $|E-1\rangle$ のある定数倍となるだろう．しかし，系の状態はケットベクトルの長さではなく方向で定義されるため，式 (6.71) の等式は，依然として成立している．系の状態は，0 以外なら任意の定数倍因子に関係なく，そのすべてのケットで表現される．長さ 0 のベクトルはベクトルではないので，0 を掛けたケットは系の状態を表さない．したがって式 (6.71) の等号は，ケット $\hat{a}|E\rangle$ はケット $|E-1\rangle$ と同一のケットになると読み取るべきであって，$|E\rangle$ に $\hat{a}$ を作用させた結果が $|E-1\rangle$ の 1 倍になると読むべきではない．

　下降演算子を繰り返し用いると

$$\hat{a}|E\rangle = |E-1\rangle$$
$$\hat{a}^2|E\rangle = |E-2\rangle$$
$$\hat{a}^3|E\rangle = |E-3\rangle$$
$$\vdots \tag{6.72}$$

となる．ところでこの下降操作は，式 (6.67) が

B. ディラック表示による量子調和振動子　111

$$E > \frac{1}{2}$$

であることを要求しているので，際限なく続けることはできない．どこかの時点で，そこからさらに1を差し引いていくと，どこかでこの不等式に背く状況が出現するに違いない．その E の最小値を E_0 と置けば，

$$E_0 - 1 < \frac{1}{2}$$

でなければならない．よって，エネルギー固有値 E_0 に対応する固有ケット $|E_0\rangle$ については，

$$\hat{a}|E_0\rangle = 0 \tag{6.73}$$

が成り立たなければならない．そこでこの固有ケット $|E_0\rangle$ に対して式 (6.61) を用いれば，

$$\hat{a}^\dagger[\hat{a}|E_0\rangle] = \left(\hat{H} - \frac{1}{2}\hat{I}\right)|E_0\rangle \tag{6.74}$$

$$= \left(E_0 - \frac{1}{2}\right)|E_0\rangle = 0 \tag{6.75}$$

を得る．$|E_0\rangle$ は0ではないので，その係数が0になるべきである．

$$\left(E_0 - \frac{1}{2}\right) = 0$$

したがって

$$E_0 = \frac{1}{2} \tag{6.76}$$

が得られる．式 (6.76) は，第2の重要な結果である．$E_0 = 1/2$ という，最低エネルギーに対応するエネルギー固有値が存在する．従来の単位系に戻せば，

$$E_0 = \frac{1}{2}h\nu \tag{6.77}$$

となる．

　演算子 $\hat{a}^\dagger$ の効果も，式 (6.68) から (6.71) までに与えたのと類似の手続きで決定できる．交換子の関係式 (6.63c) を用いると，

$$\hat{a}^\dagger[\hat{H}|E\rangle] = E\hat{a}^\dagger|E\rangle \tag{6.78}$$

112 第6章 シュレーディンガー表示とディラック表示による調和振動子

$$\hat{a}^\dagger[\hat{H}|E\rangle] = (\hat{H}\hat{a}^\dagger - \hat{a}^\dagger)|E\rangle \tag{6.79}$$

を得る. 式 (6.78) と (6.79) を組み合わせると,

$$\hat{H}[\hat{a}^\dagger|E\rangle] = (E+1)[\hat{a}^\dagger|E\rangle] \tag{6.80}$$

が得られる. したがって $[\hat{a}^\dagger|E\rangle]$ は, 固有値 $(E+1)$ をもつ $\hat{H}$ の固有ケットである. すなわち,

$$\hat{a}^\dagger|E\rangle = (E+1)|E\rangle \tag{6.81}$$

となる. $\hat{a}^\dagger$ は**上昇(生成)演算子**と呼ばれる. これは, 固有ケット $|E\rangle$ を 1 単位分だけ高いエネルギーの, 新たな固有ケット $|E+1\rangle$ へ移す働きをする.

　調和振動子の固有エネルギーは, 固有値 $E_0 = 1/2$ をもつ最低エネルギー状態の固有ケットである $|E_0\rangle$ に, 繰り返し $\hat{a}^\dagger$ を作用させることによって導くことができる.

$$\hat{H}[\hat{a}^\dagger|E_0\rangle] = \frac{3}{2}|E_0+1\rangle$$

$$\hat{H}[\hat{a}^{\dagger\,2}|E_0\rangle] = \frac{5}{2}|E_0+2\rangle \tag{6.82}$$

$$\hat{H}[\hat{a}^{\dagger\,3}|E_0\rangle] = \frac{7}{2}|E_0+3\rangle$$

$$\vdots$$

したがってエネルギー固有値は,

$$E = \frac{1}{2}, \frac{3}{2}, \frac{5}{2}, \frac{7}{2}, \cdots$$

あるいは

$$E_n = n + \frac{1}{2} \tag{6.83}$$

となる. 伝統的な単位系に戻せば, 固有値は

$$E_n = \left(n + \frac{1}{2}\right)h\nu \tag{6.84}$$

で与えられる.

　式 (6.84) の固有値は, シュレーディンガー方程式 (式 (6.31)) を用いて導かれた固有値と同一である. それにもかかわらず, ディラック表示では

B. ディラック表示による量子調和振動子　113

微分方程式を解く必要がない．そのため，許容可能な波動関数と量子化された エネルギー固有値を得るためのボルンの境界条件を課す必要もないのである．必要な情報のすべては，式（6.53）と（4.7）に与えられるハミルトニアンと交換子関係に含まれている．多くの点で，ディラックの方法は数学的にもより単純で，下記にも示すように，結果として得られる固有ケットは調和振動子のさまざまな量子力学的特性を計算するためのより簡単な経路を与えてくれる．

固有ケットは，状態のエネルギー $E=n+1/2$ で指標付けされてきた．ここで n は，0，1，2，3，…という値をとる．$n+1/2$ の代わりに，量子数 n だけで固有ケットを指標付けしても，それは等価である．すなわち，

$$\left| E=n+\frac{1}{2} \right\rangle = |n\rangle \tag{6.85}$$

となる．

固有ケット $|n\rangle$ は，規格化されているものとする．上昇演算子は n を 1 だけ増加させ，下降演算子は n を 1 だけ減少させる．

$$\hat{a}^\dagger|n\rangle = \beta_n|n+1\rangle$$
$$\hat{a}|n\rangle = \alpha_n|n-1\rangle$$

ここで，β_n と α_n はそれぞれ計算できて，

$$\beta_n = \sqrt{n+1}$$
$$\alpha_n = \sqrt{n}$$

となる．したがって，ケット $|n\rangle$ に上昇ないし下降演算子を作用させた結果は，

$$\hat{a}^\dagger|n\rangle = \sqrt{n+1}\,|n+1\rangle \tag{6.86a}$$
$$\hat{a}|n\rangle = \sqrt{n}\,|n-1\rangle \tag{6.86b}$$

となる．これらの関係式は，調和振動子の特性を計算するのに用いられ，以下で具体的に示すように，大変重要である．

さらに演算子 $\hat{a}^\dagger\hat{a}$ を考え，ケット $|n\rangle$ に作用させると，

$$\hat{a}^\dagger\hat{a}|n\rangle = \hat{a}^\dagger\sqrt{n}\,|n-1\rangle$$
$$= n|n\rangle$$

となるので，

114 第6章 シュレーディンガー表示とディラック表示による調和振動子

$$\hat{a}^\dagger\hat{a}|n\rangle = n|n\rangle \tag{6.87}$$

を得る．ケット $|n\rangle$ は，演算子 $\hat{a}^\dagger\hat{a}$ の固有ケットであって，調和振動子の量子数あるいは励起の個数に対応する n を固有値とする．演算子 $\hat{a}^\dagger\hat{a}$ は，**粒子数演算子**（number operator）と呼ばれる．これは，輻射の量子論や固体の量子論で重要になる．これらの話題は，量子論的な調和振動子問題のある種の移し替えになっている．輻射の量子論では，粒子数演算子は輻射場にある光子の個数を与える．固体の量子論では，たとえば粒子数演算子は結晶格子の量子化された振動励起状態である**フォノン**（音子）の個数を与える．これらの応用例では，上昇および下降（昇降）演算子はむしろ，それぞれ**生成**および**消滅演算子**（creation and annihilation operators）と呼ばれることが多い．輻射の理論では，生成演算子は光子1個を"生成"し，場にある光子数を1個だけ増加する．消滅演算子は光子1個を"消滅"させ，場の光子数を1個減少させる．

　分子が光を吸収する場合では，分子は低いエネルギー準位からより高いエネルギー状態へ遷移する．完全な量子力学的理論では，エネルギーを保存させるために，消滅演算子が場の光子数を1個だけ減少させる．分子による光子の蛍光放出過程には生成演算子が関与し，輻射場中に光子1個を増加させる．分子による光の吸収・放出過程に関する**半古典的な理論**では，分子は量子力学的に取り扱われる一方で，輻射場は古典的に取り扱われる．そこでは輻射場の振幅の変化は，あらわには考慮しない．半古典論は，時間に依存する摂動論を用いる例として第12章で紹介する．輻射に関する半古典論は，**自然放出**（spontaneous emission）を説明することができない．定性的にではあるが，自然放出に関連した生成・消滅演算子の議論は，第12章 E 節で行う．

　上記に与えた導出過程では，表式を簡単化するために特別な単位系を用いた．伝統的な単位系に戻せば，ハミルトン演算子は

$$\hat{H} = (1/2)\hbar\omega(\hat{a}\,\hat{a}^\dagger + \hat{a}^\dagger\hat{a}) \tag{6.88}$$

と書ける．ただし，

$$\omega = 2\pi\nu = (k/m)^{1/2} \tag{6.89}$$

である．量子調和振動子に関して，ディラックの方法がシュレーディンガーの取扱いと同じ結果を与えることをあらわに示すために，式（6.88）に与え

B. ディラック表示による量子調和振動子　115

られたハミルトン演算子の固有値を求めてみよう．それはたとえば，次のように導ける．

$$\hat{H}|n\rangle = (1/2)\hbar\omega(\hat{a}\hat{a}^\dagger|n\rangle + \hat{a}^\dagger\hat{a}|n\rangle)$$
$$= (1/2)\hbar\omega(\hat{a}(n+1)^{1/2}|n+1\rangle + \hat{a}^\dagger n^{1/2}|n-1\rangle)$$
$$= (1/2)\hbar\omega((n+1)^{1/2}(n+1)^{1/2}|n\rangle + n^{1/2}n^{1/2}|n\rangle)$$
$$= (1/2)\hbar\omega(2n+1)|n\rangle$$
$$= \hbar\omega(n+1/2)|n\rangle$$
$$= (n+1/2)h\nu|n\rangle$$

したがって，$|n\rangle$ は $\hat{H}$ の固有値 $(n+1/2)h\nu$ に関する固有ベクトルである．

　調和振動子の固有値以外の特性を計算するために昇降演算子を用いる場合には，まずそれらを伝統的な単位系で書き直す必要がある．

$$\hat{a} = \frac{i}{(2\hbar\omega)^{1/2}}\left(\frac{1}{m^{1/2}}\hat{P} - ik^{1/2}\hat{x}\right) \tag{6.90}$$

$$\hat{a}^\dagger = \frac{1}{i(2\hbar\omega)^{1/2}}\left(\frac{1}{m^{1/2}}\hat{P} + ik^{1/2}\hat{x}\right) \tag{6.91}$$

位置と運動量の演算子は，昇降演算子で書き直せる．実際，$\hat{a}$ と $\hat{a}^\dagger$ の和をとり，適宜整理すれば，位置演算子が得られる．

$$\hat{a} + \hat{a}^\dagger = \frac{1}{(2\hbar\omega)^{1/2}}(2k^{1/2}\hat{x})$$
$$= \left(\frac{2k}{\hbar\omega}\right)^{1/2}\hat{x}$$
$$\hat{x} = \left(\frac{\hbar\omega}{2k}\right)^{1/2}(\hat{a} + \hat{a}^\dagger) \tag{6.92}$$

同様にして，

$$\hat{P} = -i\left(\frac{\hbar m\omega}{2}\right)^{1/2}(\hat{a} - \hat{a}^\dagger) \tag{6.93}$$

が得られる．これらの演算子を用いれば，量子調和振動子の多くの特性が計算できる．シュレーディンガー表示の運動量と位置の演算子の表式と比較して，これらの演算子の数学的表現が非常に異なることに注目して欲しい．シュレーディンガー表示では，$\hat{x} = x$ と $\hat{P} = -i\hbar(d/dx)$ である．量子調和振動子に関連して含まれる多くの計算で，ディラック表示の演算子の方がより扱いやすい．

116　第6章　シュレーディンガー表示とディラック表示による調和振動子

　調和振動子に関するディラックの取扱いの最初の応用例として，光の吸収と放出について考えてみる．輻射場と分子の相互作用の問題は，時間に依存する摂動論を用いて第12章で取り扱う．そこでの弱い輻射場の場合の結果によれば，単位時間当たりの吸収あるいは放出の確率 $P(t)$ は，次式のようなブラケットの絶対値の2乗に比例する．

$$P(t) \propto |\langle F|\hat{x}|I\rangle|^2 \tag{6.94}$$

ここで，$|I\rangle$ は系の**始状態**（initial state），$|F\rangle$ は系の**終状態**（final state）である．ブラケットの絶対値の2乗は，ブラケットとその複素共役の積である．演算子 $\hat{x}$ は，輻射場の x 方向の偏光を表している．すなわち，光の電場が x 軸方向に沿って振動している．第12章では，式（6.94）の完全な導出を提示し，たとえば光の強度といった場合には，実際には問題となる他の因子と合わせて，具体的に導出することにする．

　調和振動子に関しては，式（6.94）の関係は

$$P(t) \propto |\langle n|\hat{x}|m\rangle|^2 \tag{6.95}$$

と書き直せる．ここで $|m\rangle$ と $|n\rangle$ は，調和振動子ハミルトニアンの固有ケットである．式（6.95）を用いると，調和振動子に関する重要な**選択則**を得ることができる．$\hat{x}$ として式（6.92）を代入すれば，

$$P(t) \propto \frac{\hbar\omega}{2k} |\langle n|\hat{a}+\hat{a}^\dagger|m\rangle|^2$$

を得る．ブラケットの絶対値の2乗をブラケットとそれ自体の複素共役との積で表し，途中で式（6.59）を順次用いれば，

$$
\begin{aligned}
|\langle n|\hat{a}+\hat{a}^\dagger|m\rangle|^2 &= \langle n|\hat{a}+\hat{a}^\dagger|m\rangle\langle m|\hat{a}^\dagger+\hat{a}|n\rangle \\
&= (\langle n|\hat{a}|m\rangle + \langle n|\hat{a}^\dagger|m\rangle)(\langle m|\hat{a}^\dagger|n\rangle + \langle m|\hat{a}|n\rangle) \\
&= \langle n|\hat{a}|m\rangle\langle m|\hat{a}^\dagger|n\rangle + \langle n|\hat{a}^\dagger|m\rangle\langle m|\hat{a}^\dagger|n\rangle \\
&\quad + \langle n|\hat{a}|m\rangle\langle m|\hat{a}|n\rangle + \langle n|\hat{a}^\dagger|m\rangle\langle m|\hat{a}|n\rangle
\end{aligned}
$$

を得る．最後の等式で，第2項と第3項は0である．たとえば第2項の右側のブラケットを考えれば，$|n\rangle$ に $\hat{a}^\dagger$ を作用させると $|n+1\rangle$ を与える．このブラケットが0にならないためには，少なくとも $\langle m|$ は $\langle n+1|$ でなければならない．すると，この対における左側のブラケットでは，$|m\rangle = |n+1\rangle$ に $\hat{a}^\dagger$ を作用させると $|n+2\rangle$ を与える．このブラケットを $\langle n|$ で閉じよう

B. ディラック表示による量子調和振動子　117

とするなら，調和振動子の固有ケットの直交性により，0 にならねばならない．同様にして，第 3 項も 0 となることがわかる．第 1 項と第 4 項は，どちらもブラケットとそれ自体の複素共役の積になっているので，それぞれ絶対値の 2 乗で書ける．したがって，

$$P(t) \propto \frac{\hbar\omega}{2k}(|\langle n|\hat{a}|m\rangle|^2 + |\langle n|\hat{a}^\dagger|m\rangle|^2)$$

となる．$|m\rangle$ に下降演算子を作用させると $|m-1\rangle$ を与え，$|m\rangle$ に上昇演算子を作用させると $|m+1\rangle$ を与える．よって，

$$= \frac{\hbar\omega}{2k}(|\sqrt{m}\langle n|m-1\rangle|^2 + |\sqrt{m+1}\langle n|m+1\rangle|^2)$$

$$= \frac{\hbar\omega}{2k}(m|\langle n|m-1\rangle|^2 + (m+1)|\langle n|m+1\rangle|^2)$$

となる．これが 0 でないのは，$n=m-1$ または $n=m+1$ の場合だけである．このいずれの条件も満たされない場合には，調和振動子の固有ケットの直交性により，どちらのブラケットも 0 になる．その結果，輻射の吸収も放出も生じないであろう．すなわち選択則は，

$$n = m \pm 1 \tag{6.96}$$

で与えられる．通常の分光学的条件（弱い輻射場）の下では，光は調和振動子の量子数を ± 1 だけ変えることができる．$n=m+1$ の場合には光は吸収され，$n=m-1$ の場合には光が放出される．特に $m=0$ の場合には，ブラケットの絶対値の 2 乗の前にある因子は $m+1$ なので，光を吸収することはできるが，$m-1$ 項の前にある因子は m なので，光を放出することはできないことに注意して欲しい．$n=m\pm1$ の選択則は，分子振動スペクトルの解析の重要な起点となる．現実の分子振動は非調和振動子なので，選択則からのずれが生じる．それにもかかわらず，最強の振動遷移は振動量子数の変化が 1 の遷移の中にある．高振動数（$\hbar\omega \gg kT$）の振動遷移では，始状態の振動量子数が 0 である場合が多い．したがって，赤外領域の分子振動スペクトルで観測される強いピークは，多くが $m=0$ から $m=1$ への遷移である．

　量子調和振動子の議論を始めるにあたって，位置と運動量に関する不確定性原理 $\Delta x \Delta p \geq \hbar/2$ に抵触するため，最低エネルギー状態は $E=0$ にはなりえないことを指摘した．そして，実際に固有値問題を解くことによって，最

118 第6章 シュレーディンガー表示とディラック表示による調和振動子

低エネルギーの固有値は0ではなく，$E=(1/2)h\nu$ となることを示した．量子調和振動子のエネルギー固有状態で，位置と運動量の不確かさの実際の値を計算することは，得るところが大きく有益である．$\Delta x \Delta p$ を計算するためには，まず $(\Delta x)^2$ と $(\Delta p)^2$ を与える表式を求め，それらの積を求めた後に，その平方根をとることが必要である．ここで，

$$(\Delta x)^2 = \langle \hat{x}^2 \rangle - \langle \hat{x} \rangle^2 \tag{6.97a}$$

$$(\Delta p)^2 = \langle \hat{P}^2 \rangle - \langle \hat{P} \rangle^2 \tag{6.97b}$$

である．

式 (6.92) を用いれば，$\hat{x}$ の期待値は

$$\begin{aligned}
\langle n | \hat{x} | n \rangle &\propto \langle n | \hat{a} + \hat{a}^\dagger | n \rangle \\
&= \langle n | \hat{a} | n \rangle + \langle n | \hat{a}^\dagger | n \rangle \\
&= \sqrt{n} \langle n | n-1 \rangle + \sqrt{n+1} \langle n | n+1 \rangle \\
&= 0
\end{aligned}$$

となる．異なる固有値に属する固有ケットは直交するからである．言い換えると，位置 x の平均値は0である．演算子 $\hat{x}$ は1個の上昇演算子と1個の下降演算子を含むので，これは目視で直ちにわかる．こうして，$|n\rangle$ に $\hat{x}$ を作用させると，その結果は $|n\rangle$ に再帰することはできないことがわかる．同様にして，

$$\langle n | \hat{P} | n \rangle = 0$$

を得る．演算子 $\hat{P}$ もまた，それぞれ1個の上昇および下降演算子を含むからである．運動量の平均値は0であると言ってもよい．

式 (6.97a) に戻ると，位置の2乗の平均値を計算する必要がある．

$$\begin{aligned}
\langle n | \hat{x}^2 | n \rangle &= \left(\frac{\hbar \omega}{2k} \right) \langle n | (\hat{a} + \hat{a}^\dagger)^2 | n \rangle \\
&= \left(\frac{\hbar \omega}{2k} \right) \langle n | (\hat{a}^2 + \hat{a} \hat{a}^\dagger + \hat{a}^\dagger \hat{a} + \hat{a}^{\dagger 2}) | n \rangle
\end{aligned}$$

下降および上昇演算子の2乗を含む項は，それらを $|n\rangle$ に作用させても $|n\rangle$ には戻らないから0を与える．よって，

B. ディラック表示による量子調和振動子　119

$$= \left(\frac{\hbar\omega}{2k}\right)\langle n|(\hat{a}\hat{a}^\dagger + \hat{a}^\dagger\hat{a})|n\rangle$$

$$= \left(\frac{\hbar\omega}{2k}\right)[\langle n|\hat{a}\hat{a}^\dagger|n\rangle + \langle n|\hat{a}^\dagger\hat{a}|n\rangle]$$

$$= \left(\frac{\hbar\omega}{2k}\right)[\sqrt{n+1}\langle n|\hat{a}|n+1\rangle + \sqrt{n}\langle n|\hat{a}^\dagger|n-1\rangle]$$

$$= \left(\frac{\hbar\omega}{2k}\right)[(n+1)\langle n|n\rangle + n\langle n|n\rangle]$$

と変形され，ケットは規格化されていることを用いれば，結果は

$$\langle\hat{x}^2\rangle = \frac{\hbar\omega}{k}(n+1/2) \tag{6.98}$$

となる．

運動量の 2 乗の平均値（式（6.97b））も計算する必要があり，

$$\langle n|\hat{P}^2|n\rangle = -\left(\frac{\hbar m\omega}{2}\right)\langle n|\hat{a}^2 - \hat{a}\hat{a}^\dagger - \hat{a}^\dagger\hat{a} + \hat{a}^{\dagger 2}|n\rangle$$

$$= \left(\frac{\hbar m\omega}{2}\right)\langle n|\hat{a}\hat{a}^\dagger + \hat{a}^\dagger\hat{a}|n\rangle$$

となる．したがって，

$$\langle\hat{P}^2\rangle = \hbar m\omega(n+1/2) \tag{6.99}$$

を得る．

式（6.98）と（6.99）を用いれば，

$$(\Delta x)^2(\Delta p)^2 = \langle\hat{x}^2\rangle\langle\hat{P}^2\rangle = \frac{\hbar^2\omega^2 m}{k}(n+1/2)^2$$

が得られる．$k=m\omega^2$ であるから，

$$(\Delta x)^2(\Delta p)^2 = \hbar^2(n+1/2)^2 \tag{6.100}$$

を得る．この両辺の平方根をとれば，量子調和振動子の状態 n に関する不確定性関係は，

$$\Delta x\Delta p = \hbar(n+1/2) \tag{6.101}$$

で与えられる．シュレーディンガー表示の場合でも同様で，たとえばシュレーディンガー表示の固有関数の規格化定数を求めたときのように，母関数の方法を用いてもこの関係式は導くことができる．しかし，ディラックの昇降演算子による表示法は，数学的な煩雑さを著しく軽減する．

120 第6章 シュレーディンガー表示とディラック表示による調和振動子

調和振動子の $n=0$ の基底状態については，

$$\Delta x \Delta p = \frac{\hbar}{2} \tag{6.102}$$

が得られる．したがって基底状態は，許容できる**最小の不確定さ**をもつ．古典的な系では，$\Delta x \Delta p$ は 0 であって，粒子は静止した状態すなわち $p=0$ で，しかも $x=0$ の位置を占めることができた．量子振動子の最低エネルギー状態とは，不確定性原理に反しない範囲で古典的な状況にできる限り近づけた状態であり，不確定性が最小の状態である．系は不確定性原理に従わなければならないので，最低エネルギー状態は，0 でないエネルギー固有値をもつことになる．

基底状態のエネルギーは，運動エネルギーの平均値とポテンシャルエネルギーの平均値の和

$$E = \left\langle \frac{\hat{P}^2}{2m} \right\rangle + \left\langle \frac{k\hat{x}^2}{2} \right\rangle$$

である．式 (6.98) と $n=0$ の場合の式 (6.99) を用いると，調和振動子の基底状態のエネルギー

$$E = \frac{1}{2m}\left(\frac{\hbar m\omega}{2}\right) + \frac{k}{2}\left(\frac{\hbar\omega}{2k}\right)$$

$$= \frac{\hbar\omega}{4} + \frac{\hbar\omega}{4} = \frac{1}{2}\hbar\omega$$

が得られる．不確定性関係を前提とすれば，基底状態は最小の不確定性に適う配置をとり，式 (6.102) で与えられるその配置が，$n=0$ 状態のエネルギーが 0 ではなくて $\hbar\omega/2$ になるように，つじつまを合わせているのである[2]．

――――――――――

2) 訳者注：$n=0$ が最小不確定の状態であることが示された．第4章訳者注3の第3の範疇に関連して補足すると，量子調和振動子の固有エネルギーが離散的エネルギーをとるとすると，不確定性関係 $\Delta t \cdot \Delta E \geq \hbar/2$ との折り合いが興味深い．固有状態ではそれぞれ $\Delta E = 0$ だから，時間の方は $\Delta t \to \infty$ になる．エネルギーを限りなく正確に定めるには，限りなく長い時間がその分必要になると解釈でき，実際には便利でよく使われる．時間とエネルギーに関する不確定性関係は，この後の C 節，ヨウ素分子 I_2 の例題にも関連がある．ちなみに，これと並んでよく用いられる不確定性関係として，粒子数 n と基礎論的には議論のある位相 ϕ の間の $\Delta n \cdot \Delta \phi \geq \hbar/2$ という不等式がある．調和振動子の各固有状態を粒子数が定まった状態と考えるなら，波動として見た状態の位相はまったく不確定になることを主張する．少し進んだ話になるが，たとえば古澤明著『量子

C. 時間に依存する調和振動子波束

　第3章D節で，自由粒子の波束の時間依存性を議論した．自由粒子の運動量固有状態を重ね合わせることによって，多かれ少なかれ，局在した波束が形成された．重ね合わせに関与する波動関数のうち時間に依存する位相因子の時間による変化に応じて，加算的あるいは減算的な干渉領域が変化することで，波束の運動が発生した．局在状態の重ね合わせによっても，波束は生成できる．そのような波束は，ポテンシャル曲面の形状に支配されながら，時間とともに発展していく．

　調和振動子は，分子振動の最も簡単なモデルである．調和振動子状態の重ね合わせは，たとえば分子のポテンシャル曲面上を分子振動の波束が時間発展していくような重要な現象を，模式的に説明するのに用いることができる．超短パルス光を用いて分子をある電子状態から別の電子状態に励起したとすると，超短パルス光のスペクトル幅は大変広いので，その幅内に，励起状態における分子振動のポテンシャル曲面上の振動準位を多数個包含することができる．光パルスは，極小点の位置も形状も異なる，ポテンシャル間の遷移を励起しているので，振動遷移に関する調和振動子の通常の選択則 $n=m\pm1$（式 (6.96)）は，この場合には適用できない．したがって，光（パルス）の吸収によって用意される状態は，電子励起状態の多数の振動的な固有状態の重ね合わせであると捉えることができる．

　短パルス光による光学励起によって電子励起状態がつくられるが，そこでの振動的な波束の本質をより明確にするために，ポテンシャルは調和的であると単純化してモデル化を行う．ディラック表示での調和振動子の固有ケットは，$|n\rangle$ である．調和振動子のハミルトニアンは時間に依存しないので，時間に依存するケットは，

$$|n(t)\rangle = |n\rangle e^{-iE_n t/\hbar} \tag{6.103}$$

で与えられる．時間依存性はここでは位相因子の中に含まれる．E_n は，式 (6.84) に与えられる調和振動子のエネルギー固有値である．時間に依存す

光学と量子情報科学』（数理工学社，2005）や同氏の一般向け解説には，わかりやすい説明がある．

122　第6章　シュレーディンガー表示とディラック表示による調和振動子

る波束 $|t\rangle$ は，$|n(t)\rangle$ の重ね合わせで構成される.

$$|t\rangle = \sum_n \alpha_n |n\rangle e^{-i\omega_n t} \tag{6.104}$$

ここで，$\omega_n = E_n/\hbar$ であり，α_n は時間によらない係数である．$\alpha_n^* \alpha_n$ は，状態 $|n\rangle$ が重ね合わせ状態 $|t\rangle$ に含まれるとした場合に，系がその状態 $|n\rangle$ に見いだされる確率になる．一般に n は，限定的な一連のケットの集合に対応するものに限られる.

　重ね合わせ状態の位置の時間変化は，位置演算子の期待値 $\langle t|\hat{x}|t\rangle$ を評価することで調べることができる．位置の演算子（式 (6.92)）は，

$$\hat{x} = \left(\frac{\hbar\omega}{2k}\right)^{1/2} (\hat{a} + \hat{a}^\dagger)$$

である．ここで ω は振動子の角振動数であり，k はフックの法則のバネ定数，$\hat{a}$ と $\hat{a}^\dagger$ は調和振動子の下降および上昇演算子である．よって，

$$\langle t|\hat{x}|t\rangle = \sum_m \alpha_m^* e^{i\omega_m t} \sum_n \alpha_n e^{-i\omega_n t} \langle m|\hat{x}|n\rangle \tag{6.105}$$

$$= \sum_{m,n} \alpha_m^* \alpha_n e^{-i(\omega_n - \omega_m)t} \sqrt{\frac{\hbar\omega}{2k}} \langle m|\hat{a} + \hat{a}^\dagger|n\rangle \tag{6.106}$$

となる．ここでブラケット $\langle m|\hat{a} + \hat{a}^\dagger|n\rangle$ は，$m = n \pm 1$ の場合にのみ 0 ではない．したがって，

$$\langle t|\hat{x}|t\rangle = \sqrt{\frac{\hbar\omega}{2k}} \Big[\sum_n \{(\alpha_{n-1}^* \alpha_n e^{-i(\omega_n - \omega_{n-1})t} \sqrt{n}) \\ + (\alpha_{n+1}^* \alpha_n e^{-i(\omega_n - \omega_{n+1})t} \sqrt{n+1})\} \Big] \tag{6.107}$$

となる．$\omega_n - \omega_{n-1} = \omega$ および $\omega_n - \omega_{n+1} = -\omega$ であるから，

$$\langle t|\hat{x}|t\rangle = \sqrt{\frac{\hbar\omega}{2k}} \Big[\sum_n \{(\alpha_{n-1}^* \alpha_n e^{-i\omega t} \sqrt{n}) \\ + (\alpha_{n+1}^* \alpha_n e^{i\omega t} \sqrt{n+1})\} \Big] \tag{6.108}$$

を得る．式 (6.108) は，位置の期待値は時間に依存することを示し，この時間依存性は，部分的には重ね合わせ状態 $|t\rangle$ 中の各項の係数にも依存する.

　式 (6.108) の右辺の表式を，より明確にその時間依存性の実態が見えるように簡単化する．まず n が大きい状態，すなわち $n > 1$ に関して重ね合わせをとる．さらに，重ね合わせをとるべき状態では振幅はすべて等しく

C. 時間に依存する調和振動子波束　123

$\alpha_i = \alpha$, それ以外は $\alpha_i = 0$ と仮定しよう. これらの条件の下では, 式 (6.108) は更にまとめられて,

$$\langle t | \hat{x} | t \rangle = \sqrt{\frac{\hbar\omega}{2k}} \, \alpha^2 \sum_n \sqrt{n} \, (e^{-i\omega t} + e^{i\omega t}) \tag{6.109}$$

となる. したがって,

$$\langle t | \hat{x} | t \rangle = 2\alpha^2 \sqrt{\frac{\hbar\omega}{2k}} \sum_n \sqrt{n} \cos(\omega t) \tag{6.110}$$

が得られる. ここで, 重ね合わせに関与する状態は限定されているが, その中では, とれる状態のすべてについて n の和をとる. $\langle t | \hat{x} | t \rangle$ は, 調和振動子波束の位置の平均値である. これはある意味では, 重ね合わせ $|t\rangle$ で記述される粒子の時々刻々の位置とも考えられる. 式 (6.110) は, この位置が正弦関数の形で振動し, その振動数が ω であること, またこれが古典的な調和振動子の運動と同じであることを示す. 調和振動子の単一の固有状態は, 時間によらない確率分布をもち, 時間によらない位置の期待値をもつ. しかし, 調和振動子の波束は, 時間に依存する. その振動の振幅は, 波束を構成する状態の振幅および定数 ω と k にも依存する.

　物理的な一例として, ヨウ素分子 I_2 をその基底状態から〜565 nm だけ上にある状態 B に励起することを考える. 光パルスは広いバンド幅をもつので, 非常に短い光パルスを励起に用いると, B 状態のポテンシャル曲面における多数個の振動準位を同時に励起できる. 励起されるこれらの振動状態は, 波束を形成し, I_2 分子の結合長は式 (6.108) に記述されるような仕方で振動するだろう. 結合長の時間に依存する変化の程度, 言い換えれば結合が伸びたときと縮んだときの長さの差を, 計算することができる. 時間幅 20 fs の短パルス光は, 〜700 cm^{-1} のバンド幅をもつ. この程度のバンド幅で 565 nm に中心をもつ光で励起されうる振動準位のレベル間隔は, 〜69 cm^{-1} である. 話を単純化するために, パルス光のスペクトル形状を矩形とする. そうすると, $n=15$ から $n=24$ の状態が励起される [3]. これだけの状態を励起するのに矩形のスペクトルでも, B 状態中の振動準位を励起する確率は,

---

[3]　訳者注: 励起光である短パルスレーザー光 (20 fs) のエネルギー幅 (〜69 cm^{-1} に対応) の中に, 何本の振動準位が含まれるか ($n=15$ から $n=24$ までの 10 本) という問いであり, 関係式 $\Delta t \cdot \Delta E \geq \hbar/2$ の 1 つの適用例とみなされる.

124　第6章　シュレーディンガー表示とディラック表示による調和振動子

当然振動の量子数に依存する．したがって式（6.108）に現れる係数は，現実には等しくはない．しかし，この係数を等しいと置くことによる誤差は小さいため無視でき，そうすることにより式（6.110）を振動子の往復運動の距離の推定に使うことが可能になる．この往復運動の距離は，式（6.110）の sin 項の係数の 2 倍であり，

$$4\alpha^2 \sqrt{\frac{\hbar\omega}{2k}} \sum_n \sqrt{n}$$

となる．正弦波振動は $+1$ から -1 の間を振動するからである．ここで，等置して重ね合わせる 10 個の状態の振幅 α^2 は 0.1 である．式（6.4）から，I_2 分子の換算質量を μ とすると $k=\mu\omega^2$ なので，$\mu=1.05\times10^{-22}$ g として $\omega=1.3\times10^{13}$ Hz が得られる．これらの値を用いると，振動子の運動距離は 1.06 Å と計算できる．したがって，ヨウ素分子 I_2 の分子振動波束の運動は分子結合長と同程度の距離にわたって動いていることがわかる．この型のコヒーレントな分子振動波束は，分子系の超高速光学実験で観測される多くの効果の起源となっている．

第7章 | 水素原子

The Hydrogen Atom

　水素原子の量子力学的理論は，化学の中でも中心的な役割を演じている．すべての原子の中で最も単純であり，エネルギー固有値問題が厳密に解ける唯一の原子でもある．水素原子が厳密に解けるのは，それが二体問題だからである．正の電荷をもったプロトンによる核と負の電荷をもつ電子とからなり，これら2種類の粒子が，ハミルトニアン中のクーロンポテンシャル項を通じて相互作用している．シュレーディンガー表示による水素原子問題を解くことにより，固有関数ないし波動関数が得られる．これらはしばしば，**軌道**（orbitals）とも呼ばれる．

　水素原子の波動関数は，すべての原子や分子を記述する出発点になる．以下に示すように，**球面極座標** (r, θ, φ)（spherical polar coordinates）による3次元の水素原子シュレーディンガー方程式は，φ だけの方程式，θ だけの方程式，および r だけの方程式の3組の1次元方程式に分離することができる．φ と θ の方程式の解を組み合わせたものは，**球面調和関数**（spherical harmonics）と呼ばれ，**軌道角運動量**（orbital angular momentum）問題の解でもある．球面調和関数は，波動関数の形状を定める．これらの形状は，原子分子の記述では s, p, d, あるいは f 軌道などとして至る所で見慣れている．r の方程式の解は，波動関数の（空間的な）大きさを定める．シュレーディンガー方程式が3組の1次元方程式に変数分離されるとき，これが中心対称性を有する問題であるために，r を含む方程式のみがクーロンポテンシャル項を含む．このクーロンポテンシャルの形状こそが，各原子がそれぞれに異なる原子となる由縁である．波動関数の角度部分は，第一近似としてはポテンシャルの形状には依存しない．したがって，軌道の形状は近似的にはすべての原子で同じである．水素原子のエネルギー固有値問題を厳密に解くことができるということは，すべての原子の軌道の形状を，近似的にでは

126 第7章 水素原子

あるが知ることができることでもある．水素原子の波動関数が重要なのは，それによる近似的な原子軌道の重ね合わせにより，分子軌道の形状を記述することができるからである．さらに，軌道角運動量問題に関する一般解でもある球面調和関数は，すべての原子の角運動量状態や，分子回転のようなそれに関連する諸問題の記述に用いることができる．

A. シュレーディンガー方程式の変数分離

水素原子問題を解く最初の一歩は，エネルギー固有値問題を時間によらないシュレーディンガー方程式の形に書き出し，続いてこの多次元方程式を，原子の内部座標を含む3組の1次元方程式に分離することである．たとえば＋1価のヘリウムイオンのような，1電子のみを含むすべての原子種に，水素原子のシュレーディンガー方程式の解は適用できる．したがってここでは，任意の電荷をもつ原子核と1電子の間の問題に状況を設定する．

電荷$+Ze$で質量m_1の核と，電荷$-e$で質量m_eの電子の2個の点粒子を考える．核の座標はx_1, y_1, z_1，電子の座標はx_2, y_2, z_2とする．ポテンシャルは，正に荷電した核と負に荷電した電子との間のクーロン引力を与える．**デカルト座標**（Cartesian coordinates；直交座標）を用いると，ポテンシャルVは次の形に書ける．

$$V = -\frac{Ze^2}{4\pi\varepsilon_0 r} = -\frac{Ze^2}{4\pi\varepsilon_0[(x_2-x_1)^2+(y_2-y_1)^2+(z_2-z_1)^2]^{1/2}} \quad (7.1)$$

ここでrは粒子間の距離，ε_0は真空の誘電率である．デカルト座標を用いれば，シュレーディンガー方程式は

$$\frac{1}{m_1}\left(\frac{\partial^2\Psi_T}{\partial x_1^2}+\frac{\partial^2\Psi_T}{\partial y_1^2}+\frac{\partial^2\Psi_T}{\partial z_1^2}\right)+\frac{1}{m_2}\left(\frac{\partial^2\Psi_T}{\partial x_2^2}+\frac{\partial^2\Psi_T}{\partial y_2^2}+\frac{\partial^2\Psi_T}{\partial z_2^2}\right)$$
$$+\frac{2}{h^2}(E_T-V)\Psi_T = 0 \quad (7.2)$$

と書き表される．第1項は質量m_1をもつ核の，第2項は質量$m_2(=m_e)$をもつ電子のそれぞれ運動エネルギーである．Ψ_Tは全固有関数で，6個の座標をもつ．E_Tは原子の全エネルギーで，内部エネルギーと原子全体が並進運動をする場合の運動エネルギーを含む．Vは，式（7.1）で与えられるポ

A. シュレーディンガー方程式の変数分離 127

テンシャルエネルギーである.

原子全体の並進運動は，核と電子の相対的な運動から分離することができる．この分離を遂行するために，新しい座標を導入する．(x, y, z) を**重心座標**として，(r, θ, φ) を第1の粒子に対する第2の粒子の極座標とすると，

$$x = \frac{m_1 x_1 + m_2 x_2}{m_1 + m_2} \tag{7.3a}$$

$$y = \frac{m_1 y_1 + m_2 y_2}{m_1 + m_2} \tag{7.3b}$$

$$z = \frac{m_1 z_1 + m_2 z_2}{m_1 + m_2} \tag{7.3c}$$

$$r \sin \theta \cos \varphi = x_2 - x_1 \tag{7.4a}$$

$$r \sin \theta \sin \varphi = y_2 - y_1 \tag{7.4b}$$

$$r \cos \theta = z_2 - z_1 \tag{7.4c}$$

となる．これらをシュレーディンガー方程式に代入すると，

$$\frac{1}{m_1 + m_2} \left(\frac{\partial^2 \Psi_T}{\partial x^2} + \frac{\partial^2 \Psi_T}{\partial y^2} + \frac{\partial^2 \Psi_T}{\partial z^2} \right)$$

$$+ \frac{1}{\mu} \left\{ \frac{1}{r^2} \frac{\partial}{\partial r} \left(r^2 \frac{\partial \Psi_T}{\partial r} \right) + \frac{1}{r^2 \sin^2 \theta} \frac{\partial^2 \Psi_T}{\partial \varphi} + \frac{1}{r^2 \sin \theta} \frac{\partial}{\partial \theta} \left(\sin \theta \frac{\partial \Psi_T}{\partial \theta} \right) \right\}$$

$$+ \frac{2}{\hbar^2} [E_T - V(r, \theta, \varphi)] \Psi_T = 0 \tag{7.5}$$

が得られる．ここで，μ は換算質量

$$\mu = \frac{m_1 m_2}{m_1 + m_2} \tag{7.6}$$

である．最初の小括弧の中に現れる量は，デカルト座標による**ラプラス演算子**（ラプラシアン：∇^2．式（5.5）を参照）である．この項は，原子全体の並進運動の運動エネルギーに対応する．2行目中括弧の中に現れる量は，極座標 r, θ, φ に関するラプラス演算子である．球面極座標によるラプラス演算子を得るには，微分演算子をデカルト座標から極座標に変換することが必要である．この項は，2個の粒子間の相対運動を表す．

式（7.5）には2種類の項が含まれる．x, y, z に依存する演算子と，r, θ, φ に依存する演算子に関する項である．これら2種類の項の和が，変数の値の選び方によらず0になっている．このことは，方程式が分離可能であ

128　第7章　水素原子

ることを示す．これは，次の形式の解を仮定することによって，実際に変数分離が可能になる．

$$\Psi_T(x, y, z, r, \theta, \varphi) = F(x, y, z)\Psi(r, \theta, \varphi) \tag{7.7}$$

これを式（7.5）に代入し，得られる結果を Ψ_T で割る．これらの手順を踏むと，2個の独立な方程式が導かれる．すなわち，

$$\frac{\partial^2 F}{\partial x^2} + \frac{\partial^2 F}{\partial y^2} + \frac{\partial^2 F}{\partial z^2} + \frac{2(m_1 + m_2)}{\hbar^2}E_{Tr}F = 0 \tag{7.8}$$

および

$$\frac{1}{r^2}\frac{\partial}{\partial r}\left(r^2\frac{\partial\Psi}{\partial r}\right) + \frac{1}{r^2\sin^2\theta}\frac{\partial^2\Psi}{\partial\varphi} + \frac{1}{r^2\sin\theta}\frac{\partial}{\partial\theta}\left(\sin\theta\frac{\partial\Psi}{\partial\theta}\right)$$
$$+ \frac{2\mu}{\hbar^2}[E - V(r, \theta, \varphi)]\Psi = 0 \tag{7.9}$$

である．ただしここで，

$$E_T = E_{Tr} + E \tag{7.10}$$

とする．最初の方程式は，質量 $m_1 + m_2$ の自由な粒子についてのシュレーディンガー方程式である．自由な粒子の問題は，第3章で詳しく議論した．式（7.9）は，核と電子の相対的な運動を記述している．エネルギー E は，原子の内部自由度に関連付けられるエネルギーである．ここでは，式（7.9）の解に興味がある．全エネルギー E_T は，原子の並進エネルギー E_{Tr} と内部エネルギー E の和である．

　式（7.9）は重心系で書かれている．したがってシュレーディンガー方程式は，ポテンシャル $V(r, \theta, \varphi)$ の中を動く換算質量 μ の単一粒子についての方程式になる．外場がない場合には，ポテンシャルはクーロンポテンシャルになり，角度にはよらず距離 r にのみ依存する．したがって，

$$V = V(r) \tag{7.11}$$

である．

　式（7.9）は3個の内部座標に依存する，3変数2階の偏微分方程式である．これを3組の常微分方程式に分離するために，3次元波動関数 Ψ は，3個の1次元関数の積で次のように書けるものとする．

$$\Psi(r, \theta, \varphi) = R(r)\Theta(\theta)\Phi(\varphi) \tag{7.12}$$

これが波動関数の正しい表式であるなら，これを式（7.9）に適用すると，求めるべき3本の1次元方程式に分離するはずである．式（7.12）を式

A. シュレーディンガー方程式の変数分離　129

(7.9) に代入し，全体を $R\Theta\Phi$ で割れば，

$$\frac{1}{Rr^2}\frac{d}{dr}\left(r^2\frac{dR}{dr}\right)+\frac{1}{\Phi r^2\sin^2\theta}\frac{d^2\Phi}{d\varphi^2}+\frac{1}{\Theta r^2\sin\theta}\frac{d}{d\theta}\left(\sin\theta\frac{d\Theta}{d\theta}\right)$$

$$+\frac{2\mu}{\hbar^2}[E-V(r)]=0 \tag{7.13}$$

を得る．これに $r^2\sin^2\theta$ を掛けると

$$\frac{\sin^2\theta}{R}\frac{d}{dr}\left(r^2\frac{dR}{dr}\right)+\frac{1}{\Phi}\frac{d^2\Phi}{d\varphi^2}+\frac{\sin\theta}{\Theta}\frac{d}{d\theta}\left(\sin\theta\frac{d\Theta}{d\theta}\right)$$

$$+\frac{2\mu r^2\sin^2\theta}{\hbar^2}[E-V(r)]=0 \tag{7.14}$$

となる．第2項は，φ のみに依存する．この等式は，r と θ を固定したとしても，φ の選び方にかかわらず常に 0 に等しい．したがって，φ に依存する項は定数でなければならない．さもないと，変数 φ を変化させるとそれを相殺するように r と θ も変えないことには，この等式は成り立たなくなる．この定数を $-m^2$ と置くことにすれば，Φ に関する微分方程式

$$\frac{1}{\Phi}\frac{d^2\Phi}{d\varphi^2}=-m^2 \tag{7.15}$$

が得られる．

式 (7.14) に戻れば，φ に依存する項は $-m^2$ で置き換えられる．その等式の両辺を $\sin^2\theta$ で割れば，

$$\frac{1}{R}\frac{d}{dr}\left(r^2\frac{dR}{dr}\right)-\frac{m^2}{\sin^2\theta}+\frac{1}{\Theta\sin\theta}\frac{d}{d\theta}\left(\sin\theta\frac{d\Theta}{d\theta}\right)$$

$$+\frac{2\mu r^2}{\hbar^2}[E-V(r)]=0 \tag{7.16}$$

が得られる．第2項と第3項は θ のみに依存する項で，残りの項は r のみに依存する．したがって，θ のみに依存する項は定数に等しい．これらの項を定数 $-\beta$ と置き，Θ を掛けて $-\beta\Theta$ を移項すれば，

$$\frac{1}{\sin\theta}\frac{d}{d\theta}\left(\sin\theta\frac{d\Theta}{d\theta}\right)-\frac{m^2\Theta}{\sin^2\theta}+\beta\Theta=0 \tag{7.17}$$

となる．これは，Θ についての微分方程式である．

同様にして，式 (7.16) の中で θ に関する項を $-\beta$ と置いて R/r^2 を掛け

130　第7章　水素原子

れば，

$$\frac{1}{r^2}\frac{d}{dr}\left(r^2\frac{dR}{dr}\right)-\frac{\beta}{r^2}R+\frac{2\mu}{\hbar^2}[E-V(r)]R=0 \tag{7.18}$$

を得る．これが，Rについての微分方程式になる．

B. 3本の1次元微分方程式の解

　原子の内部自由度に関する完全なシュレーディンガー方程式は，それぞれを関数Φ，Θ，Rとする3本の1次元方程式に変数分離された．あとは，適当な境界条件のもとに，これらの微分方程式を順次解いて波動関数を求めればよい．まずはじめに，Φの方程式を解こう．この微分方程式に関する解が許容可能な固有関数になるのは，定数mが特定の値の場合に限られることがわかるだろう．このmを用いて，次にΘの方程式を解く．するとこの場合にも，定数βが特定の値をとる場合に限って，許容可能な固有関数となることがわかる．βのこれらの値をRの方程式に用いることにより，エネルギーEが特定の値をとる場合に限って，Rの解が許容可能な固有関数となることもわかる．

　現実のポテンシャルの形状が，Rの方程式にだけ入ることは，重要である．他の方程式の解は，ポテンシャルVがrだけの関数であることから，rにはよらず，θとφだけの関数となる．ΦとΘは，すべての球面対称なポテンシャルで成り立つ一般解である．これらはたとえば，回転する分子の問題の解にもなっている．

1　Φの方程式の解

　Φに関する方程式は，式（7.15）に与えられている．

$$\frac{d^2\Phi}{d\varphi}=-m^2\Phi$$

関数の2階微分が，その関数を定数倍して符号を変えたものに戻っているので，その解は$\sin$と$\cos$である．この解は指数関数の形でも書けて，

$$\Phi_m(\varphi)=\frac{1}{\sqrt{2\pi}}e^{im\varphi} \tag{7.19}$$

となる．この関数は微分方程式の解ではあるが，まだ許容可能な波動関数ではない．点 $\varphi=0$ と点 $\varphi=2\pi$ は空間の同じ点である．関数がシュレーディンガー方程式の許容可能な解になるための4個のボルン条件の1つに，1価関数でなければならないというものがある．しかし，m の任意の値に関しては，$e^{im\varphi}$ は必ずしも1価関数ではない．ところで，

$$e^{i2\pi}=\cos 2\pi + i\sin 2\pi = 1$$

だから，n が正か負の整数，あるいは0ならば，

$$e^{i2\pi n}=1$$

が成り立つ．$\varphi=0$ ならば $e^{im\varphi}=1$ である．$\varphi=2\pi$ ならば，m が正または負の整数，あるいは0の場合に限り，$e^{im\varphi}=1$ が成り立つ．したがって，この関数が1価関数であるためには，m はこれらの値に制限される．結果をまとめると，Φ に関する方程式の解は，

$$\Phi_m(\varphi)=\frac{1}{\sqrt{2\pi}}e^{im\varphi} \tag{7.20a}$$

であって，かつ

$$m=0,\pm 1,\pm 2,\pm 3,\cdots \tag{7.20b}$$

で与えられる．m は**磁気量子数**（magnetic quantum number）と呼ばれる．

m の絶対値 $|m|$ が同一の複素数解は，同一の微分方程式を満たすので，それらの和や差をつくることによって，実数解を得ることができる．それらの任意の重ね合わせもまた，同一の微分方程式の解になる．よって式（7.15）の解は，

$$\Phi_0(\varphi)=\frac{1}{\sqrt{2\pi}} \qquad m=0 \tag{7.21a}$$

$$\left.\begin{array}{l}\Phi_{|m|}(\varphi)=\dfrac{1}{\sqrt{2\pi}}\cos|m|\varphi \\[2mm] \Phi_{|m|}(\varphi)=\dfrac{1}{\sqrt{2\pi}}\sin|m|\varphi \end{array}\right\} |m|=1,2,3,\cdots \tag{7.21b}$$

とも書ける．cos を含む表式は m が正の場合に用いられ，sin を含む表式は m が負の場合に用いられる．

132　第7章　水素原子

2 Θ の方程式の解

Θ に関する方程式は，式（7.17）に与えられている．

$$\frac{1}{\sin\theta}\frac{d}{d\theta}\left(\sin\theta\frac{d\Theta}{d\theta}\right)-\frac{m^2\Theta}{\sin^2\theta}+\beta\Theta=0$$

$z=\cos\theta$ と変数変換する．z は $+1$ と -1 の間を変化する．ここで，

$$P(z)=\Theta(\theta)$$

と置いて，

$$\sin^2\theta=1-z^2$$

を用いると，

$$\frac{d\Theta}{d\theta}=\frac{dP}{dz}\frac{dz}{d\theta}$$

$$=-\frac{dP}{dz}\sin\theta$$

また，

$$dz=-\sin\theta d\theta$$

$$d\theta=-\frac{1}{\sin\theta}dz$$

も得る．これらの変数変換を式（7.17）に適用すると，$P(z)$ に関する微分方程式として，

$$\frac{d}{dz}\left\{(1-z^2)\frac{dP(z)}{dz}\right\}+\left\{\beta-\frac{m^2}{1-z^2}\right\}P(z)=0 \tag{7.22}$$

を得る．当初の微分方程式は，今や変数 z に関する式（7.22）の形で表現された．この表式が，最終的に我々のよく知る解をもつ方程式を導く．

ところで式（7.22）では，$z=\pm1$ で項

$$\frac{m^2}{1-z^2}$$

が発散するので，これらの点で特異点をもつ．これらの特異点は一般に**確定特異点**（regular singular point；正則特異点）と呼ばれる．そのような特異点を取り除く標準的な方法があり，微分方程式に関する標準的な数学の教科書には詳しく説明されている（たとえば，フロベニウスの方法．決定方程

式と呼ばれる 2 次方程式を用いて指数を定め，特異点周りの級数解を求める）．ここでは，これら 2 個の特異点を考慮して，

$$x = 1 - z, \quad y = 1 + z$$

のように変数を置き換え，そのうえで通常の手続きに従えば，

$$P(z) = x^{|m|/2} y^{|m|/2} G(z)$$

あるいは

$$P(z) = (1 - z^2)^{|m|/2} G(z) \tag{7.23}$$

と置くことにより，特異点をまとめて取り除くことができる．式（7.23）を微分方程式（7.22）に代入すると，多少の計算の結果，$G(z)$ に関する方程式

$$(1 - z^2) G'' - 2(|m| + 1) z G' + \{\beta - |m|(|m| + 1)\} G = 0 \tag{7.24}$$

を得る．ただしここで，

$$G' = \frac{dG}{dz} \quad \text{および} \quad G'' = \frac{d^2 G}{dz^2}$$

を用いた．$G(z)$ に関する微分方程式は，所期の通り特異点をもたない．$G(z)$ に関する方程式（7.24）を解けば，式（7.23）を用いて $P(z)$ が得られ，$P(z) = \Theta(\theta)$ より $\Theta(\theta)$ を得る．

微分方程式（7.24）は，調和振動子のシュレーディンガー方程式による解法（第 6 章）と同様に，**多項式法（冪級数展開法，級数解の方法）** を用いて解くことができる．G を z の冪級数

$$G(z) = a_0 + a_1 z + a_2 z^2 + a_3 z^3 + \cdots \tag{7.25}$$

で展開する．G' と G'' は，項別微分することにより得られるものとする．G，G'，G'' の級数展開を式（7.24）に代入し，得られた方程式を項別に係数をまとめて整理する．すべての項の合計は 0 に等しい．調和振動子の解の場合と同様に，z の冪の異なるすべての項の和は，各項の係数がそれぞれ 0 になる場合に限って，0 になりうる．

$$D = \{\beta - |m|(|m| + 1)\} \tag{7.26}$$

で定義される D を用いて，z の冪に関する最初のいくつかの項の係数を示すと，

$$\{z^0\} \quad 2a_2 + D a_0 = 0$$

$$\{z^1\} \quad 6a_3 + (D - 2(|m| + 1)) a_1 = 0$$

134　第7章　水素原子

$\{z^2\}$　　$12a_4+(D-4(|m|+1)-2)a_2=0$

$\{z^3\}$　　$20a_5+(D-6(|m|+1)-6)a_3=0$

となる．各等式の前にある中括弧で囲まれた項は，その z の冪の項に，係数が掛かることを示す．これらの係数を調べると，次のような**漸化式**

$$a_{\nu+2}=\frac{(\nu+|m|)(\nu+|m|+1)-\beta}{(\nu+1)(\nu+2)}a_\nu \tag{7.27}$$

が得られる．この漸化式は，それぞれ偶数次と奇数次の系列を与える．式(7.27)において，a_0 に適当な値を選んで代入すると，a_2 が得られる．この値を a_2 に代入すると a_4 が得られ…，と続く．偶数時の系列だけを得るには a_1 を0に，奇数次の系列だけを得るには a_0 を0とすればよい．a_0 と a_1 のどのような値に対しても，偶数次ないし奇数次の系列が得られる．a_0 と a_1 の値自体は，波動関数 $\Theta(\theta)$ の規格化条件により定められる．

　多項式法を用いて，調和振動子のシュレーディンガー方程式を解いて導かれた級数解の場合と同様に，漸化式(7.27)で定義される級数解は，微分方程式の解になってはいるが，まだ良い波動関数とはいえない．波動関数は，定義される領域のあらゆる点，すなわち $-1\leq z\leq1$ で**有限**でなければならない．無限級数の場合には $z=\pm1$ で発散するので，ある有限個の項数以降で級数が打ち切られる必要がある．偶数次あるいは奇数次の級数をおのおの ν' 番目の項で打ち切るためには，β を次のように選ぶべきである．

$$\beta=(\nu'+|m|)(\nu'+|m|+1)　　\nu'=0,1,2,\cdots \tag{7.28}$$

級数が偶数次になるか奇数次の系列になるかは，ν' が偶数か奇数かに従う．

　ここで，

$$l=\nu'+|m| \tag{7.29}$$

のように l を定義すれば，

$$\beta=l(l+1) \tag{7.30}$$

となる．ν' の最小値が0であり，かつ $|m|$ の最小値が0であるから，l がとりうる最小の値は0となる．これは，$l=0$ を与える ν' と $|m|$ の唯一の組み合わせである．次に l のとりうる値は1であり，$|m|=0$ ならば ν' は1となりうるし，$|m|=1$ (つまり，$m=\pm1$) ならば ν' は0にもなりうる．したがって $l=1$ を得るには，異なる3通りのとり方が可能ということである．$l=1$ は p 軌道に対応し，p 軌道には3種類が存在する．同様にして，$l=2$ の

状態を得るには $m=0, \pm1, \pm2$ の異なる 5 通りの場合がある．これらの m の値は，それぞれ 5 通りの異なる d 軌道に対応する．一般に，与えられた l (**方位量子数**と呼ばれる．**軌道量子数**ともいう．第 15 章も参照のこと) の値に対しては，$l(l+1)$ 通りの m の値が存在する[1]．

Θ の方程式に対する解は，

$$\Theta(\theta) = (1-z^2)^{|m|/2} G(z) \tag{7.31}$$

で与えられる．ここで $z=\cos\theta$ であり，$G(z)$ は，$\beta=l(l+1)$ として，**漸化関係** (7.27) で定義される有限項の冪級数である．$\Theta(\theta)$ は，**ルジャンドルの陪 (随伴) 関数** (associated Legendre function) と呼ばれ，以下で更に議論する．

3　R の方程式の解

$R(r)$ に関する微分方程式は，式 (7.18) のとおりである．これに，Θ に関する方程式の解を求める過程で得られた結果 $\beta=l(l+1)$ を代入すれば，

$$\frac{1}{r^2}\frac{d}{dr}\left(r^2\frac{dR}{dr}\right) + \left[-\frac{l(l+1)}{r^2} + \frac{2\mu}{\hbar^2}(E-V(r))\right]R = 0 \tag{7.32}$$

を得る．ここで，

$$V(r) = -\frac{Ze^2}{4\pi\varepsilon_0 r}$$

である．計算過程での定数の数を減らすために，次のような置き換えを行う．

---

1)　訳者注：水素原子の核と電子の相対運動に着目し，デカルト座標でシュレーディンガー方程式を書き下したのち，中心対称性を有する問題の特徴を生かし，球面極座標に変換した．これは古典力学的には，慣性系 (デカルト座標) から非慣性系 (回転系) に座標変換したことにあたる．その結果，変数分離された形式を得る代償として，いわゆる慣性力の一種である遠心力項が中心力ポテンシャルの一部に付け加わった (式 (7.18) 左辺第 2 項の係数 $-\beta/r^2$)．これは，動径方向の成分を角度成分と分けて回転方向から分離すると，動径方向に回転運動が繰り込まれて現れる見かけの成分であり，元々の θ 成分や φ 成分における回転運動の効果は，式 (7.17) 左辺第 3 項の係数 $-\beta$ や m^2 を通して反映されている．この寄与が方位量子数 l により $\beta=l(l+1)$ と与えられる (式 (7.30)) ように，β は軌道角運動量の 2 乗で決まる量である．球面調和関数 $Y_l^m(\theta, \varphi) = \Theta(\theta)\Phi(\varphi)$ が，演算子 $\hat{L}^2$ と $\hat{L}_z$ のそれぞれ固有値 $\hbar^2 l(l+1)$ と $\hbar m$ をもつ同時波動関数になる ($\hbar$ を戻した表示．第 15 章 D 節参照)．軌道角運動量は，その定義も含めて，第 15 章の角運動量の一般論の中で集約して議論される．

136　第 7 章　水素原子

$$\alpha^2 = -\frac{2\mu E}{\hbar^2} \tag{7.33}$$

$$\lambda = \frac{\mu Z e^2}{4\pi\varepsilon_0 \hbar^2 \alpha} \tag{7.34}$$

これらの置換とともに, 新たな独立変数として,

$$\rho = 2\alpha r \tag{7.35}$$

を導入する. ρ は 2α を単位とする動径座標である. これらの置き換えを行い, 適切な微分演算子を用いるとともに, ρ を変数とする R 関数を

$$S(\rho) = R(r) \tag{7.36}$$

とすると, 微分方程式は

$$\frac{1}{\rho^2}\frac{d}{d\rho}\left(\rho^2\frac{dS}{d\rho}\right) + \left(-\frac{1}{4} - \frac{l(l+1)}{\rho^2} + \frac{\lambda}{\rho}\right)S = 0, \quad 0 \leq \rho \leq \infty \tag{7.37}$$

となる.

　調和振動子のシュレーディンガー方程式を解く際に用いられたのと類似の手続きは, 式 (7.37) を解くのにも適用される. まず, ρ が大きいときの**漸近解**を導く. そのあとに, **多項式法**を用いてすべての ρ について成り立つべき解を導く. 漸近解を探すために, 式 (7.37) の第 1 項を調べよう. 積の微分公式を適用すれば,

$$\begin{aligned}
\frac{1}{\rho^2}\frac{d}{d\rho}\left(\rho^2\frac{dS}{d\rho}\right) &= \frac{1}{\rho^2}\left(\rho^2\frac{d^2S}{d\rho^2} + 2\rho\frac{dS}{d\rho}\right) \\
&= \frac{d^2S}{d\rho^2} + \frac{2}{\rho}\frac{dS}{d\rho}
\end{aligned} \tag{7.38}$$

となる. ρ が非常に大きくなる ($\rho \to \infty$) につれて, 式 (7.38) 1 行目右辺の第 2 項は 0 に近づく. したがって, 式 (7.37) の第 1 項は単に

$$\frac{d^2S}{d\rho^2}$$

に近づく. 同様に式 (7.37) の第 2 項は, 十分大きな ρ に対して $-1/4$ に収束する. したがって, 十分大きな ρ に対しては, 式 (7.37) は

$$\frac{d^2S}{d\rho^2} = \frac{1}{4}S \tag{7.39}$$

となる.

この方程式には2個の解,

$$S = e^{+\rho/2} \tag{7.40a}$$

および

$$S = e^{-\rho/2} \tag{7.40b}$$

が存在する. これらのうち, 最初の等式は $\rho \to \infty$ で無限大になり, 波動関数はあらゆる所で有限でなければならないというボルン条件に矛盾するため, 第2の等式のみが許される. 十分大きな ρ に関する解に関数 $F(\rho)$ を掛けて, すべての ρ で成り立つ方程式 (3.37) の解をつくることにする. すなわち,

$$S(\rho) = e^{-\rho/2} F(\rho) \tag{7.41}$$

と置いて式 (7.37) に代入し, 得られる方程式を $e^{-\rho/2}$ で割れば,

$$F'' + \left(\frac{2}{\rho} - 1\right)F' + \left(\frac{\lambda}{\rho} - \frac{l(l+1)}{\rho^2} - \frac{1}{\rho}\right)F = 0, \quad 0 \le \rho \le \infty \tag{7.42}$$

が得られる. F' と F'' は, F の ρ についての1階と2階の導関数である. 式 (7.42) は, 原点 $\rho = 0$ に特異点をもつ. これは, Θ に関する方程式 (7.22) の解を得る場合にも出てきた, 確定特異点である. 標準的な手順では, 次のような置き換えによって, 特異点を取り除くことができる. すなわち,

$$F(\rho) = \rho^l L(\rho) \tag{7.43}$$

であって, ここで $L(\rho)$ は ρ の冪級数展開であるとする. この置換によって特異点は除かれ, $L(\rho)$ に関する方程式

$$\rho L'' + (2(l+1) - \rho)L' + (\lambda - l - 1)L = 0 \tag{7.44}$$

を得る. この式 (7.44) を解くことにより L を, その L を式 (7.43) に代入することで F を得る. さらにその F を式 (7.41) に戻すことによって, $S(\rho) = R(r)$ を得ることができる.

式 (7.44) は, ここでも多項式法を用いることで解くことができる. L を冪級数で展開し,

$$L(\rho) = \sum_{\nu} a_{\nu} \rho^{\nu} = a_0 + a_1 \rho + a_2 \rho^2 + \cdots \tag{7.45}$$

と置く. L' と L'' は, 項別微分によって得られる. L, L', L'' を式 (7.44) に代入する. 得られる等式を整理し, ρ の各冪の係数を取りまとめる. すべての冪の項の和は0である. 調和振動子のシュレーディンガー方程式を解いたときと同様に, 級数の和がすべての ρ の値に対して0に等しくなるため

138　第7章　水素原子

には，ρ の各冪の係数が個別に 0 にならねばならない．ρ の冪のはじめの数項の係数は，

$$\{\rho^0\} \qquad (\lambda-l-1)a_0+2(l+1)a_1=0$$

$$\{\rho^1\} \qquad (\lambda-l-1-1)a_1+[4(l+1)+2]a_2=0$$

$$\{\rho^2\} \qquad (\lambda-l-1-2)a_2+[6(l+1)+6]a_3=0$$

となっている．

これらの係数の形状を調べれば，次の漸化関係

$$a_{\nu+1}=\frac{-(\lambda-l-1-\nu)}{[2(\nu+1)(l+1)+\nu(\nu+1)]}a_\nu \tag{7.46}$$

が直ちに得られる．したがって，$L(\rho)$ は式（7.45）の級数形式で与えられ，その係数は漸化式（7.46）で求められる．ここで，a_0 の値は任意である．この値は，最終的には波動関数の規格化条件によって定まる．a_0 の値を漸化式に代入すると a_1 の値が決まる．この a_1 を代入すると a_2 が決まり…，と続く．式（7.46）は，先に得られた漸化式（7.27）の場合とは対照的に，偶数系列あるいは奇数系列と二分されないことに注意しよう．

第6章 E 節における調和振動子の取扱いの場合と同様で，L について得られた級数解を，漸近解にそのまま組み合わせて動径波動関数 $S(\rho)=R(r)$ を完成させたとすると，この解は $\rho\to\infty$ で発散する．したがって，この解はシュレーディンガー方程式の許容可能な解ではない．冪級数 $F(\rho)$ は，冪指数 ν が十分大きくなると，ρ の大きい領域では e^ρ のように振る舞う．これが，ρ の大きい領域での漸近解（7.40b）と掛け合わされると，得られる関数は ρ の大きい領域では $e^{\rho/2}$ のように振る舞い，発散する．微分方程式の解を許容可能な波動関数にするためには，級数展開が有限個の項数で打ち切らねばならない．項数が有限であるなら，ρ の大きい領域での漸近解 $e^{-\rho/2}$ は，いかに有限冪指数が大きくても，$\rho\to\infty$ に際して，その項が発散するよりも速く 0 に収束する．したがって，関数 $S(\rho)$ は $\rho\to\infty$ とともに 0 に収束し，許容可能な波動関数になる．

漸化式（7.46）で定義される級数展開が，第 n' 項から後で打ち切られるためには，次の条件

$$\lambda-l-1-n'=0 \tag{7.47}$$

が成り立たねばならない．l は整数であり，n' も整数なので，和が 0 になる

B. 3本の1次元微分方程式の解　139

ためには λ も整数でなければならない。n' は，**動径量子数**と呼ばれる。ここで，

$$\lambda = n$$

とすれば，

$$n = n' + l + 1 \tag{7.48}$$

と表せる。n は**主量子数**（principal quantum number）と呼ばれる。これは水素原子の"殻"（shells）を特徴付ける量子数である。水素原子の波動関数（C項を参照）では，たとえば $n=3$ については，$3s$，$3p$，$3d$ の殻がある。

漸化式（7.46）で定義される $L(\rho)$ の級数が，有限の項数で打ち切られる場合には，$R(r)$ に関する微分方程式の解は，

$$R(r) = e^{-\rho/2} \rho^l L(\rho) \tag{7.49}$$

の形式で，許容可能な波動関数となる。

4　水素原子のエネルギー準位

$R(r)$ に関する方程式を解くなかで，$\lambda = n$ であるべきであることがわかった。λ は複数の定数をまとめたもので，式（7.34）で定義されている。λ は α に依存し，α^2 はエネルギー E を含む。α^2 は式（7.33）で与えられる。λ を2乗し，α^2 の定義を挿入すると，

$$n^2 = \lambda^2 = -\frac{\mu Z^2 e^4}{32 \pi^2 \varepsilon_0^2 \hbar^2 E}$$

を得る。これを E について解けば，

$$E_n = -\frac{\mu Z^2 e^4}{8 \varepsilon_0^2 h^2 n^2} \tag{7.50}$$

が得られる。E の下付き文字は，エネルギーが量子数 n で特徴付けられることを示す。水素原子では $Z=1$ である。式（7.50）は，すべての1電子原子の非相対論的エネルギー準位を与える。He^+ では $Z=2$ となる。エネルギー準位は量子数 n の2乗の逆数に比例し，核電荷 Z の2乗に比例する。

$n = n' + l + 1$ であるので，n のとりうる最小の値は1である。$n=1$ であるためには，n' および l は両方ともに0でなければならない。l が0になるため，軌道角運動量は存在しえない（第15章を参照）。$n=1$ は，単一の状態

140　第7章　水素原子

$1s$ に対応する. $n=2$ の場合には, 2通りの可能性がある. $n'=1$ と $l=0$ で $2s$ 状態と呼ばれる場合と, $n'=0$ と $l=1$ で, 角運動量の量子数が1に等しい, $2p$ 状態と呼ばれる場合とである. $n=3$ の場合には, 3通りの可能性があり, $n'=2$ と $l=0$, $n'=1$ と $l=1$, および $n'=0$ と $l=2$ の3通りであり, それぞれ $3s$, $3p$, $3d$ 状態に対応する. ある l の値（方位量子数）に対しては, m の値（磁気量子数）のとり方は $2l+1$ 通りがありうるので, $3s$ 状態には1通り, $3p$ 状態には異なる3通り, $3d$ 状態には異なる5通りの状態が, それぞれ存在することになる.

　ボーア半径 a_B（Bohr radius）を次式

$$a_B = \frac{\varepsilon_0 h^2}{\pi \mu e^2} \tag{7.51}$$

で定義すると, E_n は

$$E_n = -\frac{Z^2 e^2}{8\pi\varepsilon_0 a_B n^2} \tag{7.52a}$$

となる. ボーア半径 (a_B) は, 水素原子に特徴的な長さであり, 5.29×10^{-11} m である. ボーア半径では, 換算質量 μ は電子の質量 m_e で置き換えられることも多く, その場合にはすべて基礎的な定数で書ける（巻末の"物理定数とエネルギー単位間の変換因子"を参照）. この置き換えは, プロトンの質量が無限大になったことに対応する. μ を m_e で置き換えても, a_B の値を有効数字3桁目で変える程度である. H原子の基底状態（つまり $n=1$）のエネルギーは, -13.6 eV である. このエネルギーは, 電子のイオン化に必要なエネルギーである. このエネルギーはまた, 水素原子の**リュードベリ定数** R_{H}（Rydberg constant）で書くこともできる. $R_{\mathrm{H}} = 109677$ cm^{-1} であり, これを用いれば,

$$E_n = -\frac{Z^2}{n^2} R_H hc \tag{7.52b}$$

となる. R_{H} は, 基礎定数となる無限大の核質量の場合に対応する定数

$$R_\infty = \frac{m_e e^4}{8\varepsilon_0^2 h^3 c}$$

とも緊密に関連している. $R_\infty = 109737$ cm^{-1} であり, これは, H原子の核の質量を無限大とみなした場合, 言い換えれば μ を m_e で置き換えた場合に

リュードベリ定数 R_H がとるべき値である.

C. 水素原子の波動関数

B.1, B.2, B.3 各項で, $\Phi_m(\varphi)$, $\Theta_{lm}(\theta)$, $R_{nl}(r)$ に関する微分方程式がそれぞれ解かれた. 水素原子, あるいは水素様原子の内部状態に関する全波動関数は,

$$\Psi_{nlm}(\varphi, \theta, r) = \Phi_m(\varphi)\Theta_{lm}(\theta)R_{nl}(r) \tag{7.53}$$

$$n = 1, 2, 3, \cdots$$
$$l = n-1, n-2, \cdots, 0$$
$$m = l, l-1, \cdots, -l$$

となる. $\Phi_m(\varphi)$ に関する方程式の解は,

$$\Phi_m(\varphi) = \frac{1}{\sqrt{2\pi}} e^{im\varphi} \tag{7.54a}$$

であるか, あるいは複素関数の代わりに実数関数で書き直せば,

$$\Phi_0(\varphi) = \frac{1}{\sqrt{2\pi}} \qquad m = 0$$

$$\Phi_{|m|}(\varphi) = \begin{cases} \dfrac{1}{\sqrt{\pi}} \cos|m|\varphi \\[2mm] \dfrac{1}{\sqrt{\pi}} \sin|m|\varphi \end{cases} \qquad |m| = 1, 2, 3, \cdots \tag{7.54b}$$

となる.

$\Theta_{lm}(\theta)$ に関する方程式の解は,

$$\Theta_{lm}(\theta) = (1-z^2)^{|m|/2} G(z) \tag{7.55}$$

で与えられる. ここで $z = \cos\theta$ であって, $G(z)$ は式 (7.25) の形に冪級数展開したときに, その係数が漸化関係 (7.27) で与えられる.

$R_{nl}(r)$ に関する方程式の解は,

$$R_{nl}(r) = e^{-\rho/2} \rho^l L(\rho) \tag{7.56}$$

で与えられる. ここで $\rho = 2\alpha r$ であり, α は式 (7.33) で定義され, $L(\rho)$ は式 (7.45) のように冪級数で展開したときに, その係数が漸化関係 (7.46) で与えられる.

1 関数 $\Theta_{lm}(\theta)$ の生成公式

$\Phi_m(\varphi)$ 関数は，水素原子の φ に関する方程式を解いて得られる，規格化された明らかな陽関数である．一方，$\Theta_{lm}(\theta)$ は級数展開の形式で与えられ，これまでのところ，規格化されていない．第6章で，調和振動子の波動関数は，冪級数展開を用いてシュレーディンガー方程式の解を得るとともに，母関数を用いてもその解の関数を表せることを示した．$\Theta_{lm}(\theta)$ 関数もまた，母関数の方法等を用いて導くことが可能である．この項では，これらを表す微分公式について紹介する．

$\Theta_{lm}(\theta)$ についての規格化された表式は，

$$\Theta_{lm}(\theta) = \sqrt{\frac{(2l+1)}{2}\frac{(l-|m|)!}{(l+|m|)!}}\, P_l^{|m|}(\cos\theta) \tag{7.57}$$

で与えられる．$P_l^{|m|}$ は，すでによく知られた関数の集合で，**ルジャンドルの陪（随伴）多項式**（associated Legendre polynomials）と呼ばれる（0!＝1 であることに注意）．

ルジャンドルの陪多項式 $P_l^{|m|}(z)$ は，**ルジャンドルの多項式** $P_l(z)$ から得られる．$P_l(z)$ は，

$$P_0(z) = 1 \tag{7.58a}$$

であって，

$$P_l(z) = \frac{1}{2^l l!}\frac{d^l(z^2-1)^l}{dz^l} \tag{7.58b}$$

と定義される（ロドリゲス（Rodorigues）の公式）．ルジャンドルの多項式を用いると，ルジャンドルの陪多項式は，

$$P_l^{|m|}(z) = (1-z^2)^{|m|/2}\frac{d^{|m|}P_l(z)}{dz^{|m|}} \tag{7.58c}$$

と定義される．生成公式あるいは表示公式の使い方を例示するために，Θ 関数の最初のいくつかを実際に求めてみる．

s 軌道は，Θ 関数として Θ_{00} を含む．すなわち，$l=0$ と $m=0$ である．よって式（7.58）より，

$$P_0(z) = 1$$
$$P_0^0(z) = 1$$

となる．規格化定数を含めて式（7.57）を用いると，その結果は

$$\Theta_{00}(\theta) = \frac{\sqrt{2}}{2} \tag{7.59}$$

となる．$\Theta_{00}(\theta)$ は定数である．つまり θ 依存性がない．$m=0$ なので，φ 依存性もない．すなわち，s 軌道は球対称である．

p 軌道は，Θ 関数として $\Theta_{10}(l=1, m=0)$ と $\Theta_{1,\pm1}(l=1, m=\pm1)$ を含む．Θ_{10} を求めるには，まず式（7.58）より

$$P_1(z) = \frac{1}{2}\frac{d(z^2-1)}{dz} = \frac{1}{2}2z = z$$

が得られ，したがって

$$P_1^0(z) = z$$

となる．よって，規格化定数を含めて式（7.57）を用いれば，その結果は

$$\Theta_{10}(\theta) = \frac{\sqrt{6}}{2}\cos\theta \tag{7.60}$$

となる．次に，$\Theta_{1,\pm1}$ を求めるために式（7.58）を用いると，

$$P_1(z) = z$$

および

$$P_1^{\pm1}(z) = (1-z^2)^{1/2}\frac{dz}{dz} = (1-z^2)^{1/2}$$

を得る．よって，規格化定数を含めて式（7.57）を用いると，その結果は

$$\Theta_{1,\pm1}(\theta) = \frac{\sqrt{3}}{2}\sin\theta \tag{7.61}$$

となる．Θ_{10} には $m=0$ に対する $\Phi_m(\varphi)$ を掛け合わせ，$\Theta_{1,\pm1}$ にはそれぞれ $m=\pm1$ に対応する $\Phi_m(\varphi)$ を掛け合わせる．これにより，異なる3本の p 軌道が得られる．

d 軌道は，Θ 関数として，$\Theta_{20}(l=2, m=0)$，$\Theta_{2,\pm1}(l=2, m=\pm1)$，および $\Theta_{2,\pm2}(l=2, m=\pm2)$ の5通りを含む．Θ_{20} を求めるには，式（7.58）を用いると，

$$P_2(z) = \frac{1}{2^2 2}\frac{d^2(z^2-1)^2}{dz^2} = \frac{1}{2}(3z^2-1)$$

および

144 第7章 水素原子

$$P_2^0(z) = \frac{3}{2}z^2 - \frac{1}{2}$$

が得られる．よって，規格化定数を含めて式（7.57）を用いると，その結果は

$$\Theta_{20} = \frac{\sqrt{10}}{4}(3\cos^2\theta - 1) \tag{7.62}$$

となる．同様にして，他の4個の d 軌道に対応する Θ 成分（$\Theta_{2,\pm1}$, $\Theta_{2,\pm2}$），および f 軌道に対応する7個の異なる Θ 成分（$\Theta_{3,\pm3}$, $\Theta_{3,\pm2}$, $\Theta_{3,\pm1}$, $\Theta_{3,0}$）も，求められる．

2　関数 $R_{nl}(r)$ の生成公式

$R_{nl}(r)$ もまた，各種の生成公式の方法により導かれる．規格化された $R_{nl}(r)$ は，

$$R_{nl}(r) = -\sqrt{\left(\frac{2Z}{na_B}\right)^3 \frac{(n-l-1)!}{2n[(n+l)!]^3}} \, e^{-\rho/2} \rho^l L_{n+l}^{2l+1}(\rho) \tag{7.63}$$

と書き表せる．ここで，

$$\rho = 2\alpha r = \frac{2Z}{a_B n}r$$

であり，a_B は式（7.51）で与えられるボーア半径である．$L_{n+l}^{2l+1}(\rho)$ は，**ラゲールの陪（随伴）多項式**（associated Laguerre polynomials）と呼ばれる．ラゲールの陪多項式は，以下に定義される**ラゲールの多項式**（Laguerre polynomials）$L_{n+l}(\rho)$,

$$L_{n+l}(\rho) = e^\rho \frac{d^{n+l}(\rho^{n+l}e^{-\rho})}{d\rho^{n+l}} \tag{7.64a}$$

から，$2l+1$ 回 ρ で微分することで導かれる．つまり，

$$L_{n+l}^{2l+1}(\rho) = \frac{d^{2l+1}L_{n+l}(\rho)}{d\rho^{2l+1}} \tag{7.64b}$$

である．

$R_{nl}(r)$ についてのこれら生成公式の使い方を例示するために，1s と 2s 波動関数の動径部分を実際に求めよう．1s 波動関数に関する $R_{nl}(r)$ は $R_{10}(r)$,すなわち $n=1$ かつ $l=0$ である．よって，ラゲールの多項式は，式（7.64a）

C. 水素原子の波動関数　145

から

$$L_1(\rho) = e^\rho \frac{d(\rho e^{-\rho})}{d\rho} = 1 - \rho$$

となり，これよりラゲールの陪多項式

$$L_1^1(\rho) = \frac{d(1-\rho)}{d\rho} = -1$$

を得る．式（7.63）を用いて $R_{nl}(r)$ の他の要素と規格化定数を含めれば，$1s$ 波動関数の動径部分

$$R_{10}(r) = -\sqrt{\left(\frac{2Z}{a_B}\right)^3 \frac{1}{2}} \, e^{-\rho/2}(-1) = 2\left(\frac{Z}{a_B}\right)^{3/2} e^{-\rho/2} \tag{7.65}$$

を得る．$2s$ 波動関数の $R_{nl}(r)$ は $R_{20}(r)$，すなわち $n=2$ かつ $l=0$ である．したがって式（7.64a）から，ラゲールの多項式は

$$L_2(\rho) = e^\rho \frac{d^2(\rho^2 e^{-\rho})}{d\rho^2} = \rho^2 - 4\rho + 2$$

となり，ラゲールの陪多項式は

$$L_2^1(\rho) = \frac{d(\rho^2 - 4\rho + 2)}{d\rho} = 2\rho - 4$$

となる．式（7.63）を用いて $R_{nl}(r)$ の他の要素と規格化定数を含めれば，$2s$ 波動関数の動径部分

$$R_{20}(r) = \frac{\sqrt{2}}{4}\left(\frac{Z}{a_0}\right)^{3/2} e^{-\rho/2}(2 - \rho) \tag{7.66}$$

が得られる．$\rho = 2$ で波動関数が 0 になる点に注意しよう．この動径波動関数は，$\rho = 2$ に節がある．

　ラゲールの陪多項式はまた，

$$L_{n+l}^{2l+1}(\rho) = \sum_{k=0}^{n-l-1} (-1)^{k+1} \frac{[(n+l)!]^2}{(n-l-1-k)!(2l+1+k)!k!} \rho^k \tag{7.67}$$

の展開公式でも与えられる．式（7.67）を式（7.63）に適用しても，$R_{nl}(r)$ を求めることができる．

3　$1s$ と $2s$ の全波動関数

　水素様原子の全波動関数は，3 個の 1 次元関数の積で与えられる．すなわ

146　第7章　水素原子

ち

$$\Psi_{nlm}(\varphi, \theta, r) = \Phi_m(\varphi)\Theta_{lm}(\theta)R_{nl}(r)$$

である．まず 1s 波動関数は，

$$\Psi_{1s}(\varphi, \theta, r) = \Psi_{100} = \Phi_0\Theta_{00}R_{10} = \left(\frac{1}{\sqrt{2\pi}}\right)\left(\frac{\sqrt{2}}{2}\right)\left(2\left(\frac{Z}{a_B}\right)^{3/2}e^{-\rho/2}\right)$$

である．ここで，右辺最初の括弧は Φ_0，2番目の括弧は Θ_{00}，3番目の括弧は R_{10} にそれぞれ対応する．水素原子では $Z=1$ であり，Ψ_{1s} は，

$$\Psi_{1s} = \frac{1}{\sqrt{\pi a_B^3}}e^{-r/a_B} \tag{7.68}$$

となる．2s 波動関数は，

$$\Psi_{2s}(\varphi, \theta, r) = \Psi_{200} = \Phi_0\Theta_{00}R_{20} = \frac{1}{4\sqrt{2\pi a_B^3}}(2-r/a_B)e^{-r/2a_B} \tag{7.69}$$

となる．s 波動関数は球対称である．1s 波動関数は，核の位置から指数関数的に減衰する．2s 波動関数は，核の位置から指数関数的に減衰する関数に，$2a_B$ に節をもつ多項式を掛けた関数になっている．3s 波動関数は，核の位置から指数関数的に減衰する関数に，2個の節をもつ2次の多項式を掛けた関数になる．箱の中の粒子や調和振動子の場合と同様で，エネルギー準位が1つ増えるごとに，動径方向の節は1個ずつ増加する．無限に高い壁をもつ箱の中の粒子や，調和振動子は，束縛状態のみをもち，したがって，節の数はエネルギーの増加とともに増え続ける．これは，水素原子の束縛状態でも同様に成り立つ．しかし基底状態（1s 状態）から十分にエネルギーが大きくなると（$\mu e^4/8\varepsilon_0^2 h^2$），電子はイオン化する．これ以上のエネルギーでは，電子は自由な粒子となり，エネルギーは連続的となる．そして波動関数は節をもたなくなるだろう．非束縛状態については，有限の高さの壁をもつ箱の中の粒子の問題においても，第5章E節で議論した．

　水素原子の任意の状態について，核から距離 r だけ離れた位置にある薄い球殻内に電子を見いだす確率は，

$$D_{nl}(r) = [R_{nl}(r)]^2 r^2 dr \tag{7.70}$$

で与えられる．$R_{nl}(r)$ は，式（7.63）で与えられている．図7.1は，1s および 2s 波動関数の**動径分布関数**（radial distribution function）の形状を示す．曲線の下に囲まれる面積は，規格化 [2] してある．体積要素 $4\pi r^2 dr$ が，

C. 水素原子の波動関数　147

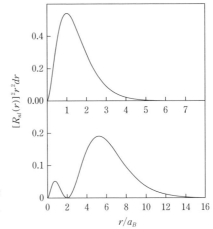

図 7.1 水素原子の $1s$ と $2s$ の状態の動径分布関数. グラフと横軸で囲まれた面積は 1 に規格化されている.

核の位置に電子を見いだす確率を縮小させている. $1s$ 波動関数は, あたかも核の周りに, ボールのように見える. $2s$ 波動関数は, 核の周りのボールが, さらに外側にある同心の殻に囲まれているように見える. 明確な**節** (node；上記の理由で, 原点は節と考えない) が $r = 2a_B$ の位置に存在し, ボールと同心の殻を分離している. $2s$ 波動関数では, $1s$ 軌道に比べて核からより遠い空間に電子を見いだす確率が高い. $3s$ 波動関数は, 1 個のボールと 2 個の同心殻からなる. 2 個の殻は, $3s$ 波動関数のもつ 2 個の節により, 空間的に分離されている. 最も外側の殻に存在する確率が最も高い. p, d, f 状態のいずれもが同じ形の動径分布関数をもつ. $2p$ 状態は（i.e. 原点を除き）動径部分に節がなく, $3p$ 状態は動径成分に 1 個の節をもつ. $3d$ 状態は（同じく原点を除き）動径部分に節がなく, $4d$ 状態は動径成分に 1 個の節をもつ, …である. p, d, f 状態はいずれも, 波動関数の Φ と Θ 部分に定数となるような成分はもたない. したがって, これらは球対称ではない. 動径成分の節に加え, p, d, f 状態は, 角度成分にも節をもつ. 水素原子の波動

---

2) 原著注：式（7.70）は角度成分に関する積分（s 軌道なら 4π に対応）を含まないため, 規格化されてはいない. 核から r の距離にある薄い殻内に電子を見いだす相対的な確率を正確に与えるという意味で, 与式は規格化されてはいないが, 正しい動径分布関数である. 関数 $R_{nl}(r)$ の規格化定数には, 定数 $1/a_B^{3/2}$ が含まれていることに注意されたい. これは 2 乗すると長さの 3 乗の逆数になり, $r^2 dr$ のもつ単位と相殺する. すなわち, この動径分布関数には単位（次元）がない.

148 第7章 水素原子

関数の詳細は，多くの学部レベルの物理化学の教科書などに図解されている．

第8章 時間に依存する2状態問題
Time-Dependent Two-State Problem

　前章までに，厳密に解くことのできる問題をいくつか取り扱ってきた．実際に解いた問題は，自由粒子の運動量とエネルギー，有限の高さの障壁をもつ箱の中の粒子のエネルギー，調和振動子，および水素原子であった．本章では，時間に依存する問題のうちで，厳密に解けるものについてある程度詳しく解析することを試みる．結合した2状態の**動的過程**（動的特性，ダイナミックス）に関する問題は，物理的に重要な多くの課題に対応する原型となる．これはまた，特定の具体例に関連させて議論してきた種々の手法について，それらの汎用性を再認識するのにも有用である．

　この問題は，弱く結合した古典的な振り子対の量子力学版である．図8.1に，弱いバネで結合された2個の振り子AとBを示す．バネがなければ，2個の振り子は互いに独立に振動することができよう．しかしその間にバネがあることによって，AとBの運動は結合する（連成振動）．この問題には，2種類の**基準モード**（normal modes）が存在する．すなわち一旦その運動が生じたら，その運動形態は形を変えずに持続するという意味で，"時間に依存しない"2種類の振動様式が存在する（この問題では，摩擦はないものと仮定する．よって一旦系の運動が始まったら，それは減衰しない）．

　2種類の基準モードを，図8.2と図8.3に模式的に示す．図8.2では，2個の振り子は行ったり来たり同位相でともに振動する．図8.3は，2個の振り子は互いに反対方向に逆位相で振動することを示す．振り子は互いに遠ざかり，その後には互いに近づく．ある時刻において，2個の振り子はどちらの

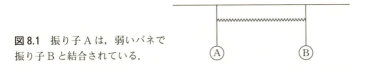

図 8.1 振り子Aは，弱いバネで振り子Bと結合されている．

150　第8章　時間に依存する2状態問題

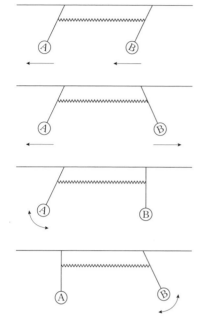

図8.2　結合振り子対の基準振動モード．2個の振り子は同時に前後に振動する．

図8.3　結合振り子対の基準振動モード．2個の振り子は互いに反対向きに振動する．

図8.4　弱いバネで結合された振り子対の状態の時間依存性．初期には，振り子Aが前後に振動する一方で，振り子Bは静止しているとする．

図8.5　ある時間の経過後，振り子Aは静止し，かわって振り子Bが，初期にはAがもっていた全振幅で振動する．

場合も，垂直の位置からの変位の量は，符号を除けば等しい．図8.2では振り子は同じ符号で運動する．つまり変位は両者ともに負であり，またしばらく後には正となる．図8.3では，2個の振り子は互いに逆符号で変位している．Bが正のときにはAは負であり，逆もまた同じである．

図8.4は，時間に依存する状態の一例を模式的に示す．振り子Aを移動させて静かに解放したとする．バネが十分に弱いと仮定できるなら，振り子Aは最初あたかもBと結合していないように振動し始めるだろう．しばらくすると，Aの変位の振幅が徐々に減少していくとともに，Bは小さな振幅で振動し始めるだろう．十分時間が経つと，Aの振幅は非常に小さくなり，代わってBの振幅が相応に大きくなる．基本的にはバネ定数で定まるある一定の時間 τ だけ経つと，Aは静止し，BはAが $t=0$ でもっていた振幅で最大に振動するだろう．その様子を図8.5に示す．その後Bは，さらに振動し続けていくにつれてその振幅が減少し，Aの振幅が増加していく．時刻 $t=2\tau$ でBは静止し，Aの振幅は再び $t=0$ でもっていた振幅に戻って最大となる．ここで考察しているような摩擦のない系では，振動の完全な交

替は限りなく持続する.

弱いバネで結合された2個の振り子に関する古典的な問題には,明確に定義される量子力学的な対応系が存在する.この量子対応系は,弱い相互作用で結合したエネルギーの等しい2個の状態からなる系である.相互作用が存在しない場合には,状態 $|A\rangle$ と状態 $|B\rangle$ は共に固有状態である.したがって,個々の系は時間に依存する位相因子 $e^{i\omega t}$ を除いて,時間には依存しない.この2状態の間に弱い相互作用を導入するのは,振り子の系に弱いバネを導入するのと等価である.時刻 $t=0$ で系が状態 $|A\rangle$ にあるとして,時間発展を開始する.系が状態 $|A\rangle$ に見いだされる確率は時間とともに減少し,系を状態 $|B\rangle$ に見いだす確率は増大していく.ある時間 τ の経過後,系を $|B\rangle$ に見いだす確率は1になり,$|A\rangle$ に見いだす確率は0となる.

上記にかいつまんで示したこの問題の解のアウトラインは,時間に依存する数々の重要な物理現象を記述する最初の一歩である.その第1の例として,2個の金属原子 M を配位子 L でつないだ系での,電子移動の問題がある.初期には同じ**酸化状態**(oxidation state)(酸化数:n)[1]である2個の金属

---

1) 訳者注:ある原子が電子を失うことが酸化であり,その酸化状態は,単体の場合と比べて電子密度がどの程度低下しているかを電子数単位で示した数値である酸化数を用いて示すことがある.化合物中での酸化数は,通常次のような規則で定められる:1. 単体原子の酸化数は0. 2. イオン全体の酸化数は,そのイオンの電荷に等しい. 3. 化合物全体の酸化数は0. 4. 概ね,アルカリ金属(+1),二価元素(+2),水素(+1),ハロゲン(−1),酸素(+2),硫黄(−2)の順で,とりうる値に優先順位(ハロゲン以降では例外あり)がある.水素の燃焼 $2H_2+O_2 \rightarrow 2H_2O$ を例にとると,まず H_2 分子と O_2 分子は,結合で共有される電子対(第17章参照)は一方に偏ることもなく,分子の電気双極子モーメントは0であり,したがって H 原子と O 原子の酸化数は共に0である.一方 H_2O 分子は,周知のように屈曲した構造(結合角~105°)と有限の双極子モーメント 1.85 D(デバイ,debye)をもつ.これは,H 原子と O 原子の間に共有される結合電子対が,O の方に少し偏っているためと考えられる.すなわち,2個の H 原子はそれぞれ単体の場合に比べて少し電子密度を失い,$H^{+\delta}$ で表せるような状態($0<\delta<1$)であり,O 原子は逆に電子を引き付けて,$O^{2(-\delta)}$ のような状態にあると考えられる.$H^{+\delta}$ の電子状態にある H 原子は,単体に比べて酸化状態が少し高くなっていると言えよう.本文の場合,金属イオン M^{+n} は単体原子のイオンなので,原子価がそのまま酸化数(=n)になる.このように酸化数は,化合物の中のある原子のとりうる酸化状態を統一的に分類・整理し,複雑な酸化還元反応を理解するために工夫された,原子価の拡張概念と言えるだろう.原子や分子の電子状態(第7章,第10章,第17章)や結合論(第17章)の基礎を理解したうえで,酸化数と酸化状態を見直すことは,大いに有意義と思われる.

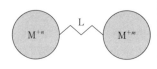

図 8.6 異なる酸化状態にある 2 個の金属原子 M が配位子 L により橋渡しする形で結合されている．$t=0$ で $n=m-1$，つまり左側の金属原子が右側より電子を 1 個余分にもつとする．

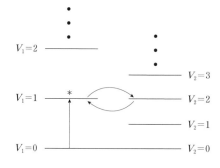

図 8.7 高振動数モード V_1 が，時刻 $t=0$ で第 1 励起状態 $V_1=1$ に励起され，第 2 のモード V_2 は，その第 2 励起準位 $V_2=2$ が $V_1=1$ と等しいエネルギーにあるとする．分子振動励起は，これら 2 状態の間を移動し，往復（振動）できる．

原子 M の一方に，余分の電子 1 個を置いた（還元）とする．図 8.6 に示すように，酸化状態は今度は初期とは異なり，$n=m-1$ となる．2 個の金属原子は直接には相互作用していないが，間にある配位子との共有結合を通じて結合する．すなわち，一方の金属原子の電子は配位子の電子と結合し，他方もまたその配位子の電子と結合している．これは，**化学結合を介した相互作用**（through-bond interaction）とも呼ばれる．こうして金属原子と配位子の相互作用は，金属原子の状態同士を結びつける．図の左側の金属原子にある余分の電子は，右側の金属原子に向けて動こうとするだろう．時刻 $t=0$ で M^{+n} にその電子を置いたとすると，そこにその電子を見いだす確率は時間とともに減少し，他方の原子にそれを見いだす確率は増大するだろう．ある時間 τ の経過時には，その電子は一方の金属原子から他方の金属原子に完全に移動しているに違いない．時間 2τ の経過後には，初期の金属原子にその電子を見いだす確率は，1 に戻るに違いない．電子移動は多くの化学や生物の過程で起こっている．それは，ある特定の金属原子の，還元あるいは光子の吸収による光誘起過程から始まることが多い．

　第 2 の例は，振動エネルギーの流れ（移動）である．多原子分子には多くの振動モードがあり，それぞれが近似的に量子的調和振動子として扱える．赤外光レーザーパルス照射または熱的励起によってあるモードが励起されると，**非調和相互作用**（anharmonic interaction；第 9 章 B 節を参照）のため

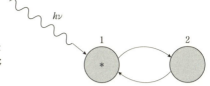

図 8.8 光子が分子 1 に吸収されるとする．その電子励起状態は分子 2 に移動し，その後再び分子 1 に戻る．

に，最初に励起されたモードとその分子の他のモードとの間に結合が生じうる．図 8.7 に示す場合では，初期に励起される状態 $V_1=1$ が，他のモードの $V_2=2$ という状態と縮退している（i.e. エネルギーが等しい）．弱い非調和相互作用は，結合した振動子対の問題での弱いバネのように振る舞う．初期に励起されたモードが観測される確率は時間とともに減少し，$V_2=2$ 励起状態に系がある確率は時間とともに増大する．適当な条件の下では，時間 τ だけ経過すると，$V_2=2$ 励起が観測される確率は 1 になり，$V_1=1$ 励起が観測される確率は 0 になる．時間 2τ の経過後には，初期のモードが励起される確率は再び 1 に戻る．振動エネルギー移動（vibrational energy transfer）は，化学反応を含む熱的励起により誘起される分子過程に多く関与している．

第 3 の例は，電子的な励起の移動である．同種の分子 2 個を互いに近接しておくと，一方の電子励起の他方への移動が可能になる．光子 1 個が分子 1 に吸収され，分子 1 が電子的な励起状態に励起されるとする（図 8.8 を参照．＊印は励起状態にあることを示す）．何らかの分子間相互作用が存在し，第 1 の分子の励起（状態）を第 2 の分子に結合させるものとする．一重項励起状態（詳しくは第 16 章を参照のこと）間には，**遷移双極子—遷移双極子相互作用**を介しての結合がある．この**空間を介した相互作用**（through-space interaction）では，分子間の距離を r とすると，その強さは $1/r^3$ で減衰する．遷移双極子間に働くこの相互作用は，弱いバネのように作用する．分子 1 が $t=0$ で励起されたとすると，時間の経過とともに，分子 1 に励起を観測する確率は減少し，分子 2 に観測する確率は増大するであろう．時間 τ の後には，分子 1 に励起を観測する確率は減少して 0 に，分子 2 ではその確率は 1 になるであろう．時間 2τ が経過すると，分子 1 に励起を観測する確率は再度 1 になるだろう．分子 1 の電子的励起は分子 2 に移動することができ，これが行きつ戻りつ繰り返される．

上に述べた 3 例は，いずれもが理想化されたものである．このような移動

図 8.9 2 個の分子 A と B (同種), およびそれらの基底状態と第 1 励起状態.

確率による記述には, いずれも分子が溶け込んでいる溶媒の熱的な揺らぎの効果は含まれていない. 溶媒の熱的な揺らぎの影響については, 本章の終わりで簡潔にではあるが議論する.

A. 電子励起の移動

ここでは具体的な議論にするため, 古典的な振り子対の量子力学的対応系として, 電子励起状態の移動を考える. 2 個の分子 A と B の基底状態とそれらの最初の電子励起状態について考えよう (図 8.9 を参照). ケット $|A\rangle$ と $|B\rangle$ を次のように定義する.

$|A\rangle \equiv$ 分子 A が励起され, 分子 B は励起されていない
$|B\rangle \equiv$ 分子 B が励起され, 分子 A は励起されていない

これらのケットは規格化され, また互いに直交するようにとられているとする. 初期には, 互いに十分に離れていて分子間の相互作用が存在しない (バネがない) とすると,

$$\hat{H}|A\rangle = E_A|A\rangle \tag{8.1a}$$
$$\hat{H}|B\rangle = E_B|B\rangle \tag{8.1b}$$

が成り立ち, そうであればこれらは

$$|A\rangle = e^{-iE_A t/\hbar}|\alpha\rangle \tag{8.2a}$$
$$|B\rangle = e^{-iE_B t/\hbar}|\beta\rangle \tag{8.2b}$$

と書ける. ケット $|A\rangle$ と $|B\rangle$ は時間によらないハミルトン演算子 $\hat{H}$ の固有ケットである. ケット $|\alpha\rangle$ と $|\beta\rangle$ は波動関数の空間部分に対応し, そのそれぞれは時間に依存する位相因子に関連付けられている.

分子を互いに近づけると, 遷移双極子‒遷移双極子相互作用が系の状態同士を結合させる. ハミルトン演算子には, これらの分子間に働く分子間相互作用を表す新たな項が付け加わるであろう. $\hat{H}$ は依然として時間によらな

い. しかし $|A\rangle$ は，もはや $\hat{H}$ の固有ケットではない. そこでまず，

$$\hat{H}|A\rangle = \hat{H}e^{-iE_At/\hbar}|\alpha\rangle = e^{-iE_At/\hbar}\hat{H}|\alpha\rangle \tag{8.3}$$

となる. 中央から右辺への式変形は，$\hat{H}$ は時間によらないからである. しかし，孤立していた分子は互いに結合されたのだから，最右辺は，今度は式 (8.1a) ではなく，状態 $|\beta\rangle$ が混ざり込み，

$$\hat{H}|\alpha\rangle = E_A|\alpha\rangle + \gamma|\beta\rangle \tag{8.4}$$

となるべきである. ここで，γ は相互作用のエネルギーである. これは分子間の相互作用の強さを表し，古典的な振り子の問題における弱いバネの役割を果たす. 分子間相互作用が存在しない場合には $\gamma=0$ であり，$|\alpha\rangle$ は $\hat{H}$ の固有ケットに戻る. 式 (8.4) の形式は，量子力学の行列表示を扱う第13章 E節で詳しく議論する. 式 (8.3) と (8.4) を用いれば，$|\beta\rangle$ についても同様の議論が成り立ち，

$$\hat{H}|A\rangle = (E_A|\alpha\rangle + \gamma|\beta\rangle)e^{-iE_At/\hbar} \tag{8.5a}$$

$$\hat{H}|B\rangle = (E_B|\beta\rangle + \gamma|\alpha\rangle)e^{-iE_Bt/\hbar} \tag{8.5b}$$

が得られる. 時間に依存する位相因子は，この問題では重要な役割を果たす.

　ここまでは，E_A と E_B が等しい必要はない. もちろん同一の分子の場合にはこれらは互いに等しい. $E_A \neq E_B$ の場合の結果はD節に示す. ここでは同種分子の場合を考える（*i.e.* 縮退あるいは共鳴している）ことにして，

$$E_A = E_B = E_0 \tag{8.6}$$

と置こう. さらに，エネルギーの零点の位置は任意なので，

$$E_0 = 0 \tag{8.7}$$

となるように選ぶこともできる. すると，以下に示す計算結果を変えることなく代数的計算をかなり簡略化できる. すなわち式 (8.5) は，

$$\hat{H}|\alpha\rangle = \gamma|\beta\rangle \tag{8.8a}$$

$$\hat{H}|\beta\rangle = \gamma|\alpha\rangle \tag{8.8b}$$

と書ける.

　2個のケットが結合系の2つの状態を記述している. 系が状態 $|\alpha\rangle$ にある場合には，分子Aが励起されていて分子Bはその基底状態にある. 系が状態 $|\beta\rangle$ にある場合には，分子Bが励起されていて分子Aはその基底状態にある. それ以外の状況は，これらの重ね合わせで記述することができる. 系の最も一般的な状態は，

156　第8章　時間に依存する2状態問題

$$|t\rangle = C_1|A\rangle + C_2|B\rangle \tag{8.9}$$

となる．ここで係数 C_1 と C_2 は，一般には時間に依存しうると考えられる．ケット $|A\rangle$ と $|B\rangle$ はそれぞれ $e^{-iEt/\hbar}$ という時間に依存する部分を有するが，ここでは $E = E_A = E_B = E_0 = 0$ により，$|A\rangle = |\alpha\rangle$ および $|B\rangle = |\beta\rangle$ となる．これらは時間によらないので，時間依存性があるとしたら，それらはすべて係数 C_1 と C_2 に含まれることになる．

時間に依存するシュレーディンガー方程式

$$i\hbar \frac{\partial}{\partial t}|t\rangle = \hat{H}|t\rangle$$

を用いて，これらの時間依存性を調べることができる．式（8.9）の $|t\rangle$ を時間に依存するシュレーディンガー方程式に代入すると，

$$i\hbar\left(\dot{C}_1|\alpha\rangle + \dot{C}_2|\beta\rangle\right) = C_1\gamma|\beta\rangle + C_2\gamma|\alpha\rangle \tag{8.10}$$

が得られる．ここで，

$$\dot{C}_i = \frac{\partial C_i}{\partial t}$$

である．式（8.10）に左から $\langle\alpha|$ を掛けて，ケットの規格化条件と直交性を用いれば，

$$i\hbar\dot{C}_1 = \gamma C_2 \tag{8.11a}$$

を得る．同様に式（8.10）に左から $\langle\beta|$ を掛ければ，

$$i\hbar\dot{C}_2 = \gamma C_1 \tag{8.11b}$$

が得られる．式（8.11）は，係数に関する**運動方程式**と呼ばれる．$|\alpha\rangle$ と $|\beta\rangle$ は時間に依存しないので，時間依存性は係数 C_1 と C_2 のもつ時間依存性で決定され，それらはこの一組の連立（結合）微分方程式，すなわち式（8.11）を解くことによって得られる．

係数 C_i の運動方程式は，直ちに解くことができる．式（8.11a）を時間 t について微分し，$i\hbar$ で割れば，

$$\ddot{C}_1 = -\frac{i\gamma}{\hbar}\dot{C}_2 \tag{8.12}$$

を得る．式（8.11b）を $\dot{C}_2$ について解き，その結果を式（8.12）に代入すれば，

A. 電子励起の移動　157

$$\ddot{C}_1 = -\frac{\gamma^2}{\hbar^2} C_1 \tag{8.13}$$

が得られる．式 (8.13) は，1 個の未知数 C_1 についての方程式である．関数の 2 階微分が元の関数の負の定数倍に等しいことを表している．その解は，sin または cos あるいはそれらの線形結合である．最も一般的な解は，

$$C_1 = Q \sin \gamma t/\hbar + R \cos \gamma t/\hbar \tag{8.14a}$$

と書ける．この結果を式 (8.11a) に代入すれば，C_2 は，

$$C_2 = i[Q \cos \gamma t/\hbar - R \sin \gamma t/\hbar] \tag{8.14b}$$

となる．ここで Q と R は定数である．規格化条件を保存するためには，$|t\rangle$ も規格化されねばならない．すなわち，

$$\langle t|t\rangle = 1 = (C_1^*\langle A| + C_2^*\langle B|)(C_1|A\rangle + C_2|B\rangle)$$

を満たさねばならない．ケット $|A\rangle$ と $|B\rangle$ の規格直交条件を用いれば，

$$\langle t|t\rangle = C_1^* C_1 + C_2^* C_2$$

となる．したがって，

$$C_1^* C_1 + C_2^* C_2 = 1 \tag{8.15}$$

であれば，$|t\rangle$ は規格化される．式 (8.15) より，条件

$$R^2 + Q^2 = 1 \tag{8.16}$$

が導かれる．

これより先に進むためには，初期条件を具体的に定める必要がある．この議論のはじめに，分子 A をまず励起すると述べたので，式 (8.9) で $|B\rangle$ の係数は 0 と置こう．$t=0$ で分子 B が励起されている確率は 0，すなわち初期条件は $C_2^*(0)C_2(0)=0$ とする．よって式 (8.14b) より，

$$Q = 0 \tag{8.17}$$

を得る．R を実数にとれば，式 (8.16) より

$$R = 1 \tag{8.18}$$

が得られる．したがって，$t=0$ で分子 A は励起され，分子 B は励起されていないという初期条件の場合には，時間に依存する係数は

$$C_1 = \cos(\gamma t/\hbar) \tag{8.19a}$$

$$C_2 = -i \sin(\gamma t/\hbar) \tag{8.19b}$$

と求められる．係数 C_1 と C_2 は，分子 A と分子 B が励起されているときの確率振幅である．系の時間に依存する状態は，

158　第8章　時間に依存する2状態問題

$$|t\rangle = \cos(\gamma t/\hbar)|A\rangle - i\sin(\gamma t/\hbar)|B\rangle \tag{8.20}$$

となる.

B.　射影演算子

次のような表式

$$|A\rangle\langle A| \tag{8.21}$$

を考えよう. これは, 状態 $|A\rangle$ への**射影演算子**（projection operator）である. 時間に依存する状態 $|t\rangle$ に, この射影演算子を作用させると,

$$|A\rangle\langle A|t\rangle = C_1|A\rangle \tag{8.22}$$

となり, $|t\rangle$ に含まれるべき $|A\rangle$ 要素の成分が得られる. 一般に,

$$|S\rangle = \sum_i C_i|i\rangle \tag{8.23}$$

であるとして, $|S\rangle$ に射影演算子 $|k\rangle\langle k|$ を作用させると,

$$|k\rangle\langle k|S\rangle = C_k|k\rangle \tag{8.24}$$

となる. 式（8.23）で, ケット $|S\rangle$ も $|i\rangle$ も規格化されている場合には, 状態 $|k\rangle$ が重ね合わせ状態 $|S\rangle$ に含まれるものとして, 係数 C_k は系が状態 $|k\rangle$ に観測される確率振幅を与える.

ここで次式について考える.

$$\langle S|k\rangle\langle k|S\rangle$$

これは閉じたブラケットなので数である. すなわち,

$$\langle S|k\rangle\langle k|S\rangle = C_k^* C_k = |C_k|^2 \tag{8.25}$$

となり, ここで $C_k^* C_k$ は, 系が重ね合わせ状態 $|S\rangle$ で与えられる場合に, ある特定のケット $|k\rangle$ を占める確率振幅の絶対値の2乗である. 確率振幅の絶対値の2乗は確率なので, $\langle S|k\rangle\langle k|S\rangle$ は, 系が重ね合わせ状態 $|S\rangle$ で与えられる場合に, 系が状態 $|k\rangle$ に観測される確率になる.

射影演算子は, 状態 $|t\rangle$ の時間依存性を調べるのに用いることができる. 系が状態 $|t\rangle$ の形で与えられる場合に, 系が状態 $|A\rangle$ あるいは $|B\rangle$ に見いだされる時間に依存した確率, すなわち P_A あるいは P_B は,

$$P_A = \langle t|A\rangle\langle A|t\rangle = C_1^* C_1 = \cos^2\frac{\gamma t}{\hbar} \tag{8.26a}$$

$$P_B = \langle t \mid B \rangle \langle B \mid t \rangle = C_2^* C_2 = \sin^2 \frac{\gamma t}{\hbar} \tag{8.26b}$$

となる．$t=0$ で分子 A が励起されている確率は 1 であり，分子 B が励起されている確率は 0 とした．これらの確率は，時間とともに振動している．励起がどちらかの分子に見いだされる全確率は，$\cos^2 + \sin^2 = 1$ だから，常に 1 である．時刻 t が

$$\gamma t / \hbar = \pi/2$$

になる時点では，P_A は 0 で P_B は 1 である．こうして，励起が分子 A から分子 B に移動するのにかかる時間は

$$t = h/4\gamma \tag{8.27}$$

となる．この 2 倍の時間が経つと，分子 A が励起され（$P_A = 1$），分子 B はその基底状態に戻る（$P_B = 0$）．励起は，正弦関数的に 2 個の分子間を振動する．振動の周期は，分子間相互作用の強度 γ で決まる．中間的な時刻では，A に励起を見いだす確率がある程度存在し，B に励起を見いだす確率もまたある程度存在する．それらの確率は，式 (8.26) で与えられる．電子励起が 2 個の分子の間を行きつ戻りつ移動し振動する現象は，2 個の振り子の間を古典的な振り子運動が移動する現象に類似している．

C. 定常状態

規格化され，また互いに直交する状態 $|A\rangle$ と $|B\rangle$ の 2 通りの特別な重ね合わせ，

$$|+\rangle = \frac{1}{\sqrt{2}}(|A\rangle + |B\rangle) \tag{8.28a}$$

$$|-\rangle = \frac{1}{\sqrt{2}}(|A\rangle - |B\rangle) \tag{8.28b}$$

について調べるのは，大変有益である．式 (8.5) と (8.8) の関係を用いて，状態 $|+\rangle$ にハミルトニアン $\hat{H}$ を作用させると，

160 第8章 時間に依存する2状態問題

$$\hat{H}\,|+\rangle=\frac{1}{\sqrt{2}}(\hat{H}\,|A\rangle+\hat{H}\,|B\rangle)$$

$$=\frac{1}{\sqrt{2}}(\gamma\,|B\rangle+\gamma\,|A\rangle)$$

$$\hat{H}\,|+\rangle=\gamma\,|+\rangle \tag{8.29a}$$

が得られる. 同様に,

$$\hat{H}\,|-\rangle=\frac{1}{\sqrt{2}}(\hat{H}\,|A\rangle-\hat{H}\,|B\rangle)$$

$$=\frac{1}{\sqrt{2}}(\gamma\,|B\rangle-\gamma\,|A\rangle)$$

$$\hat{H}\,|-\rangle=-\gamma\,|-\rangle \tag{8.29b}$$

が得られる. したがってケット $|+\rangle$ と $|-\rangle$ は, それぞれハミルトン演算子の γ と $-\gamma$ を固有値とする固有ケットになっている（ケット $|+\rangle$ と $|-\rangle$ をそれらが固有ケットになるように選ぶ具体的な方法は, 第13章 E 節で詳しく議論する）.

ケット $|+\rangle$ と $|-\rangle$ は, 系のエネルギー演算子であるハミルトン演算子の固有ケットになっている. そこに $E_0+\gamma$ と $E_0-\gamma$ の2通りの固有値が存在する. したがってこの系は, 2通りの励起状態エネルギーをとることができる. それらは, E_0 の周りに等しい間隔で配置し, 互いの間隔は 2γ である（図8.10を参照）. 分子間相互作用が存在しない場合には, 2個の分子の励起状態は縮退していた. 分子間相互作用が存在すると, この縮退は破れ, 明瞭に識別できる2個のエネルギー準位に分裂する. この分裂は, **2量体分裂**（dimer splitting）と呼ばれる. このような状況は, 2個の近接した分子あるいは会合対のような分子2量体（associated pair, dimer）で, 実際に分光学的に観測することができる. たとえば, **光合成中心**（photosynthetic reaction center）にあるクロロフィル分子による"スペシャル・ペア"（special pair; 電荷分離中心として働くクロロフィル2量体）では, 非常に大きな2量体分裂をもつことが知られ, このことが, 光合成の最初のステップに関して重要な役割を演じている.

式 (8.28) に与えられる状態 $|+\rangle$ と $|-\rangle$ は, 非局在化している. どちらの状態でも, 分子 A と B に電子励起を見いだす確率は等しい. このことは,

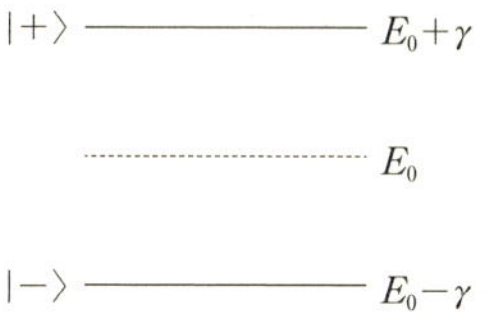

C. 定常状態　161

図 8.10 相互作用している 2 個の分子の励起状態とエネルギー準位. 相互作用の強さを γ とすると, 準位間の分離量は 2γ となる. これらは, 2 量体の励起状態のエネルギー準位構造を示す.

$$|+\rangle \text{ ———————— } E_0+\gamma$$
$$\text{ ·············· } E_0$$
$$|-\rangle \text{ ———————— } E_0-\gamma$$

それぞれの重ね合わせで, 状態 $|A\rangle$ と $|B\rangle$ の係数の絶対値の 2 乗が等しいことに着目すれば理解できる. たとえば,

$$\langle +|A\rangle\langle A|+\rangle = \frac{1}{2}$$

である. 系の励起が非局在化された固有状態は, 時間に依存しない系の**定常状態**になっている.

系が初期状態として $|A\rangle$ から生成されたとすると, この状態は固有状態ではない. それは,

$$\hat{H}|t\rangle = \hat{H}[C_1|A\rangle + C_2|B\rangle]$$
$$= \gamma[C_2|A\rangle + C_1|B\rangle]$$
$$\neq K|t\rangle$$

のように $|t\rangle$ に $\hat{H}$ を作用させても, 式 (8.19) に示されたように $C_1 \neq C_2$ だから, 単純に $|t\rangle$ の K (定数) 倍にはならないからである. 系が固有状態として生成されなかった場合には, 系は時間に依存するようになり, 励起を一方の分子に見いだす確率は時間とともに振動する. これは, 第 3 章 D 節で議論した波束の問題と等価である. 単一の運動量固有状態は空間全体に拡がっていて, 位相因子を除いては時間に依存しない. しかしながら, 固有状態の重ね合わせは波束をつくり, 波束自体は時間に依存する. 2 状態問題では, 全空間が 2 個の分子からなるので, 時間に依存する状態は, 2 個の分子の間を行き来する波束になる. 2 量体の固有状態は, 自由粒子の固有状態に類似していて, 結合振り子対の 2 個の基準モードの量子論的な等価系である.

系が状態 $|t\rangle$ にあるとして, 系を固有状態 $|+\rangle$ と $|-\rangle$ に見いだす確率を求めるのに射影演算子を用いることができる. すなわち,

$$\langle t|+\rangle\langle +|t\rangle = \left[(C_1^*\langle A| + C_2^*\langle B|)\frac{1}{\sqrt{2}}(|A\rangle + |B\rangle) \right] \cdot [C.C.] \quad (8.30)$$

となり, ここで $[C.C.]$ は, ブラケットの最初の項の複素共役を意味する.

162 第 8 章 時間に依存する 2 状態問題

直交性と規格化されていることを用いれば,

$$= \frac{1}{\sqrt{2}}(C_1^* + C_2^*)\frac{1}{\sqrt{2}}(C_1 + C_2)$$

$$= \frac{1}{2}[C_1^* C_1 + C_2^* C_2 + C_1^* C_2 + C_2^* C_1]$$

が得られる. ここで式 (8.19) の C_1 と C_2 を代入し, またそれらの複素共役をあわせて用いれば,

$$= \frac{1}{2}[\cos^2(\gamma t/\hbar) + \sin^2(\gamma t/\hbar)$$

$$- i\cos(\gamma t/\hbar)\sin(\gamma t/\hbar) + i\sin(\gamma t/\hbar)\cos(\gamma t/\hbar)] \qquad (8.31)$$

を得る. 虚数部は互いに打ち消し合うので, $\cos^2 + \sin^2 = 1$ を用いれば, 結局,

$$\langle t \,|\, + \rangle\langle + \,|\, t \rangle = \frac{1}{2} \qquad (8.32a)$$

が得られる. 同様にして,

$$\langle t \,|\, - \rangle\langle - \,|\, t \rangle = \frac{1}{2} \qquad (8.32b)$$

も決定できる. したがって, 系が状態 $|+\rangle$ あるいは $|-\rangle$ のいずれかに見いだされる確率は等しく, かつ時間に依存しない. 計測は常に固有値を与えるので, 測定してみれば, 全体の半分の時間でエネルギーは $+\gamma$ となり, 残りの半分の時間では $-\gamma$ であることがわかる. $|t\rangle$ は固有状態ではなく, 時間に依存した振動を示し, それは本来因果的である. しかし, 一旦ここでのエネルギーの測定のような観測が入ると, そのことにより系の励起は, 分子間で非局在化したいずれか一方の固有状態に押し込められるのである.

状態 $|t\rangle$ は, 固有値が $+\gamma$ と $-\gamma$ をもつ状態 $|+\rangle$ と $|-\rangle$ が等分に混合しているので, 多数の計測結果をまとめると平均値 (即ち, 期待値) としては 0 になるのである (エネルギーの零点を式 (8.7) で $E_0 = 0$ となるように取ったので, 正確には期待値は E_0 である). 状態 $|t\rangle$ の期待値は, 直接計算することも可能である. すなわち

$$\langle t \,|\, \hat{H} \,|\, t \rangle = (C_1^* \langle A | + C_2^* \langle B |)\hat{H}(C_1 | A \rangle + C_2 | B \rangle) \qquad (8.33)$$

であり, ここに式 (8.2) を代入すれば, 次の結果が得られる.

$$= C_1^* C_1 \langle \alpha | \hat{H} | \alpha \rangle + C_2^* C_1 \langle \beta | \hat{H} | \alpha \rangle + C_1^* C_2 \langle \alpha | \hat{H} | \beta \rangle + C_2^* C_2 \langle \beta | \hat{H} | \beta \rangle \quad (8.34)$$

この結果に式 (8.8) を適用すると,

$$= \gamma C_2^* C_1 + \gamma C_1^* C_2 \tag{8.35}$$

となる. C_1 と C_2 について式 (8.19) を用いると,

$$= \gamma (i \sin(\gamma t/\hbar) \cos(\gamma t/\hbar) - i \sin(\gamma t/\hbar) \cos(\gamma t/\hbar)) \tag{8.36}$$

となる. したがって,

$$\langle t | \hat{H} | t \rangle = 0 \tag{8.37}$$

が導かれた. すなわち期待値は時間に依存せず, $E_0 = 0$ となる.

D. 縮退のない場合と熱的揺らぎの役割

式 (8.6) では E_A は E_B に等しいとした. すなわち問題に含まれるエネルギー準位は同一で, 縮退していた. これにより問題は単純化され, 2個の状態 $|A\rangle$ と $|B\rangle$ の間の振動確率が 100% という結果が導かれた. すなわち, 分子 A から分子 B への励起移動が 100% 生じて, また 100% 元に戻る. 状態が同じエネルギーをもたない場合でも, $E_A \neq E_B$ であることを除けば (図 8.11 を参照), 同一の手続きを踏襲できる. エネルギーが 0 の原点をずらさなければ, 時間に依存する位相因子が消滅することもない. 縮退した場合と同様の手続きによって, 初期には分子 A を励起する条件の下で, 非縮退の場合の解は,

$$C_1 = \frac{\sqrt{\Delta E^2 + 4\gamma^2} - \Delta E}{2\sqrt{\Delta E^2 + 4\gamma^2}} \exp\left\{ i \left((\sqrt{\Delta E^2 + 4\gamma^2} + \Delta E)/2\hbar \right) t \right\}$$
$$+ \frac{\sqrt{\Delta E^2 + 4\gamma^2} + \Delta E}{2\sqrt{\Delta E^2 + 4\gamma^2}} \exp\left\{ -i \left((\sqrt{\Delta E^2 + 4\gamma^2} - \Delta E)/2\hbar \right) t \right\}$$

$$\tag{8.38a}$$

$$C_2 = -\frac{\gamma}{\sqrt{\Delta E^2 + 4\gamma^2}} \exp\left\{ i \left((\sqrt{\Delta E^2 + 4\gamma^2} - \Delta E)/2\hbar \right) t \right\}$$
$$+ \frac{\gamma}{\sqrt{\Delta E^2 + 4\gamma^2}} \exp\left\{ -i \left((\sqrt{\Delta E^2 + 4\gamma^2} + \Delta E)/2\hbar \right) t \right\} \tag{8.38b}$$

と導出される. 重ね合わせ状態 $|t\rangle$ の係数の時間依存性は, 今度は分子間相互作用の強さ γ とエネルギー差 ΔE の両方に依存する. γ が ΔE より十分大

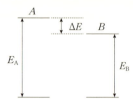

図 8.11 2個の分子AとBの励起状態のエネルギー準位が異なる場合．ΔE は，励起状態間のエネルギー差である．

きい場合，すなわち $\gamma \gg \Delta E$ が成り立つ場合には，解はそれぞれ，

$$C_1 = \frac{1}{2} e^{i(\gamma t/\hbar)} + \frac{1}{2} e^{-i(\gamma t/\hbar)} = \cos(\gamma t/\hbar) \tag{8.39a}$$

$$C_2 = -\frac{1}{2} e^{i(\gamma t/\hbar)} + \frac{1}{2} e^{-i(\gamma t/\hbar)} = -i \sin(\gamma t/\hbar) \tag{8.39b}$$

とまとめられる．これらは式 (8.19) に等しい．一方，$\gamma \ll \Delta E$ の場合には，解はそれぞれ，

$$C_1 \cong 1$$
$$C_2 \cong 0$$

となる．したがって，状態間を結合する相互作用の強さに比べて状態間のエネルギー差が十分に大きければ，エネルギー移動の確率は，基本的に消滅する．初期に分子Aに生成された励起は，分子Aに留まるのである．

分子AとBに励起を見いだす確率は，射影演算子を用いて求めることができる．それらはおのおの，

$$P_A = C_1^* C_1 = \frac{\Delta E^2 + 2\gamma^2}{\Delta E^2 + 4\gamma^2} + \frac{2\gamma^2}{\Delta E^2 + 4\gamma^2} \cos \frac{\sqrt{\Delta E^2 + 4\gamma^2}}{\hbar} t \tag{8.40a}$$

$$P_B = C_2^* C_2 = \frac{2\gamma^2}{\Delta E^2 + 4\gamma^2} \left(1 - \cos \frac{\sqrt{\Delta E^2 + 4\gamma^2}}{\hbar} t \right) \tag{8.40b}$$

となる．これらの表式から，ΔE と γ とが同程度の場合には，励起の移動が完全ではなくなることは明らかである．式 (8.40a) の右辺第1項は，定数である．P_A は，この定数により定まるある値以下に下がることはない．ΔE が γ に比べて大きい場合にはこの値は1に近づき，励起の移動はほとんど生じなくなる．

式 (8.40) のもう1つの重要な特徴は，エネルギーの**移動時間**を定義できることである．振動の周波数は γ と ΔE の両方に依存する．ΔE が大きくな

D. 縮退のない場合と熱的揺らぎの役割　165

ると確率振動の周波数は増大するが、移動する確率は減少する。たとえば $\Delta E > \gamma$ では、振動の周波数は ΔE でほぼ決定される一方、移動確率はほとんどなくなる。

縮退と非縮退の場合について示された結果は、いずれも γ と ΔE の値が一定値に固定されている理想的な状況についてであった。章の初めに議論した3種の例では、分子系は一般に溶媒中にある。理想的な事例は、固体あるいは気相分子線の実験で、極低温（〜1 K）条件下かそれに近い状態で実現できる。しかし、室温領域にある液体や固体中の場合には、上記に与えられた方法のままでは、対象とする分子系を取り囲む溶媒による、環境の**熱的揺らぎ**の効果が考慮されないという問題が残る。

溶媒中の分子系は、常時変化する分子間相互作用にさらされている。これらの時間に依存する溶質−溶媒間の相互作用は、対象とする分子系の固有状態と固有値に、**時間に依存する揺らぎ**を引き起こす。したがって、溶媒が存在しない場合には縮退している分子系にも、不規則に揺らぐエネルギー差が出てくる。これが、時間に依存する $\Delta E(t)$ の起源である。室温では、$\Delta E(t)$ の拡がりは非常に大きくなりうる。励起移動の問題では、溶質−溶質間相互作用（電子移動の問題では金属−金属間相互作用、振動エネルギーの移動問題では振動−振動間相互作用）も時間に依存する、すなわち $\gamma(t)$ となる。

ΔE と γ が一定（ΔE は 0 でもよい）の場合には、励起は2分子間で明確に定義された存在確率の振動を示す。これは**コヒーレントな移動**と呼ばれる。ところがここに、揺動する溶媒との相互作用が強く介入する場合には、$\Delta E(t)$ と $\gamma(t)$ が、確率密度関数（式 (8.40)）の表すコヒーレントな振舞いを許さなくなるのである。大部分の時間で $\Delta E(t) \gg \gamma(t)$ となる場合には、たとえ同一の分子種間であっても、移動確率はほとんど0に近くなる。それでもときどきは $\Delta E(t) \leq \gamma(t)$ となる時間帯もあるとすると、この条件が成り立つ短い時間間隔の間では、確率は近似的に式 (8.40) に従い、時間発展する。その後はまた、再度エネルギーギャップ $\Delta E(t)$ が相互作用に比べて小さくなるまで、ほとんど移動確率のない時間が続くであろう。結果として、振動的な確率の流れとは大きく異なり、分子 A から分子 B への"飛び移り（ホッピング、hopping）"が、わずかな大きさの確率でときどき散発的に、生じていることになる。励起は依然として移動するが、それは連続的な振動として

166　第8章　時間に依存する2状態問題

ではなく，突如として散発的に生じる飛び移りになる．熱的揺らぎは，動的過程のコヒーレンスを破壊する．この型の移動は**インコヒーレント**（incoherent）である（*i.e.*コヒーレントでない）と呼ばれる．室温領域では，このインコヒーレントな移動が普通である．

E.　無限個の系——励起子

　上に議論してきた系では，2個の分子が分子間相互作用で結合されていた．分子が同種の場合（すなわち$\delta E = 0$）には，一方の分子から他方の分子への完全な励起（電子，あるいは振動）の移動が生じる．一方，多くの（現実的な）系は2個以上の分子を含み，それどころかあまりにも多くの分子が含まれるために，基本的に無限に拡がった系とみなしうる場合も多い．なかでも結晶は，**結晶格子**の規則性（対称性）という，非常に優位な特性を電子励起移動，振動励起，あるいは電子移動の問題に直接活かした取扱いが可能であり，特段に重要な無限系となる．2分子問題では，系の励起は2個の分子間を移動することができ，その結果，系の固有状態は非局在化した2通りの状態（式（8.28））になることがわかった．運動と固有状態は，系全体に拡がっている．分子あるいは原子による無限格子系では，励起は全結晶中をくまなく運動することができ，無限個の非局在化した固有状態が存在する．無限の格子内に，1個の励起あるいは電子を置くと，その運動と固有状態は，格子系全体に拡がるのである．

　完全な無限格子における励起の固有状態とその運動の本質は，1次元格子でしかも最近接相互作用のみが働くという最も単純化した設定で，十分に把握できる．十分大きな結晶であっても，当然現実には無限個数ではない．たとえば，実際には結晶には**表面**があり，その表面上の分子の微視的な環境や分子間相互作用は，結晶内部の他の分子と完全に同じではない．この意味で，結晶は不完全なのである．化学や物理の多くの問題では，結晶表面は重要であるが，大きな結晶では，大部分の分子は表面から遠く離れている．結晶内部の分子は，結晶の格子内の位置を，（向きを制限されることなくあらゆる方向に出発して）整数個分たどれば互いに到達しあえるという意味で，格子内のどの分子でも基本的に同一の微視的環境を有しているのである．ここで

E. 無限個の系——励起子　167

着目するバルク（巨視的）な特性を扱う際には，表面の問題の煩雑さを避けるために，**周期的境界条件**（cyclic boundary condition）を用いることにする．n 個の分子からなる 1 次元の結晶で，分子には 0 から $n-1$ まで番号を付けるものとして，0 番目の分子と $n-1$ 番目の分子を仮想的に（*i.e.* 数学的に）隣り合わせに置くのである．そうすると，結果的に端がなくなり，表面は生じない（要するに，結晶の両端を仮想的につないで円環状にすると，どこにも端はなくなると考える）．

1　1 次元完全格子での 1 個の励起の固有状態

格子中の i 番目の分子の基底状態を，規格化されたケット $|\varphi_i\rangle$ で表すとする．この分子の励起状態は，規格化されたケット $|\varphi_i^e\rangle$ で表そう．すると，n 個の分子からなり，周期的境界条件に従う 1 次元格子の基底状態は，個々の分子に対応する基底ケットの積で書き表すことができる（ここで，分子関数は互いに直交するものとする．現実にはそれらは厳密には直交しないが，これらが直交するようにしても，結果を本質的に変えることはない．第 17 章 B 節を参照のこと）．すなわち，系の基底状態のケットは，

$$|\Phi^g\rangle = |\varphi_0\rangle|\varphi_1\rangle|\varphi_2\rangle\cdots|\varphi_{n-1}\rangle \tag{8.41}$$

と書ける．格子の j 番目の分子だけが励起され，他の分子はすべて基底状態にあるような格子の励起状態を表すケットは，

$$|\Phi_j^e\rangle = |\varphi_0\rangle|\varphi_1\rangle|\varphi_2\rangle\cdots|\varphi_j^e\rangle\cdots|\varphi_{n-1}\rangle \tag{8.42}$$

となる．もちろん，n 個の分子のいずれもが励起分子になれる．よって，式 (8.42) の表式には，n 通りの縮退した関数形がありうる．それらの違いは，励起された分子を表すラベルだけである．エネルギーの零点を分子すべてが基底状態にある点にとり，1 個の分子のみが励起されている状態のエネルギーを E^e と置くと，分子間の相互作用が存在しない場合には，ケット $|\Phi_j^e\rangle$ は n 重に縮退した固有状態の集合になる．

2 状態問題で，分子 A と B が同一で，分子間相互作用 γ が存在しない場合には，系には 2 個の縮退した状態 $|A\rangle$ と $|B\rangle$ があった．γ が存在すると，固有状態は $|A\rangle$ と $|B\rangle$ とによる互いに直交する 2 通りの重ね合わせになり（式 (8.28)），縮退は解かれた（式 (8.29) と図 8.10）．結晶格子の問題では，分子間相互作用が存在しない場合には，非常に多数の縮退した状態が存在す

168　第8章　時間に依存する2状態問題

る．単純化のため，**最近接相互作用**のみの場合を考えよう．すなわち，分子
i が励起状態にある場合 $|\Phi_i^e\rangle$ には，この状態は状態 $|\Phi_{i+1}^e\rangle$ と $|\Phi_{i-1}^e\rangle$ だけに
相互作用するものとする．分子間相互作用の強さはやはり γ とする．どんな
に小さい結晶でも，巨視的な結晶であれば，10^{20} 個程度の分子をもっている．
縮退のある場合の**摂動理論**（第9章C節）の方法か，量子力学の**行列形式**
（第13章）の手法を用いるとすると，固有値と固有ベクトルを求めるために
は $10^{20} \times 10^{20}$ もの大きさの行列を取り扱わなければならない．明らかにこれ
は到底処理しきれない大きさで，どのような大型高速計算機を用いても，こ
の手法は使えない．

　しかし，結晶格子の対称性を活用するまったく別の方法論があり，それを
用いることで解決を図ることができる．結晶格子の本質的な特徴は，その**周
期性**にある．格子をその格子間隔分だけ，たとえば α，あるいは 2α，3α な
どとずらしても，系は同一に見える．格子上のどの点から出発しても，格子
間隔 α の整数倍ずらすならば，ポテンシャルエネルギーは同一で変わらな
い．格子のある**単位胞**内のポテンシャルは，単位胞の整数倍分の並進操作を
受けても同一である．結晶格子は，**周期的ポテンシャル**（periodic poten-
tial）をもつといわれる．格子の並進に対してポテンシャルが不変であるの
で，ハミルトニアンもまた不変である．このような格子の並進対称性に基づ
いて，**群論**の議論を適用することにより，ブロッホ（F. Bloch, 1905-1983）
は固体物理学の分野で**ブロッホの定理**（Bloch theorem）と呼ばれる基本定
理を導いた．ハミルトニアンが格子定数の整数倍の並進操作に対して不変な
らば，ハミルトニアンの固有ベクトルもまた，格子定数の整数倍の並進操作
に対して不変でなければならない．1次元格子については，格子内の単位胞
（0 から $n-1$ までラベル付けをした）の数を n とし，結晶格子全体の大きさ
を $L = \alpha n$ と置けば，1格子定数分の並進に対する位置 $(x+\alpha)$ での状態は，
位置 x での状態と次の関係で結ばれているということをブロッホは証明し
た．

$$|\psi_p(x+\alpha)\rangle = e^{2\pi i p\alpha/L}|\psi_p(x)\rangle \tag{8.43}$$

$$= e^{ik\alpha}|\psi_p(x)\rangle \tag{8.44}$$

ここで，p は 0 から $n-1$ までをとることができる整数であり，$k = 2\pi p/L$ で
ある．この結果は，格子の並進を何回繰り返しても成り立つので，j を 0 か

E. 無限個の系——励起子　169

ら $n-1$ まで変化する整数として，この等式の両辺の α を $j\alpha$ で置き換えてもよい．格子の並進操作を何回繰り返しても等価の関数を生成するので，最終的な結果は，n 通りの可能な並進操作で得られるケットの重ね合わせとなる．

$$|\psi(k)\rangle = \frac{1}{\sqrt{n}} \sum_{j=0}^{n-1} e^{ik\alpha j} |\Phi_j^e\rangle \qquad (8.45)$$

式 (8.45) では，式 (8.42) のケットをあらわに用いた．式 (8.45) はケット $|\Phi_j^e\rangle$ の重ね合わせになっていて，その重ね合わせの各 j の値について等しい振幅になっている．$e^{ik\alpha j}$ は，位置に依存する位相因子である．整数 p が n 個の異なる値をとりうること，かつそれによって異なる n 個の k の値を生成することから，規格直交化された n 個の異なる $|\psi(k)\rangle$ が存在する．$|\psi(k)\rangle$ は，関数に含まれる節の数が互いに異なる．節の数は，$k=0$ 状態の 0 個から各分子の間すべてに入る n 個までである．k は格子の**波動ベクトル**（波数ベクトルともいう）である．

　式 (8.45) の特性を例示するために，本章の初めに議論した 2 分子問題を再度考えよう．この場合には $n=2$ なので，p は値として 0 または 1 をとり，j も 0 または 1 をとる．$L=2\alpha$ である．k は，$p=0$ では $k=0$，$p=1$ では $k=2\pi/2\alpha$ の 2 通りの値をとることができる．これらを式 (8.45) に代入すると，まず $k=0$ のケットは，

$$|\psi(k=0)\rangle = \frac{1}{\sqrt{2}} \sum_{j=0}^{1} |\Phi_j^e\rangle \qquad (8.46a)$$

$$= \frac{1}{\sqrt{2}} (|\Phi_0^e\rangle + |\Phi_1^e\rangle) \qquad (8.46b)$$

となる．式 (8.46) は，2 個のケットの和になっている．$|\Phi_0^e\rangle$ は，分子 0 が励起され，分子 1 が基底状態にある．$|\Phi_1^e\rangle$ は，分子 1 が励起され，分子 0 が基底状態にある．これらのケットは，2 状態問題のケット $|A\rangle$ とケット $|B\rangle$ にそれぞれ同等である．式 (8.46) はまた，式 (8.28) に与えられている 2 状態問題の固有ケット $|+\rangle$ と同等である．

　$k=\pi/\alpha$ に対するケットは，同様にして，

170 第 8 章 時間に依存する 2 状態問題

$$|\psi(k=\pi/\alpha)\rangle = \frac{1}{\sqrt{2}}\sum_{j=0}^{1} e^{i\pi j}|\Phi_j^e\rangle \tag{8.47a}$$

$$= \frac{1}{\sqrt{2}}(|\Phi_0^e\rangle - |\Phi_1^e\rangle) \tag{8.47b}$$

となる．ここで，$j=1$ により，指数関数の値は $\exp(i\pi)=-1$ である．式 (8.47) は，式 (8.27b) に与えられる 2 状態問題の固有ケット $|-\rangle$ と同等である．

ブロッホの定理によれば，周期的ポテンシャルをもつハミルトニアンの固有ケットは，式 (8.45) に与えられる形式にならねばならない．2 状態問題は，そのような問題の最小の例であるが，得られた結果は，周期的境界条件を満たす任意の数の格子点をもつ系に適用できる．また，式 (8.45) は 1 次元の場合であるが，ブロッホの定理は 3 次元の場合でももちろん成り立つ．指数関数部分は 3 個の格子定数を含み，和は 3 方向の格子指標すべてについてとり，k（波動ベクトル，あるいは波数ベクトルと呼ばれる）は 3 次元のベクトル $\boldsymbol{k}$ になる．

最近接相互作用のみを含む 1 次元格子の問題では，ハミルトン演算子は，

$$\hat{H} = \hat{H}_M + \hat{H}_{j,j\pm1} \tag{8.48}$$

と書ける．ここで $\hat{H}_M$ は，分子間相互作用が存在しない場合の分子系のハミルトニアンであり，$\hat{H}_{j,j\pm1}$ はそのハミルトニアンに対する最近接相互作用の寄与である．$\hat{H}_{j,j\pm1}$ は，分子 j が励起され，それ以外はすべて基底状態にある状態を，分子 $j+1$ が励起され，それ以外はすべて基底状態にある状態に，あるいは分子 $j-1$ が励起され，それ以外はすべて基底状態にある状態にそれぞれ結びつける．$\hat{H}_M$ は，個々の分子のハミルトニアンの和であり，

$$\hat{H}_M = \hat{H}_{M_0} + \hat{H}_{M_1} + \hat{H}_{M_2} + \cdots + \hat{H}_{M_j} + \cdots + \hat{H}_{M_{n-1}} \tag{8.49}$$

と書ける．基底状態のエネルギーを 0 にとったので，$\hat{H}_M$ を j 番目の分子が励起されているケット $|\Phi_j^e\rangle$ に作用させると，

$$\hat{H}_M|\Phi_j^e\rangle = E^e|\Phi_j^e\rangle \tag{8.50}$$

となる．したがって，

E. 無限個の系——励起子　171

$$\hat{H}_M | \psi(k)\rangle = \hat{H}_M \frac{1}{\sqrt{n}} \sum_{j=0}^{n-1} e^{ik\alpha j} | \Phi_j^e\rangle \tag{8.51a}$$

$$= \frac{1}{\sqrt{n}} \sum_{j=0}^{n-1} e^{ik\alpha j} \hat{H}_M | \Phi_j^e\rangle \tag{8.51b}$$

$$= E^e | \psi(k)\rangle \tag{8.51c}$$

が得られる．分子間相互作用が存在しない場合には，系のエネルギーは，系で1個の分子だけが励起されている状態のエネルギーに等しく，k にはよらないことがわかる．系は当然ながら，n 重に縮退している．

2状態問題の場合と同様に，ここで分子間相互作用が導入されると，この励起状態の縮退が解ける．$\hat{H}_{j,j\pm1}$ を j 番目の分子が励起されているケット $| \Phi_j^e\rangle$ に作用させると，

$$\hat{H}_{j,j\pm1} | \Phi_j^e\rangle = \gamma | \Phi_{j+1}^e\rangle + \gamma | \Phi_{j-1}^e\rangle \tag{8.52}$$

が得られる．ここで，γ は最近接相互作用の強さである．すると，

$$\hat{H}_{j,j\pm1} | \psi(k)\rangle = \hat{H}_{j,j\pm1} \frac{1}{\sqrt{n}} \sum_{j=0}^{n-1} e^{ik\alpha j} | \Phi_j^e\rangle \tag{8.53a}$$

$$= \frac{1}{\sqrt{n}} \sum_{j=0}^{n-1} e^{ik\alpha j} \hat{H}_{j,j\pm1} | \Phi_j^e\rangle \tag{8.53b}$$

$$= \frac{1}{\sqrt{n}} \sum_{j=0}^{n-1} [e^{ik\alpha j} \gamma | \Phi_{j+1}^e\rangle + e^{ik\alpha j} \gamma | \Phi_{j-1}^e\rangle] \tag{8.53c}$$

を得る．大括弧内の各項に，

$$e^{ik\alpha} e^{-ik\alpha} = 1$$

を掛けて変形すると，

$$\hat{H}_{j,j\pm1} | \psi(k)\rangle = \frac{1}{\sqrt{n}} \sum_{j=0}^{n-1} [e^{ik\alpha j} e^{ik\alpha} e^{-ik\alpha} \gamma | \Phi_{j+1}^e\rangle + e^{ik\alpha j} e^{-ik\alpha} e^{ik\alpha} \gamma | \Phi_{j-1}^e\rangle] \tag{8.54a}$$

$$= \frac{1}{\sqrt{n}} \sum_{j=0}^{n-1} [e^{-ik\alpha} \gamma e^{ik\alpha(j+1)} | \Phi_{j+1}^e\rangle + e^{ik\alpha} \gamma e^{ik\alpha(j-1)} | \Phi_{j-1}^e\rangle] \tag{8.54b}$$

が得られる．式（8.54b）を見ると，1つのケットは指標が $j+1$ であり，それに同じ指標 $j+1$ を含む指数関数が掛けられている．他方のケットは指標が $j-1$ であり，それに同じ指標 $j-1$ を含む指数関数が掛けられている．周期的な境界条件が用いられているので，すべての j の和は依然として，どちらの項も励起状態のすべてのとりうる場所の和になっている．大括弧内の第

172　第8章　時間に依存する2状態問題

1項で$j=n-1$の場合，指標は最大値より1だけ大きく，それは場所0である．大括弧内の第2項で$j=0$の場合，これは最小値より1だけ小さい場所，つまり$n-1$に対応している．したがって，規格化定数も含めて，各々のケットについてのjの和は，jに依存する指数関数項と組み合わせて，$|\psi(k)\rangle$という1つの因子にまとめられることがわかる．結果を改めて書き直すと，

$$\hat{H}_{j,j\pm1}|\psi(k)\rangle = e^{-ik\alpha}\gamma|\psi(k)\rangle + e^{ik\alpha}\gamma|\psi(k)\rangle \tag{8.55a}$$

$$= \gamma(e^{ik\alpha} + e^{-ik\alpha})|\psi(k)\rangle \tag{8.55b}$$

$$= 2\gamma\cos(k\alpha)|\psi(k)\rangle \tag{8.55c}$$

が得られる．したがって，$|\psi(k)\rangle$は全ハミルトニアン（式 (8.48)）の固有ケットになっていることがわかった．

式 (8.55c) と (8.51c) を合わせて，固有状態の波動ベクトルkに依存するエネルギーは，

$$E(k) = E^e + 2\gamma\cos(k\alpha) \tag{8.56}$$

と得られる．ここでkは，円環状の格子全体1周分をひと通り，たとえば$-\pi/\alpha$からπ/αまでとればよい．エネルギーはそれにともない$E^e-2\gamma$から$E^e+2\gamma$まで変化することになる（γは一般に負と考えられる．その理由を考えてみよ）．したがって固有状態は，**バンド幅**$4|\gamma|$の帯状にエネルギーが分布する状態（エネルギーバンド，エネルギー帯）として形成される．格子にn個の分子が存在する場合には，バンド内にもn個の状態が存在することになり，それぞれが量子数kをもつ．状態kと状態$-k$は縮退している．このような電子励起は**励起子**（エキシトン；exciton）と，バンド状のエネルギーの集合は**励起子バンド**（exciton band）とそれぞれ呼ばれる．

図8.12には，kに対する励起子のエネルギーをグラフにして示す．図8.12では，kの値は$-\pi/\alpha$からπ/αまで実際上連続的に変化できる．kは長さの逆数の次元をもち，たとえばX線回折のような，結晶に付随するさまざまな現象を記述するのに重要な役割を演ずる．多くの場合，kは**波動**または**波数ベクトル**（kベクトル）と呼ばれ，**逆格子空間**（reciprocal lattice space）内に準連続的に分布する点を表す．3次元格子の場合には，kは3次元逆（格子）空間における3次元ベクトル$\boldsymbol{k}$になる．図に示したkの領域は，**第1ブリュアン域**（the first Brillouin zone）と呼ばれる．

それぞれのk状態は，どの分子に励起を見いだす確率も等しく，格子全

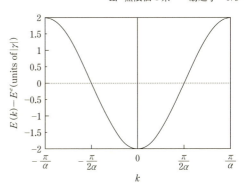

図 8.12 k の関数としての励起子エネルギー. エネルギー 0 に対応する E^e は, 分子間相互作用 γ が存在しない場合の励起状態のエネルギーである. γ は一般に負であり（理由を考えてみよ）, それゆえ $k=0$ がバンドの底になり, バンド幅は $4|\gamma|$ で与えられる.

体に非局在化された励起状態である（式 (8.45) 参照). 非局在化された励起子状態は, どちらの分子に励起を見いだす確率も等しい 2 状態問題（式 (8.28)）の固有状態に類似している. 励起子は, 非局在化された確率振幅の波動である. 分子間相互作用は, 単一の分子に局在化した励起状態から格子全体に拡がった励起状態へと, 励起の質を変える. 波動ベクトル k は, その値を $k=0$ から $k=\pm\pi/\alpha$ まで変化できる. $k=0$ の状態は節がなく, $k=\pm\pi/\alpha$ の状態は n 個の節をもち, 節と節の間隔は格子間隔と同じである. 時間に依存する位相因子（第 3 章 D 節と第 5 章 A 節）を含めれば, 励起子波動は自由粒子の運動量固有状態に類似している（第 3 章）. ただし, 自由粒子は全空間にわたって非局在化していて, k の値も連続的であったのに対し, 励起子状態は格子全体に非局在化し, 一方 k のとりうる値は厳密には非連続的である. しかしながら, 微小な結晶でも 10^{20} 個程度は分子を含むので, バンドに含まれる状態の数は非常に大きくなり, バンドは実効的に連続的になる.

2 励起子輸送

励起子の固有状態と電子や光子といった実粒子（実体のある本当の粒子）の固有状態との特性の類似性から, 励起子は**準運動量**（quasi-momentum）$\hbar k$ をもつ**準粒子**（quasi-particles）と考えられる. 第 3 章で議論した自由粒子の場合と同様に, 励起子の k 状態は, 互いに重ね合わせて波束を形成することができる. 励起子の波束も, 程度の差こそあれ局在していて, それゆえに群速度 V_g で結晶格子内を移動することができる. 最近接相互作用を

174　第8章　時間に依存する2状態問題

有する1次元格子の場合については，$E(k)$（式（8.56））から分散関係が求められ，

$$\omega(k) = \frac{1}{\hbar} E(k) = \frac{1}{\hbar} [E^e + 2\gamma \cos(k\alpha)] \tag{8.57}$$

となる．よって，

$$V_g = -\frac{2\gamma\alpha}{\hbar} \sin(k\alpha) \tag{8.58}$$

を得る．γはエネルギー，αは距離なので，V_gは確かに速度の単位（次元）をもつ．群速度の符号は，kの符号によって決まる．励起子は，格子に沿って正方向にも負方向にも動くことができる．分散関係の勾配が最大になる点で，速度は最大となる．群速度の表式と図8.12から，群速度の最大は（エネルギー）バンドの中央である$k = \pm\pi/2\alpha$で生じ，バンドの頂上と底でV_gは0になることがわかる．3次元格子では，V_gはベクトルになる．一般には，結晶格子の方向が変わればγとαも変わる．

　得られた結果は，励起子が結晶内部を，粒子のように通過できることを示す．分散関係の具体的な形の違いを除けば，輸送形態は自由粒子の運動の場合と完全に相似である．結晶の励起が電子的な励起状態ではなく分子振動の場合には，その準粒子は**バイブロン**（vibron），バンドは**バイブロンバンド**と呼ばれる．分子性結晶のような絶縁性の格子中の電子の場合には，準粒子は**ポーラロン**（polaron），生じるバンドは**ポーラロンバンド**と呼ばれる．γを生じさせる相互作用の性質やγの大きさ自体はそれぞれに異なっても，これらさまざまな準粒子の取扱い方は，基本的にすべて同じである．

　結晶の周期性に着目した同様の取扱いは，金属（半導体を含む結晶固体で共通）中の電子状態の記述にも用いられる．電気伝導度に深く関与するバンドは，**伝導帯**（conduction bands）と呼ばれる．これらすべての場合で，格子の（並進）対称性が結晶中にエネルギーバンドを生じる起源である．

　明確に定義された群速度をもつ励起子の運動は，コヒーレントな輸送（coherent transport）と呼ばれる．そのような輸送は，波束を構成するk状態が，どの程度明確に定義された位相関係を維持するかに依存する．コヒーレントな励起子輸送現象は，分子性結晶では極低温（～1 K）で発生する．したがって励起子輸送の場合にも，本章D節の終わりで議論したのと同様の

E. 無限個の系——励起子　175

考察が適用される．温度が上昇するにつれて，格子の熱励起も増大する．そして，格子の力学的な運動もまた，**フォノン**（phonon）と呼ばれる準粒子で記述される．格子の運動は，個々の格子点のエネルギー E^e および分子間相互作用が，時間とともに変化する要因となる．励起子や電子に対するフォノンの影響は，**フォノン散乱**（phonon scattering）と呼ばれる．フォノン散乱は，準粒子（あるいは，電子の場合には実粒子）波束のもつコヒーレントな特性を破壊する．フォノンによる準粒子の散乱速度（rate of scattering）が大きくなり，その散乱時間が，準粒子が1つの格子点を移動する時間と同程度になると，準粒子は局在化する．そのような状態は，すべての k 状態の重ね合わせで記述され，単一の格子点に局在化するが，ある1つの格子点から別の格子点へホッピング（飛び移り）によって運動することは依然として可能である．これは，インコヒーレントな輸送（incoherent transport）と呼ばれる．準粒子は格子上で，いわば酔歩運動（random walk）をすることになる．これが室温の格子における，励起子あるいは電子輸送の性質である．室温で針金状の金属に電圧を印加すると，電子系にはこの酔歩運動に微小なバイアスが掛けられることになり，正の電極の向きに移動させられる．電場は電子を加速するが，高速の電子–フォノン散乱が電子の速度を散逸させ，そのエネルギーを結晶格子に移動させる．その結果，金属細線の抵抗加熱が生じる．原子間の相互作用が伝導帯と電子輸送を生成するが，電子–フォノン散乱は，インコヒーレントな輸送と電気抵抗を生成するのである．ある種の金属の低温状態では，ある種複雑な形態の電子–フォノン相互作用が通常の電子–フォノン散乱を巧妙に緩和する．その結果，**超伝導**と呼ばれる一種のコヒーレントな電子輸送を引き起こすのである．

第9章 | 摂動論

Perturbation Theory

　ここまでのいくつかの章で，厳密に解くことのできる問題をかなりの量こなしてきた．しかし，量子力学に現実の系の記述を要求するほとんど大部分の問題では，固有値問題を厳密に解いて観測可能量を決定することが不可能なのが現実である．そのためこれまで，それに代わる近似解を求める手法が非常に広範に開発されていて，しかもそれは今なお活発に発展中の研究分野の1つである．量子力学と同様に古典力学においても，問題を近似的に解く必要性は出てくる．古典論的にも量子論的にも，一般的な三体問題は厳密に解くことは不可能なのである．

　近似的に解かれたということが，その結果が不正確であるということを必ずしも意味するわけではない．厳密解を得て精密な観測可能量を予測することができない場合も含めて多くの場合で，自然がどのように運行しているのかを定性的に把握するのに，近似計算の結果は重要な役割を果たしている．量子力学的問題に関する近次解を求める代表的な方法論の1つが，**摂動論**（perturbation theory）と呼ばれる手法である．

　摂動論は，一連の階層的な手法から構成され，1次，2次，あるいは3次…と，必要とする次数まで順次用いることができる．十分に高い次数まで問題を処理すれば，原理的には十分に高い精度で，必要な結果を得ることができる．無限次数の摂動論を実行する手法も開発されているが，結果はそれでも近似的である．級数（摂動）展開を有限次数で打ち切った場合には発散が生じる可能性があるが，無限次数まで行けば，場合によってはこれを防ぐことができる．

　本章では，状態に縮退がない場合とある場合に分けて，摂動の方法論を説明する．エネルギー固有値に関する問題を中心に取り扱うが，それ以外の任意の固有値問題についても，同様の方法論が適用できる．1次と2次の摂動

178　第9章　摂動論

論についての具体的な結果を導いてから，いくつかの例題について議論する．続いて次章では，ヘリウム原子の取扱いにも摂動論を適用し，その結果は変分法に基づく追加的な手続きにより改善できることも示す．

A. 縮退のない状態の摂動論

固有値問題として，

$$\hat{H}|\varphi_n\rangle = E_n|\varphi_n\rangle \tag{9.1}$$

を考えよう．ここで $\hat{H}$ は既知とするが，その固有値 E_n とケット $|\varphi_n\rangle$ を与える固有値問題は，解析的には解くことができないものとしよう．摂動論を適用するためには，ハミルトニアンは次の形式で表現できる必要がある．

$$\hat{H} = \hat{H}^0 + \lambda\hat{H}' + \lambda^2\hat{H}'' + \cdots \tag{9.2}$$

$\hat{H}^0$ は0次のハミルトニアンと呼ばれ，λ は（摂動の）**展開パラメーター** (expansion parameter) である．λ が0になる極限では，問題は，

$$\hat{H}^0|\varphi_n^0\rangle = E_n^0|\varphi_n^0\rangle \tag{9.3}$$

となる．式 (9.3) に求められる本質的な特性は，こちらは厳密に解くことができなければならないということである．そこで，0次の固有値 E_n^0 と0次の固有ケット $|\varphi_n^0\rangle$ は正確な解が既知であるとし，最初に，縮退がない場合の摂動論を議論する．状態 $|\varphi_n^0\rangle$ は縮退がないものとすると，異なる2個の状態は同一の固有値 E_n^0 をもつことはない．式 (9.3) は，**無摂動状態の固有値問題**とも呼ばれる．

一方

$$\lambda\hat{H}' + \lambda^2\hat{H}'' + \cdots \tag{9.4}$$

は，ハミルトニアン $\hat{H}$ の**摂動項**である．$\hat{H}'$ は λ について1次なので，摂動に関する1次の項である．$\hat{H}''$ は λ について2次なので，摂動に関する2次の項であり，$\hat{H}$ を λ の級数で展開したときに λ^2 項の係数となるべき項である．以下同様にして，高次の次数の摂動項も定まる．

摂動論で取り扱うことのできる問題の一例として，水素原子Hに対する電場 E の効果（水素原子の**シュタルク効果**）がある．ここでは電場 E が展開パラメーターになる．$E \to 0$ の場合には，通常のH原子の問題に還元される．H原子の固有値問題に関する解は既知である．必然的に，H原子の

A. 縮退のない状態の摂動論　179

ハミルトニアン，固有値，および波動関数は，厳密に解かれるべき0次問題である．電場 E が印加されると，ハミルトニアンに新たに付け加わる項はすべて摂動項になる．

0次の問題を解くことによって得られる固有ケット $|\varphi_n^0\rangle$，すなわち $|\varphi_0^0\rangle$，$|\varphi_1^0\rangle$，$|\varphi_2^0\rangle$，… （式 (9.3)）は，固有値 E_0^0，E_1^0，E_2^0，…をもつ完全な正規直交関数（基底）系となる．すなわち，

$$\langle \varphi_n^0 \mid \varphi_m^0 \rangle = \delta_{mn} \tag{9.5}$$

が成り立つ．摂動論の本質は，摂動が小さいということである．それゆえ，波動関数も固有値も，0次の波動関数と固有値からかけ離れて異なることはない．小さな摂動を系に加えても，それによって系に大きな変化が生じることはないのである．よって，式 (9.1) の解となる波動関数と固有値は，それぞれ

$$|\varphi_n\rangle = |\varphi_n^0\rangle + \lambda |\varphi_n'\rangle + \lambda^2 |\varphi_n''\rangle + \cdots \tag{9.6}$$

$$E_n = E_n^0 + \lambda E_n' + \lambda^2 E_n'' + \cdots \tag{9.7}$$

と展開される．摂動が小さければ，級数は急速に収束するだろう．式 (9.2)，(9.6)，(9.7) は，それぞれ $\hat{H}$，$|\varphi_n\rangle$，E_n の（λ に関する）級数展開である．これらを固有値方程式 (9.1) に代入し，λ の冪の等しい項を集めて整理すると，

$$\left(\hat{H}^0 | \varphi_n^0 \rangle - E_n^0 | \varphi_n^0 \rangle \right) + \left(\hat{H}^0 | \varphi_n' \rangle + \hat{H}' | \varphi_n^0 \rangle - E_n^0 | \varphi_n' \rangle - E_n' | \varphi_n^0 \rangle \right) \lambda$$
$$+ \left(\hat{H}^0 | \varphi_n'' \rangle + \hat{H}' | \varphi_n' \rangle + \hat{H}'' | \varphi_n^0 \rangle - E_n^0 | \varphi_n'' \rangle - E_n' | \varphi_n' \rangle - E_n'' | \varphi_n^0 \rangle \right) \lambda^2$$
$$+ \cdots = 0 \tag{9.8}$$

が得られる．括弧でくくられた第1項は，λ についての0次の項である．括弧の第2項は λ についての1次項である．括弧の第3項は λ についての2次項である，…と続く．

式 (9.8) は，λ の冪に関する級数である．λ の任意の値に対してこの級数が0になるためには，λ の各冪に掛かる係数がそれぞれ0に等しくならねばならない．この条件により，一連の方程式を各係数ごとに1本ずつ得ることができる．0次の方程式は，

$$\hat{H}^0 | \varphi_n^0 \rangle - E_n^0 | \varphi_n^0 \rangle = 0 \tag{9.9}$$

である．1次の方程式は，

180　第9章　摂動論

$$\hat{H}^0|\varphi_n'\rangle + \hat{H}'|\varphi_n^0\rangle - E_n^0|\varphi_n'\rangle - E_n'|\varphi_n^0\rangle = 0 \tag{9.10}$$

である. 2次の方程式は,

$$\hat{H}^0|\varphi_n''\rangle + \hat{H}'|\varphi_n'\rangle + \hat{H}''|\varphi_n^0\rangle - E_n^0|\varphi_n''\rangle - E_n'|\varphi_n'\rangle - E_n''|\varphi_n^0\rangle = 0 \tag{9.11}$$

である. 同様な方程式は, λ の任意の次数に関して容易に書き下せる. 0次の方程式 (9.9) の解は既知である. 0次の方程式の解が既に知られていることは, 摂動理論の展開と応用のための必要条件である.

1　1次の解について

a　エネルギーに関する補正

式 (9.10) は,

$$\hat{H}^0|\varphi_n'\rangle - E_n^0|\varphi_n'\rangle = (E_n' - \hat{H}')|\varphi_n^0\rangle \tag{9.12}$$

と書き直せる. この式では $\hat{H}^0$, $|\varphi_n^0\rangle$, E_n^0 が既知である. エネルギーについての1次の補正である E_n' と, 固有ケットについての1次の補正である $|\varphi_n'\rangle$ の表式を, それぞれ具体的に求めることが必要である.

まず, $|\varphi_n'\rangle$ は一般に正規直交完全系である0次の波動関数で展開することができるので, ここから出発する.

$$|\varphi_n'\rangle = \sum_i c_i|\varphi_i^0\rangle \tag{9.13}$$

この展開式を式 (9.12) に代入する. 式 (9.12) の左辺第1項に代入すると,

$$\hat{H}^0|\varphi_n'\rangle = \sum_i c_i \hat{H}^0|\varphi_i^0\rangle = \sum_i c_i E_i^0|\varphi_i^0\rangle \tag{9.14}$$

となる. 右辺が得られるのは, $|\varphi_n^0\rangle$ が $\hat{H}^0$ の固有ケットだから, それらに $\hat{H}^0$ を作用させると固有値 E_i^0 が得られるからである. 展開式 (9.13) と, ここで得られた結果 (9.14) を式 (9.12) に代入すると,

$$\sum_i c_i(E_i^0 - E_n^0)|\varphi_i^0\rangle = (E_n' - \hat{H}')|\varphi_n^0\rangle \tag{9.15}$$

これに左から $\langle\varphi_n^0|$ を掛けると,

$$\langle\varphi_n^0|\sum_i c_i(E_i^0 - E_n^0)|\varphi_i^0\rangle = \langle\varphi_n^0|(E_n' - \hat{H}')|\varphi_n^0\rangle \tag{9.16}$$

左辺のブラケットで挟まれた項は, 間に数しか含まないのでそれらをブラケットの外に引き出すと, 次式が得られる.

A. 縮退のない状態の摂動論　181

$$\sum_i c_i (E_i^0 - E_n^0) \langle \varphi_n^0 | \varphi_i^0 \rangle = \langle \varphi_n^0 | (E_n' - \hat{H}') | \varphi_n^0 \rangle \tag{9.17}$$

0 次の状態は縮退のない状態なので，式 (9.17) の左辺は 0 になる．$i \neq n$ の場合には直交性により，

$$\langle \varphi_n^0 | \varphi_i^0 \rangle = 0$$

であり，$i = n$ の場合には，ブラケット自身は 0 ではないが，

$$E_i^0 - E_n^0 = 0$$

となるからである．和をとるべきすべての i に関し，式 (9.17) 左辺のいずれか一方の項が必ず 0 になる．したがって式 (9.17) は，

$$\langle \varphi_n^0 | (E_n' - \hat{H}') | \varphi_n^0 \rangle = 0 \tag{9.18}$$

となる．これより，エネルギーに対する 1 次の補正項は，

$$E_n' = \langle \varphi_n^0 | \hat{H}' | \varphi_n^0 \rangle \tag{9.19}$$

と求められ，1 次までの補正項までを含むエネルギーは，

$$E_n = E_n^0 + \lambda E_n'$$

で与えられる．通常，展開パラメーターは $\hat{H}'$ の一部に包含されることが多く，その場合には，λ は E_n' の一部となるので，1 次補正までのエネルギーは，

$$E_n = E_n^0 + E_n' \tag{9.20}$$

と書ける．式 (9.19) のブラケットは，しばしば

$$H_{nn}' = \langle \varphi_n^0 | \hat{H}' | \varphi_n^0 \rangle \tag{9.21}$$

と略記されることが多く（第 13 章の議論を先取りして，$\hat{H}'$ の (n, n) **行列要素**と呼ばれる），λ は $\hat{H}'$ 自体に包含されているものとみなす．

　式 (9.19) は，0 次の状態 $|\varphi_n^0\rangle$ のエネルギーに対する 1 次の補正量が，1 次の摂動の期待値であることを示す．したがってエネルギーの 1 次補正量は，ハミルトニアンの 1 次補正項を，系の 0 次の状態で期待値をとったものに等しい．$|\varphi_n^0\rangle$ も $\hat{H}'$ も既知なので，エネルギーの 1 次補正量は計算できる．

b. 固有ケットに関する補正

　式 (9.13) の係数 c_i を決めることにより，固有ケットに関する 1 次の補正もまた 0 次のケットによる展開として求めることができる．係数 c_i がわかれば，既知の 0 次ケットによる展開級数として，固有ケットの 1 次補正量が

182　第9章　摂動論

求められる．式 (9.15) を再度用い，今度は左から $\langle\varphi_j^0|$ を掛けると，

$$\langle\varphi_j^0|\sum_i c_i(E_i^0-E_n^0)|\varphi_i^0\rangle=\langle\varphi_j^0|(E_n'-\hat{H}')|\varphi_n^0\rangle \tag{9.22}$$

を得る．左辺の i に関する和をとる際には，$i=j$ を除くすべての項は，ブラとケットの直交性から 0 になる．$i=j$ となる項については，ブラケットの間に挟まる項は数のみが含まれ，左辺のブラとケットの内積は規格化されていて 1 となるため，

$$c_j(E_j^0-E_n^0)=\langle\varphi_j^0|(E_n'-\hat{H}')|\varphi_n^0\rangle \tag{9.23}$$

となる．さらに，E_n' は数なので，それをケットに作用させてもケット自体は変わらず，ブラとケットの直交性から右辺のこの項も 0 になる．よって結果は，

$$c_j(E_j^0-E_n^0)=-\langle\varphi_j^0|\hat{H}'|\varphi_n^0\rangle \tag{9.24}$$

となる．したがって式 (9.13) を用いると，0 次のケット $|\varphi_j^0\rangle$ による展開から $|\varphi_n'\rangle$ を定めるのに必要な係数は，

$$c_j=-\frac{\langle\varphi_j^0|\hat{H}'|\varphi_n^0\rangle}{E_j^0-E_n^0},\quad j\neq n \tag{9.25}$$

となる．この表式はしばしば簡略化され，

$$c_j=-\frac{H_{jn}'}{E_j^0-E_n^0} \tag{9.26}$$

の形にも書き表される．ここで H_{jn}' は，ブラ $\langle\varphi_j^0|$ とケット $|\varphi_n^0\rangle$ により演算子 $\hat{H}'$ のブラケットをとったものを表す（i.e. $\hat{H}'$ の (j,n) 行列要素になる）．

　1 次の項まで補正された固有ケットを最終的に得るには，式 (9.6) の和（第 2 項まで）をとることが必要である．こうして，1 次まで補正された n 番目の固有ケットは，式 (9.6) より，

$$|\varphi_n\rangle=|\varphi_n^0\rangle+\sum_j{}'\frac{H_{jn}'}{E_n^0-E_j^0}|\varphi_j^0\rangle \tag{9.27}$$

と与えられる．ここでプライムのついた和の記号は，$j\neq n$ であること（i.e. 和の中から $j=n$ である項を除く）を意味する．λ は H_{jn}' に含まれていると考える．$|\varphi_n\rangle$ は，摂動の 1 次までは既に規格化されていると考えてよい．j についての和は $j\neq n$ である全項を含み，右辺第 1 項は $|\varphi_n^0\rangle$ なので，原理的に $|\varphi_n\rangle$ はすべての 0 次ケットを含む．しかし一方で，H_{jn}' は大部分の j では

十分小さく，0に等しいと考えられる．このような状況は，たとえば以下に示される調和振動子の4次項による摂動でも生じる．式（9.27）の分母に現れるエネルギー差 $(E_n^0 - E_j^0)$ は，しばしば**エネルギー分母**（energy denominator）と呼ばれる．着目する状態 n から（摂動で混入してくるべき）状態 j が遠く離れている場合には，エネルギー分母が十分に大きくなり，和における高次の項の寄与は無視できる程度になる．したがって適当な条件の下では，H'_{jn} 自体は0でなくても，和を適宜打ち切ることができる．

2 エネルギーと固有ケットの2次補正

エネルギーと固有ケットに関する摂動の2次補正は，1次補正の展開に用いられたのと同様の方法により求めることができる．展開式（9.8）の λ^2 項の係数である式（9.11）が用いられる．$|\varphi_n'\rangle$ と $|\varphi_n''\rangle$ は共に，式（9.13）に示すように0次の固有ケットによる完全系で展開でき，それらを式（9.8）に代入する．1次の問題の場合と同様に，得られた表式を基に，未知量について解いていけばよい．

相応量の代数的処理を経て，エネルギーに関する2次補正は

$$E_n'' = \lambda^2 \sum_i{}' \frac{H'_{ni} H'_{in}}{E_n^0 - E_i^0} + \lambda^2 H_{nn}'' \tag{9.28}$$

となる．和の記号に付けられたプライムは，和をとるときに $i=n$ の項は除外することを示す．第1項は，ハミルトニアンの1次の摂動項から生成した2次の補正量である．$\hat{H}'$ を含むブラケットが2個あり，そのおのおのが1次の λ として寄与し，全体として2次の寄与になっている．第2項は，展開パラメーター λ に元来（*i.e.* 陽に）2次で依存するハミルトニアンの付加的な摂動項が存在する場合に生じる．たとえば**シュタルク効果**には，**1次**と**2次のシュタルク効果**がある．系に対する外部電場の効果の展開パラメーターは，電場の強度 E である．E が限りなく0に近づけば，系は無摂動状態に戻る．1次のシュタルク効果は E について線形の効果である．もちろん，この1次のシュタルク効果の影響を，2次あるいはより高次の摂動項まで計算することは可能である．この型の2次の摂動では，1次のシュタルク効果は式（9.28）の第1項の形で現れる．一方2次のシュタルク効果は，電場 E について陽に2乗の効果である．すなわち，エネルギーは E^2 で依存する．

184　第9章　摂動論

言い換えると、1次摂動での寄与はないが、2次摂動（電場 E の2乗の効果）まで考慮すると、それは式（9.28）の第2項の形で寄与があるということである。各次数の展開パラメーターは、通常ハミルトニアンのその次数の摂動項に含めて記述される。すると、エネルギーに関する2次の補正項は、

$$E_n'' = \sum_i{}' \frac{H_{ni}' H_{in}'}{E_n^0 - E_i^0} + H_{nn}'' \tag{9.29}$$

と与えられる。

固有ケットに関する2次の補正項は、ほぼ同様にして

$$|\varphi_n''\rangle = \sum_k{}' \left[\sum_m{}' \frac{H_{km}' H_{mn}'}{(E_n^0 - E_k^0)(E_n^0 - E_m^0)} - \frac{H_{nn}' H_{kn}'}{(E_n^0 - E_k^0)^2} \right] |\varphi_k^0\rangle$$
$$+ \sum_k{}' \frac{H_{kn}''}{E_n^0 - E_k^0} |\varphi_k^0\rangle \tag{9.30}$$

と導かれる。λ^2 はハミルトニアンの1次と2次の摂動項に吸収されている。

0次, 1次, 2次の各項をまとめると、2次の補正項まで含めたエネルギーと固有ケットはそれぞれ、

$$E_n = E_n^0 + H_{nn}' + \sum_i{}' \frac{H_{ni}' H_{in}'}{E_n^0 - E_i^0} + H_{nn}'' \tag{9.31}$$

$$|\varphi_n\rangle = |\varphi_n^0\rangle + \sum_j{}' \frac{H_{jn}'}{E_n^0 - E_j^0} |\varphi_j^0\rangle$$
$$+ \sum_k{}' \left[\sum_m{}' \frac{H_{km}' H_{mn}'}{(E_n^0 - E_k^0)(E_n^0 - E_m^0)} - \frac{H_{nn}' H_{kn}'}{(E_n^0 - E_k^0)^2} \right] |\varphi_k^0\rangle$$
$$+ \sum_k{}' \frac{H_{kn}''}{E_n^0 - E_k^0} |\varphi_k^0\rangle \tag{9.32}$$

となる。

B.　例題——摂動のある調和振動子と剛体平板回転子のシュタルク効果

1　摂動のある調和振動子

第6章で、量子的調和振動子のエネルギー固有値問題を厳密に解いて、その固有値と固有ケットを導いた。分子の振動モードもまた量子振動子の一種

B. 例題——摂動のある調和振動子と剛体平板回転子のシュタルク効果　185

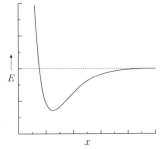

図9.1 2原子分子の分子振動モードのポテンシャルエネルギー．底の近傍ではポテンシャルは近似的に調和型とみなせる．

である．しかしそれらは，厳密には調和振動子ではない．図9.1に，2原子分子の典型的なポテンシャルエネルギーの形状を示す．破線は，原子が互いに無限遠に引き離された場合の系のエネルギーを示す．すなわち，原子間の化学結合が存在しない場合である．xは原子間の距離であり，ポテンシャルの最小値を与えるxの値は，平衡状態における**結合長**である．ポテンシャル井戸の底付近では，ポテンシャルは近似的に調和的になる．分子振動が調和振動子とみなせるなら，調和振動子のエネルギー固有値がそうであるように，振動エネルギーは等間隔に並んでいるに違いない．しかし現実の分子では，エネルギー準位は等間隔にはなっていない．

　分子振動のモデルとして調和振動子を拡張するアプローチは，ポテンシャルをxの冪関数で展開したとき，ポテンシャルエネルギーが調和項x^2以上の寄与をもつようにすることである．ポテンシャルに付け加わる**非調和項**の効果を特定するために，摂動論を用いることができる．分子振動における非調和ポテンシャルの効果の性質と特徴を調べ，摂動論の有効性を具体的に示すために，次のようなハミルトニアン

$$\hat{H} = \frac{\hat{p}^2}{2m} + \frac{1}{2}k\hat{x}^2 + c\hat{x}^3 + q\hat{x}^4 \tag{9.33}$$

で，1次摂動のエネルギー補正量を実際に計算してみよう．第1項は運動エネルギーであり，第2項は力についてのフックの法則（第6章を参照）に基づく調和振動子ポテンシャルである．第3項と第4項はそれぞれこのポテンシャルに対する3次と4次の付加的寄与である．cは3次の力の定数であり，qは4次の力の定数である．このcとqがそれぞれ，展開パラメーターλの役割を演ずるのである[1]．cとqが0に収束すれば，純粋な調和振動子の問

186 第9章 摂動論

題に帰着する.

0次のハミルトニアンは,調和振動子のハミルトニアン

$$\hat{H}^0 = \frac{\hat{p}^2}{2m} + \frac{1}{2}k\hat{x}^2$$

であり,これはまた,昇降演算子(式 (6.88))を用いて,

$$\hat{H}^0 = \frac{1}{2}\hbar\omega(\hat{a}\hat{a}^\dagger + \hat{a}^\dagger\hat{a}) \tag{9.34}$$

とも書けた.0次の固有ケット $|n\rangle$ は,第6章で既に導かれている.0次の
エネルギーは,

$$E^0 = \left(n + \frac{1}{2}\right)\hbar\omega_0 \tag{9.35}$$

である.下付きの0は,ω_0 が0次の振動子の角振動数であることを示す.
ハミルトニアンの1次の摂動項は,

$$\hat{H}' = c\hat{x}^3 + q\hat{x}^4 \tag{9.36}$$

である.

エネルギーに対する1次の補正量は,

$$\begin{aligned}
H'_{nn} &= \langle n|\hat{H}'|n\rangle \\
&= \langle n|c\hat{x}^3 + q\hat{x}^4|n\rangle \\
&= \langle n|c\hat{x}^3|n\rangle + \langle n|q\hat{x}^4|n\rangle
\end{aligned} \tag{9.37}$$

となる.昇降演算子を用いて演算子 $\hat{x}$ を書き表すと,式 (6.92) により

$$\hat{x} = \left(\frac{\hbar\omega_0}{2k}\right)^{1/2}(\hat{a} + \hat{a}^\dagger) \tag{9.38}$$

となる.

まず,摂動第1項の3次の冪乗項を考えよう.演算子 $\hat{x}^3$ は,

$$\hat{x}^3 \propto (\hat{a} + \hat{a}^\dagger)^3$$

と書ける.よって $\hat{x}^3$ は,

---

1) 訳者注:摂動の次数,つまり近似の程度と具体的な摂動項の $\hat{x}$ に関する次数の区別
は,しっかりと意味の違いを認識し,識別してほしい.本章と第13章の演習問題には,
丁寧な注意書きがあるので参照されたい.ちなみに,式 (9.36) に $\hat{x}$ の1次の項を含
める必要性の有無を問われたらどう答えるか? これに関しても,本章末の問題2が用
意されている.

B. 例題——摂動のある調和振動子と剛体平板回転子のシュタルク効果　187

$$\hat{a}^3, \hat{a}^2\hat{a}^\dagger, \hat{a}\,\hat{a}^\dagger\hat{a}, \cdots, \hat{a}^{\dagger 3}$$

の各項を含むはずである．この中には，昇降演算子 $\hat{a}^\dagger$ と $\hat{a}$ を同数ずつ含む項は含まれない．式 (9.37) で，演算子 $\hat{x}^3$ が $|n\rangle$ に作用すると，その結果として $|n+3\rangle$，$|n+1\rangle$，$|n-1\rangle$，および $|n-3\rangle$ が生成する．閉じたブラケットとしては，$m \neq n$ の場合の $\langle n|m\rangle$ が生成している．0 次の固有ケットは直交系であるので，この形のブラケットはすべて 0 になる．したがって，

$$\langle n|c\hat{x}^3|n\rangle = 0 \tag{9.39}$$

となる．要するに，3 次の冪乗摂動項から生じるエネルギーの 1 次補正は 0 になる．一方で式 (9.27) は，すべての 0 次ケットに関する和を含むので，3 次の冪乗摂動項による固有ケットに関する 1 次補正への寄与は，確かにありうることを示す．無限集合である調和振動子の固有ケット全体について和がとられるなかで，3 次摂動項による 1 次補正の寄与が 0 でないのは，上記4 通りのケットだけである．

4 次の冪乗摂動項によるエネルギーの 1 次の補正量は，

$$\langle n|q\hat{x}^4|n\rangle = \frac{\hbar^2 \omega_0^2}{4k^2}\langle n|(\hat{a}+\hat{a}^\dagger)^4|n\rangle \tag{9.40}$$

で与えられる．$(\hat{a}+\hat{a}^\dagger)^4$ は，4 個の上昇演算子を含む項から 4 個の下降演算子を含む項までを含む．そのうちのいくつかの項は，同数個の上昇および下降演算子を含むだろう．したがって，$\langle n|\hat{x}^4|n\rangle \neq 0$ となりうるのである．0 でない項は，第 6 章 B 節で与えられた，ケット $|n\rangle$ に昇降演算子を作用させた結果に関する表式を用いて，具体的に評価することができる．0 にならない項は，

$$\langle n|\hat{a}\,\hat{a}\,\hat{a}^\dagger\hat{a}^\dagger|n\rangle = (n+1)(n+2)$$
$$\langle n|\hat{a}^\dagger\hat{a}^\dagger\hat{a}\,\hat{a}|n\rangle = n(n-1)$$
$$\langle n|\hat{a}\,\hat{a}^\dagger\hat{a}\,\hat{a}^\dagger|n\rangle = (n+1)^2$$
$$\langle n|\hat{a}^\dagger\hat{a}\,\hat{a}^\dagger\hat{a}|n\rangle = n^2$$
$$\langle n|\hat{a}\,\hat{a}^\dagger\hat{a}^\dagger\hat{a}|n\rangle = n(n+1)$$
$$\langle n|\hat{a}^\dagger\hat{a}\,\hat{a}\,\hat{a}^\dagger|n\rangle = (n+1)n$$

となる．式 (9.40) の右辺のブラケットは，これらの項の和より，

$$\langle n|(\hat{a}+\hat{a}^\dagger)^4|n\rangle = 6\left(n^2+n+\frac{1}{2}\right) \tag{9.41}$$

188　第9章　摂動論

となる．エネルギーに対する3次の冪乗摂動による1次の補正量は0であったので，式 (9.41) を式 (9.40) と (9.37) に適用することにより，1次の全エネルギー補正量である式 (9.37) は，

$$H'_{nn} = \frac{q\hbar^2\omega_0^2}{k^2} \frac{3}{2}\left(n^2 + n + \frac{1}{2}\right) \tag{9.42}$$

となる．4次の力の定数 q が0になる極限では，当然この摂動の寄与は消滅する．

$\omega_0 = \sqrt{k/m}$，すなわち $k^2 = \omega_0^4 m^2$ であることを用いると，1次の摂動まで含めた摂動振動子の全エネルギーは，

$$E = \left(n + \frac{1}{2}\right)\hbar\omega_0 + q\frac{3}{2}\left(n^2 + n + \frac{1}{2}\right)\frac{\hbar^2}{m^2\omega_0^2} \tag{9.43}$$

となる．調和振動子の場合とは明らかに異なり，非調和振動子の場合には，エネルギー間隔が等しくはならないことを式 (4.93) は示している．

　分子では一般に，n が大きくなるとエネルギー間隔は減少する．したがって，4次の力の定数 q は，負であるべきである．分子振動の非調和性に関して，このモデルを採用するならば，質量 m（実際には当該の分子振動モードの換算質量）は既知なので，振動モードの0-1と0-2準位間のエネルギー差を分光学的に計測することで，q と ω_0 を決めることができる．分子の非調和振動子に関するこの表式は，現実の分子の最初のいくつかの振動準位を記述するのに用いることはできる．しかし，式 (9.43) で n の値をある程度以上に大きくすると，第1項に比べて第2項の絶対値が大きくなり，それ以降の n に関しては，エネルギー準位が n の増加とともに逆転し，減少するようになる．現実の分子では，エネルギー準位は間隔が狭まりつつも増加し続け，それが**解離エネルギー**（dissociation energy）に達して結合が切れるまで続く．解離エネルギーを超えると，結果として生じる粒子系のエネルギーは連続的になる．解離エネルギーは，図9.1では破線で示されている．簡単なモデルであっても，たとえば**モースポテンシャル**（Morse potential）のようなモデルポテンシャルを用いると，式 (9.33) で与えられるポテンシャルエネルギーとは対照的に，高エネルギー領域でのポテンシャルの形状をより正確に反映できる．

B. 例題——摂動のある調和振動子と剛体平板回転子のシュタルク効果　189

2　剛体平板回転子のシュタルク効果

　気相中で回転する分子は，量子化された回転**角運動量**をもち，量子化され
た回転エネルギー準位を生じる．最も単純な 2 原子分子でも，分子の向きを
与える 2 個の角度座標（極座標）φ と θ で回転しうる．回転の角運動量に関
する問題の解は，量子数 m と l を与える水素原子の $\Phi(\varphi)$ と $\Theta(\theta)$ の方程式
の解と同一である．現実の分子は，原子間に剛体の結合をもつわけではない．
結合長は固定されてはいないので，回転のエネルギー準位は分子の振動状態
に依存する．加えて，回転による遠心力が結合を引き伸ばしうる．これらの
因子は，回転–振動運動間の結合を引き起こす．

　単純な回転問題としては，剛体平板回転子の問題がある．2 原子分子につ
いて言えば，結合長が固定され，平面内で回転するように強制されている場
合に相当する．平らで摩擦のない表面上で回転運動する分子は，平板回転子
として振る舞う．剛体平板回転子は，1 次元の角運動量問題になる．ポテン
シャルは存在しないので，ハミルトニアンは運動エネルギー項のみをもつ．
平板回転子のエネルギー固有値問題は，シュレーディンガー表示を用いれば，

$$\frac{-\hbar^2}{2I}\frac{d^2\psi(\varphi)}{d\varphi^2} = E\,\psi(\varphi) \tag{9.44}$$

と書き表せる．ここでのハミルトン演算子は，質量が**慣性モーメント** I（mo-
ment of inertia）に置き換わっている点を除けば，1 次元運動の自由粒子に
関するハミルトニアン（式（5.36））と同一である．これを変形すると，

$$\frac{d^2\psi(\varphi)}{d\varphi^2} = \frac{-2IE}{\hbar^2}\psi(\varphi) \tag{9.45}$$

この方程式は，第 7 章で水素原子解析の一環として解かれた $\Phi(\varphi)$ の方程式
と同一の形状をしている．よって波動関数とその固有値は，それぞれ

$$\psi_m^0(\varphi) = \frac{1}{\sqrt{2\pi}}e^{im\varphi} \tag{9.46}$$

$$E_m^0 = \frac{m^2\hbar^2}{2I} \tag{9.47}$$

で与えられ，$m = 0,\ \pm 1,\ \pm 2,\ \pm 3,\ \cdots$ である．波動関数とエネルギーの上
付き文字 0 は，これらがシュタルク効果の摂動計算の 0 次の解として用いら

190 第 9 章 摂動論

れることを示す.

剛体平板回転子が**永久双極子モーメントμ**をもち,外部電場Eの中に置かれているとすると,ハミルトニアンには,永久双極子と電場との相互作用を表す項$-\mu \cdot E$が付け加わる.すなわち系の全ハミルトニアンは,

$$\hat{H} = \frac{-\hbar^2}{2I}\frac{d^2}{d\varphi^2} - \mu \cdot E \tag{9.48}$$

となる.ハミルトニアンの摂動部分は,

$$\hat{H}' = -\mu \cdot E = -\mu E \cos\varphi \tag{9.49}$$

である.ここでφは,分子双極子と外部電場の向きがなす角度である.電場の強さEが,展開パラメーターの役割を演ずる.Eが0に収束する場合には,$\hat{H}$は0次のハミルトニアンに帰着し,0次の解は,式(9.46)と(9.47)で与えられる.

エネルギーに関する1次の補正は,

$$E'_m = H'_{mm} = \langle \psi_m^0 | \hat{H}' | \psi_m^0 \rangle$$
$$= -\mu E \int_0^{2\pi} \psi_m^{0*} \cos(\varphi) \psi_m^0 d\varphi \tag{9.50}$$

となる.これに0次の波動関数である式(9.46)を代入すると,$\cos(\varphi)$をちょうど1回転分積分すると0になるから,

$$H'_{mm} = \frac{-\mu E}{2\pi} \int_0^{2\pi} e^{-im\varphi} e^{im\varphi} \cos(\varphi) d\varphi \tag{9.51}$$

$$= \frac{-\mu E}{2\pi} \int_0^{2\pi} \cos(\varphi) d\varphi \tag{9.52}$$

$$= 0 \tag{9.53}$$

を得る.すなわち,エネルギーに関する1次の補正量は消滅している.この結果は,剛体平板回転子におけるシュタルク効果に対する1次補正の対称性から生じている.H'_{mm}は,0次の状態による摂動項の期待値である.平板回転子では,双極子が外場Eに平行になるのも反平行になるのも同じ確率なので,期待値は打ち消し合って0になるのである.

1次の補正量が0であっても,より高次の補正量までも0になるということを意味するわけではない.1次の摂動項による2次の補正量は,

B. 例題——摂動のある調和振動子と剛体平板回転子のシュタルク効果　191

$$E_m'' = \sum_n{}' \frac{H_{mn}' H_{nm}'}{E_m^0 - E_n^0}$$

$$= \left(\frac{\mu E}{2\pi}\right)^2 \sum_n{}' \left[\frac{\int_0^{2\pi} e^{-im\varphi} e^{in\varphi} \cos(\varphi)d\varphi \int_0^{2\pi} e^{-in\varphi} e^{im\varphi} \cos(\varphi)d\varphi}{E_m^0 - E_n^0}\right] \quad (9.54)$$

で与えられる. ここで,

$$\cos(\varphi) = \frac{1}{2}(e^{i\varphi} + e^{-i\varphi}) \quad (9.55)$$

であることを用いると, 式 (9.54) は,

$$E_m'' = \frac{1}{4}\left(\frac{\mu E}{2\pi}\right)^2 \sum_n{}' \left[\frac{\int_0^{2\pi} e^{i(n-m\pm1)\varphi}d\varphi \int_0^{2\pi} e^{i(m-n\pm1)\varphi}d\varphi}{E_m^0 - E_n^0}\right] \quad (9.56)$$

となる. 指数関数の肩が 0 でなければ, 積分はすべて 0 になる. 0 以外の結果を与えるのは,

$$n = m \pm 1 \quad (9.57)$$

の場合だけである. すなわち, n に関する和の中で生き残るのはこの 2 項のみであり, この 2 項の積分の積はそれぞれ $4\pi^2$ を与える. したがって

$$E_m'' = \frac{1}{4}\left(\frac{\mu^2 E^2}{E_m^0 - E_{m-1}^0} + \frac{\mu^2 E^2}{E_m^0 - E_{m+1}^0}\right) \quad (9.58)$$

を得る. 0 次のエネルギーとして式 (9.47) を用いれば, エネルギーに関する 2 次の補正量は,

$$E_m'' = \frac{I\mu^2 E^2}{\hbar^2(4m^2 - 1)} \quad (9.59)$$

となる.

　電場の中に置かれた剛体平板（円板）回転子のエネルギーは, 電場の 2 次補正までの範囲で,

$$E_m = \frac{m^2\hbar^2}{2I} + \frac{I\mu^2 E^2}{\hbar^2(4m^2 - 1)} \quad (9.60)$$

となる. エネルギーは E の 2 乗に比例する. E^2 が, 2 次の摂動展開の展開パラメーターの役割を演ずる. 電場 E が 0 に収束する極限では, エネルギーは 0 次のエネルギーに収束する. $m=0$ については, 摂動の補正量は負で

192 第9章 摂動論

ある. m の0以外のすべての値に対しては, エネルギーの補正量は正である. m に対するこのような依存性は, 古典力学による結果に類似している.

古典的には, 外場に逆らって1回転するために十分なエネルギーをもちえない平板回転子は, エネルギーが下がるに従い, 外場に対してより平行に配向していく. しかし, 回転子が1回転するに十分なエネルギーをもつと, 外場に対して平行に近い向きの領域では回転速度が上がり, 反平行に近い向きでは回転速度が落ちるので, 正味の配向は反平行になる. したがって, 平行に比べて反平行の向きにより長い時間滞在することになり, その結果系のエネルギーを増大させる.

平板回転子におけるシュタルク効果は, その双極子モーメント μ に依存する. 3次元的に回転し, 永久双極子モーメントをもつ現実の分子もまた, 回転状態に依存するシュタルク効果を示す. 永久双極子モーメントをもつ分子ではまた, 振動および電子エネルギー準位自体を変えるシュタルク効果が生じる. 双極子モーメントをもたない分子でもシュタルク効果は生じうるが, その場合には, 電場に関して真性の2次の効果になる. 分子には本来電場により, それ自身が分極する性質が備わっているので, その中に分子が置かれると, 電場は双極子モーメントを誘起する. **誘起双極子** (induced dipole) も当然この外場と相互作用して相互作用エネルギーを生成し, それは E^2 で変化することになる. 摂動論に則って考えれば, この相互作用は式 (9.29) における項 H_{nn}'' を生成する.

C. 縮退のある状態の摂動論

A節での議論では, 0次の固有状態には縮退はないものとした. ここで

$$\hat{H}|\varphi_1\rangle = E|\varphi_1\rangle$$

$$\hat{H}|\varphi_2\rangle = E|\varphi_2\rangle$$

のように, $|\varphi_1\rangle$ と $|\varphi_2\rangle$ の固有状態に対してともに同一の固有値 E をもつ場合には, $|\varphi_1\rangle$ と $|\varphi_2\rangle$ は縮退しているという. 縮退している固有ケットの重ね合わせ

$$|\phi\rangle = c_1|\varphi_1\rangle + c_2|\varphi_2\rangle$$

もまた, 同じ固有値をもつ.

$$\hat{H}|\phi\rangle = E|\phi\rangle$$

縮退した固有状態のどのような重ね合わせもまた，同じ固有値をもつ固有状態である．このことは，第2章C節で証明した．n個の固有状態が**線形独立**（linearly independent）となるのは，次の等式

$$c_1|\varphi_1\rangle + c_2|\varphi_2\rangle + \cdots + c_n|\varphi_n\rangle = 0$$

が，すべての係数c_iが0に等しいときにのみ成り立つ場合である．ある固有値にn個の線形独立な固有状態が属するとき，その固有値は**n重に縮退**（n-fold degenerate）しているという．このような（n重に縮退している）$|\varphi_i\rangle$を用いて，n個の成分からなる**正規直交系**をつくることができる．これらの成分もまた互いに線形独立であり，元の集合と同じ固有値をもつn重に縮退した固有ケットの集合をつくる．実際，そのようなn重に縮退した固有ケットによる正規直交基底系は，無数につくることができる．

　摂動計算に用いる0次の状態のいくつかが縮退していると，摂動論を展開する際に，少々厄介な問題が生じる．摂動が0に収束する極限では，摂動を受けたケットも同時に，明確に定義された0次のケットの集合に収束しなければならない．ところが，縮退した0次の状態の集合に関しては，0次の状態の集合は無数に存在している．この0次ケットの集合の縮退が摂動によって解ける場合には，逆にその摂動が0に近づくにつれて，摂動ケットは縮退した0次ケットのうちのある特定の集合に収束するだろう．全ハミルトニアンの固有ケットの摂動展開において，縮退した0次ケットの集合としてどれを用いるのが適切なのかは，現時点では明らかなわけではない．すなわち0次の状態に縮退がない場合の摂動論とは異なり，縮退がある場合には，適切な0次のケットの選択に関して曖昧さが残るのである．縮退がある場合の摂動論を展開するにあたっては，この曖昧さをまず解決しなければならない．

　ハミルトニアンが0次と1次の摂動項だけからなる問題を考えよう．すなわち，

$$(\hat{H}^0 + \lambda\hat{H}')|\varphi_j\rangle = E_j|\varphi_j\rangle \tag{9.61}$$

であるとする．$\lambda \to 0$では，

$$\hat{H}^0|\varphi_j^0\rangle = E_j^0|\varphi_j^0\rangle \tag{9.62}$$

となるが，ここでは，固有値の1つE_i^0がm重に縮退しているものとする．指標iの縮退系に含まれるm重に縮退したm個の0次固有ケットの集合は，

194　第9章　摂動論

これらを0次系の最初のm個にもってきても，一般性を失わない．さらに，あとの煩雑化を避けるために，その分の共通指標iは敢えて省くことにして（式（9.75）の前行あたりからと，それに続く次項1の導入あたりで，その理由がわかるだろう），

$$|\varphi_1^0\rangle, |\varphi_2^0\rangle, \cdots, |\varphi_m^0\rangle \tag{9.63}$$

とラベリングし直す．これらは，それ自体で正規直交系をつくり，その固有値は

$$E_1^0 = E_2^0 = \cdots = E_m^0 \equiv E_1^0 \tag{9.64}$$

である（ここでも，iは敢えて省略されている）．元来iに属すべきこの1からmの摂動状態は，λが0に近づくにつれて，摂動を受けた状態から摂動のないときのある特定の状態に近づくはずである．すなわち，

$$|\varphi_i\rangle \to |\psi_i^0\rangle$$

としよう．ここで$|\psi_i^0\rangle$は，固有値E_1^0（$i.e.$ 式（9.64）の最右辺）をもつ0次の固有ケットである．ところで，この$|\psi_i^0\rangle$は一般に，$|\varphi_i^0\rangle$のある線形結合で表される．すなわち，

$$|\psi_i^0\rangle = c_1|\varphi_1^0\rangle + c_2|\varphi_2^0\rangle + \cdots + c_m|\varphi_m^0\rangle \tag{9.65}$$

である．$|\psi_i^0\rangle$は$|\varphi_i\rangle$の0次近似であるが，式（9.65）の係数c_jは未知である．

　縮退のある0次の状態の，エネルギーに関する補正とケットに関する補正をそれぞれ得るためには，Eと$|\varphi_i\rangle$もλで展開するべきだが，エネルギーの方を，

$$E = E_1^0 + \lambda E' + \cdots \tag{9.66}$$

と展開するのはよいとしても，この場合のケットの方は，

$$|\varphi_i\rangle = \sum_{j=1}^{m} c_j|\varphi_j^0\rangle + \lambda|\varphi_i'\rangle + \cdots \tag{9.67}$$

と書き表すべきである．縮退のない場合の摂動論では，ケットの展開に用いた表式（9.6）では$|\varphi_i'\rangle$のみが未知であった．しかし式（9.67）では，$|\varphi_i'\rangle$とc_jとが共に未知になっているのである．

　式（9.66）と（9.67）を式（9.61）に代入し，λの冪ごとに各項の係数を集め直すと，0次の方程式に関しては

C. 縮退のある状態の摂動論　195

$$\hat{H}^0 \sum_{j=1}^{m} c_j | \varphi_j^0 \rangle = E_1^0 \sum_{j=1}^{m} c_j | \varphi_j^0 \rangle \tag{9.68}$$

が得られ，1次の方程式に関しては，

$$(\hat{H}^0 - E_1^0) | \varphi_i' \rangle = \sum_{j=1}^{m} c_j (E' - \hat{H}') | \varphi_j^0 \rangle \tag{9.69}$$

が得られる．縮退のない状態の摂動論では，0次の方程式 (9.9) は既知の量だけを含む．それとは対照的に，式 (9.68) の c_j は未知数である．

式 (9.69) の $| \varphi_i' \rangle$ は，縮退した0次のケット 1〜m とそれ以外のすべての0次ケットの完全系で展開される．それをここでは，

$$| \varphi_i' \rangle = \sum_{k} A_k | \varphi_k^0 \rangle \tag{9.70}$$

と書き表すことにする．式 (9.69) の右辺を評価するためには，$\hat{H}' | \varphi_j^0 \rangle$ を決定する必要がある．そこでこの項を，射影演算子（第8章B節参照）を用いて，

$$\hat{H}' | \varphi_j^0 \rangle = \sum_{k} | \varphi_k^0 \rangle \langle \varphi_k^0 | \hat{H}' | \varphi_j^0 \rangle \tag{9.71}$$

と変形する．ここで $| \varphi_k^0 \rangle \langle \varphi_k^0 |$ は射影演算子であり，$\hat{H}' | \varphi_j^0 \rangle$ に含まれる $| \varphi_k^0 \rangle$ 成分を与える．その $| \varphi_k^0 \rangle$ 成分を $| \varphi_k^0 \rangle$ に掛けて k について和をとっているので，これが完全系ケット $| \varphi_k^0 \rangle$ に関する $\hat{H}' | \varphi_j^0 \rangle$ の展開を与えることになる[2]．式 (9.71) はまた，

$$\hat{H}' | \varphi_j^0 \rangle = \sum_{k} H_{kj}' | \varphi_k^0 \rangle \tag{9.72}$$

とも書き表せる．ここで H_{kj}' は，式 (9.71) 右辺のブラケット（行列要素）を表す．H_{kj}' はハミルトニアンの既定の摂動項と0次のケットだけを含むの

---

2) 訳者注：この部分の議論は見やすい形に定式化できる．すなわち，$\{|k\rangle\}$ を任意の正規直交完全系とするとき，$\sum_{k} |k\rangle \langle k| = \hat{I}$ が成り立ち，逆に，集合 $\{|k\rangle\}$ があったとき，この条件が成り立てば，任意のケット $|\phi\rangle$ は必ず $\{|k\rangle\}$ で展開できる．つまり完全系であることがわかる．ここで $\hat{I}$ は，恒等演算子（第4章A節などを参照）である．完全系で展開すると，その係数の絶対値の和は1になり，粒子は必ずいずれかの状態にあるという，直感的にもわかりやすいすっきりとしたこの定式化は，射影演算子（第8章B節を参照）を用いる利点の1つである．

196　第 9 章　摂動論

で，すべて評価可能である．式（9.72）を用いれば，式（9.69）右辺にある，$c_j \hat{H}' |\varphi_j^0\rangle$ の $j=1$ から m まで和をとった項は，

$$\sum_{j=1}^{m} c_j \hat{H}' |\varphi_j^0\rangle = \sum_{j=1}^{m} \sum_{k} c_j H'_{kj} |\varphi_k^0\rangle \tag{9.73}$$

と書き直せる．この結果と式（9.70）に与えた展開式を，1 次の方程式（9.69）に代入すると，

$$\sum_{k} (E_k^0 - E_1^0) A_k |\varphi_k^0\rangle = \sum_{j=1}^{m} E' c_j |\varphi_j^0\rangle - \sum_{k} \left(\sum_{j=1}^{m} c_j H'_{kj} \right) |\varphi_k^0\rangle \tag{9.74}$$

を得る．この等式の両辺に左方から $\langle \varphi_i^0 |$ を掛けると，

$$\sum_{k} (E_k^0 - E_1^0) A_k \langle \varphi_i^0 | \varphi_k^0 \rangle = \sum_{j=1}^{m} E' c_j \langle \varphi_i^0 | \varphi_j^0 \rangle - \sum_{k} \left(\sum_{j=1}^{m} c_j H'_{kj} \right) \langle \varphi_i^0 | \varphi_k^0 \rangle \tag{9.75}$$

が得られる．

1　エネルギーに対する補正

式（9.75）を具体的に評価するに際し，考慮すべき場合が 2 通りある．すなわち，$i \leq m$ の場合か，あるいは $i > m$ の場合である．最初に，$i \leq m$ の場合について考えよう．左辺では，和の中でブラケットの 1 項のみが $k=i$ となり，それ以外の項は直交性によりすべて消える．また，$i \leq m$ だから

$$E_i^0 = E_1^0$$

である．したがって，式（9.75）の左辺はすべて消えて 0 になる．右辺の第 1 項は，$j=i$ のときには 0 ではなく，その場合のブラケットは，規格化条件により 1 になる．第 2 項は，$k=i$ のときには 0 でなく，その場合のブラケットは，規格化条件により 1 になる．これらの結果をまとめれば，

$$\sum_{j=1}^{m} H'_{ij} c_j - E' c_i = 0 \tag{9.76}$$

が得られる．式（9.76）は，c_i に関する（m 元）**連立（1 次）方程式**（system of equations）で，c_i の各指標に対してそれぞれ 1 本の方程式が対応する．具体的には，

$$(H'_{11} - E') c_1 + H'_{12} c_2 + \cdots + H'_{1m} c_m = 0$$
$$H'_{21} c_1 + (H'_{22} - E') c_2 + \cdots + H'_{1m} c_m = 0$$
$$\vdots \tag{9.77}$$

C. 縮退のある状態の摂動論　197

$$H'_{m1}c_1 + H'_{m2}c_2 + \cdots + (H'_{mm} - E')c_m = 0$$

の形になる．この連立方程式は，c_i について解くことができる．1つの解は自明で，

$$c_1 = c_2 = \cdots = c_m = 0$$

である．この自明な解を別にすれば，連立方程式が唯一の解をもつのは，未知変数の係数による行列式の値が0になる場合だけである．すなわち，

$$\begin{vmatrix} (H'_{11} - E') & H'_{12} & \cdots & H'_{1m} \\ H'_{21} & (H'_{22} - E') & \cdots & H'_{2m} \\ \vdots & \vdots & \ddots & \vdots \\ H'_{m1} & H'_{m2} & \cdots & (H'_{mm} - E') \end{vmatrix} = 0 \tag{9.78}$$

であることが必要である．$H'_{ij} = \langle \varphi^0_j | \hat{H}' | \varphi^0_k \rangle$ は既知なので，行列式の未知数は E' となり，これらの解が，当初は縮退していた状態 $1 \sim m$ に関する各補正量を与える．行列式を展開すると E' についての m 次方程式になり，したがって

$$E'_1, E'_2, \cdots, E'_m$$

を解としてもつ．よって，縮退した0次の状態をもつ状態のエネルギーは，1次摂動までをあらわに書けば，

$$E_i = E^0_1 + E'_i, \quad 1 \le i \le m \tag{9.79}$$

となる．ここで，E' は m 次方程式の解から得られる値であり，展開パラメーター λ は H'_{jk} に含まれるものとする．摂動がすべての縮退を解くとするなら，摂動が0に収束すると，m 個の異なる E'_i はすべて E^0_1 に収束し，縮退することになる．摂動がすべての縮退を解かない場合ももちろんあり，そのような場合にはいくつかの E_i は依然として同じ全エネルギーの値に留まる．

2　波動関数に対する補正

摂動が0になる極限で収束する正しい0次のケット $|\psi^0_i\rangle$ を導くためには，連立方程式（9.77）を実際に解く必要がある．m 次方程式の解が E'_i を与えるので，未知数は c_i だけになる．これらは，$|\psi^0_i\rangle$ を定義する重ね合わせ（式（9.65））に用いられ，初期の0次ケットに関する係数の集合を与える．まず，ある特定の E'_i を選び，連立方程式に代入する．こうすることにより，n 個の未知数 c_i に関する n 本の方程式が得られる．この連立方程式は**斉次**

198　第9章　摂動論

(homogeneous) なので，実際には $n-1$ 個の条件しかない．最初の解に関する c_i の集合を確定するためには，規格化条件

$$c_1^* c_1 + c_2^* c_2 + \cdots + c_m^* c_m = 1 \tag{9.80}$$

を付加的に用いることが必要である．次に，別のある E_i' の値を式 (9.77) に代入して，同じく規格化条件を用いれば，第2の解に関する c_i の集合が導かれる．0次ケットの初期の集合による重ね合わせとして，正しい0次のケットをすべて得るまで，この手続きを続ける．

　一旦正しい0次ケット関数が得られれば，ケットに関する1次の補正量は，それらを用いて導くことができる．式 (9.75) に戻って，$i=k>m$ である $\langle \varphi_i^0 |$ をとろう．これにより，

$$(E_k^0 - E_1^0) A_k = -\sum_{j=1}^{m} c_j H_{kj}' \tag{9.81}$$

が得られる．$k>m$ だから，式 (9.75) の右辺第1項に含まれるブラケットは直交性により消滅し，和は $i=k$ の場合に限って0ではなくなり，かつ0でないブラケットの値は規格化条件により1となる．したがって式 (9.70) における A_k は，

$$A_k = \frac{\sum_{j=1}^{m} c_j H_{kj}'}{E_1^0 - E_k^0}, \quad k>m \tag{9.82}$$

となる．こうして，式 (9.61) のハミルトニアンの，固有ケットに関する1次補正までの近似は，

$$|\varphi_i\rangle = |\psi_i^0\rangle + \lambda \sum_{k>m} \frac{\sum_{j=1}^{m} c_j H_{kj}'}{E_1^0 - E_k^0} |\varphi_k^0\rangle \tag{9.83}$$

となる．右辺の第1項は正しい0次のケットであり，第2項は0次のケットに対する1次摂動の補正項（λ は既述のように，H_{kj}' に吸収させるのが通例）である．

3　剛体平板回転子のシュタルク効果：再考

　B節2項で，縮退のない場合の摂動論を用いて，剛体平板回転子のシュタルク効果を議論した．ここで，状態 $\pm m$ は縮退している．$m=0$ を除いたす

べての状態は二重に縮退している．したがってこの問題は，現実には縮退の
ある場合の摂動問題になる．一対の0次の状態 $|q\rangle$ と $|r\rangle$ について，

$$\langle q\,|\hat{H}'|\,q\rangle = \langle r\,|\hat{H}'|\,r\rangle \quad \text{および} \quad \langle q\,|\hat{H}'|\,r\rangle = 0$$

が成り立つ場合には，行列式（9.78）を展開することによって，これらの状
態は摂動の1次まで縮退していることを示すことができる．剛体平板回転子
の場合には，これら3個のブラケットがすべて0なので，この両者の条件が
共に成立する．$\hat{H}'$ の2次までの縮退のある場合の摂動論は，1次までの問
題を解くのに用いられたのと同様の手続きを用いて導出することができる．
2個の縮退した状態に対して，対応する行列式は，

$$\begin{vmatrix} \displaystyle\sum_{n}{}' \frac{|\langle q\,|\hat{H}'|\,n\rangle|^2}{E_q^0 - E_n^0} - E'' & \displaystyle\sum_{n}{}' \frac{\langle q\,|\hat{H}'|\,n\rangle\langle n\,|\hat{H}'|\,r\rangle}{E_q^0 - E_n^0} \\[3ex] \displaystyle\sum_{n}{}' \frac{\langle r\,|\hat{H}'|\,n\rangle\langle n\,|\hat{H}'|\,q\rangle}{E_q^0 - E_n^0} & \displaystyle\sum_{n}{}' \frac{|\langle r\,|\hat{H}'|\,n\rangle|^2}{E_q^0 - E_n^0} - E'' \end{vmatrix} = 0 \quad (9.84)$$

となる．ここで E'' は，エネルギーについての2次の補正量であり，和の記
号に付けられたプライムはいずれも，和をとる際に $n=q$ と $n=r$ を除外す
る（すなわち，分母が0となる項を除く）ことを意味する．この2次の行列
式から，縮退が解ける条件を求めることができる．ここで，

$$\sum_{n}{}' \frac{|\langle q\,|\hat{H}'|\,n\rangle|^2}{E_q^0 - E_n^0} = \sum_{n}{}' \frac{|\langle r\,|\hat{H}'|\,n\rangle|^2}{E_q^0 - E_n^0} \quad (9.85)$$

および

$$\sum_{n}{}' \frac{\langle q\,|\hat{H}'|\,n\rangle\langle n\,|\hat{H}'|\,r\rangle}{E_q^0 - E_n^0} = 0 \quad (9.86)$$

が共に成り立つなら，状態は依然として縮退したままである．

　第1の条件は，剛体平板回転子の縮退した状態のすべての組で成り立つ．
第2の条件は，$m=\pm 1$ の場合を除く縮退した状態のすべての組で成り立つ．
式（9.57）において，$m=n\pm 1$ でなければ，上式に現れるようなブラケット
は消滅することが導かれた．よって，式（9.86）では，

$$\frac{\langle 1\,|\hat{H}'|\,0\rangle\langle 0\,|\hat{H}'|-1\rangle}{E_q^0 - E_n^0} \neq 0$$

となる．したがって $m=\pm 1$ の状態以外では，剛体平板回転子については，
先に適用された2次までの非縮退の取扱いで十分である．この2個の状態で

200 第9章 摂動論

は，摂動により縮退は解けて，式（9.60）は，エネルギーに関する実際の2次補正を与えないのである．

　$m=\pm 1$ の状態のエネルギーに関する2次の補正量を求めるには，行列式を実際に展開し，得られる2次方程式を E'' について解けばよい．$m=\pm 1$ の2個の0次の状態に関するエネルギーは，2次の摂動まで入れると縮退は解けて，

$$E_+ = \frac{\hbar^2}{2I} + \frac{5I\mu^2 E^2}{6\hbar^2} \tag{9.87a}$$

$$E_- = \frac{\hbar^2}{2I} - \frac{I\mu^2 E^2}{6\hbar^2} \tag{9.87b}$$

となる．E_+ と E_- は，それぞれ正しい0次の関数

$$\psi_+(\varphi) = \frac{1}{\sqrt{2}}(\psi_1^0(\varphi) + \psi_{-1}^0(\varphi)) \tag{9.88a}$$

および

$$\psi_-(\varphi) = \frac{1}{\sqrt{2}}(\psi_1^0(\varphi) - \psi_{-1}^0(\varphi)) \tag{9.88b}$$

に対応付けられる．$\psi_m^0(\varphi)$ は，式（9.46）で与えられている．エネルギー補正と0次関数の正しい重ね合わせを得る方法は，量子力学の行列による定式化で用いられる方法に類似していて，これは第13章で議論する．

第10章 ヘリウム原子——摂動論的取扱いと変分原理

The Helium Atom: Perturbation Treatment and the Variation Principle

　　第7章では，水素原子のエネルギー固有値問題を厳密に解いた．このような厳密解を得ることは，すべての他の原子や分子では不可能である．いずれの原子あるいは分子でも，シュレーディンガー方程式をたてることは可能であるが，三体問題でさえも，それを厳密に解くことは一般に不可能である．したがって，原子および分子の電子エネルギー固有状態の研究は，近似解を得る技術に全面的に依存する．ヘリウム原子 He の最低エネルギー状態である 1s 状態は，縮退していない．したがってそのエネルギーは，第9章で構築した縮退のない場合の摂動論を用いて計算することが可能である．本章では1次の摂動論を用いて，He やリチウムイオン Li$^+$ のような2電子イオンの 1s 状態のエネルギーを実際に計算してみる．固有エネルギーと固有状態を得るいま1つの近似的な手法は，変分定理の応用である．この定理を紹介し，その使用法の実例として，より改善された He 1s 状態のエネルギーを計算する．

A. 摂動論的取扱いによるヘリウム原子の基底状態

　　水素原子の取扱いに当たっての最初の一歩は，原子の内部自由度から重心運動を分離することであった．同じ手続きはどの原子の場合にもとることができる．ここでは核が静止しているという，より単純化した仮定を置くことにする．このように仮定しても生じる誤差は十分無視しうる程度であり，これによって与えられる2電子原子のハミルトニアンは，

$$\hat{H} = -\frac{\hbar^2}{2m_0}\nabla_1^2 - \frac{\hbar^2}{2m_0}\nabla_2^2 - \frac{Ze^2}{4\pi\varepsilon_0 r_1} - \frac{Ze^2}{4\pi\varepsilon_0 r_2} + \frac{e^2}{4\pi\varepsilon_0 r_{12}} \quad (10.1)$$

となる．式（10.1）右辺の第1項と第2項は，それぞれ電子1と2に関する

202　第10章　ヘリウム原子——摂動論的取扱いと変分原理

運動エネルギー演算子であり，m_0 は電子の質量である．第3項と第4項は，それぞれ電子1と2に対する核からの引力ポテンシャルである．r_1 と r_2 は，それぞれ電子1と2の核からの距離であり，Ze は核の電荷で，ヘリウムの場合は $Z=2$ である．最後の項は，2電子間の距離を r_{12} としたときの，電子－電子クーロン斥力相互作用を与えるポテンシャルである．

　ここで，

$$a_B = \frac{\varepsilon_0 h^2}{\pi m_0 e^2}$$

$$r_1 = a_B R_1$$

$$r_2 = a_B R_2$$

$$r_{12} = a_B R_{12}$$

$$\frac{\partial^2}{\partial x_1^2} = \frac{1}{a_B^2} \frac{\partial^2}{\partial X_1^2}, \quad 等々$$

と変数の置き換えを行うと，式（10.1）は

$$\hat{H} = -\frac{\hbar^2}{2m_0} \frac{1}{a_B^2}(\nabla_1^2 + \nabla_2^2) - \frac{Ze^2}{4\pi\varepsilon_0 a_B R_1} - \frac{Ze^2}{4\pi\varepsilon_0 a_B R_2} + \frac{e^2}{4\pi\varepsilon_0 a_B R_{12}} \quad (10.2)$$

となる．ここでラプラシアン ∇_i^2 は，X_i, Y_i, Z_i $(i=1, 2)$ で書かれるものとする．エネルギーの単位を，

$$\frac{e^2}{4\pi\varepsilon_0 a_B}$$

とすると，$\hat{H}$ は簡略化された形式，

$$\hat{H} = -\frac{1}{2}(\nabla_1^2 + \nabla_2^2) - \frac{Z}{R_1} - \frac{Z}{R_2} + \frac{1}{R_{12}} \quad (10.3)$$

で書き表される．

　摂動論を用いるためには，全ハミルトニアンを分割し，その固有値問題の厳密解が存在するような0次のハミルトニアン $\hat{H}^0$ を分離する必要がある．ここでは，

$$\hat{H}^0 = -\frac{1}{2}(\nabla_1^2 + \nabla_2^2) - \frac{Z}{R_1} - \frac{Z}{R_2} \quad (10.4)$$

ととることにしよう．$\hat{H}^0$ には，2個の電子の運動エネルギー項と2個の電子の核による引力ポテンシャル項が含まれる．一方，電子－電子の斥力項は，

A. 摂動論的取扱いによるヘリウム原子の基底状態　203

これに含まれない. 電子-電子の斥力項は, 摂動として扱うのである.

$$\hat{H}' = \frac{1}{R_{12}} \tag{10.5}$$

0次のハミルトニアンでは, 2個の電子はそれぞれ核とは相互作用するが, 電子同士は互いに相互作用しないという, 仮想的な問題設定になっている. さらに, たとえばシュタルク効果の問題 (第9章B節2項) における電場 E のように, 0に収束させることで全ハミルトニアンから0次のハミルトニアンを分離・抽出できるような, 明確なパラメーターもここでは存在しない. しかし, 適当な展開パラメーターを電子間の斥力項に掛けて1から0までの値をとることができるものとすれば, 数学的にはそのような展開パラメーターを式 (10.3) に含めて扱うことができる.

摂動論を適用するためには, 0次の固有値問題に関する厳密解

$$\hat{H}^0 \psi^0 = E^0 \psi^0 \tag{10.6}$$

が必要になる. ψ^0 と E^0 は, $\hat{H}^0$ の固有関数と固有値である. $\hat{H}^0$ は, 電子間相互作用が存在しない場合の, 2電子の核との相互作用を記述している. 電子間相互作用が存在しない場合には, それぞれの電子は, 他方の電子があたかも存在しないかのように振る舞う. したがって, 電子はそれぞれ核電荷 Z の原子の水素様 $1s$ 状態を0次の波動関数としてもつ. そこで, 1と2を電子1と2の座標を示すものとして,

$$\psi^0 = \psi^0(1)\psi^0(2) \tag{10.7}$$

および,

$$E^0 = E^0(1) + E^0(2) \tag{10.8}$$

ととれば, 0次の方程式 (10.6) は変数分離できる. $\hat{H}^0$ として式 (10.4) を用い, 式 (10.7) と (10.8) を式 (10.6) に代入する. 得られた結果を $\psi^0(1)\psi^0(2)$ で割ると, 電子1と電子2について次の方程式が結果として得られる.

$$\frac{1}{2}\nabla_1^2 \psi^0(1) + \left(E^0(1) + \frac{Z}{R_1}\right)\psi^0(1) = 0 \tag{10.9a}$$

$$\frac{1}{2}\nabla_2^2 \psi^0(2) + \left(E^0(2) + \frac{Z}{R_2}\right)\psi^0(2) = 0 \tag{10.9b}$$

これらは, 核電荷 Z の場合の2個の水素様原子のシュレーディンガー方程

204　第10章　ヘリウム原子——摂動論的取扱いと変分原理

式である．これらの方程式の解は，核電荷 Z の1電子原子の水素様波動関数である．したがって，ヘリウム原子の $1s$ 状態を摂動論的に得るのに必要な0次の波動関数は，方程式（10.9a）と（10.9b）に対する，水素様 $1s$ 波動関数の解

$$\psi^0(1) = \frac{1}{\sqrt{\pi}} Z^{3/2} e^{-ZR_1} \tag{10.10a}$$

$$\psi^0(2) = \frac{1}{\sqrt{\pi}} Z^{3/2} e^{-ZR_2} \tag{10.10b}$$

からなる．0次の波動関数は，これら2個の1電子関数の積で与えられて，

$$\psi^0(1,\,2) = \psi^0(1)\psi^0(2) = \frac{Z^3}{\pi} e^{-ZR_1} e^{-ZR_2} \tag{10.11}$$

となり，0次のエネルギーは，2個の1電子エネルギーの和，

$$E^0(1,\,2) = E^0(1) + E^0(2) = 2Z^2 E_{1s}(H) \tag{10.12}$$

で与えられる．$E_{1s}(H)$ は，水素原子の $1s$ 状態のエネルギーである．

電子間に働く斥力項を摂動とすることで生じるエネルギーの1次補正量は，

$$\begin{aligned}
E' &= H'_{nn} = H'_{1s,1s} \\
&= \iint \psi^{0*} \hat{H}' \psi^0 d\tau_1 d\tau_2 \\
&= \frac{e^2}{4\pi\varepsilon_0 a_B} \frac{Z^6}{\pi^2} \iint \frac{e^{-2ZR_1} e^{-2ZR_2}}{R_{12}} d\tau_1 d\tau_2
\end{aligned} \tag{10.13}$$

となる．式（10.13）では，電子間の斥力項（式（10.2）を参照）に関する伝統的な単位を復活させてある．球面極座標における積分要素（体積要素；第7章C節3項，巻末の第7章演習問題1参照）$d\tau_1$ と $d\tau_2$ は，それぞれ

$$d\tau_1 = \sin\theta_1 R_1^2 d\varphi_1 d\theta_1 dR_1 \tag{10.14a}$$

$$d\tau_2 = \sin\theta_2 R_2^2 d\varphi_2 d\theta_2 dR_2 \tag{10.14b}$$

で与えられる．

式（10.13）の積分の評価は，必ずしも単純ではない．この型の積分は，電子間のクーロン斥力項を含む問題において，水素様波動関数を適用する際によく現れる．そこで，この積分を評価する手続きのあらましを手短に示しておく．

中心に置いた核に対し，R_1 と R_2 をそれぞれその核から電子1と2の位置

A. 摂動論的取扱いによるヘリウム原子の基底状態　205

に向かうベクトルと考えることができる．それらのベクトルの間のなす角を
γ とすれば，R_{12} は

$$R_{12} = \sqrt{R_1^2 + R_2^2 - 2R_1 R_2 \cos \gamma} \tag{10.15}$$

と書ける．ここで，$R_>$ を R_1 と R_2 のうちのいずれか大きい方とし，$R_<$ を R_1
と R_2 のいずれか小さい方とすると，

$$R_{12} = R_> \sqrt{1 + x^2 - 2x \cos \gamma} \tag{10.16a}$$

とも書ける．ただし，

$$x = \frac{R_<}{R_>} \tag{10.16b}$$

と定義する．これらを用いると，式 (10.13) における摂動演算子は，

$$\frac{1}{R_{12}} = \frac{1}{R_>} \frac{1}{\sqrt{1 + x^2 - 2x \cos \gamma}} \tag{10.17}$$

と書き表せる．

$1/R_{12}$ を，$\cos \gamma$ で書き表せた．ルジャンドルの多項式（第 7 章 B 節 2 項）
は，$\cos \gamma$ についての関数完全系である．したがって，式 (10.17) の右辺は
ルジャンドルの多項式で展開することができる．すなわち，

$$\frac{1}{R_{12}} = \frac{1}{R_>} \sum_n a_n P_n(\cos \gamma) \tag{10.18}$$

と表せる．この展開の係数 a_n は，具体的には

$$a_n = x^n$$

と評価でき，

$$\frac{1}{R_{12}} = \frac{1}{R_>} \sum_n x^n P_n(\cos \gamma) \tag{10.19}$$

が導かれる．式 (10.19) は，$1/R_{12}$ をベクトル R_1 と R_2 が相対的になす角で
表現している．ベクトル R_1 と R_2 の絶対的な方向は，それぞれ極座標 θ_1，φ_1
と θ_2，φ_2 によって表される．式 (10.19) におけるルジャンドルの多項式は，
それぞれ θ と φ 座標に関する 2 つの粒子の球面調和関数（H 原子の θ と
φ の方程式の解となる関数．第 7 章を参照のこと）

$$P_n^{|m|}(\cos \theta_1) e^{im\varphi_1}$$
$$P_n^{|m|}(\cos \theta_2) e^{im\varphi_2}$$

を用いて展開することができる．球面調和関数は，θ と φ に関する関数の完

206　第 10 章　ヘリウム原子——摂動論的取扱いと変分原理

全系だからである．球面調和関数を用いると，$1/R_{12}$ は

$$\frac{1}{R_{12}} = \sum_l \sum_m \frac{(l-|m|)!}{(l+|m|)!} \frac{R_<^l}{R_>^{l+1}} P_l^{|m|}(\cos\theta_1) P_l^{|m|}(\cos\theta_2) e^{im(\varphi_1-\varphi_2)} \quad (10.20)$$

と展開される．これは一般的な結果であり，$1/R_{12}$ を $R_<$，$R_>$ と指標（量子数）l と m をもつ球面調和関数による展開で表現している．第 7 章で議論したように，l は 0，1，2，…の値をとることができ，m は l から $-l$ までの整数の値をとることができる．

式（10.20）は，摂動積分である式（10.13）の評価に用いることができる．0 次の波動関数は，$1s$ 水素様関数の積である．元々が共に 1 なので明確には示されていないが，0 次波動関数の角度部分は $l=0$ と $m=0$ をもつ粒子 1 と 2 の球面調和関数であり，それらは，

$$P_0^0(\cos\theta_1) e^{im\varphi_1}$$

および

$$P_0^0(\cos\theta_2) e^{im\varphi_2}$$

である．球面調和関数は直交系をなす関数なので，式（10.20）に現れるすべての項は，式（10.13）に用いられると，$l=0$ と $m=0$ の項以外は消滅する．$0!=1$ であることに注意すると，式（10.20）の和は結局 $1/R_>$ に還元され，エネルギーに関する補正量を得るのに必要な積分は，

$$E' = \frac{e^2}{4\pi\varepsilon_0 a_B} \frac{Z^6}{\pi^2} \iint \frac{e^{-2ZR_1}e^{-2ZR_2}}{R_>} d\tau_1 d\tau_2 \quad (10.21)$$

となる．

角度部分の全積分を実行すると，$(4\pi)^2$ になるので，

$$E' = 16Z^6 \frac{e^2}{4\pi\varepsilon_0 a_B} \int_0^\infty \int_0^\infty \frac{e^{-2ZR_1}e^{-2ZR_2}}{R_>} R_1^2 dR_1 R_2^2 dR_2 \quad (10.22)$$

を得る．この積分は，

$$E' = \frac{16Z^6 e^2}{4\pi\varepsilon_0 a_B} \int_0^\infty e^{-2ZR_1} \left[\frac{1}{R_1} \int_0^{R_1} e^{-2ZR_2} R_2^2 dR_2 + \int_{R_1}^\infty e^{-2ZR_2} R_2 dR_2 \right] R_1^2 dR_1 \quad (10.23)$$

と書き直せる．角括弧の中の積分は，R_2 についてのものである．大括弧の中の最初の積分は，$R_1 > R_2$ の条件で行われる．したがって $1/R_> = 1/R_1$ となり，この項は積分の外に出せる．$R_1 > R_2$ なので，R_2 は 0 と R_1 の間でなければならず，これが積分の上限を決める．括弧内の第 2 項は，$R_2 > R_1$ の条

A. 摂動論的取扱いによるヘリウム原子の基底状態　207

件をもつ. したがって $1/R_> = 1/R_2$ となり, これが積分要素 $R_2^2 dR_2$ の R_2 の冪を 1 つ下げる. $R_2 > R_1$ なので, R_2 は R_1 と ∞ の間でなければならず, これが積分の下限を定める. こうして, 括弧内の 2 個の積分は, 要求される通り R_2 に関する 0 から ∞ までの積分に対応している. R_2 に関する不定積分を実行し, 定積分の上下限を代入すると, 結果は R_1 のみの関数となる. この関数に他の R_1 についての項を掛け, 残る R_1 に関する積分を実行すると, 結果は

$$E' = \frac{5}{8} Z \frac{e^2}{4\pi\varepsilon_0 a_0} \tag{10.24}$$

となる. 式 (10.24) が, ハミルトニアンの電子–電子クーロン反発相互作用の項を摂動として扱うことによって得られた, ヘリウムあるいはヘリウム様イオンのエネルギーに関する 1 次の摂動補正量である. 水素原子の $1s$ エネルギーに換算してエネルギーの補正量を書けば,

$$E' = \left(-\frac{5}{4} Z\right) E_{1s}(H) \tag{10.25}$$

となる. したがって, ヘリウム原子 ($Z=2$) あるいは一般にヘリウム様イオンの基底状態の 1 次補正までのエネルギーは,

$$E = E^0 + E' = \left(2Z^2 - \frac{5}{4} Z\right) E_{1s}(H) \tag{10.26}$$

となる. ヘリウムについては, $E_{1s}(H) = -13.6\,\mathrm{eV}$ を用いれば, $E = -74.8$ eV と求められる.

　式 (10.26) は, ヘリウム原子あるいはヘリウム様イオンにおける 2 電子の**結合エネルギー**を与える. 実験的には, 2 電子の**イオン化エネルギー**を測定することに対応する. これは, 核から 2 電子を (無限遠まで) 引き離すのに必要なエネルギーで, 正の量であり, 結合エネルギーの符号を変えたものに等しい. それはまた, **第 1 および第 2 イオン化エネルギー**の和に等しい. 式 (10.26) を用いて計算された値と実験的に決められた値の一覧を, 表 10.1 に示す. ヘリウムについては, 用いられた解析法が簡単な割には, 1 次の摂動論は基底状態のエネルギーに対して合理的な値が与えられている. 表に示す実験値と理論値はすべて 4〜5 eV の違いがあり, 核の電荷が増大するに従い, 相対的なパーセント誤差は減少している. ヘリウムの場合, $-e$

208　第10章　ヘリウム原子——摂動論的取扱いと変分原理

表 10.1　ヘリウムおよびヘリウム様イオンの，第1およ
び第2イオン化エネルギーの和の実験値と，摂動論によ
る計算値およびパーセント誤差

原子	実験値（eV）	計算値（eV）	％ 誤差
He	79.00	74.80	5.3
Li^+	198.09	193.80	2.2
Be^{+2}	371.60	367.20	1.2
B^{+3}	599.58	595.00	0.76
C^{+4}	882.05	877.20	0.55

の電荷をもつ2粒子間の相互作用，すなわち電子間の反発相互作用を小さい
摂動として取り扱うことは，一方が$-e$の電荷をもち他方が$+2e$の電荷をも
つ2粒子間の相互作用と比べても，同程度のクーロン相互作用なので，特に
良い近似というわけではない．しかし，核の電荷が大きくなるとともに，電
子による遮蔽効果が効いて電子-電子の反発作用は次第に影響が小さくなり，
1次の摂動論を用いてもより正確な結果を与えるようになる．ヘリウムにつ
いては，理論的なエネルギーの計算値は，より高次の摂動論や以下で述べる
変分法のような他の方法を用いることにより，改善することができる．

B.　変分定理

　変分定理は，0次の固有ベクトルと固有値を与える0次問題の厳密解を必
要としない，近似的解法の基礎である．

◆**変分定理**（variational theorem）：
　関数 ϕ を，

$$\int \phi^* \phi d\tau = 1 \tag{10.27}$$

を満たす（ϕ は規格化されている）任意の関数，また演算子 $\hat{H}$ の最低の固
有値を E_0 とすれば，

$$\langle \phi | \hat{H} | \phi \rangle = \int \phi^* \hat{H} \phi d\tau \geq E_0 \tag{10.28}$$

が成り立つ．どのような関数であっても，それによる演算子の期待値は，演

算子の真の最低固有値より大きいか，または等しいと，この定理は述べている．それが実際に演算子の最低固有値をもつ固有関数である場合にのみ，等号は成り立つ．

◇**証明**：演算子 $\hat{H}$ の関数 ϕ による期待値に関し，

$$\langle\phi|\hat{H}-E_0|\phi\rangle=\langle\phi|\hat{H}|\phi\rangle-\langle\phi|E_0|\phi\rangle \tag{10.29}$$

$$=\langle\phi|\hat{H}|\phi\rangle-E_0 \tag{10.30}$$

を考える．$\hat{H}$ の正規直交系となる固有ケットを $|\varphi_i\rangle$ とする．すなわち，

$$\hat{H}|\varphi_i\rangle=E_i|\varphi_i\rangle$$

である．$|\phi\rangle$ を $|\varphi_i\rangle$ で展開して，

$$|\phi\rangle=\sum_i c_i|\varphi_i\rangle \tag{10.31}$$

となるものとする．式（10.31）を式（10.29）の左辺に代入すると，

$$\langle\phi|\hat{H}-E_0|\phi\rangle=\sum_i \overline{c}_i\langle\varphi_i|(\hat{H}-E_0)\sum_j c_j|\varphi_j\rangle \tag{10.32}$$

$$=\sum_j \overline{c}_j c_j\langle\varphi_j|(\hat{H}-E_0)|\varphi_j\rangle \tag{10.33}$$

を得る．$|\varphi_j\rangle$ は $(\hat{H}-E_0)$ の固有ケットである．ゆえに，$(\hat{H}-E_0)$ を $|\varphi_j\rangle$ に右向きに作用させると $|\varphi_j\rangle$ に再帰する．すると，$|\varphi_j\rangle$ は直交系であるので，式（10.32）の二重の和は縮約されて式（10.33）の一重の j だけの和になる．$\hat{H}$ を $|\varphi_j\rangle$ に作用させると E_j を生成し，また $|\varphi_j\rangle$ は規格化されているので，（右辺の）閉じたブラケットは

$$\langle\phi|\hat{H}-E_0|\phi\rangle=\sum_j \overline{c}_j c_j(E_j-E_0) \tag{10.34}$$

となる．$\overline{c}_j c_j \geq 0$（数とその複素共役の積は正または 0），および $E_j \geq E_0$（固有値は一般に，その最低固有値より大きいか等しい）から $(E_j-E_0)\geq 0$ であるので，

$$\sum_j \overline{c}_j c_j(E_j-E_0)\geq 0 \tag{10.35}$$

となる．したがって，式（10.34）から元のブラケットについては

$$\langle\phi|\hat{H}-E_0|\phi\rangle\geq 0 \tag{10.36}$$

が成り立つ．式（10.29）と（10.30）から，ブラケットはまた

210　第10章　ヘリウム原子——摂動論的取扱いと変分原理

$$\langle \phi | \hat{H} - E_0 | \phi \rangle = \langle \phi | \hat{H} | \phi \rangle - E_0$$

と書ける．したがって，

$$\langle \phi | \hat{H} | \phi \rangle = \int \phi^* \hat{H} \phi d\tau \geq E_0 \tag{10.37}$$

が得られた．等号は，議論の過程から明らかなように

$$|\phi\rangle = |\varphi_0\rangle$$

の場合にのみ成立する．

　変分定理は，固有値問題の近次解を得るのに有益な筋道（i.e. 変分法）を提供する．それは，近似的な固有値と近似的な固有関数を決定する有効な方法の1つである．系の最低固有状態については，どのような関数を用いて計算しても，近似的な固有値は常に真の固有値より大きいかまたは等しいと定理は述べている．したがって，ある関数より低い近似計算固有値を与える関数は，真の固有関数に対するより良い近似解となり，その関数により計算された固有値は，真の固有値により近い近似計算値となる．

　有用な近似となる関数 ϕ を具体的に見いだすには，規格化された試行関数

$$\phi(\lambda_1, \lambda_2, \cdots)$$

をまず選ぶ．ϕ は，1個あるいはそれ以上のパラメーター λ_i の関数とする．この関数による期待値

$$J = \int \phi^* \hat{H} \phi d\tau \tag{10.38}$$

を計算すると，J は λ_i の関数になる．この λ_i に関して，J を最小化する．その結果は，最低固有値の近似値となり，J の最小値を与える λ_i を代入した ϕ は，最低の固有関数の近似関数になる．

　変分法は，基底状態以外の固有状態に対しても適用できる．一旦最低の固有状態に対する近似関数が見いだされたら，次いでその最低近似固有状態に直交する別の規格化された試行関数を選定する．第2の試行関数を最小化すれば，それが2番目に低い固有状態に関する近似となり，計算された J は2番目に低い固有値の近似となる．この手続きを順次より高い状態へと続けていく．ただし誤差は累積して，急速に増大していく．

C. ヘリウム原子基底状態の変分法による取扱い

　変分法によりヘリウム原子を取り扱う際には，基本的にどんな試行関数を選ぶこともできる．ここでは，単純でしかもヘリウム原子のエネルギー固有値問題に直接関連がある関数を，試行関数として用いることにする．

$$\phi = \frac{Z'^3}{\pi} e^{-Z'(R_1+R_2)} \tag{10.39}$$

式 (10.39) は，ヘリウム原子を摂動論で取り扱う際にも用いられた 0 次関数であるが，そのときは定数であった核電荷 Z を，可変なパラメーター Z' に置き換えた．Z' は，変分計算によりエネルギーを最小化するための，可変パラメーターである．

　ハミルトニアンは，ヘリウム原子を摂動論で取り扱う際に，式 (10.3) を得るために定義された単位系を用いて書くことができ，

$$\hat{H} = -\frac{1}{2}(\nabla_1^2 + \nabla_2^2) - \frac{Z}{R_1} - \frac{Z}{R_2} + \frac{1}{R_{12}} \tag{10.40}$$

となる．このハミルトニアンに

$$\frac{Z'}{R_1} + \frac{Z'}{R_2}$$

を足し引きして書き直すと，

$$\hat{H} = \left[-\frac{1}{2}(\nabla_1^2 + \nabla_2^2) - \frac{Z'}{R_1} - \frac{Z'}{R_2} \right] - (Z-Z')\left(\frac{1}{R_1} + \frac{1}{R_2} \right) + \frac{1}{R_{12}} \tag{10.41}$$

を得る．この形式の $\hat{H}$ を用いると，

$$J = \int \phi^* \hat{H} \phi \, d\tau \tag{10.42}$$

は直ちに計算できる．

　式 (10.41) を式 (10.42) に適用すると，角括弧の中の $\hat{H}$ の第 1 項は，$2Z'^2 E_{1s}(H)$ を与える．この項の計算は，式 (10.11) の 0 次関数の代わりに，核電荷 Z' をもつことを表す関数 ϕ を用いることを除けば，0 次の摂動エネルギーを計算する場合とまったく同じだからである．したがって，

212　第10章　ヘリウム原子——摂動論的取扱いと変分原理

$$J = 2Z'^2 E_{1s}(H) - (Z - Z') \left[\iint \frac{\phi^2}{R_1} d\tau_1 d\tau_2 + \iint \frac{\phi^2}{R_2} d\tau_1 d\tau_2 \right]$$

$$+ \iint \frac{\phi^2}{R_{12}} d\tau_1 d\tau_2 \tag{10.43}$$

となる．角括弧内の2個の積分の和は，添え字の入れ替え以外は同一なので，第1の積分の値の2倍に等しい．第1の積分の角度積分を実行すると $(4\pi)^2$ で，角括弧の項の値を得るために，残る積分を実行していくと，

$$2 \left[16\pi^2 \frac{Z'^6}{\pi^2} \int_0^\infty e^{-2Z'R_1} R_1 dR_1 \int_0^\infty e^{-2Z'R_2} R_2^2 dR_2 \right] = 2Z' \tag{10.44a}$$

となり，これを通常の単位系に戻せば，

$$2Z' \frac{e^2}{4\pi\varepsilon_0 a_B} \tag{10.44b}$$

となる．式（10.43）の最後の項は，ここでは Z の代わりに Z' で置き換えてある点を除けば，ヘリウムの基底状態のエネルギーの摂動計算を実行した際に，式（10.24）（通常単位）で既に評価してあり，

$$\frac{5}{8} Z' \frac{e^2}{4\pi\varepsilon_0 a_B} \tag{10.45}$$

となる．

　式（10.44b）と（10.45）を式（10.43）に代入すると，

$$J = 2Z'^2 E_{1s}(H) - (Z - Z')2Z' \frac{e^2}{4\pi\varepsilon_0 a_B} + \frac{5}{8} Z' \frac{e^2}{4\pi\varepsilon_0 a_B}$$

$$= \left[2Z'^2 + 4Z'(Z - Z') - \frac{5}{4} Z' \right] E_{1s}(H)$$

$$= \left[-2Z'^2 + 4ZZ' - \frac{5}{4} Z' \right] E_{1s}(H) \tag{10.46}$$

となる．ここで，

$$E_{1s}(H) = -\frac{1}{2} \frac{e^2}{4\pi\varepsilon_0 a_B}$$

である．

　式（10.46）で与えられる J が，変分パラメーター Z' によるヘリウム原子とヘリウム様イオンの最低エネルギーのエネルギー固有値に関する表式にな

C. ヘリウム原子基底状態の変分法による取扱い　213

表 10.2　ヘリウムおよびヘリウム様イオンの，第1およ
び第2イオン化エネルギーの和の実験値と，変分法によ
る計算値およびパーセント誤差

原子	実験値（eV）	計算値（eV）	% 誤差
He	79.00	77.46	1.9
Li$^+$	198.09	196.46	0.82
Be^{+2}	371.60	369.86	0.47
B^{+3}	599.58	597.66	0.32
C^{+4}	882.05	879.86	0.15

る．採用した試行関数のもとでの最善のエネルギー値を得るために，J の
Z' に関する微分係数を0に等しいと置いて J を最小化する．すなわち，

$$\frac{\partial J}{\partial Z'} = \left(-4Z' + 4Z - \frac{5}{4}\right)E_{1s}(H) = 0 \tag{10.47}$$

となる．これを Z' について解くと，

$$Z' = Z - \frac{5}{16} \tag{10.48}$$

が得られる．Z' に関するこの表式を式（10.46）に代入すれば，ヘリウムと
ヘリウム様イオンの基底状態の近似エネルギーの表式が与えられる．

$$E = 2Z'^2 E_{1s}(H) \tag{10.49}$$

$Z' = Z - 5/16$ は，**"有効"核電荷**（"effective" nuclear charge）と呼ばれ，
最低エネルギー固有値の近似エネルギーを最小にする．式（10.49）は，核
電荷 Z が有効核電荷 Z' で置き換えられていることを除けば，ヘリウム原子
を摂動論で扱った結果で得られた0次エネルギー（式（10.12））とまったく
同一であることに注意して欲しい．ϕ の表式（式（10.39））にこの Z' を用
いれば，最低固有値に対応する固有関数の近似解が与えられる．

　ヘリウム原子とヘリウム様イオンの第1および第2イオン化エネルギーの
和について，式（10.49）を用いて得られる計算値と実験で決められた値，
およびそれらのパーセント誤差の一覧を表 10.2 に示す．イオン化エネルギ
ーの和は，式（10.49）を用いて計算される2電子結合エネルギーの符号を
変えたものであり，したがってそれらの値は正である．表 10.2 と表 10.1 を
比較すると，変分計算は，1次の摂動計算よりも正確な結果を与えることが
見て取れる．表 10.2 における誤差は，どの原子・イオン種の計算でも概ね

214 第10章 ヘリウム原子——摂動論的取扱いと変分原理

2 eV であるが,表 10.1 ではそれが 4〜5 eV あった.変分パラメーターの数がより多い試行関数を用いた変分計算を実行することにより,任意の精度で精密なヘリウム原子に関する結果を得ることができるのである.

第11章 時間に依存する摂動論

Time-Dependent Perturbation Theory

　時間に依存するシュレーディンガー方程式は，時間に依存する量子力学的な多くの問題の解決に向けたアプローチの1つを提供する．ハミルトニアンが時間に依存しない場合には，時間に依存するシュレーディンガー方程式は，時間に依存する部分としない部分に変数分離（第5章 A 節参照）できた．このうちの時間に依存しない方程式は，エネルギー固有値問題のシュレーディンガー形式の基礎になる．一方，時間に依存する方程式は，時間に依存する位相因子を生成する．時間に依存しないハミルトニアンをもつ時間に依存する問題については，我々は既に，自由粒子波束の運動（第3章 D 節），調和振動子波束（第6章 C 節），時間に依存する2状態問題（第8章）の3通りを議論してきた．

　時間に依存する問題の多くは，ハミルトニアン自体があらわに時間に依存する．たとえば，原子・分子による輻射の吸収と放出は，時間にあらわに依存する問題である．輻射場が存在しない場合には，原子や分子のハミルトニアンは時間によらず，一連の確定したエネルギー固有状態をもつ．一方，ハミルトニアンの輻射場を記述する部分には，時間とともに振動する電場と磁場が含まれる．輻射の吸収と放出の問題は，第12章で扱うことにする．ここでは他の例として，気相での分子の散乱を取り扱う．孤立した分子は時間に依存しないハミルトニアンをもつ．しかし分子が互いに近づくと，互いの距離に依存する分子間相互作用が発生する．互いの距離（位置）は時間とともに変化するので，ハミルトニアン中の分子間相互作用項は時間に依存する．本章 B 節で，原子−分子の**かすり衝突**（grazing collision）を簡単な事例として議論する．ハミルトニアンがあらわに時間に依存する問題は，一般には厳密に解くことができない．時間に依存する摂動論は，時間に依存する摂動があまり強過ぎない場合に，そのような問題に対処する有効な手法を提供す

216　第11章　時間に依存する摂動論

る.

A. 時間に依存する摂動論の構築

時間に依存するシュレーディンガー方程式

$$\hat{H}|\Psi\rangle = i\hbar \frac{\partial|\Psi\rangle}{\partial t} \tag{11.1}$$

で，ハミルトニアン $\hat{H}$ が2つの部分に分けられる場合がしばしばある．つまり，

$$\hat{H} = \hat{H}^0 + \hat{H}' \tag{11.2}$$

であって，$\hat{H}^0$ は時間に依存せず，$\hat{H}'$ は時間に依存するとしよう．ここで，

$$\hat{H}^0|\Psi^0\rangle = i\hbar \frac{\partial|\Psi^0\rangle}{\partial t} \tag{11.3}$$

に関する解は，q を空間座標として

$$|\Psi_n^0(q,t)\rangle = |\Psi_n^0(q)\rangle e^{-iE_n t/\hbar} \tag{11.4}$$

で与えられる．$|\Psi_n^0(q)\rangle$ は，時間に依存しない固有ケットの完全系で，時間に依存しないエネルギー固有値問題の解である．$e^{-iE_n t/\hbar}$ は，時間に依存する**位相因子**であり，ハミルトニアン自体は時間によらないので，これが固有ケットの時間に依存する部分になる．

ハミルトニアンが式（11.2）で与えられるとき，方程式（11.1）を解くには，解 $|\Psi(q,t)\rangle$ が完全系をなすケット $|\Psi_n^0(q,t)\rangle$ の集合で展開できることを用いる．

$$|\Psi(q,t)\rangle = \sum_n c_n(t)|\Psi_n^0(q,t)\rangle \tag{11.5}$$

式（11.5）の右辺を式（11.1）に代入すると，

$$\sum_n c_n \hat{H}^0|\Psi_n^0\rangle + \sum_n c_n \hat{H}'|\Psi_n^0\rangle = i\hbar \sum_n \dot{c}_n|\Psi_n^0\rangle + i\hbar \sum_n c_n \frac{\partial|\Psi_n^0\rangle}{\partial t} \tag{11.6}$$

となる．式（11.6）の左辺第1項は，右辺の最後の項に等しい．なぜなら，それらの和の n 番目に対応する各組は，それぞれハミルトニアン $\hat{H}^0$ についてのシュレーディンガー方程式になり，後者は $\hat{H}^0$ の n 番目の固有ケットに定数 c_n を掛けたものに等しいからである．よって式（11.6）は，

A. 時間に依存する摂動論の構築　217

$$\sum_n c_n \hat{H}' |\Psi_n^0\rangle = i\hbar \sum_n \dot{c}_n |\Psi_n^0\rangle \tag{11.7}$$

になる. $|\Psi_n^0(q)\rangle$ は, 通常正規直交系にとる. したがって, これに左から $\langle\Psi_m^0|$ を掛けると

$$\sum_n c_n \langle\Psi_m^0 |\hat{H}'| \Psi_n^0\rangle = i\hbar \dot{c}_m \tag{11.8}$$

となり, こうして

$$\dot{c}_m = -\frac{i}{\hbar}\sum_n c_n \langle\Psi_m^0 |\hat{H}'| \Psi_n^0\rangle \tag{11.9}$$

を得る.

　式 (11.9) は, (近似がないという意味で) 厳密に正確な方程式である. $|\Psi_n^0\rangle$ は, 式 (11.4) で与えられるように方程式 (11.3) の既知の解なので, これらは c_m についての**連立 (線形同次常) 微分方程式**である. この連立同次微分方程式が解けるなら, それで, 時間に依存する問題の厳密解が得られる. 時間に依存する 2 状態問題 (第 8 章) では, ちょうどそのような取扱いを経て 1 組の連立 (結合) 微分方程式 (式 (8.11)) が得られ, それらは正しく第 8 章で議論した結果を与えた. しかし, 連立方程式が厳密には解けない場合にも, 時間に依存する摂動論という近似法を用いることができる.

　初期には, 系はハミルトニアンの時間に依存しない部分 $\hat{H}^0$ のある特定の固有状態 $|\Psi_l^0\rangle$ にあるものとしよう. 時間に依存する部分 $\hat{H}'$ の時間によらないハミルトニアンの固有状態に対する影響は十分小さい, 言い換えれば, 時間に依存する摂動が弱い場合には,

$$c_l^* c_l \cong 1 \tag{11.10}$$

が全時間を通じて成り立つとみなせる. この条件式は, 摂動が弱いと考えられる場合には基本的に成り立つ. 系を初期状態に見いだす確率は著しく変化することはなく, したがって系を $|\Psi_l^0\rangle$ 以外の状態に見いだす確率はいつでも小さい. 時間に依存する摂動 $\hat{H}'$ は, 初期状態から他の状態へ遷移する確率を生成することによって, 系を変化させる. 時間に依存する摂動論を適用するとき, 着目する時間経過の範囲では, 系を他の状態に見いだす確率は小さいままであると考えるのである. そうであっても, 小さな確率の遷移は重

218　第 11 章　時間に依存する摂動論

要でありうる．たとえば，初期には電子的な基底状態にある 10^{20} 個の分子からなる系を考えてみよう．弱い輻射場を照射することによって，そのうちの 10^{16} 個を，蛍光発光できる電子的な励起状態に励起するとする．その場合，初期状態にある確率は $0.9999 \cong 1$ である．しかしながら，10^{16} 個の励起された分子は，十分に強い蛍光発光を発生できるのである．弱い輻射場のもたらす吸収と発光は，時間に依存する摂動論によって第 12 章で取り扱われる．

　式 (11.10) の条件は，式 (11.9) 中で和をとる操作を不要にする．連立方程式は，1 本の式で表現される近似式に還元される．

$$\dot{c}_m = -\frac{i}{\hbar} \langle \Psi_m^0(q,t) | \hat{H}' | \Psi_l^0(q,t) \rangle \tag{11.11}$$

式 (11.10) の条件のもとで，式 (11.11) が，時間に依存する摂動論を定義する．式 (11.11) は，系が初期には状態 $|\Psi_l^0\rangle$ にある条件のもとに，（ある時刻 t で）系を状態 $|\Psi_m^0\rangle$ に見いだす確率振幅を与える微分方程式になる．系が初期状態にある確率が〜1 であるという制約が，式 (11.9) の連立微分方程式の連立構造を解消し，主要な 1 項だけの寄与に還元する．すなわち，$|\Psi_l^0\rangle$ が唯一有意な確率をもつ状態であり，$|\Psi_l^0\rangle$ から $|\Psi_m^0\rangle$ への（存在）確率の移動は，専ら $|\Psi_l^0\rangle$ と $|\Psi_m^0\rangle$ の $\hat{H}'$ による結合の強さに依存する．

B. イオン–分子のかすり衝突による振動励起

　時間に依存する摂動論の応用例として，固体表面でのイオンの**かすり衝突**（grazing collision）によって誘起される，表面に結合された 2 原子分子の振動励起を調べよう．気相のかすり衝突では分子は回転できるが，ここでは，分子は表面に束縛されているため回転はしない．これにより，計算は非常に簡単になるが，かすり衝突の重要な特徴は十分に示すことができる．

　双極子モーメントをもつ分子 M が，図 11.1 に示すように表面に束縛されているとする．表面への結合は十分に弱く，M–表面間の振動周波数は非常に低いとする．それに比べて，分子 M の分子内振動の周波数は高い．よって，分子内振動は M–表面モードから十分に切り離されているものとする．現実の系では，分子内振動と M–表面モードの結合は，M の分子振動励起の

B. イオン–分子のかすり衝突による振動励起　219

振動緩和に関与することができる．ここではその結合は無視し，M の分子内振動モードは調和振動子であるとする．また M は，図 11.1 に示すように，その双極子の正の側を表面に向けているとする．

　正に荷電したイオン I^+ が，この分子の近傍に飛来するとしよう．イオンの速度は V である．イオンは M から無限に遠く離れた点を $t = -\infty$ に出発し，M の近傍を通過し，そして $t = +\infty$ には再び無限遠方に飛び去る．最近接したときの距離を b とする．b は**衝突パラメーター**[1]（impact parameter）とも呼ばれる．$t = 0$ に最近接する（図 11.1 の t_2）とすれば，任意の時刻 t では，I^+ から M までの距離 a は，

$$a = \sqrt{b^2 + (Vt)^2} \tag{11.12}$$

で与えられる．

　分子の近傍をイオンが通過するにつれて，分子の振動状態は，時間に依存する摂動を受ける．分子振動子を古典的に捉えると，この相互作用の本質は直ちに見て取れる．すなわちそこには，I^+ による M とのクーロン相互作用（点電荷–双極子相互作用）が存在する．まず，M の負に帯電した側が，正に帯電した側よりも I^+ により近い配位をとっている．そこで分子結合が伸びると，M の負に帯電した部分は多少とも I^+ に近づき，正に電荷した部分は I^+ から遠ざかる．イオンとのこの相互作用はバネが伸びるのを助長する

1）訳者注：散乱あるいは衝突問題では，被散乱体の運動に着目することが多い（散乱断面積，散乱角など）中で，本例は，散乱中心（分子 M）の内部エネルギー変化に着目して，時間に依存する摂動の例題としている点が斬新であり興味深い．一般には，$t = -\infty$ に無限遠方を出発した被散乱体は，双曲線軌道を描いて飛来し，時刻 $t = 0$ に散乱中心に最近接したあと，$t = \infty$ には再び無限遠のかなたに飛び去る．散乱問題に不慣れでも，たとえば，太陽系に飛来する彗星の軌道を想像すれば，直感的には理解できよう．本例に近い例では，クーロン相互作用に基づく 2 体の**ラザフォード散乱**がある．これは，原子核の存在を確認し，現在にいたる原子模型の基礎を確立した．太陽と彗星の場合も，基本的にこれと等価である．入射側の双曲線軌道の漸近線に対して，散乱中心から下した垂線の足の長さを，**衝突パラメーター**と定義し，b で表す．$b = 0$ の場合が**正面衝突**であり，$b \neq 0$ の場合が，**かすり衝突**になる．b が大きくなり，被散乱体の散乱角（ふれの角度）が十分に小さい場合には，図 11.1 に示すように，最近接近傍での軌道はほとんど直線とみなせ，最近接距離は b に等しいとみなしてよい．ここでは，点電荷間のクーロン相互作用や万有引力の代わりに，より局所性の強い点電荷–双極子相互作用に基づくかすり衝突によって，中心に誘起される時間に依存する変化（＝摂動）を議論している．

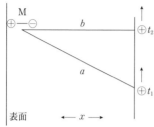

図 11.1 分子-イオン間の"かすり"衝突の模式図. 永久双極子をもつ分子 M は表面に束縛されている. 正に荷電したイオンがその近傍を通過する. 最近接距離を b とする.

ので,イオンがない場合に比べて振動エネルギーがわずかだけ下がる.一方,分子結合が収縮すると,部分的に負に帯電した部分は I^+ から遠ざかる方向に移動し,正に帯電した部分は I^+ に近づく方向に移動する.分子結合の収縮は,イオンとの相互作用により抑制されるので,振動エネルギーは僅かながら増加する.つまりイオンの分子に対する相互作用は,分子結合の伸縮に関して**反対称**的である.すなわちボンドが伸びるとエネルギーは低下し,ボンドが縮まるとエネルギーは増加する.この相互作用が,調和振動子の対称な放物線ポテンシャルに対する摂動になる.

定性的に正しいモデルは,摂動としてまずは3次の項をハミルトニアンに付加することである.これは,正しい対称性をもっている.より高次の奇数次項(*e.g.* 5次項など)を含めることもまた可能である.高次の項を加えても,結果は本質的に不変であり,その影響については以下で改めて述べる(念のため,1次項は考慮していない理由にも留意し,第9章の非調和項の議論も参照のこと).3次の相互作用の大きさ(強さ)は,点電荷-双極子相互作用の距離依存性から,M-I^+ 間の距離の2乗に反比例[2]する.I^+ の M に対する影響の大部分は最短距離の付近で生じ,そこでは,分子 M から(b 方向に関して)I^+ を見込む角度が十分に小さいとみなせるので,簡単のため方位的な因子は無視することにする.イオンが分子の近傍を動くにつれ

---

[2] 訳者注:この相互作用の大きさの見積もりは,θ が小さい場合の $\sin\theta$ や $\cos\theta$ の近似で,θ の1次までを考えて成り立つ話であることに注意してほしい.電気双極子 μ(分子 M)が I^+ の位置につくるポテンシャルは,図 11.1 と 11.2 の記号を用いれば,$-\mu\cos\theta/a^2$ で与えられる.ここで,$\cos\theta = 1 - \theta^2/2 + \cdots \cong 1$ と近似することで,式 (11.14) が得られる.また式 (11.36) 以下では,$\sin\theta \cong \theta$ として,θ の1次の項を残した場合の議論になっている.$\cos\theta = b/a$ として代入し,ポテンシャルを $-\mu b/a^3$ とすると,相互作用の大きさは距離の3乗に反比例することになる.

て距離は変わるので，相互作用の大きさは時間に依存する．

上記で与えられたモデルでは，時間に依存しない項 $\hat{H}^0$ は，調和振動子のハミルトニアンであって，上昇・下降演算子を用いた表式は，式（6.62）で与えられている．時間によらない固有ケットの完全系は，調和振動子の固有ケット $|n\rangle$（つまり，時間によらないエネルギー固有値問題の解）になる．ハミルトニアンの時間に依存する部分は，

$$\hat{H}'(t) = A(t)\hat{x}^3 \tag{11.13}$$

$$= \frac{q}{b^2 + (Vt)^2}\hat{x}^3 \tag{11.14}$$

であり，ここで $\hat{x}$ は，式（6.92）で与えられる調和振動子の位置演算子，q は M の双極子モーメントの大きさで決まる定数である．q が相互作用の強さを定める．

分子振動へのイオンの影響が小さい場合には，I$^+$ が近傍を通過したのちに M を振動の励起状態に見いだす確率を，時間に依存する摂動論を用いて計算することができる．b が相対的に大きいか，あるいは q が小さければ，摂動は十分に弱いだろう．M の内部分子振動の振動数は高いので，初期には分子は，$n=0$ の振動の基底状態にいると考えられ，系が他の振動状態に見いだされる確率はほとんど 0 である．

イオンのつくる時間に依存する摂動によって M の振動状態が励起される確率を計算するのに，式（11.11）を用いることができる．この問題を解くには，まず式（11.11）のケットとブラの時間に依存する位相因子をあらわに示して，

$$|\Psi_l^0\rangle = |0\rangle e^{-iE_0t/\hbar} \tag{11.15}$$

および

$$\langle\Psi_m^0| = \langle m|e^{iE_mt/\hbar} \tag{11.16}$$

と表そう．ここで，$|0\rangle$ は調和振動子の基底状態，$\langle m|$ はその励起状態，E_i はそれらの固有エネルギーである．また，$\hat{H}'(t)$ は式（11.14）で与えられている．これらの式（11.14）～（11.16）を式（11.11）に代入すると，

$$\dot{c}_m = \frac{-i}{\hbar}\langle m|\frac{q}{b^2+(Vt)^2}\hat{x}^3|0\rangle e^{i(E_m-E_0)t/\hbar} \tag{11.17}$$

が得られる．空間的なケット $|0\rangle$ に演算子として作用するのは $\hat{x}^3$ だけなの

222　第 11 章　時間に依存する摂動論

で，他の係数はブラケットの外に出すことができる．

$$\dot{c}_m = \frac{-i}{\hbar} \frac{q}{b^2 + (Vt)^2} \langle m | \hat{x}^3 | 0 \rangle e^{i \Delta E_{m0} t / \hbar} \tag{11.18}$$

ここで，$\Delta E_{m0} = E_m - E_0$ と置いた．両辺に dt を掛けて積分すると，

$$c_m = \frac{-i}{\hbar} q \langle m | \hat{x}^3 | 0 \rangle \int_{-\infty}^{+\infty} \frac{e^{i \Delta E_{m0} t / \hbar}}{b^2 + (Vt)^2} dt \tag{11.19}$$

が得られる．初期には振動状態の基底準位にいることを前提に，c_m は，イオンが通過したのちに，分子が m 番目の振動状態に見いだされる確率振幅である．

式 (11.19) を評価するにあたり，まず時間に依存しないブラケット $\langle m | \hat{x}^3 | 0 \rangle$ について考察する．ここで，

$$\hat{x} = \left(\frac{\hbar \omega}{2k} \right)^{1/2} (\hat{a} + \hat{a}^\dagger) \tag{11.20}$$

であった．ω は分子振動の周波数であり，k はフックの法則における力の定数（第 6 章）である．よって，

$$\hat{x}^3 = \left(\frac{\hbar \omega}{2k} \right)^{3/2} (\hat{a} + \hat{a}^\dagger)^3 \tag{11.21}$$

となり，小括弧の 3 乗を展開すると

$$(\hat{a} + \hat{a}^\dagger)^3 = \hat{a}^3 + \hat{a}^\dagger \hat{a}^2 + \hat{a}^2 \hat{a}^\dagger + \hat{a}^\dagger \hat{a} \hat{a}^\dagger + \hat{a} \hat{a}^\dagger \hat{a} + \hat{a}^{\dagger 2} \hat{a} + \hat{a} \hat{a}^{\dagger 2} + \hat{a}^{\dagger 3} \tag{11.22}$$

となる．$\hat{x}^3$ は $|0\rangle$ に作用するので，下降演算子より上昇演算子の方が数の多い項だけが 0 にならない．さらに，たとえば $\hat{a}^{\dagger 2} \hat{a} | 0 \rangle = 0$ のように，右端に下降演算子をもつ項は消滅する．これらを考慮すると，ブラケットは

$$\langle m | \hat{x}^3 | 0 \rangle = \left(\frac{\hbar \omega}{2k} \right)^{3/2} [\langle m | \hat{a}^\dagger \hat{a} \hat{a}^\dagger | 0 \rangle + \langle m | \hat{a} \hat{a}^\dagger \hat{a}^\dagger | 0 \rangle + \langle m | \hat{a}^\dagger \hat{a}^\dagger \hat{a}^\dagger | 0 \rangle] \tag{11.23}$$

$$= \left(\frac{\hbar \omega}{2k} \right)^{3/2} [1 \langle m | 1 \rangle + 2 \langle m | 1 \rangle + \sqrt{6} \langle m | 3 \rangle] \tag{11.24}$$

となる．式 (11.24) が 0 にならない m の値は，状態が互いに直交しているので，$m = 1$ と $m = 3$ だけである．イオンが近傍を通過することから発生する時間に依存する摂動は，振動状態 1 と 3 への散乱だけを引き起こす．言い換えると，0 ではないのは c_1 と c_3 だけである．式 (11.24) の $m = 1$ のブラケットを計算すると，

$$3\left(\frac{\hbar\omega}{2k}\right)^{3/2} \tag{11.25a}$$

となり，$m=3$ については，

$$\sqrt{6}\left(\frac{\hbar\omega}{2k}\right)^{3/2} \tag{11.25b}$$

を得る.

式（11.19）の時間積分は，次のように書き直せる.

$$\int_{-\infty}^{+\infty} \frac{e^{i\Delta E_{m0}t/\hbar}}{b^2+(Vt)^2}dt = \int_{-\infty}^{+\infty} \frac{\cos\Delta E_{m0}t/\hbar}{b^2+(Vt)^2}dt + i\int_{-\infty}^{+\infty} \frac{\sin\Delta E_{m0}t/\hbar}{b^2+(Vt)^2}dt \tag{11.26}$$

右辺第2項は，奇関数と偶関数の積を全時間領域にわたり積分するので0に等しい．一方，第1項は cos 項の偏角成分を

$$\Delta E_{m0}t/\hbar = \frac{\Delta E_{m0}Vt}{V\hbar}$$

と変形し，$Vt=y$ と置換して式（11.26）に代入すれば，cos 関数に関する積分は簡単に実行できる．これらをまとめると，その結果は

$$\int_{-\infty}^{+\infty} \frac{e^{i\Delta E_{m0}t/\hbar}}{b^2+(Vt)^2}dt = \frac{\pi}{Vb}e^{-\Delta E_{m0}b/V\hbar} \tag{11.27}$$

となる.

式（11.25）と（11.27）の結果を式（11.19）に用いると，イオンの近傍通過後に分子を振動励起準位 $m=1$ と $m=3$ にそれぞれ見いだす確率振幅は，

$$c_1 = -i\,3\frac{q}{\hbar}\left(\frac{\hbar\omega}{2k}\right)^{3/2}\frac{\pi}{Vb}e^{-\Delta E_{10}b/V\hbar} \tag{11.28a}$$

$$c_3 = -i\sqrt{6}\,\frac{q}{\hbar}\left(\frac{\hbar\omega}{2k}\right)^{3/2}\frac{\pi}{Vb}e^{-\Delta E_{30}b/V\hbar} \tag{11.28b}$$

と得られる．よって，振動準位 $m=1$ と $m=3$ に分子を見いだす確率 $c_m^*c_m$ は，それぞれ

$$P_1 = c_1^*c_1 = 9q^2\frac{\hbar\omega^3}{8k^3}\frac{\pi^2}{V^2b^2}e^{-2\omega b/V} \tag{11.29a}$$

$$P_3 = c_3^*c_3 = 6q^2\frac{\hbar\omega^3}{8k^3}\frac{\pi^2}{V^2b^2}e^{-6\omega b/V} \tag{11.29b}$$

となる．ここで，$\Delta E_{10}=\hbar\omega$ と $\Delta E_{30}=3\hbar\omega$ を用いた.

224 第11章 時間に依存する摂動論

式 (11.29) は，衝突パラメーター b, 分子－イオン結合強度 q, イオンの速度 V, 分子振動自体のパラメーター ω と k のそれぞれに，存在確率がどのように依存するかを示す．確率が振動状態の $m=1$ と $m=3$ だけに移動するという結果は，式 (11.13) で3次の非線形摂動を選択したことから生じている．問題の対称性に関する要請に矛盾しない範囲で，x について奇の冪をもつ，より高次の項（たとえば $\hat{x}^5$）を時間に依存する摂動項 $\hat{H}'$ に含めるならば，より高次の奇の量子数をもつ振動状態への散乱確率が現れ，類似の表式が得られるであろう．

式 (11.29) を調べると，$V \to 0$ と $V \to \infty$ の両方の極限に対して，P_1 と P_3 の両方ともが0に収束することがわかる．よってそれらの中間に，確率 P_1 と P_3 をそれぞれ最大にする速度がある．これらの速度は，P_1 と P_3 の表式を V で微分し，それぞれ0と置くことで得られる．P_1 については，速度による微分は，

$$\frac{dP_1}{dV} = 9q^2 \frac{\hbar\omega^3}{8k^3} \frac{\pi^2}{b^2} \left[\frac{1}{V^2} e^{-2\omega b/V}(2\omega b/V^2) + e^{-2\omega b/V}(-2/V^3) \right] = 0 \quad (11.30)$$

となり，これより条件

$$\frac{\omega b}{V} - 1 = 0 \tag{11.31}$$

を得る．したがって，かすり衝突で系を $m=1$ の振動準位に見いだす確率を最大 $P_1^{\max}$ にする速度は，

$$V_1^{\max} = \omega b \tag{11.32}$$

であり，その場合の確率の最大値は

$$P_1^{\max} = \frac{9\pi^2 q^2 \hbar\omega}{8k^3 b^4} e^{-2} \tag{11.33}$$

となる．最大確率は，最近接距離 b の4乗の逆数に比例する．$m=3$ の振動準位についても同様で，それぞれ

$$V_3^{\max} = 3\omega b \tag{11.34}$$

および

$$P_3^{\max} = \frac{2}{3} \frac{\pi^2 q^2 \hbar\omega}{8k^3 b^4} e^{-2} \tag{11.35}$$

となる．したがって $P_1^{\max} = (27/2) P_3^{\max}$ であり，同じ衝突パラメーターを仮

B. イオン-分子のかすり衝突による振動励起 225

定すると，P_3^{max} を生じる速度は P_1^{max} を生じる速度に比べ，3倍大きい速度が必要になる．

式（11.32）と（11.34）で与えられる速度で，最大確率 P_1^{max} と P_3^{max} がそれぞれ生じる物理的理由を理解するために，最近接近傍でイオンが分子のまわりにもつ角速度について考えよう．

図11.2に示す角 θ は，時刻 t でイオンから分子を結ぶ線分 a と時刻 $t=0$ でイオンから分子を結ぶ線分 b とのなす角である．したがって $\sin\theta$ は，

$$\sin\theta = \frac{d}{a} = \frac{Vt}{\sqrt{b^2+(Vt)^2}} \tag{11.36}$$

で与えられる．最近接点の近傍ではこの角度は小さく，$\sin\theta \cong \theta$ および $Vt \ll b$ と置ける．よって，

$$\theta = \frac{Vt}{b} \tag{11.37}$$

となる．0→1遷移では，最大確率（式（11.32））を与える速度は $V_1^{max} = \omega b$ であった．したがってこの場合には，

$$\theta = \frac{\omega tb}{b} = \omega t \tag{11.38}$$

となる．

角速度は角度 θ の時間についての変化率である．

$$\frac{d\theta}{dt} = \omega \tag{11.39}$$

最近接点の近傍で状態 $m=1$ について最大確率を発生するのは，角速度が ω，つまり分子振動子の共鳴角周波数に等しくなる場合である．イオンは角速度 ω で分子の近傍を通過する荷電粒子である．最近接点の近傍では，その運動は周波数 ω で時間変化する電場を生成する．したがって，分子振動子は共鳴的に駆動され，この共鳴的な摂動が最も効果的にこの遷移を引き起こす．0→3遷移では，$V_3^{max} = 3\omega b$ であり，

$$\frac{d\theta}{dt} = 3\omega \tag{11.40}$$

となる．再度，遷移は共鳴的に駆動され，遷移確率の最大値を発生する．

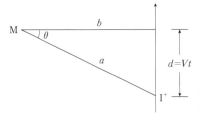

図 11.2 最近接点近傍でのイオンの角速度を模式的に示す.

C. ［追記］フェルミの黄金律——時間に依存する摂動論の重要な帰結

　フェルミの黄金律（Fermi's Golden rule）は，ある初期状態から出発して，それが弱く結合する場合に，稠密に分布する多数の状態への**緩和**過程を記述する．たとえば巨大分子で，電子的な基底状態 S_0 から最初の励起状態 S_1 へ電子励起すると，それに引き続いて**無輻射緩和**（radiationless relaxation）が生じ，元の基底状態に戻る（図 11.3 を参照）．これが発生する理由は，初期の励起状態 S_1 が，基底状態から連なる稠密に分布した振動状態のマニフォールド（manifold；集合，帯）に結合しているからである．最初の電子遷移が基底状態から約 25000 cm^{-1} 上にあるアントラセン（anthracene）分子では，基底状態から連なる振動状態の密度は，このエネルギーあたりでは極めて高く，典型的には $10^{12}\sim 10^{18}$ 状態/cm^{-1} もある．S_1 励起状態は，基底状態に附髄するこれら振動の高励起状態の集合に向かって緩和する．この過程は**内部転換**（internal conversion）と呼ばれる．凝集相にある系では，これに続いて**振動緩和**と溶媒へのエネルギーの流れが生じ，最終的には電子励起のエネルギーを熱に変換する．無輻射緩和は**蛍光放出**（fluorescent emission，発光過程）と競合し，蛍光の**量子効率**（quantum yield）を

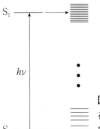

図 11.3 S_1 を始状態とし，基底状態に付随する稠密に分布する振動高励起状態を終状態とする緩和の模式図．始状態は終状態と弱く結合しているとする．

C. ［追記］フェルミの黄金律——時間に依存する摂動論の重要な帰結　227

減少させる．蛍光放出の程度は，蛍光過程と内部転換の競合の程度に依存する．

　光励起などで用意された始（初期）状態から稠密な集合状態である終状態への**緩和速度**（relaxation rate）を決定するには，まずエネルギーが $\Delta E = E_f - E_i$ だけ離れた 2 つの状態について考察する．ここで，f は**終**（final）**状態**，i は**始**（initial）**状態**の意味である．始状態と終状態は，それぞれ $|I^0(q,t)\rangle$，$|F^0(q,t)\rangle$ とする．これらは，時間によらないハミルトニアン $\hat{H}^0$ の固有状態であり，それらの間に結合はない．q は空間座標を表し，t は時間である．時間に依存する摂動論（式（11.11））から，

$$\dot{C}_F = -\frac{i}{\hbar}\langle F^0(q,t)|\hat{H}'|I^0(q,t)\rangle \tag{11.41}$$

となる．系の時間依存性は，次のように表されるものとする（時刻 $t=0$ で相互作用 $\hat{H}'$ が階段関数的に投入され，$t\geq 0$ でそれは作用し続けると考える．仮想的だが，計算の簡略化や因果関係などを考慮してよく用いられる）．

$$\langle F^0(q,t)|\hat{H}'|I^0(q,t)\rangle = 0 \quad ; t<0 \tag{11.42a}$$

$$\langle F^0(q,t)|\hat{H}'|I^0(q,t)\rangle = e^{iE_f t/\hbar}\langle f^0(q)|\hat{H}'|i^0(q)\rangle e^{-iE_i t/\hbar}$$
$$= e^{i(E_f - E_i)t/\hbar}H'_{fi} = e^{i(E_f - E_i)t/\hbar}z \quad ; t\geq 0 \tag{11.42b}$$

ただし，ここで $z = H'_{fi}$ と置き直してある．$\hat{H}'$ は状態ベクトルの空間部分のみに作用するとすれば，時間に依存する位相因子は，ブラケットの外に取り出すことができる．ケット $|i^0(q)\rangle$ と $|f^0(q)\rangle$ は，元々のケットのそれぞれ時間に依存しない（空間だけの）部分である．この電子励起問題では，分子は時刻 $t=0$ で励起されるものとする．

　$\Delta E = E_f - E_i$ を用い，式（11.41）を積分すれば，

$$C_F = -\frac{iz}{\hbar}\int_0^t e^{i\Delta E t/\hbar}dt = -\frac{iz}{\hbar}\int_0^t \left[\cos\frac{\Delta E}{\hbar}t + i\sin\frac{\Delta E}{\hbar}t\right]dt$$

$$= -\frac{iz}{\hbar}\left[\frac{\hbar}{\Delta E}\sin\frac{\Delta E}{\hbar}t - i\frac{\hbar}{\Delta E}\cos\frac{\Delta E}{\hbar}t\right]\Big|_0^t$$

$$= -\frac{iz}{\Delta E}\left[\sin\frac{\Delta E}{\hbar}t - i\cos\frac{\Delta E}{\hbar}t + i\right] \tag{11.43}$$

が導かれる．よって，系を終状態 F に見いだす確率は

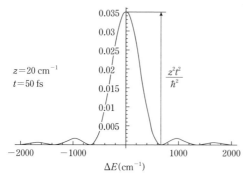

図11.4 パラメーターをそれぞれ $z=20$ cm^{-1} および $t=50$ fs とした場合の,終状態への最終的な遷移確率.時間に依存する摂動論の要請に適合するように,最大確率自体が相対的に低くなるように制限(3.5%)してグラフ化してある.

$$C_F^* C_F = \frac{2z^2}{\Delta E^2}\left[1-\cos\frac{\Delta E}{\hbar}t\right]$$

となる.これに $1-\cos x = 2\sin^2(x/2)$ を用いれば,次式になる.

$$C_F^* C_F = \frac{4z^2}{\Delta E^2}\sin^2\left(\frac{\Delta E}{2\hbar}t\right) \tag{11.44}$$

時間に依存する摂動論を用いるためには,確率 $C_F^* C_F$ は元来小さくなければならない.時間 t が短ければ $\sin^2$ の偏角部分は十分小さいままなので,x が小さければ $\sin^2(x) = x^2$ と置けることを用いると,

$$\frac{4z^2}{\Delta E^2}\sin^2\left(\frac{\Delta E}{2\hbar}t\right) = \frac{|z|^2 t^2}{\hbar^2} \tag{11.45}$$

第8章(式 (8.40b))で議論した時間に依存する2状態問題の厳密解は,

$$C_F^* C_F = \frac{2z^2}{\Delta E^2 + 4z^2}\left(1-\cos\frac{\sqrt{\Delta E^2+4z^2}}{\hbar}t\right)$$

と与えられている.ここで,x が小さい場合に成り立つ近似式

$$\cos x = 1 - \frac{x^2}{2!} + \cdots$$

を用い,厳密解を短時間領域で展開すると,

$$C_F^* C_F = \frac{2z^2}{\Delta E^2+4z^2}\left(1-1+\frac{\Delta E^2+4z^2}{2\hbar^2}t^2\right) = \frac{z^2 t^2}{\hbar^2} \tag{11.46}$$

を得る.厳密解と時間に依存する摂動論による近似解は,短時間領域では同一になることがわかる.

時間に依存する摂動論の結果である

$$C_F^* C_F = \frac{4z^2}{\Delta E^2} \sin^2\left(\frac{\Delta E}{2\hbar}t\right)$$

は，0次の球ベッセル関数の2乗になっている．図11.4に，パラメーターを $z=20\ \mathrm{cm}^{-1}$ と $t=50\ \mathrm{fs}$ にとった場合の確率の様子を ΔE の関数として図示する．これは，時間に依存する摂動論を適用する際の要請に合わせて，最終的な最大確率自体が相対的に低くなる（3.5%）ように z と t を制限した上で，その時刻 $t\,(=50\ \mathrm{fs})$ での終状態への遷移確率を示したものである．

　ここまでの議論は，1つの始状態が単一の終状態に結合する場合についての導出である．はじめに述べたように，本来解きたい問題は，初期状態が稠密な終状態の集合に結合している場合である．先に進めるために，ここで十分にもっともと考えられる仮定を置く．すなわち，

1. 大部分の遷移確率は，$\Delta E=0$ 近傍に集中している（図11.4参照）．したがって，本来はエネルギーの関数である**状態密度** ρ （density of states）の値は，$\Delta E=0$ の近傍で一定であると仮定する．

2. 結合ブラケット $\langle f^0(q)|\hat{H}'|i^0(q)\rangle = H'_{fi} = z$ は，終状態の集合内で f と共に変化できる．これらを，すべてある一定の z に，言い換えれば初期状態が結合する終状態についての適当な平均値に等しいと仮定する．

　そうすると，終状態のマニフォールドへの遷移確率は，

$$P_{fman} = 4z^2 \rho \int_{-\infty}^{+\infty} \frac{\sin^2\left(\frac{\Delta E t}{2\hbar}\right)}{\Delta E^2} d\Delta E \tag{11.47}$$

と書き表せる．ここで，

$$x = \frac{\Delta E t}{2\hbar} \quad \text{および} \quad dx = \frac{t}{2\hbar} d\Delta E$$

と変数を置き換えると，

$$P_{fman} = \frac{2z^2 \rho t}{\hbar} \int_{-\infty}^{+\infty} \frac{\sin^2 x}{x^2} dx \tag{11.48}$$

230 第11章 時間に依存する摂動論

と書き直せる. さらに,

$$\int_{-\infty}^{+\infty} \frac{\sin^2 x}{x^2} dx = \pi$$

であることを用いると,

$$P_{fman} = \frac{2\pi z^2 \rho t}{\hbar} \qquad (11.49a)$$

$$P_{fman} = \frac{2\pi \rho}{\hbar} |\langle f^0(q)|\hat{H}'|i^0(q)\rangle|^2 t \qquad (11.49b)$$

となる. したがって, 単位時間当たりの遷移確率 k は,

$$k = \frac{2\pi}{\hbar} \rho |\langle f^0(q)|\hat{H}'|i^0(q)\rangle|^2 \qquad (11.50)$$

で与えられる. これが**フェルミの黄金律**である. これは, 終状態のマニフォールド, すなわち終状態の稠密な集合が単位時間当たりに得る確率の利得速度であり, それは始状態から単位時間当たりに抜けだす確率の損失速度 (*i.e.* 寿命 τ の逆数 : $k = \tau^{-1}$) に等しい.

始状態の存在確率は, 時間に依存する摂動論に本来備わっているべき近似条件に背くことなく, 0 にまで減衰することができる. なぜならば, 終状態の集合は非常に多くの状態を含むので, そのいずれもが大きな存在確率を獲得するということは決してないからである. したがって, f マニフォールドに属する状態間の結合やそれらの間での確率の移動などは無視できる.

始状態 i からの単位時間当たりの確率の損失速度 k は, ここでは定数なので,

$$\frac{dP_i}{dt} = -kP_i \qquad (11.51a)$$

つまり,

$$P_i = ce^{-kt} \qquad (11.51b)$$

と書ける. 言い換えると, 初期状態に系がいる確率は, フェルミの黄金律によって定まる減衰定数をもち, 指数関数的に減衰する. 電子励起状態の存在確率は, 蛍光放出 (第12章参照) によっても減衰しうる. その場合に測定

C. ［追記］フェルミの黄金律——時間に依存する摂動論の重要な帰結　231

される蛍光の減衰定数は，自然放出による減衰定数（式（12.87））とフェル
ミの黄金律で与えられる無輻射緩和による減衰定数の和で与えられる．

第12章 輻射の吸収と放出

Absorption and Emission of Radiation

　時間に依存する摂動論は，時間に依存する多種多様な量子力学的諸問題の近似解を得るのに応用できる．その際の主要な制限は，第11章で議論したように，時間に依存する摂動のない場合に系のとるべき固有状態に対し，摂動の影響が小さいということである．時間に依存する摂動論をうまく適用できた場合の，特に重要な問題として，光の吸収や放出の起源となる電磁気的な輻射場（光）と原子・分子との相互作用がある．輻射場が強過ぎない場合には，原子あるいは分子がその固有状態間を遷移する確率は小さく，その遷移確率を計算するのに，時間に依存する摂動論を適用できる．光の吸収と放出に関して得られた結果は，多くの分光学的な手法の基礎となっている．一方，輻射場が強大なために遷移確率が大きくなる場合には，時間に依存する摂動論では計算し切れないさまざまな現象が発生しうる．この型の効果の一例として，**過渡的章動**（transient nutation）があり，これは第14章E節で議論する．

　原子や分子は荷電粒子で構成され，光は古典的には電磁波として記述されるので，まずは荷電粒子と電磁場との相互作用を与える量子力学的なハミルトニアンの形状を定める必要がある．量子力学的なハミルトニアンを得るには，古典的なハミルトニアンを見いださねばならない．これは一般に，1個の荷電粒子については，電場と磁場の任意の組み合わせで可能である．続いて量子力学的なハミルトニアンは，古典的な関数を適当な量子力学的演算子で置き換えることにより生成される．一旦，一般的な量子ハミルトニアンが見いだされれば，それを弱い電磁波に対する荷電粒子の相互作用のような具体的な問題に特化し改変できる．この弱い電磁場のハミルトニアンは，時間に依存する摂動論で用いられ，原子や分子による輻射の吸収と放出を記述する．以下に示す議論は，**半古典的な取扱い**（semiclassical treatment）と呼

234　第 12 章　輻射の吸収と放出

ばれる．分子の固有状態は量子化される一方で，輻射場は古典的，つまり個別の光子の集まりではなく，電磁波として取り扱われる．**吸収**（absorption）と**誘導放出**（stimulated emission）を説明するには，この方法で十分である．しかし**自然放出**（spontaneous emission；蛍光あるいは燐光）は，半古典的理論では自然な形で導くことができない．自然放出については，アインシュタインにより導入された議論を踏まえ，本章ではその速度式を求める方法を議論する．自然放出の正しい取扱いを与える量子化された輻射場まで含めた議論は，その粗筋を簡潔に述べるに留める．

A.　電磁場中の荷電粒子のハミルトニアン

電場と磁場の組み合わせの中に置かれた荷電粒子のハミルトニアンを決定するためには，ポテンシャルの表式を得ることが必要である．これにはまず，古典力学の正準理論の考え方を援用して粒子に掛かる力を 2 通りの表し方で求め，続いてそれらをポテンシャルについて解くことで達成される．電荷 e をもつ粒子に働く電磁的な力 F は，一般に

$$F = e\left[E + \frac{1}{c}(V \times B)\right] \tag{12.1}$$

と表される（ローレンツの力と呼ばれる．ガウス単位系）．ここで，E は電場，V は粒子の速度，B は磁場，c は光の速度である．ラグランジュ力学における力の j 成分の一般化された表式は，

$$F_j = -\frac{\partial U}{\partial q_j} + \frac{d}{dt}\left(\frac{\partial U}{\partial \dot{q}_j}\right) \tag{12.2}$$

である．ここで U はポテンシャルであり，q はデカルト座標を用いるものとして，x, y, z のいずれかを表す．たとえば力の x 成分は，

$$F_x = -\frac{\partial U}{\partial x} + \frac{d}{dt}\left(\frac{\partial U}{\partial V_x}\right) \tag{12.3}$$

で与えられる．ここで，V_x は速度の x 成分 $V_x = \dot{x}$ とする．

マクスウェルの方程式（Maxwell's equations）に従う電磁場の標準的な表式を用いれば，

$$B = \nabla \times A \tag{12.4a}$$

$$E = -\frac{1}{c}\frac{\partial}{\partial t}\boldsymbol{A} - \nabla\phi \tag{12.4b}$$

と表せる．ここで $\boldsymbol{A}$ はベクトルポテンシャル，ϕ はスカラーポテンシャルである（ガウス単位系）．式 (12.4) を式 (12.1) に代入すれば，

$$\boldsymbol{F} = e\left[-\nabla\phi - \frac{1}{c}\frac{\partial}{\partial t}\boldsymbol{A} + \frac{1}{c}(\boldsymbol{V}\times(\nabla\times\boldsymbol{A}))\right] \tag{12.5}$$

となる．式 (12.5) より，たとえば力 $\boldsymbol{F}$ の x 成分 F_x は，

$$F_x = e\left[-\frac{\partial\phi}{\partial x} - \frac{1}{c}\frac{\partial A_x}{\partial t} + \frac{1}{c}(\boldsymbol{V}\times(\nabla\times\boldsymbol{A}))_x\right] \tag{12.6}$$

である．式 (12.6) の最後の項を評価すると，

$$(\boldsymbol{V}\times(\nabla\times\boldsymbol{A}))_x = V_y\left(\frac{\partial A_y}{\partial x} - \frac{\partial A_x}{\partial y}\right) - V_z\left(\frac{\partial A_x}{\partial z} - \frac{\partial A_z}{\partial x}\right) \tag{12.7}$$

となり，式 (12.7) の右辺に同じ項

$$V_x\frac{\partial A_x}{\partial x}$$

を足し引きすると，

$$(\boldsymbol{V}\times(\nabla\times\boldsymbol{A}))_x = V_y\frac{\partial A_y}{\partial x} + V_z\frac{\partial A_z}{\partial x} + V_x\frac{\partial A_x}{\partial x} - V_y\frac{\partial A_x}{\partial y} - V_z\frac{\partial A_x}{\partial z} - V_x\frac{\partial A_x}{\partial x} \tag{12.8}$$

となる．

ところで，A_x を時間で全微分すると，

$$\frac{dA_x}{dt} = \frac{\partial A_x}{\partial t} + \left(V_x\frac{\partial A_x}{\partial x} + V_y\frac{\partial A_x}{\partial y} + V_z\frac{\partial A_x}{\partial z}\right) \tag{12.9}$$

となる．式 (12.9) 右辺の第 1 項は，A_x にあらわに含まれる変数 t の変化から生じる．括弧内の各項は，粒子の運動による位置の変化から生じる．ベクトルポテンシャルは，粒子の位置で評価され，A_x が評価される位置は時間とともに変化する．そのため A_x は，粒子が一様でないポテンシャルの中を運動している場合には，粒子の速度とポテンシャルの位置変化率とで決まる時間依存性を獲得するのである．式 (12.9) を整理し直すと，

$$\frac{\partial A_x}{\partial t} - \frac{dA_x}{dt} = -V_y\frac{\partial A_x}{\partial y} - V_z\frac{\partial A_x}{\partial z} - V_x\frac{\partial A_x}{\partial x} \tag{12.10}$$

式 (12.10) を式 (12.8) に適用すると，結局

236　第 12 章　輻射の吸収と放出

$$(V \times (\nabla \times A))_x = \frac{\partial}{\partial x}(V \cdot A) - \frac{dA_x}{dt} + \frac{\partial A_x}{\partial t} \tag{12.11}$$

が得られる. というのは,

$$\frac{\partial}{\partial x}(V \cdot A) = V \cdot \frac{\partial A}{\partial x} + \frac{\partial V}{\partial x} \cdot A = V_x \frac{\partial A_x}{\partial x} + V_y \frac{\partial A_y}{\partial x} + V_z \frac{\partial A_z}{\partial x} \tag{12.12}$$

であり, V は位置のあらわな関数ではないので, V の x についての偏微分は消滅するからである.

式 (12.11) を式 (12.6) に代入すると,

$$F_x = e\left[-\frac{\partial}{\partial x}\left(\phi - \frac{1}{c}A \cdot V\right) - \frac{1}{c}\frac{dA_x}{dt} \right] \tag{12.13}$$

が得られる. 式 (12.13) は,

$$A_x = \frac{\partial}{\partial V_x}(A \cdot V) \tag{12.14}$$

であることに注意すれば, 式 (12.3) の形式に書き直せる. A の V_x に関する偏微分は, A が時間と位置には依存するが速度の関数ではないので 0 になり, V の成分 V_x に関する偏微分は, V_x 成分については 1, 他の 2 成分については 0 になるからである. したがって式 (12.13) は,

$$F_x = e\left[-\frac{\partial}{\partial x}\left(\phi - \frac{1}{c}A \cdot V\right) - \frac{1}{c}\frac{d}{dt}\left(\frac{\partial}{\partial V_x}(A \cdot V)\right) \right] \tag{12.15}$$

となる. さらに, スカラーポテンシャルは速度の関数ではないから, これを式 (12.15) 右辺の最後の項の括弧内に加えてもよい. よって式 (12.15) は,

$$F_x = \left[-\frac{\partial}{\partial x}\left(e\phi - \frac{e}{c}A \cdot V\right) + \frac{d}{dt}\left(\frac{\partial}{\partial V_x}\left(e\phi - \frac{e}{c}A \cdot V\right)\right) \right] \tag{12.16}$$

と変形できる. 式 (12.16) は, 式 (12.3) の一般形になっている. したがって, 電場と磁場の任意の組み合わせの中の荷電粒子のポテンシャル U は,

$$U = e\phi - \frac{e}{c}A \cdot V \tag{12.17}$$

と決まる.

ポテンシャルがわかれば, 古典的なハミルトニアンを見いだすことができ, それを量子力学的なハミルトニアンに変換すればよい. まず, 古典的なラグランジュアン L は,

A. 電磁場中の荷電粒子のハミルトニアン　237

$$L = T - U \tag{12.18}$$

で与えられる．ここで，T は運動エネルギーである．よって，荷電粒子に関しては，

$$L = T - e\phi + \frac{e}{c}\boldsymbol{A} \cdot \boldsymbol{V} \tag{12.19}$$

および，

$$T = \frac{1}{2}m(\dot{x}^2 + \dot{y}^2 + \dot{z}^2) \tag{12.20}$$

である．これより運動量の i 番目の成分は，

$$P_i = \frac{\partial L}{\partial \dot{q}_i} \tag{12.21}$$

で与えられる．式（12.21）を用いれば，運動量の各成分を導出できる．たとえば，

$$P_x = m\dot{x} + \frac{e}{c}A_x \tag{12.22}$$

となる．次に，古典的なハミルトニアンは

$$H = P_x \dot{x} + P_y \dot{y} + P_z \dot{z} - L \tag{12.23}$$

で与えられる．したがって，

$$H = \left(m\dot{x}^2 + \frac{e}{c}A_x\dot{x}\right) + \left(m\dot{y}^2 + \frac{e}{c}A_y\dot{y}\right) + \left(m\dot{z}^2 + \frac{e}{c}A_z\dot{z}\right)$$
$$- \frac{1}{2}m(\dot{x}^2 + \dot{y}^2 + \dot{z}^2) - \frac{e}{c}(\dot{x}A_x + \dot{y}A_y + \dot{z}A_z) + e\phi \tag{12.24}$$

となり，これは更に，

$$H = \frac{1}{2}m(\dot{x}^2 + \dot{y}^2 + \dot{z}^2) + e\phi \tag{12.25}$$

の形に還元される．

　古典的なハミルトニアンを量子力学的ハミルトニアンに変換するには，H を $\dot{x}$，$\dot{y}$，$\dot{z}$ の代わりに運動量成分 p_x，p_y，p_z で書き直し，古典的な運動量を対応する量子力学的演算子で置き換えられるようにする必要がある．式（12.25）の右辺に $m/m = 1$ を掛けて変形すると，次式を得る．

238　第12章　輻射の吸収と放出

$$H = \frac{1}{2m}((m\dot{x})^2 + (m\dot{y})^2 + (m\dot{z})^2) + e\phi \tag{12.26}$$

これに，運動量の成分に関する定義式（式（12.22）参照）

$$P_i = m\dot{q}_i + \frac{e}{c}A_i$$

を適用すると，古典的ハミルトニアンは，

$$H = \frac{1}{2m}\left[\left(p_x - \frac{e}{c}A_x\right)^2 + \left(p_y - \frac{e}{c}A_y\right)^2 + \left(p_z - \frac{e}{c}A_z\right)^2\right] + e\phi \tag{12.27}$$

となる．

　量子力学的ハミルトニアンは，運動量の古典的な成分をシュレーディンガー表示の演算子で置き換えることで得られる．たとえば，

$$p_x \Rightarrow -i\hbar\frac{\partial}{\partial x}$$

である．そうすると，大括弧内の第1項は，

$$\left(p_x - \frac{e}{c}A_x\right)^2 \Rightarrow -\hbar^2\frac{\partial^2}{\partial x^2} + \frac{e^2}{c^2}|A_x|^2 + i\frac{\hbar e}{c}\frac{\partial}{\partial x}A_x + i\frac{\hbar e}{c}A_x\frac{\partial}{\partial x} \tag{12.28}$$

と置き換えられる．式（12.28）の右辺は，演算子は適当な関数に作用することで意味が生じることに注意すれば，簡略化できる．その関数を$\psi(x)$とすると，式（12.28）右辺の第3項を作用させて積の微分公式を用いれば，

$$i\frac{\hbar e}{c}\frac{\partial}{\partial x}A_x\psi(x) = i\frac{\hbar e}{c}\frac{\partial A_x}{\partial x}\psi(x) + i\frac{\hbar e}{c}A_x\frac{\partial\psi(x)}{\partial x} \tag{12.29}$$

が得られる．式（12.29）右辺の第2項は，式（12.28）右辺の第4項に等しい．よって式（12.29）を式（12.28）に代入すれば，

$$\left(p_x - \frac{e}{c}A_x\right)^2 \Rightarrow -\hbar^2\frac{\partial^2}{\partial x^2} + \frac{e^2}{c^2}|A_x|^2 + i\frac{\hbar e}{c}\frac{\partial A_x}{\partial x} + 2i\frac{\hbar e}{c}A_x\frac{\partial}{\partial x} \tag{12.30}$$

を得る．式（12.27）の運動量で，他の成分を含む項についても同様の置き換えを行えば，電場と磁場の任意の組み合わせの中に置かれた荷電粒子の量子力学的ハミルトニアンは，

$$\hat{H} = \frac{1}{2m}\left(-\hbar^2\nabla^2 + \frac{e^2}{c^2}|A|^2 + \frac{i\hbar e}{c}\nabla\cdot A + 2\frac{i\hbar e}{c}A\cdot\nabla\right) + e\phi \tag{12.31}$$

となる．

A. 電磁場中の荷電粒子のハミルトニアン　239

式（12.31）で表される一般的なハミルトニアンを，原子や分子による光の吸収と放出の問題に適用するためには，これを光の電磁波に適合するように特化する必要がある．電磁的平面波は，ベクトルポテンシャルのみで表される．光（すなわち電磁波）にはスカラーポテンシャルは存在しないので，

$$\phi = 0 \tag{12.32}$$

と置く．以下で議論する（B 節 1 項参照）ように，ここでは光は平面波と考えるので，平面波のベクトルポテンシャルに関する関係を導く．ローレンツの条件（Lorentz condition；この条件を満たすポテンシャルのゲージをローレンツゲージという）

$$\nabla \cdot \boldsymbol{A} + \frac{1}{c^2}\frac{\partial \phi}{\partial t} = 0$$

を用いると，式（12.32）を代入して

$$\nabla \cdot \boldsymbol{A} = 0 \tag{12.33}$$

となる（同時にクーロンゲージの条件にも等しい．これは，放射ゲージとも呼ばれる）．よって，電磁的輻射場中の荷電粒子の量子力学的ハミルトニアンは，

$$\hat{H} = \frac{1}{2m}\left(-\hbar^2\nabla^2 + \frac{e^2}{c^2}|A|^2 + 2\frac{i\hbar e}{c}\boldsymbol{A}\cdot\nabla\right) \tag{12.34}$$

となる．

　ここまでの議論には，近似は一切ない．ところで，時間に依存する摂動論を用いるためには，摂動が小さいことが必要であった．そこでは，原子や分子と弱い輻射場，すなわち強度の低い光との相互作用が記述される．光強度が低い場合には，式（12.34）の $|A|^2$ の項は無視できるので，これを落とそう．したがって，弱い輻射場中の荷電粒子のハミルトニアンは，

$$\hat{H} = \frac{1}{2m}\left(-\hbar^2\nabla^2 + 2\frac{i\hbar e}{c}\boldsymbol{A}\cdot\nabla\right) \tag{12.35}$$

となる．ハミルトニアンは 2 項からなっている．第 1 項は荷電粒子の運動エネルギーであり，第 2 項は輻射場を表す．この弱い輻射場の場合のハミルトニアンは，実験的に興味深い多くの場面で有効である．吸収と放出に関するほとんどの実験は，弱い輻射場の条件のもとで行われるので，このハミルトニアンを用いて得られる下記の結果は，多くの実験解析に十分に適用可能で

240 第12章 輻射の吸収と放出

正しい理論的背景を提供する．一方，非常に強度の高いレーザーを用いる実験では，本来弱い電磁場の極限で使われるべき時間に依存する摂動論では記述できない効果も，数多く現れる．高強度場での実験例は，第14章で議論する．

式 (12.35) のハミルトニアンは，弱い輻射場中の1個の荷電粒子に関するものである．分子や原子は，複数個の荷電粒子で構成されている．それらの粒子は，ポテンシャル V を通じて互いに相互作用しあうものとする．するとそのような多粒子系では，輻射場を表す項に加えて，それぞれの粒子ごとに，この相互作用のポテンシャル項が運動エネルギー項とともに付け加わることになる．時間に依存する摂動論を適用するには，このハミルトニアンを，時間に依存する項としない項に分離する必要がある．

$$\hat{H} = \hat{H}^0 + \hat{H}' \tag{12.36}$$

$$\hat{H}^0 = -\sum_j \frac{\hbar^2}{2m_j} \nabla_j^2 + V \tag{12.37}$$

ここで $\hat{H}^0$ の第1項は，質量 m_j をもつ j 番目の粒子の運動エネルギーの，j についての総和である．多粒子系ハミルトニアンとしては，これは自然な形である．これはまた，原子や分子の時間に依存しないハミルトニアンであり，時間に依存しないエネルギー固有値と固有ベクトル（の集合）を解にもつ．残りの項は，輻射場とおのおのの荷電粒子との相互作用を表し，ハミルトニアンの時間に依存する項 $\hat{H}'$ を構成する．

$$\hat{H}' = \sum_j \frac{e}{m_j c} i\hbar \hat{A}_j \cdot \nabla_j \tag{12.38}$$

これに $-i\hbar\nabla = \hat{P}$ を代入すると，

$$\hat{H}' = -\sum_j \frac{e}{m_j c} \hat{A}_j \cdot \hat{P}_j \tag{12.39}$$

が得られる．

B. 時間に依存する摂動論の応用 241

B. 時間に依存する摂動論の応用

1 遷移双極子ブラケット

時間に依存する摂動論を光の吸収と誘導放出に適用するには，式 (12.39) のベクトルポテンシャルを具体的に定める必要がある．一般性を失うことなく，ここでは電磁波は**横波**の**平面波**であって，かつ z 方向に伝搬するとしてよい．他の任意の形態の電磁場は，平面波の重ね合わせとして記述できるからである．よってここでは，

$$\mathbf{A} = \mathbf{e}_x A_x \tag{12.40a}$$

$$A_x = A_x^0 \cos\left[2\pi\nu\left(t - \frac{z}{c}\right)\right] \tag{12.40b}$$

と置こう．$\mathbf{e}_x$ は x 方向の単位ベクトルであり，$\mathbf{e}_y$ と $\mathbf{e}_z$ もそれぞれ y, z 方向の単位ベクトルとする．A_x^0 は場の振幅を反映する定数であり，ν は光の振動数である．

式 (12.40) が平面波であることを確かめるには，マクスウェル方程式に従う電場と磁場をポテンシャルで表した式 (12.4) に代入して考える．

$$\mathbf{E} = -\frac{1}{c}\frac{\partial}{\partial t}\mathbf{A} = \mathbf{e}_x \frac{2\pi\nu}{c} A_x^0 \sin 2\pi\nu\left(t - \frac{z}{c}\right) \tag{12.41a}$$

$$\mathbf{B} = \nabla \times \mathbf{A} = \mathbf{e}_y \frac{2\pi\nu}{c} A_x^0 \sin 2\pi\nu\left(t - \frac{z}{c}\right) \tag{12.41b}$$

式 (12.41) は，式 (12.40) で定義したベクトルポテンシャルが，振動する横波平面波の電磁波に確かに対応していることを示す．電場 $\mathbf{E}$ と磁場 $\mathbf{B}$ は，同じ周波数 ν でしかも同位相で振動している．それらは，z 方向に光の速度 c で伝搬し，互いに直交し，それぞれ x 軸と y 軸方向を向き，しかも等しい振幅 A_x^0 をもっている．これはまさしく，所期の横波平面波である．

時間に依存する摂動論は，状態 $|\Psi_m^0(q, t)\rangle$ から状態 $|\Psi_n^0(q, t)\rangle$ への遷移確率を計算するのに使用できる．ケットは $\hat{H}^0$ の固有ケットであり，座標 q の関数であって，時間に依存する位相因子を含んでいる．これらのケットに対してそこでは，摂動項 $\hat{H}'$ に関する次のようなブラケット

242 第12章 輻射の吸収と放出

$$\langle \Psi_m^0 | \hat{H}' | \Psi_n^0 \rangle = \langle \Psi_m^0 | -\sum_j \frac{e}{m_j c} \hat{A}_{xj} \hat{P}_{xj} | \Psi_n^0 \rangle \tag{12.42}$$

を実際に評価する必要がある. 多くの場合, 光の波長 λ は原子や分子の大きさに比べてはるかに大きい. 典型的には, $\lambda > 2 \times 10^3\,$Å であるのに対し, 原子あるいは分子の大きさは$\sim 1$ から $10\,$Å の程度である. これは, タンパク質のような巨大分子でも, 実際に光を吸収する基（e.g. アミノ酸のトリプトファン）は十分小さいので, 正しい. λ が分子の寸法より大きい場合には, A_x は本質的に一定とみなせる. 言い換えると, 分子内の異なる位置にいる 2 個の粒子は（与えられたある同時刻に）同一の A_x を感じている. したがって, A_x は定数としてブラケットの外に取り出すことができる.

$$\langle \Psi_m^0 | \hat{H}' | \Psi_n^0 \rangle = -\frac{e}{c} A_x \sum_j \frac{1}{m_j} \langle \Psi_m^0 | \hat{P}_{xj} | \Psi_n^0 \rangle \tag{12.43a}$$

$$= i\frac{e\hbar}{c} A_x \sum_j \frac{1}{m_j} \langle \Psi_m^0 | \frac{\partial}{\partial x_j} | \Psi_n^0 \rangle \tag{12.43b}$$

さらに, $\partial/\partial x_j$ は固有ケットの時間に依存する部分には作用しないので, 時間に依存する位相因子はブラケットの外に取り出すことができる.

$$\langle \Psi_m^0(q,\,t) | \hat{H}' | \Psi_n^0(q,\,t) \rangle = i\frac{e\hbar}{c} A_x e^{i(E_m - E_n)t/\hbar} \sum_j \frac{1}{m_j} \langle \psi_m^0(q) | \frac{\partial}{\partial x_j} | \psi_n^0(q) \rangle \tag{12.44}$$

右辺に現れるケットとブラは, もはや時間に依存しなくなり, E_m と E_n は, それぞれ 0 次の状態 m と n のエネルギー固有値である.

式 (12.44) 右辺のブラケットは演算子 $\partial/\partial x_j$ に依存するが, これは, 演算子 x_j に依存するブラケットに還元できる. これを見るために, ブラとケットが 1 次元の 1 粒子波動関数 $\psi_m^0(x)$ と $\psi_n^0(x)$ である場合で考えよう. これらの波動関数は, 次の方程式

$$\frac{d^2 \psi_m^{0*}}{dx^2} + \frac{2m}{\hbar^2} [E_m - V(x)] \psi_m^{0*} = 0 \tag{12.45}$$

および

$$\frac{d^2 \psi_n^0}{dx^2} + \frac{2m}{\hbar^2} [E_n - V(x)] \psi_n^0 = 0 \tag{12.46}$$

をそれぞれ満足する. ここで, 式 (12.45) は波動関数 ψ_m^0 の複素共役, 式 (12.46) は波動関数 ψ_n^0 に関するシュレーディンガー方程式である. 式

B. 時間に依存する摂動論の応用　243

(12.45) と (12.46) に左から $x\psi_n^0$ あるいは $x\psi_m^{0*}$ をそれぞれ掛けて，得られる第 1 式から第 2 式を両辺引算し，さらにそれを座標 x で積分すると，

$$\int_{-\infty}^{\infty}\left(x\psi_n^0\frac{d^2\psi_m^{0*}}{dx^2}-x\psi_m^{0*}\frac{d^2\psi_n^0}{dx^2}\right)dx+\frac{2m}{\hbar^2}(E_m-E_n)\int_{-\infty}^{\infty}\psi_m^{0*}x\psi_n^0dx$$
$$-\frac{2m}{\hbar^2}\int_{-\infty}^{\infty}\psi_n^0xV\psi_m^{0*}dx+\frac{2m}{\hbar^2}\int_{-\infty}^{\infty}\psi_m^{0*}xV\psi_n^0dx=0 \qquad (12.47)$$

が得られる．最後の 2 項の積分は，同一のブラケット $\langle\psi_m^0|xV|\psi_n^0\rangle$ にそれぞれ対応するが，元々は第 1 のブラケットでは演算子は左方に作用し，第 2 のブラケットでは演算子は右方に作用していた．エルミート演算子である xV では，ブラケットの値は作用の向きによらない．したがって，式 (12.47) の最後の 2 項は打ち消しあって 0 になる．第 2 の積分を右辺に移項すると，式 (12.47) は

$$\frac{2m}{\hbar^2}(E_n-E_m)\int_{-\infty}^{\infty}\psi_m^{0*}x\psi_n^0dx=\int_{-\infty}^{\infty}\left(x\psi_n^0\frac{d^2\psi_m^{0*}}{dx^2}-x\psi_m^{0*}\frac{d^2\psi_n^0}{dx^2}\right)dx \quad (12.48)$$

となる．この左辺は，演算子 $\partial/\partial x_j$ に代わって演算子 x のブラケットになっている．一方右辺は，部分積分を実行できる．実際，右辺第 1 項は，

$$u=x\psi_n^0$$

および

$$dv=\frac{d^2\psi_m^{0*}}{dx^2}dx$$

と変数変換すればよく，第 2 項に関しても同様である．波動関数は無限遠点では消滅することを用いれば，これら 2 項の部分積分を実行した結果は，

$$\frac{2m}{\hbar^2}(E_n-E_m)\int_{-\infty}^{\infty}\psi_m^{0*}x\psi_n^0dx$$
$$=\int_{-\infty}^{\infty}\left[-\frac{d}{dx}(x\psi_n^0)\frac{d\psi_m^{0*}}{dx}+\frac{d}{dx}(x\psi_m^{0*})\frac{d\psi_n^0}{dx}\right]dx \qquad (12.49)$$

となる．右辺括弧内で，x の微分を積の微分公式を用いて分解し，適宜項を集めてまとめると，

$$\frac{2m}{\hbar^2}(E_n-E_m)\int_{-\infty}^{\infty}\psi_m^{0*}x\psi_n^0dx=\int_{-\infty}^{\infty}\left(-\psi_n^0\frac{d\psi_m^{0*}}{dx}+\psi_m^{0*}\frac{d\psi_n^0}{dx}\right)dx \quad (12.50)$$

が得られる．右辺の第 1 の積分に部分積分の公式を適用し，再度波動関数は

244　第12章　輻射の吸収と放出

無限遠点で消滅することを用いれば，第1項は第2項と等しいことがわかる．
よって，

$$\frac{2m}{\hbar^2}(E_n - E_m)\int_{-\infty}^{\infty}\psi_m^{0*}x\psi_n^0 dx = 2\int_{-\infty}^{\infty}\psi_m^{0*}\frac{d}{dx}\psi_n^0 dx \tag{12.51}$$

となる．式（12.51）が，要求される結果を与える．すなわち，

$$\langle\psi_m^0|\frac{\partial}{\partial x}|\psi_n^0\rangle = -\frac{m}{\hbar^2}(E_m - E_n)\langle\psi_m^0|\hat{x}|\psi_n^0\rangle \tag{12.52}$$

が導かれた．式（12.52）は，3次元の波動関数に一般化でき，1個を超える
粒子数の場合にも拡張できる．

式（12.52）を式（12.44）に適用すると，

$$\langle\Psi_m^0(q,\ t)|\hat{H}'|\Psi_n^0(q,\ t)\rangle = -i\frac{1}{c\hbar}A_x(E_m - E_n)ex_{mn}e^{i(E_m - E_n)t/\hbar} \tag{12.53}$$

が得られる．ここで，

$$ex_{mn} = \langle\psi_m^0|e\sum_j\hat{x}_j|\psi_n^0\rangle \tag{12.54}$$

である．x_{mn} は式（12.52）の右辺のブラケットに対応し，ex_{mn} で電子電荷
×長さの電気双極子の次元をもつ．このブラケットは，エルミート演算子
が0次のハミルトニアンの2個の異なる固有状態を結合しているだけであっ
て，永続的な双極子モーメントを表すわけではない．これは，**遷移双極子**
（transition dipole）あるいは**遷移双極子モーメント**（transition dipole
moment）と呼ばれる．その演算子は，光電場が x 軸方向に向いた輻射場に
関する**遷移双極子モーメント演算子**（transition dipole moment operator）
になる．輻射が y 軸方向に偏光している場合には，演算子は $e\hat{y}$ である．輻
射が任意の方向に偏光している場合には，遷移双極子モーメント演算子にも
$x,\ y,\ z$ の各成分が存在する．**双極子近似**（dipole approximation）とは，
ベクトルポテンシャルが分子程度の寸法にわたって一定であると仮定できる
場合（式（12.43）を参照）に成り立つ近似であり，式（12.54）のブラケッ
トで与えられる表式，すなわち**遷移双極子ブラケット**（transition dipole
bracket）の概念をもたらす．

2 吸収と誘導放出の遷移確率

分子あるいは原子（系）が初期には状態 $|\Psi_n^0(q, t)\rangle$ にいることを前提として，輻射場，すなわち時間に依存する摂動 $\hat{H}'(t)$ は，系を状態 $|\Psi_m^0(q, t)\rangle$ に見いだす確率振幅 C_m を生成する．$|\Psi_m^0(q, t)\rangle$ と $|\Psi_n^0(q, t)\rangle$ は，輻射場が存在しない場合の系のハミルトニアンの固有状態である．$\hat{H}'(t)$ が弱い摂動の場合には，C_m は十分に小さい値のままに留まり，状態 $|\Psi_n^0(q, t)\rangle$ に系を見いだす初期の確率 1 という値は，本質的にはほとんど変化しない．このような状況は，実験室での分光学的な実験で普遍的に遭遇し，時間に依存する摂動論（第 11 章）を用いて C_m が計算できる．すなわち，

$$\frac{dC_m}{dt} = -\frac{i}{\hbar}\langle \Psi_m^0(q, t)|\hat{H}'|\Psi_n^0(q, t)\rangle \tag{12.55}$$

であって，このブラケットは式（12.53）で与えられる．よって，

$$\frac{dC_m}{dt} = -\frac{i}{c\hbar^2} A_x (E_m - E_n) ex_{mn} e^{i(E_m - E_n)t/\hbar} \tag{12.56}$$

となる．ここで ex_{mn} は，式（12.54）で定義されている．振動数 ν の光については，ベクトルポテンシャルは，

$$A_x = A_x^0 \cos(2\pi\nu t)$$

であり，これはまた

$$A_x = \frac{1}{2} A_x^0 (e^{i2\pi\nu t} + e^{-i2\pi\nu t}) \tag{12.57}$$

と書ける．したがって式（12.56）は，

$$\frac{dC_m}{dt} = -\frac{i}{2c\hbar^2} A_x^0 ex_{mn}(E_m - E_n)(e^{i(E_m - E_n + h\nu)t/\hbar} + e^{i(E_m - E_n - h\nu)t/\hbar}) \tag{12.58}$$

となる．全体に dt を掛けて積分し，積分定数を $t = 0$ において $C_m = 0$（$m \neq n$ とし，系は初期には状態 $|\Psi_n^0\rangle$ にいる）のように選べば，時刻 $t(\geq 0)$ の関数として

$$C_m = \frac{i}{2c\hbar} A_x^0 ex_{mn}(E_m - E_n)\left[\frac{e^{i(E_m - E_n + h\nu)t/\hbar} - 1}{(E_m - E_n + h\nu)} + \frac{e^{i(E_m - E_n - h\nu)t/\hbar} - 1}{(E_m - E_n - h\nu)}\right] \tag{12.59}$$

を得る．

まず $E_m > E_n$ の場合（図 12.1 を参照）を考える．この状況は，輻射の吸

図 12.1 輻射の吸収により誘導される，低エネルギー E_n の始状態からエネルギー E_m の高エネルギー状態への遷移．

収に対応する．$E_m > E_n$ なので，式 (12.59) の大括弧内第 1 項の分母は $h\nu \to (E_m - E_n)$ の極限で $2h\nu$ に，第 2 項の分母は 0 に，それぞれ収束する．したがって，吸収の場合には，光の周波数が遷移周波数に等しいかその近傍になると，第 1 項に比べて第 2 項が大きくなり，第 1 項を落とすことができる．この近似は**回転波近似**（rotating wave approximation）とも呼ばれる．残される項は，共鳴あるいはそれに近い状態にある．落とされる項は，実効的には 2ν だけ共鳴から外れている．2ν だけ非共鳴の振動場は，**高周波シュタルク効果**（high-frequency Stark effect）を引き起こす原因となる．その効果は，適当な状況下で観測することができる．多くの場合に，この効果は重要ではなく無視できる．残される項は，原子や分子の遷移モーメントに回転的に同期して結合する光波場の成分を表し，光の吸収を引き起こす．

時刻 t で系が状態 $|\Psi_m^0\rangle$ に見いだされる確率は，$C_m^* C_m$ である．積 $C_m^* C_m$ をつくり，三角関数の恒等式

$$(e^{ix}-1)(e^{-ix}-1) = 2(1-\cos x) = 4\sin^2 x/2$$

を用いれば，

$$C_m^* C_m = \frac{1}{c^2 \hbar^2} |A_x^0|^2 |ex_{mn}|^2 (E_m - E_n)^2 \frac{\sin^2\left[\dfrac{(E_m - E_n - h\nu)t}{2\hbar}\right]}{(E_m - E_n - h\nu)^2} \quad (12.60)$$

が得られる．

時間に依存しないハミルトニアンの 2 個の固有状態のエネルギー差を E として，$E_m - E_n = E$ と置く．すると $\Delta E = E - h\nu$ は，遷移エネルギーと輻射場のエネルギーのずれ（i.e. 共鳴からのずれ）を与える量になる．言い換えれば，E と照射される輻射場のエネルギーとの差である．式 (12.60) を ΔE についてのグラフにしたものを，図 12.2 に示す．遷移確率の最大は，共鳴の位置 $\Delta E = 0$ で生じる．ΔE が 0 に近づくにつれて，$\sin^2(\Delta E t/2\hbar)$ は

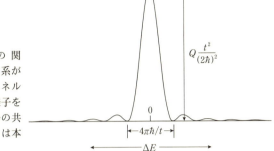

図12.2 式 (12.60) を ΔE の関数としてグラフ化したもの. 系が輻射を ΔE で吸収して, 高エネルギー状態に遷移する確率の様子を示す. ここで ΔE は, 輻射場の共鳴からのずれの量を示し, Q は本文で定義してある.

$(\Delta Et/2\hbar)^2$ に収束し, 式 (12.60) の分子と分母に含まれる $(\Delta E)^2$ は約分されて消える. したがって最大確率は,

$$|C_m|^2_{\max} = Q\frac{t^2}{(2\hbar)^2} \tag{12.61a}$$

となる. ここで,

$$Q = \frac{1}{c^2\hbar^2}|A_x^0|^2 |ex_{mn}|^2 (E_m - E_n)^2 \tag{12.61b}$$

と置いた. 最大確率は t^2 に比例する. この遷移確率は, $\Delta E=0$ 近傍の幅 $\sim 4\pi\hbar/t$ の領域のみで重要である. この幅は, 本質的には**不確定性原理**で決まる. たとえば輻射場が $t=0$ で照射開始されるとすると, $t=1$ ps では, 図の最初の最小値の間隔が 67 cm^{-1} になる. この 1 ps の時間間隔は, 1-ps 幅の矩形パルスに相当する. 矩形パルスに関しては, 不確定性関係は $\Delta\nu\Delta t=0.886$ となり, 1-ps 幅に対応して半値全幅で約 30 cm^{-1} のエネルギー不確定性を与える. 図 12.2 に示される ΔE に対する確率 $C_m^* C_m$ のグラフは, 0次の球ベッセル関数の 2乗の形状 (前出) をもつ. 中央に大きなピーク部をもち, ΔE の増大とともに振動しながら急激に減衰する. すなわち, $\Delta E=0$ の近傍を離れると, 確率は 0 と非常に小さい値の間で振動しながら急激に減衰する.

t が増大するにつれて, 確率曲線の中央部のピークは急激に高くなり, 幅は小さくなる. 中央部に属する確率分の全体に占める割合は, 相対的に時間と共に増大する. 10 ns という比較的短い輻射の照射時間でも, 中央部の幅は ~ 0.0067 cm^{-1} にまで減少し, ほとんど全確率がここに含まれる. $t\to\infty$ と

248　第12章　輻射の吸収と放出

ともに，式（12.60）はディラックの δ 関数 $\delta(\Delta E)$（第3章B節を参照）に収束し，$C_m^* C_m$ は，正確に共鳴する場合のみ，つまり $h\nu = E_m - E_n$ の場合にのみ 0 ではなくなる．初期状態 $|\Psi_n^0\rangle$ から遷移して系を終状態 $|\Psi_m^0\rangle$ に見いだす全確率は，式（12.60）を ν について積分する（図12.2のグラフの囲む全面積）ことで得られる．すなわち，

$$\int_{-\infty}^{\infty} C_m^* C_m \, d\Delta\nu = \frac{1}{h} \int_{-\infty}^{\infty} C_m^* C_m \, d\Delta E = \frac{Q}{h} \int_{-\infty}^{\infty} \frac{\sin^2(\Delta E t / 2\hbar)}{(\Delta E)^2} \, d\Delta E \quad (12.62)$$

と書ける．積分は $\Delta\nu = \Delta E / h$ について行われるものとして，$\Delta\nu$ は輻射場の振動数と $(E_m - E_n)/h$ の差とする．被積分関数は $\Delta E = 0$ のごく近傍でのみ大きいので，$-\infty$ から ∞ の間で積分してよい．$x = \Delta E t / 2\hbar$ と置き換えると，積分は

$$= \frac{Q}{h} \frac{t}{2\hbar} \int_{-\infty}^{\infty} \frac{\sin^2 x}{x^2} \, dx \quad (12.63)$$

と書ける．この結果は，

$$= \frac{Qt}{4\hbar^2} \quad (12.64)$$

となる．0次の球ベッセル関数の2乗の積分は，π に等しいからである．式（12.62）の積分中で，光の強度に比例し周波数に依存する（Q に含まれる）$|A_x^0|^2$ は，遷移周波数 $\nu_{mn} = (E_m - E_n)/h$ での値 $|A_x^0(\nu_{mn})|^2$ をとるものとする．相対的には短いパルス光（照射時間 10 ns）であっても，$\Delta\nu_{mn} = \Delta E / h$ として，遷移確率は基本的にデルタ関数 $\delta(\Delta\nu_{mn})$ になっているからである．したがって，系を状態 $|\Psi_m^0\rangle$ に見いだす確率は，

$$C_m^* C_m = \frac{\pi^2 \nu_{mn}^2}{c^2 \hbar^2} |A_x^0(\nu_{mn})|^2 |ex_{mn}|^2 t \quad (12.65)$$

となる．ここで，Q の定義中の $E_m - E_n$ は $h\nu_{mn}$ で置き換えられている．

式（12.65）は，輻射場の照射にともない，確率 $C_m^* C_m$ が時間に比例して増加することを示す．時間に依存する摂動論を用いるためには，$C_m^* C_m \ll 1$ であることが必要である．時間 t が無制限に大きくなることが許されるなら，この条件はいずれ破られる．しかし，原子や分子の励起状態には必ず**寿命**がある．この寿命は，自然放出（下記を参照）あるいは無輻射緩和によって定められる．とくに後者は，凝集相や高密度の気相，あるいは孤立分子でも十

分に巨大な分子では，支配的要因となることが多い．いずれにしても，自然放出あるいは無輻射緩和は，系をより低いエネルギー状態に引き戻す．輻射場が弱い場合には，この寿命が実効的に時間 t に制限を加え，$C_m^* C_m \ll 1$ であるように保っているのである．しかし，輻射場が非常に強くなると，特に遷移双極子ブラケット ex_{mn} が大きい場合には，$C_m^* C_m$ は十分大きくなる可能性がある．そのような場合には，時間に依存する摂動論は適用できなくなる．輻射場と二準位分子系の"コヒーレントな結合"の例は，第 14 章 E, F, H 節で取り上げる．そこでは，$C_m^* C_m = 1$ の場合さえもがありうることが示される．すなわち輻射場の照射により，初期には低エネルギー状態に置かれた系が，ある励起状態へ 100% の確率で励起することが可能になる．

式（12.65）は，$C_m^* C_m$ をベクトルポテンシャル（式（12.40））で与えている．このベクトルポテンシャルは，**ポインティングベクトル**（Poynting vector）S を用いて，光の強度に関連付けることができる．ポインティングベクトルは，

$$S = \frac{c}{4\pi} E \times B \tag{12.66}$$

で定義され（ガウス単位系），単位時間，単位面積当たりの電磁エネルギーの流れを表す．E と B は，式（12.41）に与えられている．よって，

$$S = e_z \frac{c}{4\pi} \frac{4\pi^2 \nu^2}{c^2} |A_x^0|^2 \sin^2 2\pi\nu(t - z/c) \tag{12.67}$$

となる（e_z は z 方向の単位ベクトル）．光強度は，ポインティングベクトルの大きさの時間平均で与えられる．時間平均は $\sin^2$ を時間に関して 1 周期分，つまり位相を 0 から 2π まで積分すればよく，その結果は 1/2 となる．したがって，x 方向に偏光した光の強度 I_x は，

$$I_x = \frac{\pi\nu^2}{2c} |A_x^0|^2 \tag{12.68}$$

となる．この関係式を式（12.65）に用いれば，

$$C_m^* C_m = \frac{2\pi}{c\hbar^2} I_x |ex_{mn}|^2 t \tag{12.69}$$

を得る．単位時間当たりの吸収確率は，光の強度に線形に依存する．

式（12.69）は，x 方向にのみ振動する光電場をもつ輻射場（i.e. x 方向に

250　第12章　輻射の吸収と放出

偏光した光）に分子遷移を結合させる遷移双極子ブラケットの表式である．一般には，照射される輻射場は x, y, z のすべての方向に偏光成分をもち，分子の方も x, y, z 方向すべてに成分のある遷移双極子ブラケットをもつであろう．したがって，一般に

$$C_m^* C_m = \frac{2\pi}{c\hbar^2}[I_x \,|\, ex_{mn}\,|^2 + I_y \,|\, ey_{mn}\,|^2 + I_z \,|\, ez_{mn}\,|^2]t \tag{12.70}$$

と書ける．ここで I_x, I_y, I_z は，偏光方向がそれぞれ x, y, z 方向を向いている光の強度成分であり，ex_{mn}, ey_{mn}, ez_{mn} は，偏光方向がそれぞれ x, y, z 方向を向いている光に対応する遷移双極子ブラケットの成分である．

輻射場の大きさを記述する関連した表現として，**輻射密度** ρ（radiation density）がある．ρ は，

$$\rho(\nu_{mn}) = \frac{1}{4\pi}\overline{E^2(\nu_{mn})} \tag{12.71}$$

で定義される．ここで $\overline{E^2(\nu_{mn})}$ は，電場の時間平均強度である．これは，

$$\overline{E^2(\nu_{mn})} = \frac{2\pi^2 \nu_{mn}^2}{c^2}\,|\, A^0(\nu_{mn})\,|^2 \tag{12.72}$$

とも書き直せる．よって，

$$|\, A^0(\nu_{mn})\,|^2 = \frac{2c^2}{\pi\nu_{mn}^2}\rho(\nu_{mn}) \tag{12.73}$$

となる．等方的な輻射場については（i.e. 輻射場が x, y, z 方向の偏光に関して等しい振幅の成分をもつ），

$$|\, A_x^0(\nu_{mn})\,|^2 = |\, A_y^0(\nu_{mn})\,|^2 = |\, A_z^0(\nu_{mn})\,|^2 = \frac{1}{3}|\, A^0(\nu_{mn})\,|^2 \tag{12.74}$$

であり，等方的な輻射場の $C_m^* C_m$ は，輻射密度を用いれば

$$C_m^* C_m = \frac{2\pi}{3\hbar^2}\{|\, ex_{mn}\,|^2 + |\, ey_{mn}\,|^2 + |\, ez_{mn}\,|^2\}\rho(\nu_{mn})t \tag{12.75}$$

となる．

等方的輻射により，低いエネルギー状態から高いエネルギー状態へ（$n \to m$）の遷移が生じる単位時間当たりの確率は，

$$B_{n \to m}\rho(\nu_{mn}) = \frac{2\pi}{3\hbar^2}|\, \mu_{mn}\,|^2\rho(\nu_{mn}) \tag{12.76}$$

となる．ここで，

$$|\mu_{mn}|^2 = |ex_{mn}|^2 + |ey_{mn}|^2 + |ez_{mn}|^2 \tag{12.77}$$

と書き直した．μ_{mn} は遷移双極子ブラケット

$$\mu_{mn} = \langle \psi_m^0 | e\sum_j \hat{r}_j | \psi_n^0 \rangle \tag{12.78}$$

である．式 (12.78) は，$\hat{r}_j$ 演算子が x，y，z 成分をもつことを除けば，式 (12.54) と同等である．

式 (12.59) からの帰結として，輻射場からエネルギーを吸収する問題が扱われた．系は n で指標付けされる低エネルギー状態から出発して，m で指標付けされる高エネルギー状態への遷移確率が計算された．逆に，初期に系が高いエネルギー状態にいる場合には，式 (12.59) の最初の指数関数項を保持すること以外はまったく同一の手続きを経て，**誘導放出** (stimulated (induced) emission) に関する結果が得られる．誘導放出は，輻射場が (当初は高いエネルギー状態にいる) 系に作用して下方への遷移を誘起する (*i.e.* それに伴いエネルギーを場に与える) 過程である．輻射場が系を刺激して，下方遷移を誘起するのである (式 (12.59) において，n を m よりエネルギー的に高いものとして，第 1 の指数関数項が主要になるようにとる．図 12.1 に描かれたエネルギー準位を保持するために，以下では吸収は $n \rightarrow m$ 遷移をとり，放出は $m \rightarrow n$ 遷移をとることにする)．吸収と誘導放出の結果は対称的であり，

$$B_{m \rightarrow n}\rho(\nu_{mn}) = B_{n \rightarrow m}\rho(\nu_{mn}) \tag{12.79}$$

となる．ここで $B_{n \rightarrow m}$ は，式 (12.76) で定義される，$|\mu_{mn}|^2$ に比例する係数である．$B_{n \rightarrow m}$ と $B_{m \rightarrow n}$ はそれぞれ，吸収と誘導放出に関する**アインシュタインの B 係数**と呼ばれる．式 (12.79) は，単位時間当たりの誘導放出の確率が単位時間当たりの吸収の確率に等しいことを示す．

C. 自然放出

吸収と誘導放出に関する上記の議論は，半古典的な取扱いである．それは，分子や原子は量子力学的に扱う一方，輻射場はマクスウェルの方程式を用いて古典的に扱うという意味である．ところで，吸収と誘導放出に加えて今一

252 第12章 輻射の吸収と放出

つ別の過程が存在する．それが自然放出であり，これは半古典的な取扱いで
は自然には導き出せない．**自然放出**（spontaneous emission）は，分子や
原子の励起状態からの，誘導放出を引き起こす輻射場のない状態で生じる光
の放出過程である．短パルス光の吸収，化学反応，電子衝突，あるいは他の
方法によって，分子がある励起状態に励起されたのち，光の存在しない暗闇
の中に放置されたとしても，それでもなお，この状態の分子は光子を放出す
ることができる．この光放出は，**蛍光**（fluorescence）あるいは**燐光**（phos-
phorescence）と呼ばれる（両者をまとめて，固体光物性の分野では**ルミネ
ッセンス**（luminescence）と呼ばれることが多い）．蛍光はスピン許容の，
燐光はスピン禁制の自然放出である（第16章を参照のこと）．重要なのは，
これらの過程が，放出を誘導する輻射場が存在しないにもかかわらず，自発
的に発生する点である．

　自然放出と吸収・誘導放出との関係は，分子と輻射場を両方とも量子力学
的に取り扱う方法により，導出することができる．これについてはすぐあと
で，ごく手短に議論する．同一の結果は，アインシュタインによって提案さ
れた熱力学的な議論を用いても得られる．$A_{m \to n}$ は，自然放出に関する**アイ
ンシュタインの A 係数**と呼ばれる．$A_{m \to n}$ は，輻射場が存在しない場合の分
子系の基底状態と励起状態の集団（アンサンブル）を考え，この集団が占有
数分布に関して熱平衡状態にあることを要請することで得られる．

　多数の分子を含む試料で，エネルギー E_m の上準位 m にいる分子数を N_m，
エネルギー E_n の下準位 n にいる分子数を N_n とすれば，温度 T では**ボルツ
マンの分布則**を用いると

$$\frac{N_m}{N_n} = \frac{e^{-E_m/k_B T}}{e^{-E_n/k_B T}} = e^{-h\nu_{mn}/k_B T} \tag{12.80}$$

となる．ここで k_B は，ボルツマン定数である．系が平衡状態であるために
は，上向き遷移の数は下向き遷移の数に等しくなければならない．よって，

$$N_m \{A_{m \to n} + B_{m \to n} \rho(\nu_{mn})\} = N_n B_{n \to m} \rho(\nu_{mn}) \tag{12.81}$$

が成り立たなければならない．$B_{m \to n}$ と $B_{n \to m}$ には輻射密度 ρ が掛けられて
いるのに対し，自然放出は輻射場の存在なしで生じるので，$A_{m \to n}$ の項には
ρ が掛けられていないことに注意してほしい．熱平衡状態では，上準位にい
る数が下準位にいる数よりも少なくなるために，$A_{m \to n}$ の存在は必須である．

式 (12.80) と (12.81) を組み合わせると,

$$e^{-h\nu_{mn}/k_BT} = \frac{B_{n\to m}\rho(\nu_{mn})}{A_{m\to n}+B_{m\to n}\rho(\nu_{mn})} \tag{12.82}$$

が得られる. 式 (12.82) は, $\rho(\nu_{mn})$ に関して解くことができて,

$$\rho(\nu_{mn}) = \frac{A_{m\to n}e^{-h\nu_{mn}/k_BT}}{-B_{m\to n}e^{-h\nu_{mn}/k_BT}+B_{n\to m}} \tag{12.83}$$

となる. $B_{n\to m}=B_{m\to n}$ だからこの式は更に還元されて,

$$\rho(\nu_{mn}) = \frac{A_{m\to n}}{B_{m\to n}}\frac{1}{e^{h\nu_{mn}/k_BT}-1} \tag{12.84}$$

となる.

議論を先に進めるために, ここで試料は単純化して黒体と仮定しよう. すなわち**黒体**は,

$$\rho(\nu_{mn}) = \frac{8\pi h\nu_{mn}^3}{c^3}\frac{1}{e^{h\nu_{mn}/k_BT}-1} \tag{12.85}$$

で与えられる (黒体) 輻射密度と平衡している. 式 (12.85) を式 (12.84) に代入し, $A_{m\to n}$ について解くと,

$$A_{m\to n} = \frac{8\pi h\nu_{mn}^3}{c^3}B_{m\to n} \tag{12.86}$$

が得られる. $B_{m\to n}$ については式 (12.76) を用いれば, 自然放出に関するアインシュタインの A 係数, すなわち励起状態にある1個の原子や分子が自然放出を起こす単位時間当たりの確率は,

$$A_{m\to n} = \frac{32\pi^3\nu_{mn}^3}{3c^3\hbar}|\mu_{mn}|^2 \tag{12.87}$$

となる. B 係数の導出に際して双極子近似を用いたので, この結果も**双極子近似**の範囲内にある. 吸収あるいは誘導放出と同様に, 自然放出も遷移双極子ブラケットの絶対値の2乗に依存する. しかし吸収と誘導放出は, 光の強度 (式 (12.69)) あるいは輻射密度 (式 (12.76)) にも依存する. これらの過程は, 輻射場の強度が0の場合には, 発生確率は0になる. それに対して, 自然放出という事象が単位時間当たりに発生する確率は, 輻射場の強度には依存しないのである.

A 係数は, 遷移に関わるエネルギー上準位と下準位間の周波数差の3乗

254　第12章　輻射の吸収と放出

に依存する点に留意しなければならない．すなわち，電子状態間の双極子遷移は，電磁波のスペクトルで言えば可視領域から紫外領域で発生するので，自然放出の寿命としては数ナノ秒から100 ns 程度になる．一方振動状態間の双極子遷移は，通常赤外光領域で生じるので，自然放出の寿命としては数十マイクロ秒からミリ秒，さらにはその多数倍に及ぶ．磁気共鳴遷移のような非常に低い振動数の場合には，結果として自然放出は生じなくなる（核磁気共鳴 NMR における自然放出の時間スケールは，上記に考察した強い電気遷移双極子ブラケットに比べて非常に小さい磁気遷移双極子ブラケットに起因するため，測るのに何千年かかろうかという，はるかに長いものになる）．

D.　選択則

x 方向に偏光した光について，双極子遷移は

$$\langle m | e \sum_j x_j | n \rangle \neq 0 \tag{12.88}$$

の場合にのみ発生する．ある場合には，このブラケットの大きさを完全に評価しなくても，ブラケットが 0 かそうでないかを決定できることがある．調和振動子の場合，このブラケットは，第 6 章の式（6.95）～（6.96）で評価した．そこでは，$m=n\pm1$ でなければブラケットは 0 になることがわかった．この種の結果は，一般には**選択則**（selection rule）と呼ばれる．選択則が満たされない場合には，光の吸収や放出は生じない．ブラケットは選択則に従うと必ずしも 0 ではないが，別の理由で 0 になることがある．たとえば H_2 分子のような等核 2 原子分子では，ブラケットの値自体が 0 なので，たとえ $m=n\pm1$ であっても，光を吸収も放出もしない．

シュレーディンガー表示を用いると，双極子ブラケットは

$$\int \psi_F^*(q) \mu \psi_I(q) dq \tag{12.89}$$

の形になる．ここで $\psi_I(q)$ は系の始状態，$\psi_F^*(q)$ は系の終状態であり，q は系の関与するすべての座標である．対称性の議論を用いることにより，このブラケットが 0 かどうかを決めることができる場合がしばしばある．波動関

E. 時間に依存する摂動論による取扱いの限界　255

数が 1 次元の場合（*e.g.* x のみの関数）には，波動関数を奇関数か偶関数かで特徴づけることが可能である．$\psi_I(q)$ が偶関数の場合には，$\psi_I(q)$ と x の積は奇関数である．したがって $\psi_F^*(q)$ が偶関数の場合には，奇関数と偶関数の積は奇関数となり，奇関数の全空間にわたる積分は 0 となるので，この積分は消滅する．したがって始状態が偶関数なら，双極子遷移が生じるためには，終状態は奇関数でなければならない．関数を奇関数か偶関数かで分類することは，直線 $x=0$（$x=0$ を含む面という方がわかりやすいが，1 次元あるいは 2 次元で考えているので，線と表現）に関する鏡映対称性で分類することである．式（12.89）の表現では，3 個の関数の積は全体として偶関数でなければならず，さもなければ積分は消滅する．これが対称性に関する選択則の結果である．

図 5.4 に示したアントラセンのように，分子は一般に 3 次元的構造物であり，それらの波動関数は，単純に奇関数か偶関数かだけで分類できるわけではない．しかし群論を用いると，分子波動関数の対称性を特定するだけでなく，任意の個数の関数積に関する（座標反転の）対称性を決定する方法論が与えられる．関数の積に関する対称性は，“全体として対称”でなければならない．言い換えれば，多次元的にせよ群論解析の結果が偶関数と等価でなければ，積分（ブラケット）は恒等的に 0 に等しい．群論を用いて波動関数の対称性を考察することは，遷移双極子ブラケットを解析する重要な方法の 1 つである．

対称性に関する議論は，その遷移が許容されるかどうかを決めることはできても，遷移ブラケットの大きさ自体は決められないことを強調しておかねばならない．形式的には許容されても，ブラケットが実質的には 0 になり，結果として，微弱ないしは観測不能な光学遷移になることもありうるのである．

E.　時間に依存する摂動論による取扱いの限界

上記に導かれた結果は，光の吸収と放出を扱う問題で共通して遭遇する多くの状況で妥当である．導出の過程で時間に依存する摂動論を用いたため，この取扱いは，弱い輻射場の場合に当てはまる．時間に依存する摂動論は，

256 第 12 章 輻射の吸収と放出

終状態 $|m\rangle$ に系を見いだす確率が常に小さい場合，つまり $C_m^* C_m \ll 1$ の条件が満たされる場合に限って適用可能である．ただしこの終状態は，吸収の場合には始状態に比べてエネルギー的に高く，放出の場合はエネルギー的に低いものとする．これはまた，弱い輻射場あるいは遷移双極子ブラケットが小さい場合に正しい．実験室の標準的な吸収や蛍光分光機器によって生成される輻射場は十分弱いので，非常に高吸収の分子であっても，$C_m^* C_m \ll 1$ の条件は成り立つ．この条件は，必ずしも入射光のごく一部のみが試料に吸収されることを意味しない．吸収のピーク波長で入射光が 1 秒当たり 10^{12} 個の光子を含み，その 90% が，光路内に 10^{20} 個の分子を含む試料に吸収されるとしよう．すると，1 個の分子をその励起状態に見いだす確率はたかだか $\sim 10^{-8}$，つまり 100 万分の 1 の更に 100 分の 1 である．一般に，分子の励起状態の寿命は 1 秒よりずっと短いので，確率は実際には更に小さくなる．分子の寿命を 10 ns とすると，10 ns 当たりの光子数は，わずかに 10^4 個である．したがって，1 個の分子が励起される確率は $\sim 10^{-16}$ になる．たとえ光路にいる分子数が今少しだけ増加し，光源の強度が多少増大しても，時間に依存する摂動論を適用する基本的な条件は，依然として成り立つのである．

式（12.43）で，双極子近似を行った．これは，すべての可能な型の遷移ブラケットから，その部分集合に取扱いを限定した．つまり，式（12.43）に引き続いて，電気双極子遷移の場合についてのみ考察した．電気双極子遷移は最も強い遷移を引き起こし，原子や分子による多くの光の吸収や放出に関わる．ところで，電気双極子遷移ブラケットが光のすべての偏光成分に対して完全に 0，すなわち，以下の状態が出現する場合がある．

$$\mu_{mn} = 0$$

これは，対称性に基づく選択則によるか，角運動量選択則によるか，あるいは，磁気共鳴のように，遷移が系の電気的特性よりはむしろ系に固有の磁気的特性に起因する場合に生じうる．μ_{mn} が完全に 0 であっても，双極子近似をとった際に切り捨てた項により，輻射の吸収あるいは放出は依然として生じる．式（12.43）では，ベクトルポテンシャルをブラケットの外に取り出した．より一般的な取扱いでは，ベクトルポテンシャルを**多重極子**で展開する．そのような展開の最初の項が，電気双極子の項である．高次の項には，磁気双極子，電気四重極子，磁気四重極子，あるいは電気八重極子等々があ

り，それぞれ磁気双極子遷移，電気四重極子遷移，磁気四重極子遷移，および電気八重極子遷移を引き起こす．これらの高次の遷移は，電気双極子遷移が完全に 0 か，あるいは実質的に 0 の場合にのみ重要になる．

電気双極子許容遷移であって，しかもたとえば高強度レーザーで生成されるような輻射場が強い場合には，$C_m^* C_m$ が 0 よりも相当程度大きくなりえて，時間に依存する摂動論が使えなくなる．第 14 章 E 節で簡潔にではあるが議論するように，$C_m^* C_m \cong 1$ になる場合もありうるのである．そのような状況では，当該の時間に依存するシュレーディンガー方程式を直接解くか，それに等価な定式化，たとえば，密度行列による取扱い（第 14 章）を行う必要がある．マクスウェル方程式とシュレーディンガー方程式の連立方程式を直接解く必要性もあるかもしれない．

上記に与えられた時間に依存する摂動論による方法，あるいは古典論としてのマクスウェル方程式とシュレーディンガー方程式を，いわば接ぎ木して解く方法は，**半古典的**な取扱いと呼ばれる．分子は量子力学的に取り扱われる一方で，輻射場は古典的に取り扱われる．ここに述べた時間に依存する摂動論の取扱いでは，エネルギーは必ずしも明白に保存されているわけではない．吸収過程では，分子は励起されるものの，輻射場は特にわざわざエネルギーを失うようには扱わない．輻射場は，マクスウェル方程式によって古典的に取り扱われているのである．原子や分子による輻射の吸収と放出を完全に量子力学的に取り扱う場合には，光もまた原子や分子と同様に，量子力学的に取り扱われる．第 3 章 C 節と D 節で光子波束を議論したように，光は古典的な波ではなく，離散的な光子として扱われる．第 1 章では，光が光子として記述されない場合に生じうる問題点を指摘した．輻射の吸収と放出の半古典的な取扱いに関連して生じる問題点の 1 つは，吸収および誘導放出と同一の枠組みでは自然放出を記述できないという，理論的な欠陥である．

輻射場の量子力学的な取扱いでは，輻射場に関連付けられるハミルトニアンのある部分が昇降演算子で書かれていて，その部分は，本質的に調和振動子に関するディラックの取扱い（第 6 章 B 節）で展開されたものと同一である．演算子 $a^\dagger$ と a は，通常，**生成消滅演算子**（creation and annihilation operators）と呼ばれる．ケット $|n\rangle$ を，n 個の光子を含む輻射場の状態とする．$|n\rangle$ は，個数演算子の固有ケットでもある．$|n\rangle$ に個数演算子を

258 第12章 輻射の吸収と放出

作用させると,

$$a^\dagger a|n\rangle = n|n\rangle \tag{12.90}$$

個数 n, すなわち輻射場の光子数を生成する. $|n\rangle$ に生成演算子を作用させると, 状態 $|n+1\rangle$,

$$a^\dagger|n\rangle = \sqrt{n+1}|n+1\rangle \tag{12.91}$$

を生成する. すなわち輻射場の光子数を 1 だけ増加させる. 消滅演算子を作用させると, 状態 $|n-1\rangle$,

$$a|n\rangle = \sqrt{n}|n-1\rangle \tag{12.92}$$

すなわち, 輻射場の光子数が 1 だけ少ない状態を生成する.

　原子や分子による輻射の吸収と放出は, 依然として遷移ブラケットの 2 乗に依存するが, そのブラケット自身は, 分子の状態に作用する演算子と輻射場の状態に作用する演算子の両方を含む. 1 個の光子を吸収すると, 分子を低エネルギー状態から高エネルギー状態に引き上げると同時に, 消滅演算子が輻射場の状態 $|n\rangle$ に作用して, 輻射場から光子 1 個が失われた新しい状態を生成する. したがって, 全エネルギーは保存される. 消滅演算子は因子 $\sqrt{n}$ をもたらし, したがってブラケットを 2 乗すると, 因子 n が生じる. 光の強度は光子の個数に比例するので, 吸収の確率は式 (12.69) のように光の強度に比例する. $n=0$ の場合には, 因子 $\sqrt{n}$ は 0 になり, 吸収確率は 0 になる. これは半古典的な場合の結果と同一である. 強度が 0 の場合には, 吸収は起こりえない.

　光子 1 個の放出は, 分子を高エネルギー状態から低エネルギー状態に引き下ろす. 生成演算子が輻射場の状態 $|n\rangle$ に作用して, 輻射場が光子を 1 個新たに獲得した新しい状態を生成する. これよって, 全エネルギーは保存される. 一方, 生成演算子は因子 $\sqrt{n+1}$ をもたらす. ブラケットを 2 乗すると, 結果として因子 $n+1$ が生成する. この結果は, 半古典論の場合とは非常に異なる. 輻射場の強度が高い場合には, n は非常に大きな数値になり, $n \gg 1$ が成り立つ. したがって, 1 は無視することができ, 放出の確率はほとんど n に比例する. つまり, 強度に比例すると言える. これは誘導放出であって, 半古典論でも問題なく取り扱うことができた. ところが, 量子力学的取扱いの場合には, $n=0$ で, 輻射強度が 0 の場合でも, 遷移確率は 0 にはなりえないのである. 因子 $\sqrt{n+1}$ を 2 乗したものは, 1 となる. した

E. 時間に依存する摂動論による取扱いの限界　259

がって，光子がまったく存在しない（強度が 0）場合にも，励起状態にある分子や原子が 1 個の光子を放出することは，依然としてありうる．これが**自然放出**である．自然放出は，輻射場が光子の生成消滅演算子によって記述されるために，吸収と放出の量子力学的取扱いから極めて自然に導出される．問題の詳細な全量子力学的な解析によれば，式（12.87）で与えられた結果，すなわちアインシュタインの A 係数とまったく同一の結果が導出される．結果は同じながら，上記に示した半古典的な取扱いでは，吸収あるいは誘導放出の取扱いの上に自然放出を人為的に接ぎ木せざるをえなかったが，量子力学的な取扱いでは，そのようにする必要は，まったくないのである．

　どのように自然放出が起こるのかを，定性的に見ることは可能である．n_ω を周波数 ω の場の光子数とすれば，輻射場の状態は，量子力学的にはケット $|n_\omega\rangle$ で記述されるので，ある特定の周波数に対する場のエネルギーは，調和振動子の場合と同様に，

$$E = (n_\omega + 1/2)\hbar\omega \tag{12.93}$$

で与えられる．したがって，すべての ω について，$n = 0$ の場合でも輻射場のエネルギーは 0 にはならない．すべてのモードが $n = 0$ の輻射場の状態は，**真空状態**（vacuum state）と呼ばれる．真空状態は，個々のモードに関して依然として（有限の）零点エネルギーをもっている．このエネルギーは，状態を $n = 0$ より下に下降させることは不可能なので，吸収には利用できない．体積が V の空洞について，そこでの量子力学的な電場演算子は，

$$\hat{E}_k = i(\hbar\omega_k/2\varepsilon_0 V)^{1/2}\varepsilon_k\{\hat{a}_k \exp(-i\omega_k t + i\mathbf{k}\cdot\mathbf{r}) - \hat{a}_k^\dagger \exp(i\omega_k t + i\mathbf{k}\cdot\mathbf{r})\} \tag{12.94}$$

で与えられる．ここで，$\mathbf{k}$ は光子の波動ベクトル，ω_k は波動ベクトル $\mathbf{k}$ をもつ光子の周波数，ε_0 は真空の誘電率，ε_k は光子の分極（偏光）方向であり，$\mathbf{r}$ は光子の位置ベクトルであるとする．$\hat{a}_k$ と $\hat{a}_k^\dagger$ は，それぞれ波動ベクトル $\mathbf{k}$ をもつ光子の生成消滅演算子である．指数関数項は，時間と空間に依存する位相因子である．電場 $\hat{E}_k$ は $\hat{a}_k^\dagger$ を含むので，$n = 0$ の場合でも消滅しない．したがって，真空状態はすべての周波数の電場をもっている．これらの電場は，しばしば真空状態の**揺らぎ**（fluctuations）と呼ばれる．周波数 ω の遷移において，時間に依存する電場が存在する．消滅演算子は $n = 0$ より低い状態は生成できないので，吸収は起こりえない．しかし，生成演算

260 第12章 輻射の吸収と放出

子は因子 $\sqrt{n+1}$ をもたらし，確率を計算する際にはこれを2乗するが，それは真空の揺らぎにより，励起状態にある原子や分子からの光子1個の放出を引き起こしうるのである．この放出は，輻射場の状態が初期には $n=0$ であっても（自発的に）生じるので，自然放出と呼ばれる．自然放出は，量子力学に固有の効果である．

第13章 | 行列表示

The Matrix Representation

上記までの各章では，量子力学的な状態は，抽象的なベクトル空間のケットベクトル $|\cdots\rangle$ とブラベクトル $\langle\cdots|$ で表示されてきた．本章で取り上げる量子力学の行列表示は，これまでに展開されてきた考え方を何ら変更するものではない．それどころか，行列表示はベクトルを運用するうえで大変便利な手法を提供する．重ね合わせの原理は，量子力学の中心概念である．ある1つのケットベクトルは，他のケットベクトルからなる完全系で表現できる（i.e. 重ね合わせ）．N個のベクトルからなる完全系を用いて，他の N個のベクトルからなる別の完全系をつくることができる．特に，観測可能量である動的変数を表すエルミート演算子 $\hat{A}$ については，固有値方程式

$$\hat{A}|U_i\rangle = \alpha_i|U_i\rangle$$

を満たす1組のベクトルを見いだすことができる．ここで，$|U_i\rangle$ は固有ベクトルであり，α_i は固有値（観測可能量）である．行列表示を用いることによって，与えられた演算子についての固有状態と固有値を，ケットベクトルのある1つの完全系（i.e. 基底ベクトル）による特定の重ね合わせとして必ず見いだすことができる．

A. 行列と演算子

N次元ベクトル空間の，ある正規直交基底（完全系）

$$\{|e^j\rangle\}$$

を考える．その空間に属する任意のケットベクトルは，この基底ベクトルの重ね合わせにより，

$$|x\rangle = \sum_{j=1}^{N} x_j|e^j\rangle \tag{13.1}$$

262 第13章 行列表示

と書き表せる. ここで,

$$x_j = \langle e^j \,|\, x \rangle \tag{13.2}$$

である.

基底 $\{|e^j\rangle\}$ を用いれば, 演算子 $\hat{A}$ による方程式

$$|y\rangle = \hat{A}\,|\,x\rangle \tag{13.3}$$

は, 次のように書ける.

$$\sum_{j=1}^{N} y_j\,|\,e^j\rangle = \hat{A}\sum_{j=1}^{N} x_j\,|\,e^j\rangle \tag{13.4a}$$

$$= \sum_{j=1}^{N} x_j\hat{A}\,|\,e^j\rangle \tag{13.4b}$$

この両辺に左から $\langle e^i|$ を掛けると,

$$y_i = \sum_{j=1}^{N} \langle e^i\,|\hat{A}\,|\,e^j\rangle x_j \tag{13.5}$$

を得る. N個の異なる y_i は, ベクトル $|y\rangle$ の基底 $\{|e^j\rangle\}$ による**ベクトル表示**である. N^2個のスカラー積 $\langle e^i\,|\hat{A}\,|e^j\rangle$ は, $\hat{A}$ と基底 $\{|e^j\rangle\}$ により完全に定まる. ここでブラケットを

$$a_{ij} = \langle e^i\,|\hat{A}\,|\,e^j\rangle \tag{13.6}$$

とすると, 当初の線形変換 (演算子方程式 (13.3)) は,

$$y_i = \sum_{j=1}^{N} a_{ij}x_j, \quad i = 1, 2, \cdots, N \tag{13.7}$$

と表せる.

式 (13.7) は, 基底 $\{|e^j\rangle\}$ に関する $|x\rangle$ と $|y\rangle$ の**ベクトル表示**

$$x = [x_1, x_2, \cdots, x_N] \tag{13.8a}$$

$$y = [y_1, y_2, \cdots, y_N] \tag{13.8b}$$

によって書くことができる. ここで x と y は, それぞれ N個の数の組であり, (抽象的な) ベクトルではない. これらは, 基底が特定される場合にのみ意味がある. 基底に掛け合わされて初めて対応するベクトルが与えられる (式 (13.8) は, 以下に述べる式 (13.9) 右辺の演算まで含めると, N行1列の列 (縦) 表示の方が適切だが, 誤解を招かない限りこのような行 (横) 表示もしばしば援用する. 式 (13.37) 以降を参照のこと). 式 (13.7) はまた, N本の連立した線形方程式である. x と y をベクトル表示とすると, 式

(13.7) は，

$$y = Ax \tag{13.9}$$

と書ける．ここで A は，係数の配列（*i.e.* 行列）であり，

$$A = (a_{ij}) = \begin{bmatrix} a_{11} & a_{12} & \cdots & a_{1N} \\ a_{21} & a_{22} & \cdots & a_{2N} \\ \vdots & \vdots & & \vdots \\ a_{N1} & a_{N2} & \cdots & a_{NN} \end{bmatrix} \tag{13.10}$$

である（通例に従い，ここでは行列表示に固有の表記記号は与えないことにする．必要に応じて行列 A あるいは演算子 $\hat{A}$ の行列 A などと指定することで，十分に識別が可能である．ベクトル表示（13.8）の表記もそれに準じている．式（13.37）のあたりも同様である）．式（13.6）のブラケットで与えられる a_{ij} は，行列 A の**要素**である．これらは一般に，ブラケットというよりは**行列要素**と呼ばれることが多い．たとえそこで量子力学の行列表示が用いられているのではなくても，閉じたブラケットは，しばしば行列要素と呼ばれる．

　式（13.9）が主要な結果である．すなわち，演算子方程式（13.3）は行列とベクトル表示の積で表示され，その積が新たなベクトルの表示を与えることを示している．そのいずれもが，ある特定の基底に基づいて定義される．基底ベクトル $\{|e^j\rangle\}$ と演算子 $\hat{A}$ は既知なので，各行列要素 a_{ij} は式（13.6）により計算できる．したがって，あるケットから別のケットへの線形演算子による線形変換は，ベクトル表示に行列を掛け合わせた形式に還元される．

　量子力学の行列による定式化を運用するのに必要な数学的な道具は，線形代数ですでに用意されている．行列表示の展開と応用に必要になるので，基本的な定義，定理や関係式をここでひと通り示しておく．この内容は完全に包括的なわけではなく，線形代数として不可欠な統一的取扱いは，多くの関連書籍にあるので，そちらを参照してほしい．

　2個の行列 A と B が等しい，

$$A = B \tag{13.11a}$$

とは，

$$a_{ij} = b_{ij} \tag{13.11b}$$

が成り立つこと，すなわち対応する行列要素がすべて等しいことである．

264　第13章　行列表示

単位行列は,

$$I = (\delta_{ij}) = \begin{bmatrix} 1 & 0 & \cdots & 0 \\ 0 & 1 & \cdots & 0 \\ \vdots & \vdots & \ddots & \vdots \\ 0 & 0 & \cdots & 1 \end{bmatrix} \tag{13.12}$$

で定義される. 単位行列では, 主対角線に沿ったすべての要素が 1 に等しい（行列の左上角から右下角にわたる全対角要素が 1 に等しい）. 単位行列は, 行列変換（表示）における**恒等変換**に対応する. これをベクトル表示に適用すると恒等変換として作用する.

$$y_i = \sum_{j=1}^{N} \delta_{ij} x_j = x_i$$

y の i 番目の要素が x_i に等しいことを示し, これは,

$$|y\rangle = \hat{I}|x\rangle = |x\rangle$$

に対応する.

零行列は,

$$0 = \begin{bmatrix} 0 & 0 & \cdots & 0 \\ 0 & 0 & \cdots & 0 \\ \vdots & \vdots & \ddots & \vdots \\ 0 & 0 & \cdots & 0 \end{bmatrix} \tag{13.13a}$$

で定義され,

$$0x = 0 \tag{13.13b}$$

である.

2 個の行列は掛け合わせることができ, 新たな行列（積）を与える. 演算子方程式

$$|y\rangle = \hat{A}|x\rangle \tag{13.14a}$$

および

$$|z\rangle = \hat{B}|y\rangle \tag{13.14b}$$

を考える. これらは, 次式

$$|z\rangle = \hat{B}\hat{A}|x\rangle \tag{13.14c}$$

に等価である. 両方の変換に同一の基底を用いれば, 式 (13.14b) は,

A. 行列と演算子　265

$$z_k = \sum_{i=1}^{N} b_{ki} y_i \qquad (13.15a)$$

あるいは，

$$z = By \qquad (13.15b)$$

であり，ここで B は，行列 (b_{ki}) を表す．類似の等式が，式（13.14a）についても成り立つので，式（13.15）の変換は，

$$z = BAx = Cx \qquad (13.16)$$

となる．ここで

$$C = BA \qquad (13.17)$$

は，行列要素

$$c_{kj} = \sum_{i=1}^{N} b_{ki} a_{ij} \qquad (13.18)$$

をもつ新たな行列である．式（13.18）は，行列の**乗法（積）**の規則を与える．行列 C の行列要素を行列 A と B の行列要素で定義している．行列 C は，ベクトル表示 x をベクトル表示 z に変換する．

　行列の乗法は**結合**的である．すなわち，

$$(AB)C = A(BC) \qquad (13.19)$$

である．

　一般に，行列の積は交換可能（可換）ではない．つまり，

$$AB \neq BA \qquad (13.20)$$

である．行列の積が可換ではないという事実は，行列表示で非常に重要な役割を演じる．演算子は必ずしも交換する必要はないので，演算子を表現する行列もまた，この性質をもたねばならない．

　行列には複素数を掛けることも，その結果を足し合わせることもできる．すなわち，α と β を複素数として，

$$\alpha A + \beta B = C \qquad (13.21)$$

と書ける．行列 C の行列要素は，

$$c_{ij} = \alpha a_{ij} + \beta b_{ij} \qquad (13.22)$$

で与えられる．

　行列 A の**逆行列**は行列 A^{-1} と表し，

$$AA^{-1} = A^{-1}A = I \qquad (13.23)$$

266　第13章　行列表示

で定義される．積の逆行列は，

$$(AB)^{-1} = B^{-1}A^{-1} \tag{13.24}$$

であり，それぞれの逆行列の逆順の積である．

転置行列 $\widetilde{A}$ とは，行列 $A = (a_{ij})$ に対して

$$\widetilde{A} = (a_{ji}) \tag{13.25}$$

で定義され，行と列を入れ替えた行列のことである（$^t A$，A^T などと表されることも多い）．

行列 A の**複素共役** A^* とは，

$$A^* = (a_{ij}^*) \tag{13.26}$$

であり，各要素の複素共役を要素とする行列になる（$\overline{A}$ と表す場合もある）．

行列 A の**エルミート共役** $A^\dagger$（Hermitian conjugate）は，

$$A^\dagger = (a_{ji}^*) \tag{13.27}$$

で定義され，転置行列の複素共役に等しい．

行列 A と B の積 AB の転置行列は，それぞれの転置行列の逆順の積になる．

$$\widetilde{(AB)} = \widetilde{B}\widetilde{A} \tag{13.28}$$

転置行列の**行列式**は，元の行列の行列式に等しい．

$$|\widetilde{A}| = |A| \tag{13.29}$$

ここで $|A| = \det A$ は，行列 A の**行列式**（determinant）を表すものとする．

2個の行列の積の複素共役は，それぞれの行列の複素共役の積である．

$$(AB)^* = A^* B^* \tag{13.30}$$

行列の複素共役の行列式は，行列式の複素共役に等しい．

$$|A^*| = |A|^* \tag{13.31}$$

行列の積 AB のエルミート共役は，それぞれのエルミート共役の逆順の積に等しい．

$$(AB)^\dagger = B^\dagger A^\dagger \tag{13.32}$$

エルミート共役の行列式は，元の行列式の複素共役に等しい．

$$|A^\dagger| = |A|^* \tag{13.33}$$

逆行列は，**余因子行列**（(i, j) 小行列式に符号 $(-1)^{i+j}$ をつけたもの（*i.e.* 余因子）を要素とする行列；A^C）の転置行列を，元の行列式で割ったもので与えられる．すなわち，

A. 行列と演算子　267

$$A^{-1} = \frac{\overline{A^c}}{|A|} \tag{13.34}$$

となる．したがって一般に，行列は $|A| \neq 0$ の場合にのみ逆行列をもつ．
$|A| = 0$ の場合には，行列は特異である（*i.e.* 正則でない）という．積 $C = AB$ については $|C| = |A||B|$ なので，$|A| = 0$ または $|B| = 0$ が成り立てば，C もまた特異になる．式（13.34）に含まれるべき留意点（あるいは，その場合の対処法）は，多くの場合，着目する行列がユニタリ（unitary）になるので，実際には必要ではなくなる．**ユニタリ性**については下記のように定義される．

　量子力学によく現れる行列には，特別な名前が付けられている．

対称行列	$A = \widetilde{A}$
エルミート行列	$A = A^\dagger$
実行列	$A = A^*$
虚数行列	$A = -A^*$
ユニタリ行列	$A^{-1} = A^\dagger$
対角行列	$a_{ij} = a_{ij}\delta_{ij}$

以下でもわかるように，これらの中で特に重要なのが**エルミート行列**と**ユニタリ行列**である．ユニタリ行列の逆行列を見いだすには，単にそのエルミート共役をとればよいことに注意して欲しい．

　行列の n 乗は，行列をそれ自身で n 回掛け合わせたものである．すなわち，

$$A^0 = I, \; A^1 = A, \; A^2 = AA, \; \cdots \tag{13.35}$$

である．これを用いると，たとえば行列の指数関数は，

$$e^A = I + A + \frac{A^2}{2!} + \cdots \tag{13.36}$$

と書き表せる．

　N 行 1 列からなる行列は**列（縦）ベクトル**である．

268　第13章　行列表示

$$x = \begin{bmatrix} x_1 \\ x_2 \\ \vdots \\ x_N \end{bmatrix} \tag{13.37}$$

x は実際上のベクトル表示になる．それは，ベクトル $|x\rangle$ をある特定の基底系に基づいて定義する．列ベクトル x の各要素に，対応する基底ベクトルを掛け合わせて和をとれば，$|x\rangle$ を与える．したがって式 $y=Ax$ は，具体的には

$$\begin{bmatrix} y_1 \\ y_2 \\ \vdots \\ y_N \end{bmatrix} = \begin{bmatrix} a_{11} & a_{12} & \cdots & a_{1N} \\ a_{21} & a_{22} & \cdots & a_{2N} \\ \vdots & \vdots & & \vdots \\ a_{N1} & a_{N2} & \cdots & a_{NN} \end{bmatrix} \begin{bmatrix} x_1 \\ x_2 \\ \vdots \\ x_N \end{bmatrix} \tag{13.38}$$

である．

　列ベクトルの転置は，**行（横）ベクトル**（式 (13.8) 参照）である．

$$\widetilde{x} = (x_1,\ x_2,\ \cdots,\ x_N) = [x_1,\ x_2,\ \cdots,\ x_N] \tag{13.39}$$

式 $y=Ax$ の両辺の転置をとれば，

$$\widetilde{y} = \widetilde{x}\widetilde{A} \tag{13.40}$$

となり，$y=Ax$ のエルミート共役をとれば，

$$y^\dagger = x^\dagger A^\dagger \tag{13.41}$$

を与える．

B.　基底の変換

　行列表示の方法を運用するにあたって，しばしば用いられる重要な変換の1つが，ある正規直交基底系から別の正規直交基底系への基底の変換である．一般に，正規直交基底 $\{|e^i\rangle\}$ に属する基底ベクトルは，

$$\langle e^i | e^j \rangle = \delta_{ij} \qquad i, j = 1, 2, \cdots, N \tag{13.42}$$

という特性をもつ．$\{|e^i\rangle\}$ によって張られる N 次元ベクトル空間の任意のベクトルは，基底ベクトルの重ね合わせで表される．同一の空間を張る別の基底ベクトルを見いだすことも可能である．もとの基底ベクトルの重ね合わせにより，新たな基底 $\{|e'^i\rangle\}$ を構成する N 個の線形独立なベクトルの集合

B. 基底の変換 269

を, 新たに生成することができ, これらが

$$|e'^i\rangle = \sum_{k=1}^{N} u_{ik}|e^k\rangle, \qquad i = 1, 2, \cdots, N \tag{13.43}$$

で与えられるとする. ここで, u_{ik} は適切に選ばれた複素係数である. u_{ik} を適切に選べば, 新たに得られる基底もまた正規直交系になる.

$$\langle e'^i | e'^j \rangle = \delta_{ij} \tag{13.44}$$

線形代数の導くところによれば, この条件式はまた, 新しい基底が正規直交系となるような u_{ik} の特性を定義する. 式 (13.43) と, これに相当するブラの関係式を用い, 式 (13.44) に代入すると,

$$\sum_k \sum_l u_{ik}^* u_{jl} \langle e^k | e^l \rangle = \delta_{ij} \tag{13.45}$$

を得る. 基底 $\{|e^i\rangle\}$ は正規直交系なので, $l = k$ でなければブラケットは 0 になり, $l = k$ の場合には 1 になるので,

$$\sum_k u_{ik}^* u_{jk} = \delta_{ij} \tag{13.46}$$

が得られる. この条件が成立するためには, 式 (13.43) の係数がつくる行列

$$U = (u_{ik})$$

が, 次式の条件

$$U^\dagger U = I \tag{13.47}$$

を満たさなければならない. すなわち U は正則であって, しかも

$$U^{-1} = U^\dagger \tag{13.48}$$

が成り立つべきである. 重要なのは, 行列 U がユニタリである場合に, 新たな基底 $\{|e'^i\rangle\}$ は正規直交系になるということである. 式 (13.43) が定義する**ユニタリ変換**は, ある正規直交基底系を別の正規直交基底系に変換する.

ユニタリ性は, より対称的な形式

$$UU^\dagger = U^\dagger U = I \tag{13.49}$$

と書くことができる.

変換行列がユニタリならば, 新しい基底 $\{|e'\rangle\}$ は正規直交系になる. **ユニタリ変換**は, 正規直交系 $\{|e\rangle\}$ を正規直交系 $\{|e'\rangle\}$ で置換する. $|x\rangle$ は, 通常のベクトル空間では線分を定義するベクトルでもある. これは, ある正

270 第13章 行列表示

規直交系を用いて

$$|x\rangle = \sum_i x_i |e^i\rangle \tag{13.50}$$

と書き表せ，また別の正規直交系を用いて，

$$|x\rangle = \sum_i x_i' |e'^i\rangle \tag{13.51}$$

と書き表すこともできる．$|x\rangle$ は原点から位置 $|x\rangle$ に向かう線分であり，そ
れを表現するのにいずれの基底系を使うかは関係なく，元来同一のベクトル
である．ユニタリ変換 U を用いて，1つの基底による $|x\rangle$ のベクトル表示
から，別の基底による $|x\rangle$ のベクトル表示へと変換することができる．x を
プライム（$'$）のつかない基底による $|x\rangle$ のベクトル表示とし，x' をプライ
ムのついた基底による表示とする．

$$x' = Ux \tag{13.52a}$$
$$x = U^\dagger x' \tag{13.52b}$$

x と x' は，異なる基底による異なる表現だが，ベクトル $|x\rangle$ 自体は何も変
わっていない．

　簡単な例として，3次元実空間を張る基底 $\{e_x, e_y, e_z\}$ を考える（図13.1）．
ベクトル $|s\rangle$ は，実空間の原点からの線分とする．$\{e_x, e_y, e_z\}$ 基底に関して
は，$|s\rangle$ は

$$|s\rangle = 7e_x + 7e_y + 1e_z \tag{13.53}$$

であるとする．$\{e_x, e_y, e_z\}$ 基底による $|s\rangle$ のベクトル表示は，

$$s = \begin{bmatrix} 7 \\ 7 \\ 1 \end{bmatrix} \tag{13.54}$$

となる．

　図13.1で用いられている基底は，もちろん一意的ではない．3次元空間
を張ることのできる他の正規直交基底系は，無数に存在する．たとえば別の
基底は，座標系を z 軸の周りに45度回転することで得られる．ベクト
ル $|s\rangle$ の新しい表現 s' は，次式

$$s' = Us \tag{13.55}$$

で表される操作を実行することで得られる．ここで U を，座標系の回転行

B. 基底の変換　271

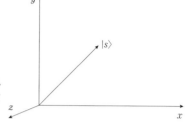

図 13.1 実空間の座標系．x, y, z はそれぞれ 3 次元基底ベクトル $\boldsymbol{e}_x$, $\boldsymbol{e}_y$, $\boldsymbol{e}_z$ の方向を向いている．$|s\rangle$ は実空間のベクトルである．

列

$$U = \begin{pmatrix} \cos\theta & \sin\theta & 0 \\ -\sin\theta & \cos\theta & 0 \\ 0 & 0 & 1 \end{pmatrix} \tag{13.56}$$

とする．45°の回転に関しては，

$$U = \begin{pmatrix} \sqrt{2}/2 & \sqrt{2}/2 & 0 \\ -\sqrt{2}/2 & \sqrt{2}/2 & 0 \\ 0 & 0 & 1 \end{pmatrix} \tag{13.57}$$

となる．したがって

$$s' = \begin{pmatrix} \sqrt{2}/2 & \sqrt{2}/2 & 0 \\ -\sqrt{2}/2 & \sqrt{2}/2 & 0 \\ 0 & 0 & 1 \end{pmatrix} \begin{pmatrix} 7 \\ 7 \\ 1 \end{pmatrix} = \begin{pmatrix} 7\sqrt{2} \\ 0 \\ 1 \end{pmatrix} \tag{13.58}$$

から，

$$s' = \begin{bmatrix} 7\sqrt{2} \\ 0 \\ 1 \end{bmatrix} \tag{13.59}$$

を得る．

　s' は s と同一のベクトルを表すが，基底が異なる．計算されるべきベクトル自体の特性は，具体的なベクトル表示を得るために用いられる基底の選択には依存しない．たとえば，ベクトルの長さは $(\langle s|s\rangle)^{1/2}$ で与えられる（第 2 章 A 節を参照）．元の基底では，長さは以下のように計算できる．すなわち，

$$[\langle s|s\rangle]^{1/2} = (s^* \cdot s)^{1/2}$$
$$= (49 + 49 + 1)^{1/2} = (99)^{1/2}$$

272 第13章 行列表示

となる．新しい基底では，

$$[\langle s' \mid s' \rangle]^{1/2} = (s'^* \cdot s')^{1/2}$$
$$= (2 \cdot 49 + 0 + 1)^{1/2} = (99)^{1/2}$$

となる．長さだけでなく，ベクトル自体の他のどのような特性も，ベクトルを表示するのに用いられる正規直交基底系には依存しない．

基底 $\{|e\rangle\}$ に関して，ベクトル $|x\rangle$ からベクトル $|y\rangle$ への演算子 $\hat{A}$ による線形変換を考える．すなわち，

$$y = Ax \tag{13.60a}$$

あるいは要素で表して，

$$y_i = \sum_j a_{ij} x_j \tag{13.60b}$$

とする．ユニタリ行列 U を用いて基底を新しい正規直交基底 $\{|e'\rangle\}$ に変換すると，式（13.60a）もまた同様に，新しい基底に変換される．すなわち

$$y' = Uy = UAx = UAU^\dagger x' \tag{13.61}$$

となる．ここで式（13.52）を用いた．式（13.60a）に対応する基底 $\{|e'\rangle\}$ に関する式は，

$$y' = A'x' \tag{13.62}$$

であり，したがって行列 A' は

$$A' = UAU^\dagger \tag{13.63}$$

で与えられる．あるいは，U はユニタリなので，

$$A' = UAU^{-1} \tag{13.64}$$

とも表される．式（13.64）あるいは（13.63）は，極めて重要な結果である．ある演算子をある正規直交基底で表示する行列は，別の正規直交基底でその演算子を表示する新たな行列に，式（13.64）を用いて変換できる．この変換は**相似変換**（similarity transformation）と呼ばれ，行列 A' と A は**相似**であるという．

ベクトル表示と行列を含む任意の表式は，いずれも1つの正規直交基底から別の正規直交基底に変換できる．実際，以下の各等式

$$y = Ax, \qquad AB = C, \qquad A + B = C \tag{13.65}$$

は，プライムのつかない基底からプライムのついた基底へ変換した後には，

それぞれ

$$y' = A'x', \qquad A'B' = C', \qquad A' + B' = C'$$

となる．たとえば，

$$AB = C$$
$$UABU^\dagger = UCU^\dagger$$

を調べてみよう．$U^\dagger U$ は単位行列 I に等しいので，第2式左辺の積 AB の間に挿入することができて，

$$UAU^\dagger UBU^\dagger = UCU^\dagger$$

となり，これはさらに変形ができて，

$$A'B' = C'$$

を与える．

　上記に与えてきた議論は，抽象化されたベクトル空間のベクトルと演算子の関係は，ベクトル表示と行列表示の関係との間に，**同型性**（isomorphism）が成立することを例示している．式（13.65）は，それぞれ演算子方程式

$$|y\rangle = \hat{A}|x\rangle, \qquad \hat{A}\hat{B} = \hat{C}, \qquad \hat{A} + \hat{B} = \hat{C}$$

の表示になっている．同型性により，抽象的なベクトルと演算子や演算子間の演算を，それらの表示と形式上も区別する必要がなくなる．行列とベクトル表示は，演算子と抽象的なベクトルの代わりに用いることができる．たとえば，抽象的なベクトル空間で $\langle x|y \rangle$ と定義されたスカラー積は，まず

$$\langle x \mid y \rangle = \sum_i x_i^* y_i = x^* \cdot y$$

と変換できる．ここで，x^* と y はベクトル $\langle x|$ と $|y\rangle$ の表示である．スカラー積は抽象的なベクトルについて定義されるので，特定の基底の選択にはよらず，しかもベクトル自身の特性は，それらを表示するのに用いられる正規直交基底にもよらない．すなわち，

$$x^* \cdot y = (Ux)^* \cdot Uy = x'^* \cdot y'$$

であって，x'^* と y' は，プライムのつかない正規直交基底からプライムのついた基底に変換した場合の，$\langle x|$ と $|y\rangle$ の表示である．

274　第13章　行列表示

C. エルミート演算子と行列

第2章B，C節で議論したように，エルミート演算子は

$$\langle x|\hat{A}|y\rangle = \overline{\langle y|\hat{A}|x\rangle}$$

という特性をもっている．量子論では，現実の動的変数（観測可能量）はエルミート演算子で表される．観測可能量はエルミート演算子の固有値になっている．観測可能量は，着目する観測可能量に対応するエルミート演算子の固有値方程式を解くことによって，その値が計算される．量子力学の行列表示では，エルミート演算子はエルミート行列，すなわち $A = A^{\dagger}$ という特性をもつ行列で表される．

線形代数には，行列を固有値問題の解に関連付ける定理が存在する．固有値問題は線形代数の分野では数学的な基本課題の1つであり，そこで成り立つこの定理が，量子力学のなかでの行列表示の有用性を保証する．長くなるので，定理の証明はここでは行わない．必要があれば，線形代数の包括的な参考書を参照してほしい．

定理：N 次元線形ベクトル空間のエルミート演算子 $\hat{A}$ について，ある正規直交基底 $|U^1\rangle$, $|U^2\rangle$, …, $|U^N\rangle$ が（必ず）存在し，この基底に基づく $\hat{A}$ の表示は，対角行列

$$A' = \begin{pmatrix} \alpha_1 & 0 & \cdots & 0 \\ 0 & \alpha_2 & \cdots & 0 \\ \vdots & \vdots & \ddots & \vdots \\ 0 & 0 & \cdots & \alpha_N \end{pmatrix} \tag{13.66}$$

になる．ベクトル $|U^i\rangle$ の組とそれらに対応する実数 α_i は，固有値方程式

$$\hat{A}|U\rangle = \alpha|U\rangle \tag{13.67}$$

の解となる．この解は一意的であり，それ以外の固有値は存在しない．

定理は有限行列に適用される形で述べられているが，同様の表現は無限次元の行列についても可能である．

この定理は，次のような形で用いられる．演算子 $\hat{A}$ がある正規直交基底 $\{|e^i\rangle\}$ により行列 A で表現できるとする．行列を表現するために用いられ

C. エルミート演算子と行列　275

る基底は，どのような便宜的手法を用いて選択してもよい．さらに別の基底
$\{|U^i\rangle\}$ があって，そこでは演算子を表現する行列 A' が対角行列になって
いる．任意の基底 $\{|e^i\rangle\}$ から固有ベクトル基底 $\{|U^i\rangle\}$ に移動するために，
ユニタリ変換 U

$$\{|U^i\rangle\} = U\{|e^i\rangle\} \tag{13.68}$$

が存在する．U が任意の基底を固有ベクトル基底に変換し，それに伴い，
相似変換

$$A' = U A U^{-1} \tag{13.69}$$

が，任意の基底による行列 A を固有ベクトル基底による行列 A' に変換する．
したがって行列表示では，固有値問題を解くことは，行列の**対角化**問題に帰
着する．行列 A' は対角化されていて，その対角要素に固有値をもち，U が
任意の基底を固有ベクトルに変換する．初期の基底が固有ベクトル基底に選
ばれている場合には，その行列は，固有値をその要素とする対角行列に最初
からなっているということである．

　実際の行列表示の導入に先立ち，系の状態はケットベクトルで記述され，
系の動的変数は線形演算子 $\hat{A}$ で表現されているとする．線形演算子をケッ
トに作用させると，線形変換

$$|y\rangle = \hat{A}|x\rangle$$

が生成される．現実の動的変数（観測可能量）はエルミート演算子で表現さ
れ，観測可能量はエルミート演算子の固有値

$$\hat{A}|S\rangle = \alpha|S\rangle$$

で与えられる．固有値問題の解は，固有値と固有ベクトルを与える．

　この状況は，行列表示にしても基本的には何ら変わらない．エルミート演
算子は対応するエルミート行列で置き換えられる．すなわち，

$$\hat{A} \to A$$

である．適切な基底を用いれば，行列 A' は対角化されたエルミート行列で
あり，その行列の対角要素が固有値（観測可能量）を与える．適切な相似変
換

$$A' = U A U^{-1}$$

により，任意の基底系によって書かれた行列 A は対角化された行列 A' に変
換され，ユニタリ行列 U により，任意の基底は固有ベクトルから構成され

276　第13章　行列表示

る基底へと変換される.

　行列表示は,演算子を運用して固有値問題を解くもう1つの方法である.行列が演算子に置き換わり,ベクトル表示がケットベクトルに置き換わるので,これまでに述べてきた演算子とケットベクトルの間に成り立つすべての関係は,行列とベクトル表示の間にもまったく同様に成り立つ.たとえば,2個のエルミート演算子 $\hat{A}$ と $\hat{B}$ は,それらが可換($[\hat{A}, \hat{B}]=0$)の場合に限り,同一の固有ベクトルをもつという記述は,行列の対角化に関する記述に置き換わる.すなわち,2個のエルミート行列 A と B は,それらが互いに可換(i.e. $AB=BA$)の場合に限り,同一のユニタリ変換で同時に対角化できる.

D.　行列表示による調和振動子

　第6章では,調和振動子を,シュレーディンガー表示とディラックの上昇・下降演算子を用いる方法の両方で取り扱った.いくつかの教科書では,ディラックの方法は行列表示の一例として扱われている.しかし,調和振動子の昇降演算子による展開は,量子論の一般的な考え方を適用しているだけであり,上記に展開してきた行列表示の主要なところをなんら必要としていない.そこで,ここではディラックの取扱いによる結果を,行列表示を用いて書き直してみよう.問題は既に解かれていて,固有ケットは既知である.これらの固有ケットを基底系に用いて問題を取り扱うと,任意の基底から固有ベクトル基底へのユニタリ変換を見いだす問題は,ひとまず回避できる.そのようなユニタリ変換を実際に見いだす方法は,E節で提示する.

　第6章B節で展開された手法を用いると,調和振動子のハミルトニアンは,

$$\hat{H} = \frac{1}{2}\left(\hat{P}^2 + \hat{x}^2\right) \tag{13.70a}$$

$$= \frac{1}{2}\left(\hat{a}\,\hat{a}^{\dagger} + \hat{a}^{\dagger}\hat{a}\right) \tag{13.70b}$$

と書ける.ここで $\hat{P}^2$ は運動量演算子の2乗であり,$\hat{x}^2$ は位置演算子の2乗である.$\hat{a}$ は下降演算子,$\hat{a}^{\dagger}$ は上昇演算子である.調和振動子のエネルギ

D. 行列表示による調和振動子　277

一固有値問題の固有ケットはケット $|n\rangle$ であり，これはまた，占有数ケットでもある．ケット $|n\rangle$ に下降および上昇演算子を作用させると，

$$\hat{a}|n\rangle = \sqrt{n}\,|n-1\rangle \tag{13.71a}$$

$$\hat{a}^\dagger|n\rangle = \sqrt{n+1}\,|n+1\rangle \tag{13.71b}$$

をそれぞれ与える．

　下降および上昇演算子は，ケット $|n\rangle$ を基底に用いた行列で書き表せる．下降演算子に対応する行列を書き下すためには，基底 $|n\rangle$ に関する行列要素 （i.e. $\langle m|\hat{a}|n\rangle$）をすべて決定し，その上ですべての行列要素を行列 (a_{ij}) の形にまとめる必要がある．それらの行列要素は，

$$\langle 0|\hat{a}|0\rangle = 0,\ \ \langle 0|\hat{a}|1\rangle = \sqrt{1},\ \ \langle 0|\hat{a}|2\rangle = 0,\ \cdots$$

$$\langle 1|\hat{a}|0\rangle = 0,\ \ \langle 1|\hat{a}|1\rangle = 0,\ \ \langle 1|\hat{a}|2\rangle = \sqrt{2},\ \ \langle 1|\hat{a}|3\rangle = 0,\ \cdots \tag{13.72}$$

$$\vdots$$

である．したがって下降演算子 $\hat{a}$ の行列 a は，

$$
a =
\begin{array}{c}
 \\
\langle 0| \\
\langle 1| \\
\langle 2| \\
\langle 3| \\
\langle 4| \\
\cdot \\
\cdot \\
\cdot
\end{array}
\begin{array}{c}
\begin{array}{ccccc}
|0\rangle & |1\rangle & |2\rangle & |3\rangle & |4\rangle \quad \cdot \quad \cdot \quad \cdot
\end{array} \\
\left(
\begin{array}{ccccccc}
0 & \sqrt{1} & 0 & 0 & 0 & \cdot\ \cdot\ \cdot \\
0 & 0 & \sqrt{2} & 0 & 0 & \\
0 & 0 & 0 & \sqrt{3} & 0 & \\
0 & 0 & 0 & 0 & \sqrt{4} & \\
0 & 0 & 0 & 0 & 0 & \cdot \\
\cdot & & & & & \cdot\ \ \cdot \\
\cdot & & & & & \cdot\ \ \cdot \\
\cdot & & & & & \cdot
\end{array}
\right)
\end{array}
\tag{13.73}
$$

の形をもつ．これらの行列要素を行列の形に配置する際には，基底ケットを行列の上部に横に，対応する基底ブラを行列の左側に縦にそれぞれ書き並べると便利である．配列中の任意の行列要素の位置が明確になる．上の行のケットに演算子が作用するところに行列要素が入り，左側の列のブラで閉じられる．下降演算子行列は要素 $\sqrt{n}$ を，主要な対角項のそれぞれ 1 行上に対角線状にもつ．

　同様にして，上昇演算子の行列 $a^\dagger$ も得られる．

278　第13章　行列表示

$$a^\dagger = \begin{pmatrix} 0 & 0 & 0 & 0 & 0 & \cdot \\ \sqrt{1} & 0 & 0 & 0 & 0 & \cdot \\ 0 & \sqrt{2} & 0 & 0 & 0 & \cdot \\ 0 & 0 & \sqrt{3} & 0 & 0 & \cdot \\ 0 & 0 & 0 & \sqrt{4} & 0 & \cdot \\ \cdot & \cdot & \cdot & \cdot & \cdot & \cdot \end{pmatrix} \tag{13.74}$$

上昇演算子行列は，要素 $\sqrt{n+1}$ を対角項のそれぞれ1行下にもつ.

ハミルトニアン行列 H は，

$$H = \frac{1}{2}(a\,a^\dagger + a^\dagger a) \tag{13.75}$$

で与えられる. 行列 H は，行列 a と $a^\dagger$ の乗法（式 (13.18)）と，その結果得られるそれぞれの積行列を足して得られる. すなわち，

$$a\,a^\dagger = \begin{pmatrix} 0 & \sqrt{1} & 0 & 0 & 0 & \cdot \\ 0 & 0 & \sqrt{2} & 0 & 0 & \cdot \\ 0 & 0 & 0 & \sqrt{3} & 0 & \cdot \\ 0 & 0 & 0 & 0 & \sqrt{4} & \cdot \\ 0 & 0 & 0 & 0 & 0 & \cdot \\ \cdot & \cdot & \cdot & \cdot & \cdot & \cdot \end{pmatrix} \begin{pmatrix} 0 & 0 & 0 & 0 & 0 & \cdot \\ \sqrt{1} & 0 & 0 & 0 & 0 & \cdot \\ 0 & \sqrt{2} & 0 & 0 & 0 & \cdot \\ 0 & 0 & \sqrt{3} & 0 & 0 & \cdot \\ 0 & 0 & 0 & \sqrt{4} & 0 & \cdot \\ \cdot & \cdot & \cdot & \cdot & \cdot & \cdot \end{pmatrix} \tag{13.76a}$$

$$= \begin{pmatrix} 1 & 0 & 0 & 0 & \cdot \\ 0 & 2 & 0 & 0 & \cdot \\ 0 & 0 & 3 & 0 & \cdot \\ 0 & 0 & 0 & 4 & \cdot \\ \cdot & \cdot & \cdot & \cdot & \cdot \end{pmatrix} \tag{13.76b}$$

および，

$$
a^\dagger a =
\begin{pmatrix}
0 & 0 & 0 & 0 & 0 & \cdot \\
\sqrt{1} & 0 & 0 & 0 & 0 & \cdot \\
0 & \sqrt{2} & 0 & 0 & 0 & \cdot \\
0 & 0 & \sqrt{3} & 0 & 0 & \cdot \\
0 & 0 & 0 & \sqrt{4} & 0 & \cdot \\
\cdot & \cdot & & & &
\end{pmatrix}
\begin{pmatrix}
0 & \sqrt{1} & 0 & 0 & 0 & \cdot \\
0 & 0 & \sqrt{2} & 0 & 0 & \cdot \\
0 & 0 & 0 & \sqrt{3} & 0 & \cdot \\
0 & 0 & 0 & 0 & \sqrt{4} & \cdot \\
0 & 0 & 0 & 0 & 0 & \cdot \\
& & & & &
\end{pmatrix}
\tag{13.77a}
$$

$$
=
\begin{pmatrix}
0 & 0 & 0 & 0 & \cdot \\
0 & 1 & 0 & 0 & \cdot \\
0 & 0 & 2 & 0 & \cdot \\
0 & 0 & 0 & 3 & \cdot \\
\cdot & \cdot & \cdot & \cdot & \cdot
\end{pmatrix}
\tag{13.77b}
$$

がまず得られる．ついで，行列 $a\,a^\dagger$ と $a^\dagger a$ を足し合わせ，それに $1/2$ を掛ければ，H が得られる．すなわち，

$$
H = \frac{1}{2}
\begin{pmatrix}
1 & 0 & 0 & 0 & \cdot \\
0 & 3 & 0 & 0 & \cdot \\
0 & 0 & 5 & 0 & \cdot \\
0 & 0 & 0 & 7 & \cdot \\
\cdot & \cdot & \cdot & \cdot & \cdot
\end{pmatrix}
=
\begin{pmatrix}
1/2 & 0 & 0 & 0 & \cdot \\
0 & 3/2 & 0 & 0 & \cdot \\
0 & 0 & 5/2 & 0 & \cdot \\
0 & 0 & 0 & 7/2 & \cdot \\
\cdot & \cdot & \cdot & \cdot & \cdot
\end{pmatrix}
\tag{13.78}
$$

となる．基底 $|n\rangle$ に関して，行列 H は対角化されている．対角要素は固有値 $n+1/2$ になっていて，ベクトル $|n\rangle$ は固有ベクトルである．伝統的な単位系（第 6 章 B 節）で表すなら，行列に $h\nu$ を掛ければよく，調和振動子の固有値は $E = h\nu(n+1/2)$ となり，これは以前に導かれた結果に等しい．

　調和振動子問題に関連する他の演算子もまた，行列の形に書くことができる．たとえば，$\hat{x}$ や $\hat{P}$ は，下降演算子と上昇演算子を用いて書くことができるので，$\hat{x}$ や $\hat{P}$ に対応する行列は，行列 a と $a^\dagger$，すなわち式（13.73）と（13.74）を用いて，導くことができる．

E. 行列の対角化による固有値問題の解法

　D 節では，基底は（最初から）固有ベクトルで構成されていたので，固

280　第13章　行列表示

有ベクトル基底への変換自体を見いだす問題は回避されていた．行列形式の効用は，エルミート演算子を表現する行列を，任意の基底を用いて得ることができる点にある．初期に選んだ基底によって書き表された行列が対角的ではない場合でも，その後にその行列を対角化することにより，演算子の固有値と固有ベクトルを得ることができるのである．

　行列表示では，固有値方程式は，

$$Au = \alpha u \tag{13.79}$$

と表される．ここで A はエルミート演算子（観測可能量）を表現する行列であり，u は固有ケットのベクトル表示であり，α は固有値である．式(13.79)は，それぞれの行列要素とベクトル表示の成分を用いても，書き表すことができる．すなわち，

$$\sum_{j=1}^{N} (a_{ij} - \alpha \delta_{ij}) u_j = 0, \quad i = 1, 2, \cdots, N \tag{13.80}$$

となる．これは，固有ベクトルの N 個の未知の成分 u_j についての N 本の（N 元）連立1次方程式である．これらを具体的に書き下すと，

$$\begin{aligned}
(a_{11} - \alpha) u_1 + a_{12} u_2 + a_{13} u_3 + \cdots &= 0 \\
a_{21} u_1 + (a_{22} - \alpha) u_2 + a_{23} u_3 + \cdots &= 0 \\
a_{31} u_1 + a_{32} u_2 + (a_{33} - \alpha) u_3 + \cdots &= 0 \\
\vdots
\end{aligned} \tag{13.81}$$

となる（類似の状況は，第9章C節で，縮退のある場合の摂動論の取扱いでも遭遇している．ここでの結果は固有値問題の厳密な解についてであるが，手続きは同一である）．この連立方程式では，初期に選んだ基底系について決まるべき**固有ベクトルのベクトル表示** u_j が未知数であり，**固有値** α も未知数である．ところで，このような同次連立方程式は，自明な解

$$u_1 = u_2 = \cdots = u_N = 0$$

を除けば，u_j の係数行列式の値が0の場合に限り，自明でない解をもつことができる．すなわち，そのためには

E. 行列の対角化による固有値問題の解法　281

$$
\begin{vmatrix}
(a_{11}-\alpha) & a_{12} & a_{13} & \cdot & \cdot \\
a_{21} & (a_{22}-\alpha) & a_{23} & & \\
a_{31} & a_{32} & (a_{33}-\alpha) & \cdot & \cdot \\
\cdot & \cdot & \cdot & & \\
\cdot & \cdot & \cdot & &
\end{vmatrix} = 0 \tag{13.82}
$$

となることが必要である．この行列式を展開すると，固有値 α を未知数とする N 次方程式が得られる．その方程式を解いて得られる一般には N 個ある解のうちの 1 個を，連立方程式のすべて（式 (13.80) あるいは (13.81)）に代入し直すと，N 個の未知数 u_i についての N 本の方程式が得られる．それらを解くことにより，代入した特定の固有値 α に付随する固有ベクトルのベクトル表示（eigenvector representative）が得られる．ただし，これらの方程式は相互の関係を変えることなく定数倍できる（$i.e.$ 同次方程式）ので，解を特定するためには不十分で，実際には条件は $N-1$ 個だけである．必要なもう 1 つの条件は，固有ベクトル表示の規格化条件によって満たされる．すなわち，

$$
u_1^* u_1 + u_2^* u_2 + \cdots + u_N^* u_N = 1 \tag{13.83}
$$

である．おのおのの固有値について，これらの方程式の組を順次解くことにより，固有ベクトル表示の完全な 1 組を得ることができる．

　最も簡単な例として，第 8 章でも議論した，縮退した 2 状態問題を考えよう．その C 節で，基底状態の特定の 2 通りの重ね合わせが固有状態になることが示され，固有値が得られた．この例に，上記までに大筋を述べた手続きを適用し，第 8 章で得た固有値と固有ベクトルを再度導出することを試みる．

　第 8 章で議論した問題では，ハミルトニアン $\hat{H}$ は，時間に依存しない 2 つの正規直交ケット $|\alpha\rangle$ と $|\beta\rangle$ からなる基底に作用する．すなわち，

$$
\hat{H}|\alpha\rangle = E_0|\alpha\rangle + \gamma|\beta\rangle \tag{13.84a}
$$

$$
\hat{H}|\beta\rangle = E_0|\beta\rangle + \gamma|\alpha\rangle \tag{13.84b}
$$

である．式 (13.84) は $\hat{H}$ を定義していると言い換えてもよい．この基底に基づく $\hat{H}$ の 4 個の行列要素は，

282　第13章　行列表示

$$\langle \alpha | \hat{H} | \alpha \rangle = E_0$$

$$\langle \beta | \hat{H} | \alpha \rangle = \gamma$$

$$\langle \alpha | \hat{H} | \beta \rangle = \gamma \tag{13.85}$$

$$\langle \beta | \hat{H} | \beta \rangle = E_0$$

となる．これらは式（13.84）の両辺に $\langle \alpha |$ と $\langle \beta |$ を左から掛けることによって得られる．ハミルトニアン行列 H は，これらをまとめて

$$H = \begin{array}{c} \\ \langle \alpha | \\ \langle \beta | \end{array} \begin{array}{c} |\alpha\rangle \quad |\beta\rangle \\ \begin{pmatrix} E_0 & \gamma \\ \gamma & E_0 \end{pmatrix} \end{array} \tag{13.86}$$

となる．固有値 λ は，H から式（13.82）左辺の行列式をつくり，これを 0 に等しいと置いて，

$$\begin{vmatrix} E_0 - \lambda & \gamma \\ \gamma & E_0 - \lambda \end{vmatrix} = 0 \tag{13.87}$$

を展開することで得られる．行列式を展開すると，λ についての2次方程式

$$(E_0 - \lambda)^2 - \lambda^2 = 0 \tag{13.88}$$

を得る．この2次方程式を解けば，固有値が2個得られる．

$$\lambda_+ = E_0 + \gamma \tag{13.88a}$$

$$\lambda_- = E_0 - \gamma \tag{13.88b}$$

対応する固有ケットは，基底ベクトルの重ね合わせで書ける．すなわち，

$$|+\rangle = a_+ |\alpha\rangle + b_+ |\beta\rangle$$

$$|-\rangle = a_- |\alpha\rangle + b_- |\beta\rangle \tag{13.89}$$

とする．ここでケット $|+\rangle$ と $|-\rangle$ は，固有値 λ_+ と λ_- にそれぞれ関連付けられる固有ベクトルである．それらのベクトル表示は，$[a_+, b_+]$ と $[a_-, b_-]$ である．$|+\rangle$ のベクトル表示を見いだすために，λ_+ を式（13.81）に代入すると，

$$(H_{11} - \lambda_+) a_+ + H_{12} b_+ = 0 \tag{13.90a}$$

$$H_{21} a_+ + (H_{22} - \lambda_+) b_+ = 0 \tag{13.90b}$$

を得る．ここで H_{ij} は，行列 H の行列要素である．$\lambda_+ = E_0 + \gamma$ を用いれば，方程式はそれぞれ，

$$-\gamma a_+ + \gamma b_+ = 0 \tag{13.91a}$$

$$\gamma a_+ - \gamma b_+ = 0 \tag{13.91b}$$

となる．この2式は同一である．上記で指摘したように，N元の連立方程式は同次であるために，$N-1$個の条件しか与えない．これらの方程式は結局，

$$a_+ = b_+ \tag{13.92}$$

をもたらす．係数は実数（しかも，少なくとも $a_+ \geq 0$）にとることができ，そうすることで一般性を失うことはない．その場合には，規格化条件は

$$a_+^2 + b_+^2 = 1 \tag{13.93}$$

となり，したがって

$$a_+ = b_+ = \frac{1}{\sqrt{2}} \tag{13.94}$$

を得る．これより，基底 $\{|\alpha\rangle, |\beta\rangle\}$ に基づく固有ベクトル $|+\rangle$ は，

$$|+\rangle = \frac{1}{\sqrt{2}} |\alpha\rangle + \frac{1}{\sqrt{2}} |\beta\rangle \tag{13.95}$$

と得られる．もう一方の固有ベクトルを見いだすには，λ_- を連立方程式に代入すればよい．これより条件式，

$$a_- = -b_- \tag{13.96}$$

を得る．規格化条件とあわせれば，

$$a_- = \frac{1}{\sqrt{2}}, \quad b_- = -\frac{1}{\sqrt{2}} \tag{13.97}$$

が得られ，したがって基底 $\{|\alpha\rangle, |\beta\rangle\}$ に基づく固有ベクトル $|-\rangle$ は，

$$|-\rangle = \frac{1}{\sqrt{2}} |\alpha\rangle - \frac{1}{\sqrt{2}} |\beta\rangle \tag{13.98}$$

となる．

　形式的には，当初非対角的であった行列を，相似変換により固有値を対角成分にもつ対角行列に変換する．相似変換を実行するのに必要なユニタリ行列は，固有ベクトルのベクトル表示からなる行列である．ところで，これらを導くには，まず固有値を見いだす必要がある．したがって実際には，固有値を見いだす操作には，相似変換を実行する過程を含まないようにするのが通例である．

　固有ベクトル表示を相似変換のユニタリ行列の列に用いて構成した相似変

284 第13章 行列表示

換により，ハミルトニアン行列である式（13.86）を対角化することができる．変換されたハミルトニアン行列を H' と名付けることにして，この相似変換を

$$H' = \begin{pmatrix} 1/\sqrt{2} & 1/\sqrt{2} \\ 1/\sqrt{2} & -1/\sqrt{2} \end{pmatrix} \begin{pmatrix} E_0 & \gamma \\ \gamma & E_0 \end{pmatrix} \begin{pmatrix} 1/\sqrt{2} & 1/\sqrt{2} \\ 1/\sqrt{2} & -1/\sqrt{2} \end{pmatrix} \tag{13.99}$$

と置こう．この右辺で，因子 $1/\sqrt{2}$ を両方の行列から抜き出せば，

$$H' = \frac{1}{2} \begin{pmatrix} 1 & 1 \\ 1 & -1 \end{pmatrix} \begin{pmatrix} E_0 & \gamma \\ \gamma & E_0 \end{pmatrix} \begin{pmatrix} 1 & 1 \\ 1 & -1 \end{pmatrix} \tag{13.100}$$

となる．ハミルトニアン行列と U^{-1} の積を実行すると，行列の右側は，

$$H' = \frac{1}{2} \begin{pmatrix} 1 & 1 \\ 1 & -1 \end{pmatrix} \begin{pmatrix} E_0+\gamma & E_0-\gamma \\ E_0+\gamma & -E_0+\gamma \end{pmatrix} \tag{13.101}$$

となる．残りの行列の積を実行し，各要素に 1/2 を掛ければ，

$$H' = \begin{pmatrix} E_0+\gamma & 0 \\ 0 & E_0-\gamma \end{pmatrix} \tag{13.102}$$

が得られる．ハミルトニアン行列は対角化され，対角項の行列要素は固有値になっている．

　固有値と固有ベクトルを解析的に求めることは，行列のサイズが大きくなると急激に難しくなる．10×10 行列は，固有値についての 10 次方程式を与える．いくつかの場合には，ハミルトニアン行列が**ブロック対角化**されることがある．すなわち，大きな行列が複数の小さなブロック行列を要素とする行列からなり，それらの間の非対角要素は 0 で，ブロック間は分離されているという場合である．小さいブロックは，解析的解法により馴染みやすい．しかし，行列表示が現代でむしろ極めて強力なのは，行列が非常に大きくても，その固有値と固有ベクトルを見いだす手法（たとえば，冪乗法やヤコビ法）がコンピューターを用いた数値計算の技術に向いているからである．したがって，大きな基底系やそれによる非常に大きな行列は，行列表示を用いる障害にはならないのである．

第14章 | 密度行列——分子と光のコヒーレントな結合

The Density Matrix and Coherent Coupling of Molecules to Light

　　第13章では，量子力学の行列表示を用いて固有値問題を解いた．行列表示は，時間に依存する問題を解くのにも用いることができる．特に密度行列による定式化は，問題が時間に依存するかしないかに関係なく，観測可能量とその確率（密度）を，中間的な確率振幅の計算を経ることなしに直接計算することを可能にする．密度行列はまた，量子統計力学においても重要な役割を果たす．本章では，密度行列による定式化の基礎的な特性をいくつか議論し，その例を示す．

A. 密度演算子と密度行列

　　ある時刻 t の系の状態が，ケット

$$|t\rangle = \sum_n C_n(t)|n\rangle \tag{14.1}$$

で記述されるものとする．ここで，集合 $\{|n\rangle\}$ は完全な正規直交基底系であり，

$$\sum_n |C_n(t)|^2 = 1 \tag{14.2}$$

が成り立ち，$|t\rangle$ は規格化されているとしよう．この場合に，**密度演算子** $\hat{\rho}(t)$ (density operator) は，

$$\hat{\rho}(t) = |t\rangle\langle t| \tag{14.3}$$

で定義される．密度演算子はまた，基底系 $\{|n\rangle\}$ を用いて密度行列 $\rho(t)$ で表示することもできる．$\rho(t)$ の行列要素は，

$$\rho_{ij}(t) = \langle i|\hat{\rho}(t)|j\rangle \tag{14.4}$$

で与えられる．

286 第14章 密度行列——分子と光のコヒーレントな結合

2状態系（two-state system）を例として考えよう．すると，

$$|t\rangle = C_1(t)|1\rangle + C_2(t)|2\rangle \tag{14.5}$$

に対応して，行列要素はそれぞれ，

$$\rho_{11}(t) = \langle 1|t\rangle\langle t|1\rangle$$
$$= \langle 1|[C_1|1\rangle + C_2|2\rangle][C_1^*\langle 1| + C_2^*\langle 2|]|1\rangle$$

$$\rho_{11} = C_1 C_1^* \tag{14.6}$$

$$\rho_{12} = \langle 1|t\rangle\langle t|2\rangle$$

$$\rho_{12} = C_1 C_2^* \tag{14.7}$$

$$\rho_{21} = \langle 2|t\rangle\langle t|1\rangle$$

$$\rho_{21} = C_2 C_1^* \tag{14.8}$$

$$\rho_{22} = \langle 2|t\rangle\langle t|2\rangle$$

$$\rho_{22} = C_2 C_2^* \tag{14.9}$$

と得られる．よって2×2の密度行列は，

$$\rho(t) = \begin{bmatrix} C_1 C_1^* & C_1 C_2^* \\ C_2 C_1^* & C_2 C_2^* \end{bmatrix} \tag{14.10}$$

となる．系が状態$|t\rangle$の形で与えられると，密度行列の対角要素$C_1 C_1^*$と$C_2 C_2^*$は，系をそれぞれ状態$|1\rangle$と$|2\rangle$に見いだす確率（密度）になる．$\sum_n |C_n(t)|^2 = 1$なので，密度行列の跡（trace；対角要素の和）$\mathrm{Tr}\,\rho(t)$は，行列の次元によらず1となる．すなわち，一般に

$$\mathrm{Tr}\,\rho(t) = 1 \tag{14.11}$$

が成り立つ．また

$$\rho_{ij} = \rho_{ji}^* \tag{14.12}$$

も，一般に成立する．

B. 密度行列の時間依存性

密度演算子の時間依存性は，時間に依存するシュレーディンガー方程式を用いて見いだすことができる．まず，密度演算子の時間微分を，

$$\dot{\hat{\rho}} = \frac{d\hat{\rho}(t)}{dt} \tag{14.13}$$

と定義するところから出発しよう．これに密度演算子の定義と積の微分法則

B. 密度行列の時間依存性　287

を適用すれば，時間微分は，

$$\frac{d\hat{\rho}(t)}{dt} = \left(\frac{d}{dt}|t\rangle\right)\langle t| + |t\rangle\left(\frac{d}{dt}\langle t|\right) \tag{14.14}$$

と変形できる．このケットとブラの時間微分に，時間に依存するシュレーディンガー方程式（第5章A節）を代入すれば，

$$\frac{d\hat{\rho}(t)}{dt} = \frac{1}{i\hbar}\hat{H}(t)|t\rangle\langle t| + \frac{1}{-i\hbar}|t\rangle\langle t|\hat{H}(t) \tag{14.15}$$

を得る．ここで，式最右辺の $\hat{H}(t)$ は，左方に向かってブラに作用するものと考える．したがって，

$$\frac{d\hat{\rho}(t)}{dt} = \frac{1}{i\hbar}\left[\hat{H}(t)|t\rangle\langle t| - |t\rangle\langle t|\hat{H}(t)\right]$$

$$= \frac{1}{i\hbar}\left[\hat{H}(t),\ \hat{\rho}(t)\right] \tag{14.16}$$

となり，

$$i\hbar\dot{\hat{\rho}}(t) = \left[\hat{H}(t),\ \hat{\rho}(t)\right] \tag{14.17}$$

が得られる．すなわち，密度演算子の時間微分に $i\hbar$ を掛けたものは，ハミルトニアンと密度演算子の交換子に等しい[1]．

---

1)　訳者注：第5章B節に，量子力学的な演算子の時間微分（5.30）の導入とあわせ，密度演算子 $\hat{\rho}$ と密度行列 ρ の時間変化に関する言及があった．そこでも指摘されているように，$\hat{\rho}$ は定義式（14.3）（ディラック表示の特徴が発揮された表式．第8章B節参照）から必然的に，時間に依存する演算子であり，その時間微分は，式（5.21）に対応する式（14.13）で定義される．状態も演算子も時間に依存するので，式（5.30a）をそのまま適用するわけにはいかず，本文にあるように定義に戻って丁寧に行うのがよい．その結果，式（5.30）とは符合が異なり，式（14.17）の形になることに注意してほしい．ざっくり言えば，$\hat{\rho}$ が射影演算子の形式で定義され，状態ベクトル自体を含むことによる．ちなみに式（14.17）は，ノイマン（von Neumann）の方程式，あるいは量子リウヴィル（Liouville）方程式とも呼ばれている．

　　$\hat{\rho}$ を式（14.3）で定義する意味は，波動関数で表せば $\rho(r, t) = \phi^{\dagger}(r, t)\phi(r, t)$ といった量を演算子化したものと考えられ，エルミートである一方で，特異な演算子になっている．確率密度は力学変数ではないからとも言えるだろう．2準位系の場合の行列表示 ρ の要素を見てもその意味は明らかではあるが，確率密度が展開係数の2乗で与えられるだけなら，非対角項まで含めて拡張されているにしても，そもそもなぜこのような量を導入するのか，そのご利益が今一つすっきりしないかもしれない．$\hat{\rho}$ や ρ を導入する真価は，本章の導入部にもあるように，確率振幅を経ずに確率密度に関する計算を実行できることとあわせて，統計力学の世界を含めて拡張するときに発揮される．量子力学

288 第14章 密度行列——分子と光のコヒーレントな結合

式（14.17）は，正規直交基底系を用いて行列の形に書くこともできる．密度行列の**運動方程式**は，式（14.17）から

$$\dot{\rho}(t) = -\frac{i}{\hbar}[H(t), \rho(t)] \tag{14.18}$$

となる．一般に $\rho_{ij} = C_i C_j^*$ なので（式（14.10）の一般化は容易である），式（14.18）左辺の行列要素は

$$\dot{\rho}_{ij} = C_i \left(\frac{dC_j^*}{dt}\right) + C_j^* \left(\frac{dC_i}{dt}\right)$$
$$= C_i \dot{C}_j^* + C_j^* \dot{C}_i \tag{14.19}$$

と書ける．式（14.19）は，密度行列要素の時間微分を定義する．

2×2 の密度行列については，運動方程式はあらわに書き下すことができる．

$$\begin{bmatrix} \dot{\rho}_{11} & \dot{\rho}_{12} \\ \dot{\rho}_{21} & \dot{\rho}_{22} \end{bmatrix} = -\frac{i}{\hbar} \left\{ \begin{bmatrix} H_{11} & H_{12} \\ H_{21} & H_{22} \end{bmatrix} \begin{bmatrix} \rho_{11} & \rho_{12} \\ \rho_{21} & \rho_{22} \end{bmatrix} - \begin{bmatrix} \rho_{11} & \rho_{12} \\ \rho_{21} & \rho_{22} \end{bmatrix} \begin{bmatrix} H_{11} & H_{12} \\ H_{21} & H_{22} \end{bmatrix} \right\} \tag{14.20a}$$

行列の積を実行すると，密度行列の行列要素に関する運動方程式は，

$$\dot{\rho}_{11} = -\dot{\rho}_{22} = -\frac{i}{\hbar}(H_{12}\rho_{21} - H_{21}\rho_{12}) \tag{14.20b}$$

$$\dot{\rho}_{12} = \dot{\rho}_{21}^* = -\frac{i}{\hbar}[(H_{11} - H_{22})\rho_{12} + (\rho_{22} - \rho_{11})H_{12}] \tag{14.20c}$$

となる．

多くの問題で，ハミルトニアンは，時間に依存する部分と依存しない部分とから構成されている．このような状況は，分光学的な実験での輻射場，時間に依存する溶質-溶媒間相互作用の起源となる熱浴などのように，原子・

の定式化の過程で，その物理的解釈を現実に適用する基本概念が期待値（第4章C節参照）であり，ボルンによる確率的解釈（第3章C節参照）であることが議論された．確率振幅の計算を経ない一例でもあるが，式（14.50）のように，ρ だけで期待値が書けるのも大切である．単一の系から多数の粒子を含む現実的な系に対象を拡張していくと，系に関する我々の本質的な情報不足は決定的になり，量子力学的確率に加えて，統計力学的な確率分布の導入が不可欠になる．その際の拡張性に，大きな利点があるのである．よって，統計演算子と呼ばれることもある．その端緒は本章にも与えられていて，G節の純粋状態から混合状態への拡張が，それにあたる．本章後半，特にE節以降には，非線形レーザー分光の分野を例にとり，ρ を用いて現実の分子や原子の多粒子系を記述する一端が示されている．

B. 密度行列の時間依存性　289

分子系が外部から何らかの影響を受ける類の研究でしばしば生じている. そのような状況では, ハミルトニアンの時間に依存しない部分の固有ケットからなる基底系を用いて, 系の密度行列を表現するのは自然であろう. このような基底系では, 密度行列の行列要素の運動方程式は, ハミルトニアンの時間に依存する部分のみに依存する. このことを見るために, 密度行列演算子の時間微分の評価を, 2通りの経路で行う. 1つは, 式 (14.14)～(14.16) のようにシュレーディンガー方程式を用いて評価する経路である. もう1つは, 密度行列の演算子を固有ケットの基底系で表現したあとに, あらわに時間微分をとることによって評価する経路である. いくつかの項の相殺・消去を経て, 密度行列の行列要素の時間微分である $C_i \dot{C}_j^* + C_j^* \dot{C}_i$ (式 (14.19)) に相当する表現が, この行列要素の計算で導かれることを調べよう.

系の全ハミルトニアンは,

$$\hat{H} = \hat{H}_0 + \hat{H}_I(t) \tag{14.21}$$

であるとする. ここで, $\hat{H}_0$ は時間に依存しない部分であり, $\hat{H}_I(t)$ は時間に依存し, $\hat{H}_0$ の固有状態の間の相互作用が生じる原因となる部分である. 基底系 $\{|n\rangle\}$ は, $\hat{H}_0$ の固有状態にとる.

$$\hat{H}_0 |n\rangle = E_n |n\rangle$$

状態 $|t\rangle$ は, この基底により

$$|t\rangle = \sum_n C_n(t) |n\rangle \tag{14.22}$$

と表されるとする. 密度演算子の時間微分は

$$\left(\frac{d}{dt}|t\rangle\right)\langle t| + |t\rangle\left(\frac{d}{dt}\langle t|\right) \tag{14.23a}$$

であり, シュレーディンガー方程式を用いれば, これは更に

$$= \frac{1}{i\hbar}\hat{H}(t)|t\rangle\langle t| + \frac{1}{-i\hbar}|t\rangle\langle t|\hat{H}(t) \tag{14.23b}$$

$$= \frac{1}{i\hbar}\hat{H}_0|t\rangle\langle t| + \frac{1}{i\hbar}\hat{H}_I|t\rangle\langle t| + \frac{1}{-i\hbar}|t\rangle\langle t|\hat{H}_0 + \frac{1}{-i\hbar}|t\rangle\langle t|\hat{H}_I \tag{14.23c}$$

と変形できる. ここで, $|t\rangle$ の展開式 (14.22) を式 (14.23a) の微分項に代入すれば,

290 第 14 章 密度行列——分子と光のコヒーレントな結合

$$\left(\frac{d}{dt}\sum_n C_n |n\rangle\right)\langle t| + |t\rangle\left(\frac{d}{dt}\sum_n C_n^* \langle n|\right) \tag{14.24}$$

$$=\left(\sum_n \dot{C}_n |n\rangle\right)\langle t| + \left(\sum_n C_n \frac{d}{dt}|n\rangle\right)\langle t| + |t\rangle\left(\sum_n \dot{C}_n^* \langle n|\right) + |t\rangle\left(\sum_n C_n^* \frac{d}{dt}\langle n|\right)$$

が得られる．式 (14.23c) の右辺は，式 (14.24) の右辺に等しい．ところで，シュレーディンガー方程式は

$$\left(\sum_n C_n \frac{d}{dt}|n\rangle\right) = \frac{1}{i\hbar}\hat{H}_0 |t\rangle \tag{14.25a}$$

および，

$$\left(\sum_n C_n^* \frac{d}{dt}\langle n|\right) = \frac{1}{-i\hbar}\langle t|\hat{H}_0 \tag{14.25b}$$

と書ける．式 (14.25a) の両辺を右から $\langle t|$ に掛け合わせ，式 (14.25b) の両辺を左から $|t\rangle$ に掛け合わせ，次いでそれらの両辺を足し合わせると，式 (14.23c) 右辺の第 1 項と第 3 項が，式 (14.24) 右辺の第 2 項および第 4 項とそれぞれ相殺することがわかる．実際に項を相殺し消去すると，与式は

$$\left(\sum_n \dot{C}_n |n\rangle\right)\langle t| + |t\rangle\left(\sum_n \dot{C}_n^* \langle n|\right) = \frac{1}{i\hbar}[\hat{H}_I, \hat{\rho}] \tag{14.26}$$

となる．

次に，式 (14.26) の行列要素 ij を考えよう．左辺の行列要素は

$$\sum_n \dot{C}_n \langle i|n\rangle\langle t|j\rangle + \langle i|t\rangle\sum_n \dot{C}_n^* \langle n|j\rangle$$
$$=\dot{C}_i C_j^* + C_i \dot{C}_j^*$$
$$=\dot{\rho}_{ij} \tag{14.27}$$

となる．最後の等号は，式 (14.19) から得られる．よって式 (14.26) は，

$$\dot{\rho}(t) = -\frac{i}{\hbar}[H_I(t), \rho(t)] \tag{14.28}$$

となる．$\hat{H}_0$ の固有ケットからなる基底系を用いると，密度行列の行列要素の運動方程式の計算から，$\hat{H}_0$ は相殺されて消える．これは，時間に依存する摂動論（第 11 章 A 節）の展開で，近似の導入に先立ってなされた最初のステップと等価である．$|t\rangle$ を $\hat{H}_0$ の固有ケットで展開する場合には，係数の時間依存性は，$\hat{H}_I(t)$ のみに依存する．したがって以下でも示されるよう

に，$\hat{H}_I(t)$ が存在しなくなると展開係数は時間に依存しなくなり，時間依存性は，$\hat{H}_0$ の固有ケットに含まれる時間に依存する位相因子に由来するものだけになる．

C. 時間に依存する2状態問題

　時間に依存する縮退した2状態問題を，第8章では時間に依存するシュレーディンガー方程式を用いて詳細に調べたが，この節では，密度行列による定式化の手法を用いて扱い直してみる．問題の系は，時間に依存する相互作用で結合された2個の状態からなる．この系の固有状態は，第13章E節でも取り扱っている．第8章で議論したように，2状態問題は，電子励起移動や電子移動，異なる分子間の振動励起移動，あるいは同一分子の異なる振動励起状態間での移動など，多くの物理現象のプロトタイプでもある．

　基底状態 $\{|1\rangle, |2\rangle\}$ は，エネルギー E をもつ $\hat{H}_0$ の縮退した固有ケットとする．

$$\hat{H}_0|1\rangle = E|1\rangle = \hbar\omega_0|1\rangle \tag{14.29a}$$

$$\hat{H}_0|2\rangle = E|2\rangle = \hbar\omega_0|2\rangle \tag{14.29b}$$

これら $\hat{H}_0$ の固有状態は，$\hat{H}_I$ を通じて相互作用をする．

$$\hat{H}_I|1\rangle = \hbar\beta|2\rangle \tag{14.30a}$$

$$\hat{H}_I|2\rangle = \hbar\beta|1\rangle \tag{14.30b}$$

ここでは，相互作用の強さを角振動数 β で表す（第8章では，$\hbar\beta = \gamma$ とした）．系の一般的な状態は，式（14.5）で与えられる．初期には系が全ハミルトニアン $\hat{H} = \hat{H}_0 + \hat{H}_I$ の固有状態ではない状態 $|1\rangle$ にあるものとすると，系の時間発展は，密度行列の運動方程式（14.28）と式（14.30）から，

$$H_I = \hbar \begin{bmatrix} 0 & \beta \\ \beta & 0 \end{bmatrix} \tag{14.31}$$

とすることで計算できる．基底にとった状態が縮退しているので，時間に依存する位相因子は，非対角行列要素の部分には生じない．これはその特別な場合である．式（14.28）の右辺を計算すると，

$$\dot{\rho} = i\beta \begin{bmatrix} (\rho_{12} - \rho_{21}) & (\rho_{11} - \rho_{22}) \\ -(\rho_{11} - \rho_{22}) & -(\rho_{12} - \rho_{21}) \end{bmatrix} \tag{14.32}$$

292 第14章 密度行列——分子と光のコヒーレントな結合

を得る. 密度行列の行列要素の運動方程式は,

$$\dot{\rho}_{11} = i\beta(\rho_{12} - \rho_{21}) \tag{14.33a}$$

$$\dot{\rho}_{22} = -i\beta(\rho_{12} - \rho_{21}) \tag{14.33b}$$

$$\dot{\rho}_{12} = i\beta(\rho_{11} - \rho_{22}) \tag{14.33c}$$

$$\dot{\rho}_{21} = -i\beta(\rho_{11} - \rho_{22}) \tag{14.33d}$$

となる.

式 (14.33) の解は, たとえば式 (14.33a) の両辺を時間でもう一度微分することにより, 導出できる.

$$\ddot{\rho}_{11} = i\beta(\dot{\rho}_{12} - \dot{\rho}_{21}) \tag{14.34}$$

この右辺に式 (14.33c) と (14.33d) を代入すると,

$$\ddot{\rho}_{11} = -2\beta^2(\rho_{11} - \rho_{22}) \tag{14.35}$$

を得る. $\mathrm{Tr}\,\rho = 1$ だから,

$$\rho_{11} + \rho_{22} = 1$$

であり, したがって

$$\rho_{22} = 1 - \rho_{11} \tag{14.36}$$

である. これを式 (14.35) に代入すると, ρ_{11} だけの式

$$\ddot{\rho}_{11} = 2\beta^2 - 4\beta^2 \rho_{11} \tag{14.37}$$

を得る. $t=0$ で $\rho_{11}=1$ の初期条件に対しては, それは同時に $t=0$ で $\rho_{22}=0$, $\rho_{12}=0$, $\rho_{21}=0$ でもあり, これらと式 (14.33a) を用いれば, その解は

$$\rho_{11} = \cos^2(\beta t) \tag{14.38}$$

となる. したがって式 (14.36) より,

$$\rho_{22} = \sin^2(\beta t) \tag{14.39}$$

を得る. ρ_{11} と ρ_{22} はそれぞれ, 系が状態 $|1\rangle$ と $|2\rangle$ に見いだされる確率 (密度) である. この確率は, 2つの状態の間を角振動数 β で振動している. これは第8章で, 時間に依存するシュレーディンガー方程式を用いて $\beta = \gamma/\hbar$ の場合に得られた確率 (式 (8.26)) と同一の結果である. しかし密度行列の取扱いでは, 最初に確率振幅を計算する必要がなく, 直接確率 (密度) が得られた.

密度行列の非対角行列要素 ρ_{12} と ρ_{21} もまた, ほぼ同様にして計算できる. ρ_{11} と ρ_{22} を式 (14.33c) に代入すると,

$$\dot{\rho}_{12} = i\beta(\cos^2\beta t - \sin^2\beta t) \tag{14.40}$$

を得る. したがって,

$$\rho_{12} = i\beta \int (\cos^2 \beta t - \sin^2 \beta t) dt \tag{14.41}$$

とすれば, 初期条件を勘案して,

$$\rho_{12} = \frac{i}{2} \sin(2\beta t) \tag{14.42}$$

となる. $\rho_{ij} = \rho_{ji}^*$ だから,

$$\rho_{21} = -\frac{i}{2} \sin(2\beta t) \tag{14.43}$$

も得られる. 密度行列の非対角項の重要性については, 縮退していない2状態間の輻射場による相互作用の場合とも関連させて, 以下で具体的に示す.

D. 演算子の期待値

ある時刻 t の, 観測可能量を表現する演算子の期待値あるいは平均値（第4章C節）は,

$$\langle \hat{A} \rangle = \langle t | \hat{A} | t \rangle \tag{14.44}$$

で与えられる. $|t\rangle$ を正規直交基底の完全系 $\{|j\rangle\}$ で書き表せば,

$$|t\rangle = \sum_j C_j(t) |j\rangle$$

となり, $\hat{A}$ の基底 $\{|j\rangle\}$ に関する行列要素 A_{ij} は,

$$A_{ij} = \langle i | \hat{A} | j \rangle \tag{14.45}$$

である. よって,

$$\begin{aligned}
\langle t | \hat{A} | t \rangle &= \left(\sum_i C_i^*(t) \langle i | \right) \hat{A} \left(\sum_j C_j(t) | j \rangle \right) \\
&= \sum_{i,j} C_i^*(t) C_j(t) \langle i | \hat{A} | j \rangle
\end{aligned} \tag{14.46}$$

となる. 密度演算子の行列要素 ρ_{ji}（添え字の順序に注意）は,

$$\begin{aligned}
\rho_{ji} &= \langle j | \hat{\rho}(t) | i \rangle \\
&= \langle j | t \rangle \langle t | i \rangle \\
&= C_i^*(t) C_j(t)
\end{aligned} \tag{14.47}$$

である. よって式 (14.46) は,

294 第14章 密度行列——分子と光のコヒーレントな結合

$$\langle t\,|\hat{A}|\,t\rangle = \sum_{i,j} \langle j\,|\hat{\rho}(t)|\,i\rangle\langle i\,|\hat{A}|\,j\rangle \tag{14.48}$$

となる. 式 (14.48) の右辺は, 対角要素のみを計算する点を除けば, 行列の積の形式 (式 (13.18) 参照) になっていて, しかもそれらは j についても和をとる形になっている.

$$\langle t\,|\hat{A}|\,t\rangle = \sum_{j} \langle j\,|\hat{\rho}(t)\hat{A}|\,j\rangle \tag{14.49}$$

したがって,

$$\langle \hat{A}\rangle = \mathrm{Tr}[\rho(t)A] \tag{14.50}$$

が得られる. 演算子 $\hat{A}$ の期待値は, 密度行列 ρ と行列 A の積の跡で与えられる. 両方とも, 基底 $\{|j\rangle\}$ に基づいて計算される. 時間依存性は, 密度行列が担っている. 行列要素 A_{ij} の計算では, 基底ベクトルから生成する時間に依存する位相因子は, 行列要素の部分には含まれない.

一例として, 前節で扱われた時間に依存する2状態問題のエネルギーの平均値 $\overline{E}=\langle \hat{H}\rangle$ を計算してみよう.

$$\overline{E}=\langle \hat{H}\rangle = \mathrm{Tr}\,\rho H \tag{14.51}$$

$$\mathrm{Tr}\,\rho H = \mathrm{Tr}\begin{bmatrix}\rho_{11} & \rho_{12}\\ \rho_{21} & \rho_{22}\end{bmatrix}\begin{bmatrix}E & \hbar\beta\\ \hbar\beta & E\end{bmatrix}$$

$$= E(\rho_{11}+\rho_{22}) + \hbar\beta(\rho_{12}+\rho_{21}) \tag{14.52}$$

式 (14.38), (14.39), (14.42), (14.43) から, 密度行列の行列要素を代入すると,

$$\langle \hat{H}\rangle = E(\cos^2\beta t + \sin^2\beta t) + \frac{i\hbar\beta}{2}(\sin 2\beta t - \sin 2\beta t)$$

$$= E \tag{14.53}$$

となる. これは以前に得られた結果と同一である. 式 (13.88) からは, 第8章 C 節に示されたように, 固有値は $E+\hbar\beta$ と $E-\hbar\beta$ であり, ここで考察している時間発展の状態は, 2つの固有ケットの等しい重みの重ね合わせである. したがって, エネルギーの平均値は2つの固有値の平均値に等しく E となり, それは $\mathrm{Tr}\,\rho H$ より得られた結果そのものである.

E. 光場による2状態系のコヒーレントな結合

第12章では，原子や分子による光の吸収と放出の問題を研究するのに，時間に依存する摂動論が用いられた．時間に依存する摂動論を用いるためには，系を，それが初期状態であった以外の状態に見いだす確率が，十分に小さいことが必要である．この条件は，光場の強度が非常に弱いか物質の状態と光場との結合が非常に小さければ（i.e. 遷移双極子ブラケットが小さい），多くの場合に満足される．本節では，密度行列による取扱いを適用して，光場が系の状態と強く結合する場合の結果を記述する．時間に依存する摂動論の場合と同様に，ここでも**半古典的**な取扱いをすることにする（i.e. 分子状態は量子力学的に取り扱う一方，輻射場は古典的に取り扱う）．しかしながら，この取扱いは非摂動論的である．つまり，確率の変化は小さい場合のみに限定されるわけではない．光の周波数が共鳴状態か，それに近い（i.e. 分子の当該2状態間のエネルギー差に等しいか，ほとんど等しい）場合には，これらの2状態は光と十分強く結合し，それ以外の状態の関与は無視できる．したがって，**2準位系**（two-level system）を扱えば十分である．そのような2準位系を，図 14.1 に模式的に示す．

エネルギーの零点を，2つの状態の準位間の中央にとる．よって，状態 $|1\rangle$ と $|2\rangle$ のエネルギーは，それぞれ $-\hbar\omega_0/2$ と $\hbar\omega_0/2$ になる．ケット $|1\rangle$ と $|2\rangle$ を分子ハミルトニアン $\hat{H}_0$ の固有ケットとすれば，

$$\hat{H}_0|1\rangle = (-\hbar\omega_0/2)|1\rangle \tag{14.54a}$$
$$\hat{H}_0|2\rangle = (\hbar\omega_0/2)|2\rangle \tag{14.54b}$$

である．2状態間のエネルギー差は，$\Delta E = \hbar\omega_0$ である．

状態間は，振動数 ω で振動する光輻射で結合される．その遷移は，双極

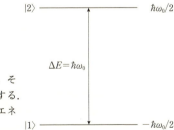

図 14.1 2準位系の模式図．状態 $|1\rangle$ と $|2\rangle$ は，それぞれエネルギー $-\hbar\omega_0/2$ と $\hbar\omega_0/2$ をもつとする．これらは，共鳴 $\Delta E = \hbar\omega_0$ あるいは共鳴に近いエネルギーを持つ光場の照射により，結合される．

296　第 14 章　密度行列——分子と光のコヒーレントな結合

子許容（第 12 章 B 節）であるとする．双極子許容遷移は，分子の 2 つの振動状態間，あるいは原子や分子の 2 つの電子状態間で発生する．半古典的な取扱いでは，ハミルトニアン中の 2 つの状態間の結合を記述する光電場による相互作用項は，

$$\hat{H}_I(t) = \hbar e \hat{x}_{12} E_0 \cos(\omega t) \tag{14.55}$$

と書ける（第 12 章 B 節）．ここで，$e\hat{x}_{12}$ は振幅 E_0 の x 偏光に関する遷移双極子演算子，$\hat{x}_{12}$ は x 位置演算子，e は電子の担う電荷である．周波数 ω は，遷移周波数 ω_0 に共鳴状態かそれに近いとする．時間発展は一般的であり，そこで初期条件は，$t=0$ で系は低エネルギー状態 $|1\rangle$ にあり，$\rho_{11}(0)=1$ とする．

$\hat{H}_I(t)$ が，状態 $|1\rangle$ と $|2\rangle$ を結合する．相互作用項は，対角行列要素をもたない．$\hat{H}_I(t)$ の行列要素は，

$$\begin{aligned}\langle 1|\hat{H}_I(t)|2\rangle &= \hbar e E_0 \cos(\omega t)\langle 1|\hat{x}_{12}|2\rangle \\ &= \hbar e E_0 \cos(\omega t) e^{-i\omega_0 t/2}\langle 1'|\hat{x}_{12}|2'\rangle e^{-i\omega_0 t/2} \\ &= \hbar \mu E_0 \cos(\omega t) e^{-i\omega_0 t}\end{aligned} \tag{14.56}$$

となり，プライムの付いたケットとブラは，$\hat{H}_0$ の固有状態の空間部分であり，第 2 行目は，それらを用いて時間に依存する位相因子をあらわに書き出したものである．μ は，ブラケットに電荷 e を掛けた値であり，遷移双極子演算子の大きさを与える．$\langle 2|\hat{H}_I(t)|1\rangle$ は，$\langle 1|\hat{H}_I(t)|2\rangle$ の複素共役であり，

$$\langle 2|\hat{H}_I(t)|1\rangle = \hbar \mu^* E_0 \cos(\omega t) e^{i\omega_0 t} \tag{14.57}$$

で与えられる．μ^* は μ の複素共役であるが，以下では，μ は実数，すなわち $\mu^* = \mu$ とする．こうしても，最終的な結果は不変である．ここで，**ラビ振動数**（Rabi frequency）ω_R を

$$\omega_R = \mu E_0 \tag{14.58}$$

で定義すると，

$$\langle 1|\hat{H}_I(t)|2\rangle = \hbar \omega_R \cos(\omega t) e^{-i\omega_0 t} \tag{14.59}$$

$$\langle 2|\hat{H}_I(t)|1\rangle = \hbar \omega_R \cos(\omega t) e^{i\omega_0 t} \tag{14.60}$$

となる．これより行列 $H_I(t)$ は，

$$H_I(t) = \hbar \begin{bmatrix} 0 & \omega_R \cos(\omega t) e^{-i\omega_0 t} \\ \omega_R \cos(\omega t) e^{i\omega_0 t} & 0 \end{bmatrix} \tag{14.61}$$

と書ける．

系の一般的な状態 $|t\rangle$ は，$\hat{H}_0$ の固有ケットで表せば，

$$|t\rangle = C_1(t)|1\rangle + C_2(t)|2\rangle \tag{14.62}$$

である．密度行列の行列要素の運動方程式は，式 (14.28) で与えられる．B 節で議論したように，基底系は $\hat{H}_0$ の固有ケットから成り立っているので，密度行列の行列要素である係数の積 $C_i C_j^*$ の運動方程式には，$\hat{H}_0$ は入らない．$H_I(t)$（式 (14.61)）を式 (14.28) に代入し，交換子の掛け算を実行して整理すると，

$$\begin{bmatrix} \dot{\rho}_{11} & \dot{\rho}_{12} \\ \dot{\rho}_{21} & \dot{\rho}_{22} \end{bmatrix} =$$

$$\begin{bmatrix} i\omega_R \cos(\omega t)(e^{i\omega_0 t}\rho_{12} - e^{-i\omega_0 t}\rho_{21}) & i\omega_R \cos(\omega t) e^{-i\omega_0 t}(\rho_{11} - \rho_{22}) \\ -i\omega_R \cos(\omega t) e^{-i\omega_0 t}(\rho_{11} - \rho_{22}) & -i\omega_R \cos(\omega t)(e^{i\omega_0 t}\rho_{12} - e^{-i\omega_0 t}\rho_{21}) \end{bmatrix} \tag{14.63}$$

を得る．$\rho_{11} + \rho_{22} = 1$ だから $\dot{\rho}_{11} = -\dot{\rho}_{22}$，また $\rho_{12} = \rho_{21}^*$ だから $\dot{\rho}_{12} = \dot{\rho}_{21}^*$ であることを使うと，密度行列の行列要素の運動方程式は，

$$\dot{\rho}_{11} = i\omega_R \cos(\omega t)(e^{i\omega_0 t}\rho_{12} - e^{-i\omega_0 t}\rho_{21}) \tag{14.64a}$$

$$\dot{\rho}_{22} = -i\omega_R \cos(\omega t)(e^{i\omega_0 t}\rho_{12} - e^{-i\omega_0 t}\rho_{21}) \tag{14.64b}$$

$$\dot{\rho}_{12} = i\omega_R \cos(\omega t) e^{-i\omega_0 t}(\rho_{11} - \rho_{22}) \tag{14.64c}$$

$$\dot{\rho}_{21} = -i\omega_R \cos(\omega t) e^{i\omega_0 t}(\rho_{11} - \rho_{22}) \tag{14.64d}$$

と得られる．

ここまでの取扱いには，近似はなく厳密である．$\cos(\omega t)$ 項は

$$\cos(\omega t) = \frac{1}{2}(e^{i\omega t} + e^{-i\omega t}) \tag{14.65}$$

と書き直せることに注意して，方程式 (14.64) の解を簡略化するために，時間に依存する摂動論による取扱い（第 12 章 B 節 2 項）の場合と同様に，ここでも**回転波近似**を用いよう．輻射場の周波数 ω は，遷移周波数 ω_0 に近い．式 (14.64) の指数関数項は，式 (14.65) の指数関数項と組み合わされて，

$$e^{\pm i(\omega_0 - \omega)t} \quad \text{および} \quad e^{\pm i(\omega_0 + \omega)t}$$

の形状の項を生成する．$\omega \approx \omega_0$ なので，$(\omega_0 - \omega)$ を偏角成分に含む指数関数項は共鳴状態に近く，$(\omega_0 + \omega)$ を含む項は $\sim 2\omega_0$ であって非共鳴状態である．回転波近似では，共鳴状態から大きく外れる項は落とされる．$(\omega_0 + \omega)$ を含む項は，非常に周波数の高いシュタルク効果のように作用し，**ブロッホ-シーゲルト周波数シフト**（Bloch-Siegert frequency shift，――効果）として

298　第14章　密度行列——分子と光のコヒーレントな結合

知られる，遷移周波数の小さな変化を引き起こす．

　回転波近似を用いれば，密度行列の行列要素の運動方程式は，

$$\dot{\rho}_{11} = i\frac{\omega_R}{2}(e^{i(\omega_0-\omega)t}\rho_{12} - e^{-i(\omega_0-\omega)t}\rho_{21}) \tag{14.66a}$$

$$\dot{\rho}_{22} = -i\frac{\omega_R}{2}(e^{i(\omega_0-\omega)t}\rho_{12} - e^{-i(\omega_0-\omega)t}\rho_{21}) \tag{14.66b}$$

$$\dot{\rho}_{12} = i\frac{\omega_R}{2}e^{-i(\omega_0-\omega)t}(\rho_{11} - \rho_{22}) \tag{14.66c}$$

$$\dot{\rho}_{21} = -i\frac{\omega_R}{2}e^{i(\omega_0-\omega)t}(\rho_{11} - \rho_{22}) \tag{14.66d}$$

となる．これらの方程式は，**光学的ブロッホ方程式**（optical Bloch equations）と呼ばれる．これらはそれぞれ，2準位の占有密度（ρ_{11} と ρ_{22}）とコヒーレンス項（ρ_{12} と ρ_{21}，次ページ $\pi/2$ パルスの説明と E 節末参照）の時間依存性を得るのに使われる．

　まず，共鳴状態の光電場，つまり $\omega = \omega_0$ の場合を考える．すると，光学的ブロッホ方程式は，

$$\dot{\rho}_{11} = i\frac{\omega_R}{2}(\rho_{12} - \rho_{21}) \tag{14.67a}$$

$$\dot{\rho}_{22} = -i\frac{\omega_R}{2}(\rho_{12} - \rho_{21}) \tag{14.67b}$$

$$\dot{\rho}_{12} = i\frac{\omega_R}{2}(\rho_{11} - \rho_{22}) \tag{14.67c}$$

$$\dot{\rho}_{21} = -i\frac{\omega_R}{2}(\rho_{11} - \rho_{22}) \tag{14.67d}$$

となる．これらの方程式は，$\beta = \omega_R/2$ の場合の時間に依存する2状態問題で得られた式（14.33）と同一である．エネルギー差 $\Delta E = \hbar\omega_0$ の2準位系とそのエネルギー差に共鳴する輻射場を結合することによって，2つの縮退した状態間の時間に依存しない相互作用による結合の場合と同一の運動方程式が得られる．言い換えると，1組の分子固有状態と輻射場との共鳴相互作用は，実効的に，状態間のエネルギー差を，また場による時間依存性をも取り除くのである．

　初期には，系は低いエネルギー状態 $|1\rangle$ にあるとする．すなわち初期条件として，$\rho_{11} = 1$, $\rho_{22} = 0$, $\rho_{12} = 0$, $\rho_{21} = 0$ の場合には，時間に依存する密度行

列の行列要素は,

$$\rho_{11} = \cos^2(\omega_R t/2) \qquad (14.68a)$$

$$\rho_{22} = \sin^2(\omega_R t/2) \qquad (14.68b)$$

$$\rho_{12} = \frac{i}{2}\sin(\omega_R t) \qquad (14.68c)$$

$$\rho_{21} = -\frac{i}{2}\sin(\omega_R t) \qquad (14.68d)$$

となる. 系は状態 $|1\rangle$ から出発し, 状態 $|1\rangle$ と $|2\rangle$ の間をコヒーレントに振動する. このような2状態間の占有密度 (population) の往復振動は, **過渡的章動** (transient nutation) と呼ばれる. 2状態間の占有密度が往復振動する周波数は ω_R であり, ラビ振動数に等しい.

$$\omega_R t = \pi$$

という条件を満たす共鳴パルス光を系に照射した場合には, 系は $\rho_{11}=0$ と $\rho_{22}=1$ になる (i.e. 照射終了直後の $t=\pi/\omega_R$ で). つまり, 系は励起状態にある. 多数の同種分子あるいは原子の系に対して同じ輻射場が照射されると, 占有密度は基底状態 $|1\rangle$ から励起状態 $|2\rangle$ に完全に移動するだろう. このような場合に, 占有密度は**反転**されたという. 占有密度の**分布**の**反転** (population inversion) を誘起しうる光パルスのことを, **π パルス** (π pulse) と呼ぶ. パルス光の条件が

$$\omega_R t = \pi/2$$

の場合には, 系は $\rho_{11}=0.5$ と $\rho_{22}=0.5$ になる. この場合のパルスは, **2分のπ パルス**と呼ばれる. 2つの状態の占有密度を等しくするパルスである. $\pi/2$ パルスはまた, ρ_{12} と ρ_{21} を最大にする. 密度行列のこれらの行列要素は, **コヒーレント成分** (coherent components) と呼ばれる.

輻射場が, ちょうど共鳴条件ではない場合 (i.e. $\omega \neq \omega_0$) には, 解は多少複雑になる. 同じ初期条件, つまり $t=0$ で $\rho_{11}=1$, $\rho_{22}=0$, $\rho_{12}=0$, $\rho_{21}=0$ のもとで, この場合の解は, 有効振動数 (effective frequency) と呼ばれる振動数 ω_e を導入するとうまく記述できる. まず $\Delta\omega$ を,

$$\Delta\omega = \omega_0 - \omega \qquad (14.69)$$

とすると, 有効振動数 ω_e は

$$\omega_e = (\Delta\omega^2 + \omega_R^2)^{1/2} \qquad (14.70)$$

300　第14章　密度行列——分子と光のコヒーレントな結合

で定義される．

　光学的ブロッホ方程式の解は，これを用いると，

$$\rho_{11} = 1 - \frac{\omega_R^2}{\omega_e^2} \sin^2(\omega_e t/2) \tag{14.71a}$$

$$\rho_{22} = \frac{\omega_R^2}{\omega_e^2} \sin^2(\omega_e t/2) \tag{14.71b}$$

$$\rho_{12} = \frac{\omega_R}{\omega_e^2} \left[\frac{i\omega_e}{2} \sin(\omega_e t) - \Delta\omega \sin^2(\omega_e t/2) \right] e^{-i\Delta\omega t} \tag{14.71c}$$

$$\rho_{21} = \frac{\omega_R}{\omega_e^2} \left[-\frac{i\omega_e}{2} \sin(\omega_e t) - \Delta\omega \sin^2(\omega_e t/2) \right] e^{i\Delta\omega t} \tag{14.71d}$$

と与えられる．占有密度 ρ_{11} と ρ_{22} は，依然として共鳴条件の場合と同様に振動している．しかし振動の周波数は，ラビ振動数 ω_R に代わり ω_e となる．状態 $|2\rangle$ での存在確率の最大値は，もはや1ではなくなる．最大値は，

$$\rho_{22}^{\max} = \frac{\omega_R^2}{\omega_e^2} \tag{14.72}$$

で与えられる．ω_R を固定して $\Delta\omega$ を大きくすると，占有密度の振動周波数は増大し，$\rho_{22}^{\max}$ は減少する．ρ_{11} と ρ_{22} に関する結果は，表記法や書き表し方の形式を別にすれば，第8章で扱った時間に依存する縮退していない場合の2状態問題の結果（式 (8.40)）と同一である．その場合には，結合は時間に依存し，2つの状態は ΔE だけエネルギーが異なった．ここでは，$\Delta E = \hbar\Delta\omega$ は輻射場のエネルギーと遷移エネルギーの差である．周波数差 ω_0 の2状態に作用する周波数 ω での時間に依存する（輻射場による）結合は，あたかも周波数差が $\Delta\omega$ の2状態間に作用する時間に依存しない結合のように振る舞うのである．

　共鳴に近い条件は，

$$\omega_R > \Delta\omega$$

の場合に生じる．これより，

$$\omega_e \cong \omega_R$$

となる．この場合には，ρ_{11} と ρ_{22} は共鳴条件下の方程式（式 (14.68)）に還元され，ρ_{12} と ρ_{21} はそれぞれ，

$$\rho_{12} = \frac{i}{2} \sin(\omega_R t) e^{-i\Delta\omega t} \tag{14.73a}$$

$$\rho_{21} = -\frac{i}{2} \sin(\omega_R t) e^{i\Delta\omega t} \tag{14.73b}$$

で与えられる．これらの方程式は，時間に依存する付加的な位相因子を除けば，共鳴条件の場合の式（14.68）と同一である．$\omega_R t = \pi/2$ となる $\pi/2$ パルスの場合には，コヒーレンスを与える行列要素 ρ_{12} と ρ_{21} は最大となる一方で，指数関数の偏角部分は $\Delta\omega t \ll \pi/2$ なので，ρ_{12} と ρ_{21} は，共鳴状態の場合と事実上（virtual；仮想的にともいう）同じになる．これらにより，共鳴に近い条件で駆動された場合の系の振舞いは，系をちょうど共鳴条件で駆動した（drive；励起することをよくこう表現する）場合と本質的に同等である．

F. 自由歳差運動

共鳴状態あるいはそれに近い条件でパルス角 $\theta = \omega_R t$（その効果からフリップ角とも呼ぶ）のパルス光を，初期条件 $\rho_{11} = 1$ のもとで，同種の2状態系からなる集団に照射すると，照射終了直後の密度行列の各要素は，

$$\rho_{11} = \cos^2(\theta/2) \tag{14.74a}$$

$$\rho_{22} = \sin^2(\theta/2) \tag{14.74b}$$

$$\rho_{12} = \frac{i}{2} \sin\theta \tag{14.74c}$$

$$\rho_{21} = -\frac{i}{2} \sin\theta \tag{14.74d}$$

で与えられる．照射以降には（輻射場は既に存在しないので），ハミルトニアンは $\hat{H}_0$ になる．密度行列の時間発展は $\hat{H}_0$ で決定され，運動方程式

$$\dot{\rho} = -\frac{i}{\hbar}[H_0, \rho] \tag{14.75}$$

に従う．ハミルトニアンの行列は，

$$H_0 = \begin{bmatrix} -\omega_0/2 & 0 \\ 0 & \omega_0/2 \end{bmatrix} \tag{14.76}$$

302　第14章　密度行列——分子と光のコヒーレントな結合

で与えられる．交換子の中味を掛け算して要素にほぐすと，各密度行列要素
の運動方程式は，

$$\dot{\rho}_{11} = 0 \tag{14.77a}$$

$$\dot{\rho}_{22} = 0 \tag{14.77b}$$

$$\dot{\rho}_{12} = i\omega_0 \rho_{12} \tag{14.77c}$$

$$\dot{\rho}_{21} = -i\omega_0 \rho_{21} \tag{14.77d}$$

となる．これらを解くと，解は

$$\rho_{11} = 定数 = \rho_{11}(0) \tag{14.78a}$$

$$\rho_{22} = 定数 = \rho_{22}(0) \tag{14.78b}$$

$$\rho_{12} = \rho_{12}(0)e^{i\omega_0 t} \tag{14.78c}$$

$$\rho_{21} = \rho_{21}(0)e^{-i\omega_0 t} \tag{14.78d}$$

となる．ここでは，$t=0$ をパルスの終端の時刻にとり，初期条件 $\rho_{ij}(0)$ は式
(14.74) で与えられるものとする．密度行列の対角要素は時間に依存しない．
輻射場（つまり $\hat{H}_I(t)$）が存在しない場合には，占有密度分布は時間変化し
ないのである．密度行列の非対角要素は，大きさは変化しないものの，時間
に依存する位相因子を通じて時間に依存する．

　密度行列の非対角要素（コヒーレンス項）の本質を例示するために，双極
子演算子 $e\hat{x} = \hat{\mu}$ の期待値について考察しよう．

$$\langle \hat{\mu} \rangle = \mathrm{Tr}\, \rho\mu \tag{14.79}$$

式 (14.56) で示されたように，μ は非対角要素のみをもつ．これらを実数
にとれば，

$$\mu = \begin{bmatrix} 0 & \mu \\ \mu & 0 \end{bmatrix} \tag{14.80}$$

となる．したがって，密度行列要素として式 (14.78) を代入すれば，

$$\mathrm{Tr}\, \rho\mu = \mathrm{Tr} \begin{bmatrix} \rho_{11}(0) & \rho_{12}(0)e^{i\omega_0 t} \\ \rho_{21}(0)e^{-i\omega_0 t} & \rho_{22}(0) \end{bmatrix} \begin{bmatrix} 0 & \mu \\ \mu & 0 \end{bmatrix} \tag{14.81}$$

すなわち，これより

$$\langle \hat{\mu} \rangle = \mu[\rho_{12}(0)e^{i\omega_0 t} + \rho_{21}(0)e^{-i\omega_0 t}] \tag{14.82}$$

が得られる．フリップ角 θ に対しては，

$$\langle \hat{\mu} \rangle = -\mu \sin\theta \sin\omega_0 t \tag{14.83}$$

と表せる．

G. 純粋系と混合系の密度行列　303

フリップ角 θ のパルス光照射に引き続いて，系は周波数 ω_0 で振動する電気双極子をもつ．印加された輻射場が存在しない場合に残るコヒーレントな振動は，**自由歳差運動**（free precession）と呼ばれる．ここで用いられた半古典的な取扱いでは，輻射場は古典的に取り扱われる．周波数 ω_0 で振動する電気双極子は，この周波数で振動する振動電場を生成する．したがって，同種の原子あるいは分子からなる集団は，遷移周波数に等しい周波数の輻射を放出する．個々の分子に付随する双極子は，互いに同一の位相で輻射を放出するので，電場 E は互いに加算的に重ね合わされる．放出される光の強度は $I \propto |E|^2$ で与えられる．したがって加算的な干渉は，互いに乱雑な位相関係にある放出源の集まりの場合に比べて，巨大な強度をもたらす．このような増大された強度をもつ光放出は，**コヒーレント放出**（coherent emission）と呼ばれる．

G. 純粋系と混合系の密度行列

上記までの密度行列の展開と例は，**純粋な系**についてのものである．言い換えると，それらは単一の系あるいは同種の系の集団についてのものである．しかし多くの現実の状況では，同種ではない系の混合体が含まれることがしばしばある．系は全体として，同種の系からなる副集団の集合からなるとする．それぞれの副集団は，これまでに述べた方法で記述される．密度演算子に関するすべての関係は，線形である．したがって単刀直入に言って，**混合系**に関する密度行列を見いだすことは可能である．

k 番目の副集団を記述する，密度行列 ρ_k をとる確率を P_k と定義して，これらが，

$$0 \leq P_1,\ P_2,\ \cdots,\ P_k,\ \cdots \leq 1 \tag{14.84}$$

および，

$$\sum_k P_k = 1 \tag{14.85}$$

を満たすとしよう．すると混合系の密度行列は，

$$\rho(t) = \sum_k P_k \rho_k(t) \tag{14.86}$$

304 第14章 密度行列——分子と光のコヒーレントな結合

で与えられる. 副集団の分布が連続的な場合には,

$$\rho(t) = \int P(k)\rho(k, t)dk \tag{14.87}$$

と書き表される. ただしここで,

$$\int P(k)dk = 1$$

を満たさなければならない.

　一例として, 2種類の副集団を有する2状態系からなる系に, 輻射場が作用する場合を考える. 副集団1と2は, それぞれ同数の分子からなるものとする. 副集団に含まれる分子は, 遷移周波数のみが異なるものとして, ω_0 の代わりにそれぞれ ω_{01}, ω_{02} とする. 照射される光場の周波数 ω が遷移周波数に非常に近く, しかも2つの遷移周波数と照射される周波数の差が, ラビ周波数 ω_R と比べて十分小さい場合には, 遷移は共に共鳴状態に近いと見なすことができる. したがって, 与えられたパルス持続時間の輻射場において, いずれの副集団も, 同一のフリップ角 θ をもつと考えられる. 各副集団には同数の分子が含まれるので, $P_1 = 0.5$ および $P_2 = 0.5$ である.

　この系の双極子モーメント演算子の期待値は,

$$\begin{aligned}\langle \hat{\mu} \rangle &= \mathrm{Tr}\, \rho(t)\mu \\ &= \sum_k P_k \mathrm{Tr} \rho(t)\mu(t)\end{aligned} \tag{14.88}$$

であり, ここで上記の各条件とあわせて, 式 (14.83) を用いれば,

$$\begin{aligned}\langle \hat{\mu} \rangle &= -\frac{1}{2}\mu \sin\theta [\sin(\omega_{01}t) + \sin(\omega_{02}t)] \\ &= -\mu \sin\theta \left[\sin\frac{1}{2}(\omega_{01} + \omega_{02})t \cos\frac{1}{2}(\omega_{01} - \omega_{02})t \right]\end{aligned} \tag{14.89}$$

を得る. 2つの遷移周波数の中心周波数を ω_0 と置き, 中心周波数からのずれを δ と置けば, $\omega_{01} = \omega_0 + \delta$ および $\omega_{02} = \omega_0 - \delta$ と書けるので,

$$\langle \hat{\mu} \rangle = -\mu \sin\theta [\sin(\omega_0 t)\cos(\delta t)] \tag{14.90}$$

が得られる. ここで, $\delta \ll \omega_0$ とする. 放出される輻射を生成する双極子は, 高周波数 ω_0 で振動している一方で, その大きさ (振幅) は低い周波数 δ で変調されている. 放出される輻射場は, 周波数 δ の**うなり** (beat frequency）をもつ．このようなうなりの発生は，**時間領域フーリエ変換核磁気共鳴**（time-domain Fourier transform NMR）の基礎となる．NMR では，遷移は磁気双極子によるもので，その場合には，$\langle \hat{\mu} \rangle$ は振動する磁気双極子になる．振動する磁気双極子は，検出コイルに信号を誘起する．うなりのフーリエ変換は，印加した場の周波数を基準として，それに相対的な副集団の遷移に対応する周波数を与える．さらに NMR では，スペクトル中のすべての遷移が共鳴に近い条件を満たすように，ω_R を十分大きくすることができる．多くの副集団がそれぞれに異なる遷移周波数をもつ結果として生ずる，複雑なうなりのパターンをフーリエ変換すると，構成する副集団に関するスペクトルが得られるのである．

H. 自由誘導減衰

単一の光学的スペクトル線あるいは磁気共鳴線であっても，同一の遷移周波数をもつ分子だけから構成されていない場合がしばしばある．たとえ同種の分子であっても，液体，ガラス，結晶，タンパク質などの媒質中で局所的な環境が異なる場合に，そのような状況が生じうる．それぞれの分子が異なる環境にあることに対応して，スペクトルは拡がって分布する吸収線の集団から構成されるので，吸収線は**不均一**に拡がっている（inhomogeneously broadened）と言われることもある．不均一な拡がりをもつ場合には，周波数 ω_0 を中心とする遷移周波数の分布は，一般にガウス分布になることが多い．不均一な系は，混合状態の密度行列で記述され，その密度行列は

$$\rho(t) = \frac{1}{\sqrt{2\pi\sigma^2}} \int_{-\infty}^{\infty} e^{-(\omega_h - \omega_0)^2/2\sigma^2} \rho(\omega_h, t) \, d\omega_h \tag{14.91}$$

で与えられる．ここで，ω_h は不均一線幅内での副集団の遷移周波数であり，σ はその分布の標準偏差である．積分に掛けられている項は，規格化定数である．輻射場の周波数は，吸収線の中心周波数に等しい，すなわち $\omega = \omega_0$ とする．σ がラビ振動数 ω_R に比べて十分小さい，つまり $\sigma \ll \omega_R$ とすると，不均一線全体がほぼ共鳴状態に近いと見なすことができて，パルス光の照射は，おのおのの副集団に対して，同一のフリップ角 θ を与えることになる．

パルス光照射に引き続いて，遷移周波数 ω_h をもつ各副集団は，周波数 ω_h

306 第14章 密度行列——分子と光のコヒーレントな結合

で自由歳差運動を行う．双極子モーメント演算子の集団平均をとった期待値 $\langle \hat{\mu} \rangle$ は，

$$\langle \hat{\mu} \rangle = \mathrm{Tr}\, \rho(t)\mu$$

$$= \frac{1}{\sqrt{2\pi\sigma^2}} \int_{-\infty}^{\infty} e^{-(\omega_h - \omega_0)^2/2\sigma^2} \mathrm{Tr}\, \rho(\omega_h, t)\mu\, d\omega_h \tag{14.92}$$

で与えられる．周波数 ω_h とフリップ角 θ に関して，式（14.83）の結果を用いると，積分は

$$\langle \hat{\mu} \rangle = -\frac{\mu \sin\theta}{\sqrt{2\pi\sigma^2}} \int_{-\infty}^{\infty} e^{-(\omega_h - \omega_0)^2/2\sigma^2} \sin(\omega_h t)\, d\omega_h \tag{14.93}$$

と書き直せる．$\delta = \omega_h - \omega_0$ と変数変換すれば，積分は

$$\langle \hat{\mu} \rangle = -\frac{\mu \sin\theta}{\sqrt{2\pi\sigma^2}}$$

$$\times \left[\cos(\omega_0 t) \int_{-\infty}^{\infty} e^{-\delta^2/2\sigma^2} \sin\delta\, d\delta + \sin(\omega_0 t) \int_{-\infty}^{\infty} e^{-\delta^2/2\sigma^2} \cos\delta\, d\delta \right] \tag{14.94}$$

となる．ここで最初の積分は，偶関数と奇関数の積を正負対称な積分領域で積分するので，0 となる．第 2 の積分を評価すると，

$$\langle \hat{\mu} \rangle = -\mu \sin\theta \sin(\omega_0 t) \exp\left[-\frac{t^2}{2(1/\sigma)^2} \right] \tag{14.95}$$

となる．ここで，$t = 0$ は励起光パルスの終端の時刻にとる．

式（14.95）は，分子集団から放出される輻射電場を生成する，振動する 1 つの電気双極子を記述している．双極子は，中心周波数 ω_0 で振動するが，その大きさは時間とともに減少する．双極子の大きさは，時間とともにガウス関数的に減衰する．時間減衰の標準偏差は $1/\sigma$ であり，吸収線のスペクトル幅の逆数になる．振動する双極子は，時間とともにその強度が減衰する輻射を生成するのである．これは，**自由誘導減衰**（free induction decay）と呼ばれる．そのフーリエ変換は，スペクトル線の形状になっている．遷移周波数の拡がりは，各副集団がそれぞれに異なる周波数で歳差運動をする原因となる．自由誘導減衰が生じるのは，自由に歳差運動する副集団が，$t = 0$ で確立された位相関係を時間とともに失うからである．この**位相緩和**が，光のコヒーレントな放出の減衰の原因になる．

先に F 節で議論したように，自由歳差運動は密度行列の対角要素を変化

H. 自由誘導減衰 307

させない. 励起状態の占有密度 ρ_{22} は, 自由誘導減衰では変わらないのである. しかし, 自由誘導減衰に引き続いては, (それが終わると) インコヒーレントな自然放出のみが生じる. そこでは, それぞれの振動子から個別に放出される電場 E は, 位相を合わせて加算されることはない. 一方, 自由誘導減衰の減衰時間スケールに比べて十分短時間の領域では, 放出はコヒーレントである. すなわち, 電場 E は位相を合わせて加算され, 増大された光放出を形成する. 式 (14.82) からわかるように, 自由歳差運動は, 密度行列の非対角要素に起因する特性である. 一方, 対角要素は系の準位の密度分布を定める. 式 (14.95) の形で例示された自由誘導減衰とそれによるコヒーレント放出は, 密度行列の非対角成分を含み, それが系のコヒーレンスを記述している.

式 (14.83) あるいは (14.95) は, 最大のコヒーレント放出が $\pi/2$ パルスの場合に生じること, また π パルスの場合には, $\langle \hat{\mu} \rangle$ が 0 となるためにコヒーレント放出が完全に消滅することを示唆するように見える. これらの結果は, 上記に用いられた半古典的な取扱いで, 輻射場を古典的に取り扱ったところから生じている. 輻射場を量子力学的に取り扱った場合には, コヒーレントな光放出の強度が最大となるのは, π パルスの場合であることが知られている. 電場 E の演算子に関連付けられる生成演算子 (第 12 章 E 節参照) が, 時間に依存する位相因子を担っている. 自由誘導減衰の時間スケールに比べて短い時間領域では, 自然放出により生成される光子が, 明確に定義された位相関係を保つ電場 E を担っている. そのため, そのような光子による電場 E が位相を合わせて加算され, コヒーレントな光放出を生み出すのである. 放出される光子の数は, 励起状態の占有密度 ρ_{22} に比例する. したがって, コヒーレントな光放出の最大強度は, π パルスの照射によって生じる (*e.g.* 式 (14.74b) 参照). 一方 NMR では, 歳差運動をする磁気双極子が検出されている. このとき, 電気双極子の場合ならコヒーレントになるはずの自然放出からの寄与は無視できて (第 12 章 C 節参照), 信号の最大値は $\pi/2$ パルスに続いて発生する.

第15章 | 角運動量
Angular Momentum

第7章では，シュレーディンガー方程式を解くことによって，水素原子の
エネルギー固有値とその波動関数を得た．そこに現れる球面極座標に基づい
た3次元の微分方程式は，3本の1次元方程式に変数分離された．角度変数
φ と θ を含む2本の方程式は，2種類の量子数 m と l それぞれに依存する解
を与えた．これらを合わせた全角度部分に関する方程式の解は，水素原子を
はじめ，任意の中心対称性をもつ系の**軌道角運動量**（angular momentum）
を記述している．角度部分を統合した解は，**球面調和関数**（spherical har-
monics）と呼ばれる．球面調和関数は，量子数 m を含む指数関数項と量子
数 m と l を含む**ルジャンドルの陪多項式**（associated Legendre polynomi-
als）の項との積で与えられる．l を含む因子は $l=0$, 1, 2, … に対応して値
$l(l+1)$ をとり，m を含む因子は $m=0$, ±1, ±2, …, $\pm l$ に対応してそれ
ぞれ値 m をとることがわかっている．水素原子のシュレーディンガー方程
式の角度部分に関するこれらの解は，軌道角運動量の固有値問題に関する解
でもある．

本章では，上昇演算子と下降演算子による定式化を用いて，角運動量の問
題をより一般的な方法で取り扱う．第6章では，シュレーディンガー方程式
を用いる方法と，ディラックの昇降演算子を用いる方法の両方によって調和
振動子を取り扱った．2通りのアプローチの結果は，同一であった．しかし，
調和振動子をはじめとする多くの問題で，波動関数とシュレーディンガー表
示に固有な微分方程式を用いる方法に比べ，昇降演算子を用いる方法のほう
が数学的により簡単なことが多い．昇降演算子を用いて角運動量を取り扱え
ば，多くの問題で有用なシュレーディンガー表示の方法に代わりうる，もう
1つの定式化法が得られるのである．この定式化は，水素原子の取扱いから
得られる結果を完全に再現するが，同時にシュレーディンガー表示による結

果がすべての面で完備されたものではないことも示す．角運動量の量子数（通常 l は軌道角運動量と呼ばれる）が整数の場合に加えて，以下に述べる一般的な取扱いでは，角運動量の量子数として，半整数もまたとりうる値であることを導くのである．

A. 角運動量演算子

古典的な角運動量 J はベクトル量であり，原点からの動径ベクトル r と線形の運動量 p のベクトル積（外積，クロス積）として，

$$J = r \times p \tag{15.1}$$

と定義される（軸性ベクトル vs. 極性ベクトル）．角運動量のベクトル成分を求める簡便な方法は，ベクトル積を形式的に行列式の形に書き表すとよい．

$$J = \begin{vmatrix} e_x & e_y & e_z \\ x & y & z \\ p_x & p_y & p_z \end{vmatrix} \tag{15.2}$$

ここで，e_x, e_y, e_z はそれぞれ x, y, z 軸方向の単位ベクトルであり，p_x, p_y, p_z はそれぞれ線形な運動量の x, y, z 成分である．行列式の定義に則って"たすき掛け"に積をとって展開し，結果を

$$J = J_x e_x + J_y e_y + J_z e_z \tag{15.3}$$

と置くと，

$$J_x = y\, p_z - z\, p_y \tag{15.3a}$$

$$J_y = z\, p_x - x\, p_z \tag{15.3b}$$

$$J_z = x\, p_y - y\, p_x \tag{15.3c}$$

を得る．角運動量ベクトルの自分自身とのスカラー積（内積）は，この成分表示を用いると

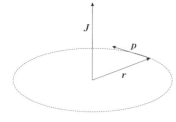

図 15.1 r は動径ベクトル，p は線形の運動量で，常に r の先端の描く軌道の接線方向を向いている．J が角運動量ベクトルで，r と p のつくる平面に右手系で垂直な方向を向くものとする（点線は円軌道の場合）．

A. 角運動量演算子　311

$$\boldsymbol{J}\cdot\boldsymbol{J}=J^2=J_x^2+J_y^2+J_z^2 \tag{15.4}$$

となり，これは確かにスカラー量である．J^2 の平方根は，角運動量の長さ（i.e. 大きさ J）を与える．

　角運動量の成分に対応する量子力学的な角運動量（成分）演算子は，ディラックの量子条件（第4章A節）に従い，行列の中で古典的な位置 q を位置演算子 $\hat{q}$ で，古典的な運動量 p_q を運動量演算子 $-i\hbar(\partial/\partial q)$ で置き換えることで見いだすことができる．

$$\hat{\boldsymbol{J}}=-i\hbar\begin{vmatrix} \boldsymbol{e}_x & \boldsymbol{e}_y & \boldsymbol{e}_z \\ \hat{x} & \hat{y} & \hat{z} \\ \partial/\partial x & \partial/\partial y & \partial/\partial z \end{vmatrix} \tag{15.5}$$

したがって，角運動量の各成分に対応する量子力学的演算子は

$$\hat{J}_x=-i\hbar\left(\hat{y}\frac{\partial}{\partial z}-\hat{z}\frac{\partial}{\partial y}\right) \tag{15.6a}$$

$$\hat{J}_y=-i\hbar\left(\hat{z}\frac{\partial}{\partial x}-\hat{x}\frac{\partial}{\partial z}\right) \tag{15.6b}$$

$$\hat{J}_z=-i\hbar\left(\hat{x}\frac{\partial}{\partial y}-\hat{y}\frac{\partial}{\partial x}\right) \tag{15.6c}$$

となり，スカラー積については，

$$\hat{\boldsymbol{J}}\cdot\hat{\boldsymbol{J}}=\hat{J}^2=\hat{J}_x^2+\hat{J}_y^2+\hat{J}_z^2 \tag{15.7}$$

となる．

　次のような交換子

$$[\hat{J}_x,\ \hat{J}_y]=\hat{J}_x\hat{J}_y-\hat{J}_y\hat{J}_x \tag{15.8}$$

を考える．式（15.6a）と（15.6b）を代入し，$\hbar$ を単位として書けば，まず

$$\hat{J}_x\hat{J}_y=-\left(\hat{y}\frac{\partial}{\partial z}-\hat{z}\frac{\partial}{\partial y}\right)\left(\hat{z}\frac{\partial}{\partial x}-\hat{x}\frac{\partial}{\partial z}\right)$$

$$=-\left(\hat{y}\frac{\partial}{\partial z}\hat{z}\frac{\partial}{\partial x}-\hat{y}\frac{\partial}{\partial z}\hat{x}\frac{\partial}{\partial z}-\hat{z}\frac{\partial}{\partial y}\hat{z}\frac{\partial}{\partial x}+\hat{z}\frac{\partial}{\partial y}\hat{x}\frac{\partial}{\partial z}\right) \tag{15.9a}$$

および，

$$\hat{J}_y\hat{J}_x=-\left(\hat{z}\frac{\partial}{\partial x}\hat{y}\frac{\partial}{\partial z}-\hat{z}\frac{\partial}{\partial x}\hat{z}\frac{\partial}{\partial y}-\hat{x}\frac{\partial}{\partial z}\hat{y}\frac{\partial}{\partial z}+\hat{x}\frac{\partial}{\partial z}\hat{z}\frac{\partial}{\partial y}\right) \tag{15.9b}$$

を得る．両辺引くと，

312　第15章　角運動量

$$[\hat{J}_x,\ \hat{J}_y] = -\left[\hat{y}\frac{\partial}{\partial x}\left(\frac{\partial}{\partial z}\hat{z} - \hat{z}\frac{\partial}{\partial z}\right) + \hat{x}\frac{\partial}{\partial y}\left(\hat{z}\frac{\partial}{\partial z} - \frac{\partial}{\partial z}\hat{z}\right)\right]$$

$$= -\left(\hat{y}\frac{\partial}{\partial x} - \hat{x}\frac{\partial}{\partial y}\right)\left[\frac{\partial}{\partial z},\ \hat{z}\right]$$

$$= \left(\hat{x}\frac{\partial}{\partial y} - \hat{y}\frac{\partial}{\partial x}\right)\left[\frac{\partial}{\partial z},\ \hat{z}\right]$$

$$= i\hat{J}_z\left[\frac{\partial}{\partial z},\ \hat{z}\right] \tag{15.10}$$

となる。ここで，

$$\left[\frac{\partial}{\partial z},\ \hat{z}\right] = 1 \tag{15.11}$$

であることを簡単に示すことができる．運動量演算子の定義から，

$$\frac{\partial}{\partial z} = \frac{\hat{P}_z}{-i\hbar} \tag{15.12}$$

すると，式（15.11）の左辺は

$$-\frac{1}{i\hbar}[\hat{P}_z,\ \hat{z}] = -\frac{1}{i\hbar}(-1)[\hat{z},\ \hat{P}_z] \tag{15.13}$$

となり，右辺の交換子は $[\hat{z},\ \hat{P}_z] = i\hbar$ であるので，式（15.13）の左辺は

$$= \frac{1}{i\hbar}(i\hbar) = 1 \tag{15.14}$$

となる．したがって，式（15.10）の交換子の項は 1 になり，$\hbar$ を単位とする場合には，

$$[\hat{J}_x,\ \hat{J}_y] = i\hat{J}_z \tag{15.15}$$

が得られる．伝統的な単位に戻せば，$[\hat{J}_x,\ \hat{J}_y] = i\hbar\hat{J}_z$ となる．同様にして $\hbar$ を単位とすると，

$$[\hat{J}_y,\ \hat{J}_z] = i\hat{J}_x \tag{15.16}$$

$$[\hat{J}_z,\ \hat{J}_x] = i\hat{J}_y \tag{15.17}$$

を得る．角運動量の各成分に対応する演算子は，互いに交換しないことがわかった．$\hat{J}$ の成分間についてのこれらの交換子を用いると，

$$[\hat{J}^2,\ \hat{J}_z] = [\hat{J}^2,\ \hat{J}_x] = [\hat{J}^2,\ \hat{J}_y] = 0 \tag{15.18}$$

であることを直ちに示すことができる．すなわち角運動量の 2 乗の演算子は，その各成分と交換する．

A. 角運動量演算子 313

式 (15.15)〜(15.18) は，角運動量演算子に関する基本的な交換子関係を与える．角運動量の2乗がその成分の演算子と交換するので，$\hat{J}^2$と角運動量のいずれか1つの成分は，同時固有関数をもち，同時に確定できる観測可能量になる．これは，古典的な角運動量の場合とは根本的に異なるところである．一連の交換関係が示しているのは，運動量ベクトルの長さ（$\hat{J}^2$の固有値の平方根）と，いずれか1つの座標軸への射影の2個に限って知ることができるということである．一方古典力学では，角運動量の3個の成分はすべて正確に知ることができる．角運動量のどの成分を観測するかの選択は任意であるが，通常$\hat{J}_z$成分の固有値が観測可能量になるように座標系を選ぶことが多い．すなわち，演算子$\hat{J}^2$と$\hat{J}_z$を表す行列は，同一のユニタリ変換によって同時に対角化することができる．

次の関係式，

$$[\hat{H}, \hat{J}] = 0 \tag{15.19}$$

が成立することも示すことができる．演算子$\hat{J}$は回転演算子のように振る舞う．孤立した系の回転操作は，系のエネルギーを変えない．$\hat{H}$が$\hat{J}$と交換するということは直ちに，

$$[\hat{H}, \hat{J}^2] = 0 \tag{15.20}$$

が成り立つことを意味する．したがって，$\hat{H}$, $\hat{J}^2$, $\hat{J}_z$はすべて同時に観測可能な物理量となる．水素原子を取り扱う（第7章）なかで，系の状態を定義するのには3種の量子数n, m, lが必要なことがわかった．たとえば，$2p_0$軌道（$2p_z$軌道とも呼ばれる）は，$n=2$, $l=1$（p軌道），$m=0$の値をもつ．p軌道には3種類あり，それらは異なる3通りのmの値で識別される．量子数lは，$2p_0$軌道を$2s$軌道と区別する一方で，どちらも$n=2$と$m=0$の値をもつ，量子数nは，$2p$軌道の集団が$3p$軌道のそれとは異なることを識別する，…などである．3種類の演算子$\hat{H}$, $\hat{J}^2$, $\hat{J}_z$は，それぞれエネルギー，軌道角運動量の大きさ，角運動量のz軸への射影という3種類の同時観測可能量を与え，水素原子の状態を定義するにはこれで十分である．系の状態を完全に定義するのに十分な数の交換可能な演算子が常に存在する．

314 第15章 角運動量

B. $\hat{J}^2$ と $\hat{J}_z$ の固有値

$\hat{J}^2$ と $\hat{J}_z$ は互いに交換するので，この2種類の演算子の同時固有ベクトルとなるケットベクトル $|\lambda m\rangle$（互いに直交するようにとる）の集合が存在する．すなわち行列 $\hat{J}^2$ と $\hat{J}_z$ は，これらのケットベクトルからなる基底を用いて，同時に対角化される．つまり，$\hbar$ を単位としてこれを表せば次のように書ける．

$$\hat{J}^2|\lambda m\rangle = \lambda|\lambda m\rangle \tag{15.21}$$

$$\hat{J}_z|\lambda m\rangle = m|\lambda m\rangle \tag{15.22}$$

固有値と固有ベクトルを見いだすのに用いられる手法は，調和振動子の取扱いで昇降演算子を用いたのと類似している．ここでは，次のような演算子を導入することから始めよう．

$$\hat{J}_+ = \hat{J}_x + i\hat{J}_y \tag{15.23a}$$

$$\hat{J}_- = \hat{J}_x - i\hat{J}_y \tag{15.23b}$$

これから先に話を進めるには，相当数の交換子（関係式）と恒等式が必要である．$\hat{J}_+$ と $\hat{J}_-$ の定義と，式（15.15）～（15.18）に与えられる交換子を用いると，たとえば次のような交換子が導かれる．

$$[\hat{J}_+, \hat{J}_z] = -\hat{J}_+ \tag{15.24a}$$

$$[\hat{J}_-, \hat{J}_z] = \hat{J}_- \tag{15.24b}$$

$$[\hat{J}_+, \hat{J}_-] = 2\hat{J}_z \tag{15.24c}$$

次の有用な恒等式もまた，ほぼ同様にして得られる．

$$\hat{J}_+\hat{J}_- = \hat{J}^2 - \hat{J}_z^2 + \hat{J}_z \tag{15.25a}$$

$$\hat{J}_-\hat{J}_+ = \hat{J}^2 - \hat{J}_z^2 - \hat{J}_z \tag{15.25b}$$

まず，λ と m の間の関係を見いだすところから始める．$\hat{J}^2$ と $\hat{J}_z^2$ の期待値に関しては，

$$\langle\lambda m|\hat{J}^2|\lambda m\rangle \geq \langle\lambda m|\hat{J}_z^2|\lambda m\rangle \tag{15.26}$$

が成り立つ．というのは，

$$\langle\lambda m|\hat{J}^2|\lambda m\rangle = \langle\lambda m|\hat{J}_z^2|\lambda m\rangle + \langle\lambda m|\hat{J}_x^2|\lambda m\rangle + \langle\lambda m|\hat{J}_y^2|\lambda m\rangle \tag{15.27}$$

だからである．$\hat{J}_i$ はエルミート演算子であり，したがって $\hat{J}_i^2$ のブラケットは実数の2乗になり，それらは正である．したがって，式（15.27）の右辺は3個の正数の和である．$\langle\lambda m|\hat{J}^2|\lambda m\rangle$ は3正数の和に等しい．よってそ

れは，これら3正数の1つに等しいか，より大きいかのいずれかである．$|\lambda m\rangle$ は，$\hat{J}^2$ の固有値 λ の固有ケットなので，

$$\langle \lambda m|\hat{J}^2|\lambda m\rangle = \lambda \tag{15.28}$$

であり，同時に $|\lambda m\rangle$ は，$\hat{J}_z$ の固有値 m の固有ケットなので，

$$\langle \lambda m|\hat{J}_z^2|\lambda m\rangle = m^2 \tag{15.29}$$

でもある．したがって式（15.26）を用いれば，

$$\lambda \geq m^2 \tag{15.30}$$

の結果が得られる．

式（15.24a）からは，

$$\hat{J}_z\hat{J}_+ = \hat{J}_+\hat{J}_z + \hat{J}_+ \tag{15.31}$$

を得る．ここで次式を考える．

$$\begin{aligned}
\hat{J}_z[\hat{J}_+|\lambda m\rangle] &= \hat{J}_+\hat{J}_z|\lambda m\rangle + \hat{J}_+|\lambda m\rangle \\
&= \hat{J}_+ m|\lambda m\rangle + \hat{J}_+|\lambda m\rangle \\
&= (m+1)[\hat{J}_+|\lambda m\rangle]
\end{aligned} \tag{15.32}$$

式（15.32）左辺の大括弧の中の $\hat{J}_+|\lambda m\rangle$ は，最終行右辺の大括弧の中と同一である．演算子をケットに作用させた結果はケットに戻るので，$\hat{J}_+|\lambda m\rangle$ は何らかのケットである．$\hat{J}_z$ を $\hat{J}_+|\lambda m\rangle$ に作用させると，その同じ項に係数 $(m+1)$ を掛けたものに戻っている．したがって $\hat{J}_+|\lambda m\rangle$ は，固有値 $(m+1)$ をもつ $\hat{J}_z$ の固有ケットである．さらに，$\hat{J}^2$ は $\hat{J}$ の各成分と交換する（式（15.18））ので，

$$[\hat{J}^2, \hat{J}_+] = 0 \tag{15.33}$$

である．よって，

$$\begin{aligned}
\hat{J}^2[\hat{J}_+|\lambda m\rangle] &= \hat{J}_+\hat{J}^2|\lambda m\rangle \\
&= \lambda[\hat{J}_+|\lambda m\rangle]
\end{aligned} \tag{15.34}$$

を得る．つまり $\hat{J}_+|\lambda m\rangle$ は，固有値 λ をもつ $\hat{J}^2$ の固有ケットでもある．

$\hat{J}_+|\lambda m\rangle$ は，それぞれ λ と $m+1$ を固有値とする $\hat{J}^2$ と $\hat{J}_z$ の両者の固有ケットになっている．したがって，$\hat{J}_+$ をケット $|\lambda m\rangle$ に作用させると新たに固有ケット $|\lambda m+1\rangle$ が得られるということは，$\hat{J}_+$ は**上昇演算子**であるということである．ある固有ケットにこの演算子を作用させると，λ はそのまま

316　第15章　角運動量

で変化せず，m のみが 1 だけ上昇した新たな固有ケットを生成するのである．

　ケット $|\lambda m\rangle$ に $\hat{J}_+$ を繰り返し作用させると，順次より大きな m の値をもつ固有ベクトルが生成される．しかし関係式（15.30）が存在するので，上昇演算子を際限なく適用することはできない．m の値には最大値が存在する．それを j とすれば，

$$m_{\max} = j$$

の値に対しては，$|\lambda j\rangle$ に上昇演算子を作用させると，そのままでは関係式 $\lambda \geq m^2$ に矛盾することになる．よって $m = j$ については，

$$\hat{J}_+|\lambda j\rangle = 0 \tag{15.35a}$$

であって，しかも

$$|\lambda j\rangle \neq 0 \tag{15.35b}$$

とするべきである．

　式（15.31）から（15.32）で用いられた議論と同様にして，$\hat{J}_-|\lambda m\rangle$ は固有値 $m-1$ をもつ $\hat{J}_z$ の固有ケットであり，しかも固有値 λ をもつ $\hat{J}^2$ の固有ケットでもあることを示すことができる．$\hat{J}_-$ は**下降演算子**である．ある固有ケットにこれを作用させると，λ は変えず m が 1 だけ減少した新たな固有ケットを生成する．

　j を m のとりうる最大値として，$|\lambda j\rangle$ に $\hat{J}_-$ を繰り返し作用させると，$\hat{J}_z$ の一連の固有値が

$$m = j,\ j-1,\ j-2,\ \cdots$$

であるような固有ケットが，順次得られる．ところが，条件式 $\lambda \geq m^2$ が存在するので，下降演算子を際限なく適用することはできない．m には必ず最小値が存在する．これを j' として，ケット $|\lambda j'\rangle$ に下降演算子を作用させると，

$$\hat{J}_-|\lambda j'\rangle = 0 \tag{15.36a}$$

であって，しかも

$$|\lambda j'\rangle \neq 0 \tag{15.36b}$$

であるべきである．m のとりうる最大値の j から最小値の j' まで整数 1 刻みでとられるので，j と j' は整数分の差でなければならない．すなわち，

$$j = j' + 整数 \tag{15.37}$$

B. $\hat{J}^2$ と $\hat{J}_z$ の固有値　317

である.

式 (15.35a) に左から $\hat{J}_-$ を掛け, 式 (15.36a) に左から $\hat{J}_+$ を掛ければ,

$$\hat{J}_-\hat{J}_+|\lambda j\rangle = 0 \tag{15.38a}$$

$$\hat{J}_+\hat{J}_-|\lambda j'\rangle = 0 \tag{15.38b}$$

が得られる. 式 (15.25) の恒等式を用いると, これらは

$$\hat{J}_-\hat{J}_+|\lambda j\rangle = 0 = (\hat{J}^2 - \hat{J}_z^2 - \hat{J}_z)|\lambda j\rangle \tag{15.39a}$$

$$\hat{J}_+\hat{J}_-|\lambda j'\rangle = 0 = (\hat{J}^2 - \hat{J}_z^2 + \hat{J}_z)|\lambda j'\rangle \tag{15.39b}$$

と書き直せる. これらの右辺のケットは, それぞれに作用している各演算子の固有ケットであった. それらの演算を実行すると,

$$\hat{J}_-\hat{J}_+|\lambda j\rangle = 0 = (\lambda - j^2 - j)|\lambda j\rangle \tag{15.40a}$$

$$\hat{J}_+\hat{J}_-|\lambda j'\rangle = 0 = (\lambda - j'^2 + j')|\lambda j'\rangle \tag{15.40b}$$

を得る. $|\lambda j\rangle \neq 0$ および $|\lambda j'\rangle \neq 0$ なので, 式 (15.40) の右辺のこれらのケットに掛けられる係数は 0 でなければならない. したがって, 式 (15.40a) からは

$$\lambda = j(j+1) \tag{15.41a}$$

が得られ, 式 (15.40b) からは

$$\lambda = (-j')(-j'+1) \tag{15.41b}$$

を得る. さらに $j > j'$ だから, 式 (15.41) は

$$j' = -j \tag{15.42}$$

を与える. m の最大値は j であり, 最小値は j' である. j から開始して下降演算子を適用すると, そのたびに j は整数分ずつ減少し, それは j' に到達するまで続けられる. j から j' までの間隔は $2j$ である. したがって,

$$2j = 整数 \tag{15.43}$$

であることがわかる.

最終結果は次のようになる. すなわち, $\hat{J}^2$ の固有値 λ は $j(j+1)$ であり, ここで j のとりうる値は

$$j = 0, \frac{1}{2}, 1, \frac{3}{2}, \cdots \tag{15.44}$$

で与えられる. 水素原子の軌道角運動量の問題を解いた場合とは異なり, j はその値に整数 (integer) と**半整数** (half-integer) の両方をとることができることが導かれた. 水素原子の問題では, シュレーディンガー方程式の解

318　第15章　角運動量

からは角運動量の値としては整数値のみが現れていた[1]. $\hat{J}_z$ の固有値は,

$$m = j,\ j-1,\ \cdots,\ -j+1,\ -j \tag{15.45}$$

で与えられる. j は m のとりうる最大値であり, $-j$ はその最小値である. 固有ケットを量子数 j と m で指標付けすれば, 固有値方程式は,

$$\hat{J}^2 |j\,m\rangle = j(j+1)|j\,m\rangle \tag{15.46}$$

$$\hat{J}_z |j\,m\rangle = m|j\,m\rangle \tag{15.47}$$

となる. それぞれの j の値に付随して, $2j+1$ 通りの異なる m の状態がある. 式 (15.46) と (15.47) は, $\hbar$ を単位として表されている. 伝統的な単位系を用いるなら, 式 (15.46) の右辺には $\hbar^2$ が掛けられ, 式 (15.47) の右辺には $\hbar$ が, それぞれ掛けられる.

　上記の展開では, 上昇演算子 $\hat{J}_+$ と下降演算子 $\hat{J}_-$ の作用がまず定められた. 続いてたとえば, $\hat{J}_+|\lambda\,m\rangle$ は $\hat{J}^2$ と $\hat{J}_z$ の共通の固有ケットであることが示された. $\hat{J}_+$ と $\hat{J}_-$ をある固有ケットに作用させると, それらは m の値が $+1$ または -1 だけ異なる固有ケットの定数倍したものを与えた. 系の状態はケットベクトルの長さではなく方向 (0 でないことを前提とする. 第2章参照) で決定されるので, $\hat{J}_+$ と $\hat{J}_-$ を適用することによって生じる定数因子は, 上述の議論に何ら影響を及ぼさない. しかし具体的な計算の過程で $\hat{J}_+$ と $\hat{J}_-$ を用いる場合には, その定数因子を正確に知る必要がある. それらの導出は直截に可能であり, 結果は次式のように与えられる.

---

1)　訳者注:本章で示される角運動量の量子力学の一般論は, 角運動量演算子のもつべき基本的な交換関係, 式 (15.15)〜(15.18) を前提に出発した. この交換関係自体は, 正準共役な変数である r と p からなる古典的な定義 (式 (15.1)) に基づいて, シュレーディンガー描像の微分演算子を用いて導かれた. しかしその後, B節での角運動量固有値の導出では, 表示に依存する性質は一切使われずに進められている点に注意してほしい. 角運動量演算子のシュレーディンガー表示から演算子間の交換関係を導いたが, 後者は前者の必要十分条件ではなかったことになる. 角運動量の定義として交換関係の方がより普遍性を備えることが, 一般論で半整数の角運動量まで包含しえた根拠であり, 第7章でのシュレーディンガー方程式 (i.e. 連続的正準変数の微分方程式) に基づく水素原子の取扱いが, 半整数の角運動量を生成しえなかった由縁でもあろう. 半整数の角運動量がスピン自由度に対応するかは, 現時点ではいわば結果論になるが, その実体論には, 第16章で議論されるように相対論的な取扱いが必要になり, その詳細は本書の範囲を超えるので, スピンは当面仮説として導入される. それにもかかわらず, スピンは角運動量の仲間として, その合成まで含めてまったく同等に記述される点に注目してほしい.

$$\hat{J}_+|j\,m\rangle = \sqrt{(j-m)(j+m+1)}|j\,m+1\rangle \qquad (15.48)$$

$$\hat{J}_-|j\,m\rangle = \sqrt{(j+m)(j-m+1)}|j\,m-1\rangle \qquad (15.49)$$

C. 角運動量行列

角運動量（B 節で議論した一般的な角運動量を考える．たとえば E 節で議論する $j = l + s$ の場合には，全角運動量 j に対応）の量子数 j は，$j = 0$, $1/2$, 1, $3/2$, 2, …の値をとることができる．すべての異なる角運動量状態は，特定の j の状態に基づいてグループ分けすることができる．

$j=0$	$m=0$
$j=1/2$	$m=1/2,\ -1/2$
$j=1$	$m=1,\ 0,\ -1$
$j=3/2$	$m=3/2,\ 1/2,\ -1/2,\ -3/2$
$j=2$	$m=2,\ 1,\ 0,\ -1,\ -2$
$\vdots$	$\vdots$

整数値の j は，水素原子のシュレーディンガー方程式の角度部分を解くことで得られる結果と同一である．水素原子では，角運動量の量子数は l と m で指定されたが，それ以外は同一である．$j=0$ と $m=0$ は，s 軌道に対応する，$j=1$ と $m=1$, 0, -1 は，3 本の異なる p 軌道に対応する，…等々である．しかし，水素原子の波動関数に関する解から得られる軌道角運動量状態は，量子数として整数の値のみをもつのに対し，角運動量問題に関する完備した解には，半整数の値をもつ角運動量状態も含まれる．

$\hat{J}^2$ 演算子の固有値は，全角運動量ベクトルの長さの 2 乗である．j のある値に関する角運動量ベクトルの長さは $\sqrt{j(j+1)}$ である．伝統的な単位系に戻せば，長さは $\hbar\sqrt{j(j+1)}$ である．j が与えられると，$\hat{J}_z$ 演算子の固有値 m は，角運動量ベクトルの z 軸上へのとりうる射影に対応する．伝統的な単位系では射影の長さは $\hbar m$ である．m 状態の本質は，$j=1$ と $m=1$, 0, -1 の場合を例にとれば，図 15.2 に示すように図解できる．図 15.2 で，破線は z 軸を表す．$\hbar$ を単位とすると，角運動量ベクトルの長さは $\sqrt{2}$ である．z 軸上へのとりうる 3 通りの射影 m は，$\hbar$ を単位とするとそれぞれ 1, 0, -1 になる．ベクトルの長さと z 軸上への射影のみが知りうる値なので，

320　第15章　角運動量

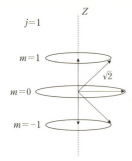

図 15.2 $j=1$ で，$m=1,\ 0,\ -1$ の場合の角運動量を模式的に示す．m 状態は角運動量の z 軸への射影である．円はそれぞれ m 状態のベクトルの先端が非局在化していることを模式的に示す．

各 m 状態に対して，ベクトルの先端は**非局在化**していると考えられる．言い換えると，各ベクトルの先端はそれぞれ図の円周上の任意の点に見いだされると考えられる．$m=0$ の場合には，角運動量ベクトルは z 軸に垂直であり，それゆえ射影の値は 0 である．同様な模式図は，j の各値について描くことができる．

$\hat{J}^2,\ \hat{J}_z,\ \hat{J}_+,\ \hat{J}_-$ の各行列要素は，

$$\langle j'm'|\hat{J}^2|jm\rangle = j(j+1)\cdot\delta_{j'j}\delta_{m'm} \tag{15.50}$$

$$\langle j'm'|\hat{J}_z|jm\rangle = m\cdot\delta_{j'j}\delta_{m'm} \tag{15.51}$$

$$\langle j'm'|\hat{J}_+|jm\rangle = \sqrt{(j-m)(j+m+1)}\cdot\delta_{j'j}\delta_{m'm+1} \tag{15.52}$$

$$\langle j'm'|\hat{J}_-|jm\rangle = \sqrt{(j+m)(j-m+1)}\cdot\delta_{j'j}\delta_{m'm-1} \tag{15.53}$$

で与えられる．

これらの角運動量演算子は，それぞれ次に示すような形状のひとまとまりの行列で書き表すことができる．

$$\begin{array}{c|cccc} & j & 0 & 1/2 & 1 \\ j' & m & 0 & 1/2\ -1/2 & 1\ 0\ -1 \\ \hline 0 & 0 & (\ ) & (0) & (0) & \cdots \\ 1/2 & {}^{1/2}_{-1/2} & (0) & (\ ) & (0) \\ 1 & {}^{\ 1}_{\ 0}_{-1} & (0) & (0) & (\ ) \\ & \vdots & & & & \ddots \end{array}$$

しかしながらこれらの演算子は，どれも j の値自体を変えることはない．したがって行列全体は，与えられた j とそれに伴う m の一連の値に対応する対角線上に並ぶブロックと，それ以外の非対角部分に対応するブロックとに区分けされる．非対角ブロックはすべて 0 である．0 でない非対角ブロック

D. 軌道角運動量とゼーマン効果　321

が存在するためには，演算子が j を変えることが必要である．したがって，これら4種の演算子に対応する行列は，すべて j の値によってグループ分けできる．各 j のブロックは，他のブロックとは互いに独立であり，分離して考察できる．

式 (15.50)〜(15.53) を用いて，4種の演算子 $\hat{J}^2$, $\hat{J}_z$, $\hat{J}_+$, $\hat{J}_-$ のはじめの数個の行列を具体的に示すと，

$j=0$;

$$J_+=(0) \qquad J_-=(0)$$
$$J_z=(0) \qquad J^2=(0) \tag{15.54}$$

$j=1/2$;

$$J_+=\begin{pmatrix} 0 & 1 \\ 0 & 0 \end{pmatrix} \qquad J_-=\begin{pmatrix} 0 & 0 \\ 1 & 0 \end{pmatrix}$$

$$J_z=\begin{pmatrix} 1/2 & 0 \\ 0 & -1/2 \end{pmatrix} \qquad J^2=\begin{pmatrix} 3/4 & 0 \\ 0 & 3/4 \end{pmatrix} \tag{15.55}$$

$j=1$;

$$J_+=\begin{pmatrix} 0 & \sqrt{2} & 0 \\ 0 & 0 & \sqrt{2} \\ 0 & 0 & 0 \end{pmatrix} \qquad J_-=\begin{pmatrix} 0 & 0 & 0 \\ \sqrt{2} & 0 & 0 \\ 0 & \sqrt{2} & 0 \end{pmatrix}$$

$$J_z=\begin{pmatrix} 1 & 0 & 0 \\ 0 & 0 & 0 \\ 0 & 0 & -1 \end{pmatrix} \qquad J^2=\begin{pmatrix} 2 & 0 & 0 \\ 0 & 2 & 0 \\ 0 & 0 & 2 \end{pmatrix} \tag{15.56}$$

となる．$|jm\rangle$ ケットは $\hat{J}^2$ と $\hat{J}_z$ の固有ケットなので，これらに対応する行列は対角行列になる．上昇演算子 $\hat{J}_+$ と下降演算子 $\hat{J}_-$ の行列は，主対角項の1つ上あるいは1つ下の行に，それぞれ行列要素をもつ．

D. 軌道角運動量とゼーマン効果

軌道角運動量の取扱いに際しては，$\hat{J}^2$ と $\hat{J}_z$ の代わりに角運動量演算子を $\hat{L}^2$ と $\hat{L}_z$ で表し，量子数は j と m の代わりに l と m で表すことが伝統的である．m 量子数はさらに，m_l と表すことが多い．添え字 l は軌道角運動量に関連することを示す．水素原子の問題（第7章）では，m_l は**磁気量子数**と

322 第15章 角運動量

も呼ばれた．与えられた l と主量子数 n において，異なる m_l の値をもつ状態はすべて，磁場が存在しない場合には同一のエネルギーをもっている．磁場が印加されると，それらのエネルギーは等しくなくなり，それぞれの l の値に属する m_l 状態間の縮退は解ける．p 軌道（$l=1$）では，3個の m_l 値，1，0，-1 は，それぞれ異なる3通りのエネルギー値をとるようになる．軌道エネルギーに対する磁場の効果は，**ゼーマン効果**（Zeeman effect）と呼ばれる．この効果は，電子に本来備わる電子固有の磁気モーメントを生じさせるスピンと呼ばれる角運動量には依存しない．電子**スピン**については第16章で議論する．

水素原子（第7章），ヘリウム原子（第10章），およびその他の原子や分子のハミルトニアンには，運動エネルギーとクーロン相互作用に関する演算子に加えて，電子の軌道角運動量とそこに印加された磁場との相互作用を表す項が新たに付け加わる．式（12.31）では，電場と磁場の任意の組み合わせの中に置かれた荷電粒子のハミルトニアンを，ベクトルポテンシャルを用いて与えた．ここではゼーマン効果として，外部からの静磁場によるものを考える．前出と同様に，ベクトルポテンシャルによる通常の電磁場の表記法に従えば，

$$B = \nabla \times A \tag{15.57}$$

である．静磁場の場合には，

$$A = \frac{1}{2} B \times r \tag{15.58}$$

と表せる．この形のベクトルポテンシャルが正しいことは，これを式（15.57）に代入して評価することにより証明できる．その際，

$$\frac{1}{2} \nabla \times (B \times r) \tag{15.59}$$

の値を決定する必要がある．これについては，ベクトル三重積に関する恒等式

$$a \times (b \times c) = (a \cdot c)b - (a \cdot b)c \tag{15.60}$$

を用いることができそうに見える．しかし左辺の最初のベクトルは，それが微分演算子の場合には，その後に続くベクトルの両方に作用しなければならないので，単純ではない．ベクトル積の**回転**（rotation）は，正確には

D. 軌道角運動量とゼーマン効果 323

$$\nabla \times (\boldsymbol{b} \times \boldsymbol{c}) = \boldsymbol{b}(\nabla \cdot \boldsymbol{c}) + (\boldsymbol{c} \cdot \nabla)\boldsymbol{b} - \boldsymbol{c}(\nabla \cdot \boldsymbol{b}) - (\boldsymbol{b} \cdot \nabla)\boldsymbol{c} \qquad (15.61)$$

となることが知られている[2]。この結果を用いると,

$$\nabla \times (\boldsymbol{B} \times \boldsymbol{r}) = \boldsymbol{B}(\nabla \cdot \boldsymbol{r}) + (\boldsymbol{r} \cdot \nabla)\boldsymbol{B} - \boldsymbol{r}(\nabla \cdot \boldsymbol{B}) - (\boldsymbol{B} \cdot \nabla)\boldsymbol{r} \qquad (15.62)$$

を得る. $\boldsymbol{B}$ は一定のベクトルなので, その空間微分は 0 である. したがって, 式 (15.62) 右辺の第 2 項と第 3 項は消える. 右辺の第 1 項は,

$$\begin{aligned}\boldsymbol{B}(\nabla \cdot \boldsymbol{r}) &= \boldsymbol{B}\left(\frac{\partial}{\partial x}x + \frac{\partial}{\partial y}y + \frac{\partial}{\partial z}z\right) \\ &= 3\boldsymbol{B} \end{aligned} \qquad (15.63)$$

となる. 式 (15.62) 右辺の第 4 項は, x, y, z 方向の単位ベクトルをそれぞれ $\boldsymbol{e}_x, \boldsymbol{e}_y, \boldsymbol{e}_z$ とすれば,

$$\begin{aligned}(\boldsymbol{B} \cdot \nabla)\boldsymbol{r} &= B_x\frac{\partial}{\partial x}(\boldsymbol{e}_x x + \boldsymbol{e}_y y + \boldsymbol{e}_z z) + B_y\frac{\partial}{\partial y}(\boldsymbol{e}_x x + \boldsymbol{e}_y y + \boldsymbol{e}_z z) \\ &\quad + B_z\frac{\partial}{\partial z}(\boldsymbol{e}_x x + \boldsymbol{e}_y y + \boldsymbol{e}_z z) \\ &= \boldsymbol{e}_x B_x + \boldsymbol{e}_y B_y + \boldsymbol{e}_z B_z = \boldsymbol{B} \end{aligned} \qquad (15.64)$$

となる. したがって,

$$\frac{1}{2}\nabla \times (\boldsymbol{B} \times \boldsymbol{r}) = \frac{1}{2}(3\boldsymbol{B} - \boldsymbol{B}) = \boldsymbol{B} \qquad (15.65)$$

が得られ, ベクトルポテンシャルの形式 (15.58) が正しいことが確かめられた.

原子 (あるいは分子) ハミルトニアンは,

$$\hat{H} = \hat{H}_0 + \hat{H}_M \qquad (15.66)$$

と書ける. ここで第 1 項は,

$$\hat{H}_0 = -\frac{\hbar^2}{2m}\nabla^2 + V \qquad (15.67)$$

であり, 運動エネルギーとポテンシャルエネルギーとしてのクーロン項との和である. $\hat{H}_M$ が新たに付け加わったゼーマン項であり, 磁気的相互作用か

---

2) 訳者注：もともとのベクトル三重積自体, 証明法はいくつかあるが, その導出はなかなかの難物である. ベクトル積の回転も, 結果を確認するだけなら成分表示によるのがおそらく最も簡単で単純でもある. 回転の定義を適用して系統的に進めるとまとめやすい. 関連書籍を参照されたい.

324　第15章　角運動量

ら発生する．式（12.31）は，電場と磁場の中の荷電粒子に関するハミルトニアンであり，$\hat{H}_M$ はこれから得られる．式（12.31）の第1項は運動エネルギー項であり，これは $\hat{H}_0$ の一部に含まれる．第2項はベクトルポテンシャルの2乗に比例する．これは磁場か，あるいは原子の主量子数 n が非常に大きく（$i.e.\ n > 20$），軌道角運動量が非常に大きくなりうる場合以外は，無視できるものとして落とすことにする．静磁場の場合には，$\boldsymbol{A}$ の発散は0なので第3項も0になる．$\boldsymbol{B}$ はベクトルポテンシャルで記述され，電場はないのでスカラーポテンシャル ϕ は0としてよい．したがって結局第4項のみが生き残り，

$$\hat{H}_M = \frac{ie\hbar}{mc} \boldsymbol{A} \cdot \nabla \tag{15.68}$$

となる．ベクトルポテンシャルとして式（15.58）を代入すれば，

$$\begin{aligned}
\hat{H}_M &= \frac{ie\hbar}{2mc}(\boldsymbol{B} \times \hat{\boldsymbol{r}}) \cdot \nabla \\
&= -\frac{e}{2mc} \boldsymbol{B} \cdot \left(\hat{\boldsymbol{r}} \times \frac{\hbar}{i} \nabla \right) \\
&= -\frac{e}{2mc} \boldsymbol{B} \cdot (\hat{\boldsymbol{r}} \times \hat{\boldsymbol{P}}) \\
&= -\frac{e}{2mc} \boldsymbol{B} \cdot \hat{\boldsymbol{L}}
\end{aligned} \tag{15.69}$$

が得られる．ここで $\hat{\boldsymbol{L}}$ は，軌道角運動量演算子であり，また第2行目ではベクトルの恒等式

$$(\boldsymbol{a} \times \boldsymbol{b}) \cdot \boldsymbol{c} = \boldsymbol{a} \cdot (\boldsymbol{b} \times \boldsymbol{c})$$

を用いた．磁場は一定であり，$\boldsymbol{B}$ はここでは演算子ではない．

　エネルギー固有値方程式は，

$$\hat{H}|\psi\rangle = \hat{H}_0|\psi\rangle - \frac{e}{2mc} \boldsymbol{B} \cdot \hat{\boldsymbol{L}}|\psi\rangle = E|\psi\rangle \tag{15.70}$$

となる．磁場の方向は任意に選べるので，解析を簡単化するため z 軸方向にとる．ところで，**ボーア磁子**（Bohr magneton）

$$\mu_B = \frac{e\hbar}{2mc} = -0.9273 \times 10^{-23} \text{ joules/tesla} \tag{15.71}$$

は，磁気双極子モーメントの基本的な単位である．この μ_B を用いれば，z

軸方向の磁場 B について固有値方程式は

$$\hat{H}_0|\psi\rangle - \mu_B B \hat{L}_z|\psi\rangle = E|\psi\rangle \tag{15.72}$$

となる．ここで，$\hat{L}_z$ から生じる $\hbar$ は μ_B に吸収されている．B は磁場の大きさである．

　第7章で得られた水素原子固有値問題の波動関数は，

$$|\psi_{nlm}(r, \theta, \varphi)\rangle = R(r) Y_l^m(\theta, \varphi) \tag{15.73}$$

の形式の解をもつ．ここで，$R(r)$ は波動方程式の動径部分の解であり，$Y_l^m(\theta, \varphi)$ は球面調和関数で波動方程式の角度部分の解である．この形は球対称ポテンシャルをもつ任意の原子あるいは他の系でも同様に成り立つ．上記に議論したように，水素原子問題の角度部分を解くと，2種類の量子化されたパラメーターが現れた．一方は $l=0,\ 1,\ 2,\ \cdots$ に対応して値 $l(l+1)$ をもち，他方は値 $m=0,\ \pm1,\ \pm2,\ \cdots,\ \pm l$ をもつ．角運動量の量子数が整数値の場合には，これらは，角運動量固有値問題に昇降演算子を適用して得られた値と同一である．球面調和関数は，シュレーディンガー表示の軌道角運動量波動関数であり，

$$Y_l^m(\theta, \varphi) = |l\, m_l\rangle \tag{15.74}$$

である．整数の値 j に対しては $|l\, m_l\rangle = |j\, m\rangle$ である．言い換えれば，$Y_l^m(\theta, \varphi)$ は $\hat{L}^2$ と $\hat{L}_z$ 演算子の固有ベクトルになっていて，

$$\hat{L}^2 Y_l^m(\theta, \varphi) = l(l+1) Y_l^m(\theta, \varphi) \tag{15.75a}$$
$$\hat{L}_z Y_l^m(\theta, \varphi) = m Y_l^m(\theta, \varphi) \tag{15.75b}$$

である．

　波動関数（式（15.73））を固有値方程式（15.72）に代入すると，

$$\hat{H}|\psi_{nlm}\rangle = (E_{nl} - m\mu_B B)|\psi_{nlm}\rangle = E|\psi_{nlm}\rangle \tag{15.76}$$

を得る．波動関数は，磁場が存在しない場合の原子ハミルトニアンの固有関数である．水素原子の場合には，エネルギーは主量子数 n のみに依存する．たとえば $2s$ 軌道と $2p$ 軌道は，同一のエネルギーをもつ．多電子原子では，エネルギーは n と l の両方に依存する．磁場が印加されると，ハミルトニアンには余分の項 $-\mu_0 B \hat{L}_z$ が現れる．また原子波動関数は $\hat{L}_z$ 演算子の固有関数でもあり（式（15.75b）），$\hat{L}_z$ の固有値は磁気量子数 m である．したがって原子波動関数は，静磁場が z 軸方向に印加された場合のハミルトニアンの固有関数でもある．そのエネルギーは，

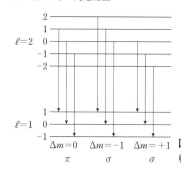

図 15.3 静磁場中に置かれた原子の，d 軌道から p 軌道への光放出に伴う遷移を模式的に示す．

$$E_{nlm} = E_{nl} - m\mu_B B \tag{15.77}$$

で与えられる．ある特定の l の値に付随した $2l+1$ 重に縮退した m 状態は，静磁場が加えられると，$2l+1$ 個の個別の状態に等間隔で分裂する．

原子状態に対する磁場の影響は，分光学的な実験で観測することができる．m 値の異なる 2 つの状態間の遷移に関わる光放出の周波数は，

$$\nu = \nu_0 + \frac{\mu_B B}{h}\Delta m \tag{15.78}$$

で与えられる．ここで $\Delta m = m_I - m_F$ は，始状態と終状態の m 値の差である．この種の原子光放出は，選択則

$$\Delta m = \pm 1 \text{ または } 0 \tag{15.79}$$

に従う．d 軌道 ($l=2$) は 5 通りの m 値，すなわち $m=2, 1, 0, -1, -2$ をもち，静磁場により 5 個のエネルギー準位に分裂する．p 軌道 ($l=1$) は 3 通りの m 値，$m=1, 0, -1$ をもち，3 個のエネルギー準位に分裂する．図 15.3 に，d と p の各多重項の間に生じうる遷移を模式的に示す．

$\Delta m = 0$ の遷移は，磁場がない場合の遷移と同じ周波数をもつ．$\Delta m = -1$ の遷移はそれらより周波数が高く，$\Delta m = +1$ 遷移は低い．1 T（テスラ，Tesla）の磁場では，周波数の変化量は 13.4 GHz である．$\Delta m = 0$ に対応する遷移からの光は **π 偏光**（π polarized）と呼ばれ，偏光方向が磁場の向きに平行な光が放出される．$\Delta m = \pm 1$ に対応する遷移による光は **σ 偏光**（σ polarized）と呼ばれ，偏光方向が磁場の向きに垂直な方向の光が放出される[3]．

3） 訳者注：ゼーマン分裂にともなう発光には異方性がある．原子自体は等方的だが，そこに印加される外部磁場が系の主軸（z 軸）を定める．磁場の向きに平行な方向から発

E. 角運動量の合成（加法）

　角運動量を含む多くの量子力学的問題には，2個あるいはそれ以上の個数の別個の角運動量が関与していることが多い．たとえば NMR では，$j=1/2$ のプロトンのような，多数の相互作用をしている核が含まれる．$j=1/2$ である粒子はスピン 1/2 の粒子と呼ばれる．各粒子が $j=1/2$ で，$m=1/2$ あるいは $m=-1/2$ である．電子の角運動量（電子スピン）については第 16 章で議論し，スピン–軌道結合に関わる問題を調べる．スピン–軌道結合は，電子の軌道角運動量と電子スピンとの相互作用を記述する．電子スピン共鳴分光では，超微細相互作用と呼ばれる電子スピンと核スピンとの相互作用がしばしば含まれる．このような状況では，問題を個別の角運動量ベクトルの集りとして扱うよりも，その問題に関与するすべての角運動量ベクトルを束ねた1つの全角運動量として取り扱う方がより望ましい場合がしばしばある．

　角運動量ベクトルも含め，量子力学的ではないベクトルは，任意に加算して1つの合成されたベクトルをつくることができる．しかし，量子力学的な角運動量ベクトルの場合には，やはり依然として合成されたベクトル自体が角運動量の交換子関係を満たさねばならず，しかも，$\hat{J}^2$ 演算子と $\hat{J}_z$ 演算子の両者について（同時）固有ベクトルにならねばならないので，気ままに足し合わせるわけにはいかない．この節では，2個の角運動量ベクトルを足し合わせる場合の一般的な規則を考察する．2個のベクトルはそれぞれ，（全）角運動量の量子数として j_1 と j_2 をもつとする．合成された角運動量ベクトルが有用なのは，それらが個々のベクトルを結合する演算子（*i.e.* 相互作用演算子）の固有ケットになっているからである（逆に，そうならなければ無意味でもある）．このような状況は，第 16 章で，特にスピン–軌道結合を扱う際に改めて具体的に議論する．2個以上のベクトルの結合は，2個のベク

光を観測すると，右あるいは左回りの円偏光（$\Delta m=\pm 1$ に対応）が観測され，磁場の向きに垂直な方向から観測すると，すべての成分からなる直線偏光が観測され，磁場に平行（π 成分：$\Delta m=0$）あるいは垂直方向（σ 成分：$\Delta m=\pm 1$）に偏った発光成分からなる．なお，軌道角運動量だけの場合を正常ゼーマン効果，スピンも関与する場合（スピン–軌道相互作用による．第 16 章 B 節参照）を異常ゼーマン効果という．

328　第15章　角運動量

トルの結合問題の単純な拡張である.

　まず, j_1 と j_2 が共に $1/2$ の 2 個の異なる角運動量自由度の場合を考える.
すなわち,

$$j_1 = \frac{1}{2} \qquad j_2 = \frac{1}{2}$$

$$m_1 = \pm\frac{1}{2} \qquad m_2 = \pm\frac{1}{2}$$

であるとする. j_1, m_1 と j_2, m_2 の値に応じて, 4 通り（2×2）の異なる組み
合わせ状態（i.e. 直積）が存在する. j_i の値は変わることなく一定なので,
この積状態は通常, m_1 と m_2 だけで記述する. すなわち 4 つの積状態は,

$$\begin{array}{ccc} j_1\,m_1 & j_2\,m_2 & m_1\,m_2 \end{array}$$

$$\left|\frac{1}{2}\ \frac{1}{2}\right\rangle\left|\frac{1}{2}\ \frac{1}{2}\right\rangle = \left|\frac{1}{2}\ \frac{1}{2}\right\rangle$$

$$\left|\frac{1}{2}\ \frac{1}{2}\right\rangle\left|\frac{1}{2}\ -\frac{1}{2}\right\rangle = \left|\frac{1}{2}\ -\frac{1}{2}\right\rangle$$

$$\left|\frac{1}{2}\ -\frac{1}{2}\right\rangle\left|\frac{1}{2}\ \frac{1}{2}\right\rangle = \left|-\frac{1}{2}\ \frac{1}{2}\right\rangle \tag{15.80}$$

$$\left|\frac{1}{2}\ -\frac{1}{2}\right\rangle\left|\frac{1}{2}\ -\frac{1}{2}\right\rangle = \left|-\frac{1}{2}\ -\frac{1}{2}\right\rangle$$

である. 各式の右辺では, j_1 と j_2 の値は変化しないので省略されている. こ
の形式で 2 個の角運動量を表すやり方は, $|j_1 j_2 m_1 m_2\rangle$ を表すためにケット
$|m_1 m_2\rangle$ を用いるので, **$m_1 m_2$ 表示** と呼ばれる.

　この積状態をユニタリ変換して得られる, 言い換えれば $m_1 m_2$ 表示で表さ
れた元の状態とは異なる（i.e. 合成した結果として得られる）新たな状態が
存在する. それらの表示を,

$$|j_1 j_2 j\,m\rangle = |j\,m\rangle \tag{15.81}$$

と指標付けして表すことにする. 右辺では, 同じく j_1 と j_2 の値は変化しな
いので省略されている. ケット $|j\,m\rangle$ は, それぞれが $m_1 m_2$ 表示で表される
（角運動量）ベクトルが結合した, 合成角運動量ベクトルを表す. 結合され
てできた合成ベクトルの表示は, **$j\,m$ 表示** と呼ばれる. ケット $|j\,m\rangle$ はまず,
演算子 $\hat{J}^2$ と $\hat{J}_z$ の同時固有ケットでなければならない. すなわち,

$$\hat{J}^2|j\,m\rangle = j(j+1)|j\,m\rangle \tag{15.82a}$$

$$\hat{J}_z|j\,m\rangle = m|j\,m\rangle \tag{15.82b}$$

であり，ここで

$$\hat{J} = \hat{J}_1 + \hat{J}_2 \tag{15.83a}$$

$$\hat{J}_z = \hat{J}_{1z} + \hat{J}_{2z} \tag{15.83b}$$

である．

$j\,m$ ケットは $m_1 m_2$ ケットの適当な重ね合わせ，つまり

$$|j\,m\rangle = \sum_{m_1 m_2} C_{m_1 m_2}|m_1 m_2\rangle \tag{15.84a}$$

と表されるべきである．ここで $C_{m_1 m_2}$ は

$$C_{m_1 m_2} = \langle m_1 m_2|j\,m\rangle \tag{15.84b}$$

と書ける．係数 $C_{m_1 m_2}$ は，**クレブシュ-ゴルダン係数**（Clebsch–Gordon coefficients），ウイグナー係数（Wigner coefficients），あるいはベクトル結合係数（vector coupling coefficients）と呼ばれる．$m_1 m_2$ 表示から $j\,m$ 表示への変換を実施するにあたっては，これらの係数を具体的に決める必要があり，それは同時に，ユニタリ変換を具体的に構成することでもある．

1つのユニタリ変換は，ある正規直交基底系を別の正規直交基底系に変換する（第13章B節参照）．元の基底に N 個の状態が存在する場合には，変換された基底にも N 個の状態が存在する．したがって，N 個の $m_1 m_2$ 表示の状態から出発すると，$j\,m$ 表示にも N 個の状態が存在する．$m_1 m_2$ 表示の状態は規格化され互いに直交するので，$j\,m$ 表示の状態も，規格化され互いに直交する．いずれの表示においても，状態の総数は $(2j_1+1)(2j_2+1)$ 個である．

演算子 $\hat{J}^2$ と $\hat{J}_z$ も，他のどのような演算子であれ，角運動量演算子はある交換関係に必ず従う．このことは，$\hat{J} = \hat{J}_1 + \hat{J}_2$ を式 (15.15)〜(15.18) に代入し，$\hat{J}_1$ と $\hat{J}_2$，並びにそれらの成分は，それらがそれぞれ異なる状態空間に作用するので互いに可換であるという事実を用いて，交換関係を逐一実行することで証明できる．

クレブシュ-ゴルダン係数の決定に向けた最初の一歩は，$\hat{J}_z = \hat{J}_{1z} + \hat{J}_{2z}$ なので，

$$m = m_1 + m_2 \tag{15.85}$$

が成り立つことを示すことである．これ以外の場合には係数は消滅する．こ

330　第15章　角運動量

の証明のためには，式（15.84a）の左辺に $\hat{J}_z$ を作用させ，また一方で，等価な演算子 $\hat{J}_{1z}+\hat{J}_{2z}$ をその右辺に作用させることを考える．すなわち，

$$\hat{J}_z|j\,m\rangle = m|j\,m\rangle \tag{15.86a}$$

$$= (\hat{J}_{1z}+\hat{J}_{2z})\sum_{m_1 m_2} C_{m_1 m_2}|m_1 m_2\rangle \tag{15.86b}$$

$$= \sum_{m_1 m_2} (m_1+m_2) C_{m_1 m_2}|m_1 m_2\rangle \tag{15.86c}$$

となる．式（15.86a）の左辺は式（15.86b）に等しい．したがって式（15.86a）の右辺は式（15.86c）に等しい．式（15.86c）のケットに CG 係数を掛けたものの和はケット $|j\,m\rangle$ に等しいので，等式（15.86a）の右辺が式（15.86c）に等しくなるためには，$m=m_1+m_2$ とならなければならず，また式（15.86c）の和の中で，$m=m_1+m_2$ を満たさない項は 0 でなければならない．そして，ケットは 0 でなく，しかも m_1+m_2 も一般に 0 ではないので，$m \neq m_1+m_2$ の場合には $C_{m_1 m_2}$ が 0 にならねばならない．

　$m=m_1+m_2$ が成り立つことが導かれたので，これより，$j\,m$ 表示における m のとりうる最大値は，

$$m = j_1+j_2 \tag{15.87}$$

であることがわかる．$m_1 m_2$ 表示では，m_1 の最大値は j_1 に等しく，m_2 の最大値は j_2 に等しいからである．$m=j_1+j_2$ が，m の最大値を得る唯一の方法でもある．こうして $j\,m$ 表示では，j の最大値は j_1+j_2 であり，そのような状態はただ 1 つだけ存在する．j のこの値に付随して，$2j+1$ 個の m 状態が存在するのである．

　次に大きな m の値は $m-1$ であり，これは j_1+j_2-1 に対応する．$m=m_1+m_2$ という要請に矛盾することなく m のこの値を得る組み合わせは，2 通りある．すなわち，

$$m_1 = j_1 \quad \text{および} \quad m_2 = j_2-1$$

または，

$$m_1 = j_1-1 \quad \text{および} \quad m_2 = j_2$$

である．これらの独立な線形結合は 2 通りが可能であり，そのうちの一方は，最大値 $j=j_1+j_2$ の場合に m 値として

$$m = (j_1+j_2),\ (j_1+j_2-1),\ \cdots,\ (-j_1-j_2)$$

をとるので，$j=j_1+j_2$ の $j\,m$ 状態に属する．$m=j_1+j_2-1$ をとるもう一方の

組み合わせは，異なる j の値，すなわち

$$j = j_1 + j_2 - 1$$

のグループに属さねばならず，この j 状態に関しては $m = j_1 + j_2 - 1$ が最大の m 値になる．状態 $j = j_1 + j_2 - 1$ は m の値として

$$m = (j_1 + j_2 - 1), (j_1 + j_2 - 2), \cdots, (-j_1 - j_2 + 1)$$

をとる．同様にして，$m = m_1 + m_2$ を満たすことに注意しながら，より小さい m 値について順次調べていくと，jm 表示における j のとりうる値は，整数 1 ずつの刻みで

$$j = j_1 + j_2 \quad \text{から} \quad |j_1 - j_2| \quad \text{まで} \tag{15.88}$$

であることがわかる．これらおのおのの j 値に対応して，$2j + 1$ 通りの m の値が関連付けられる．

　一例として，$j_1 = 1/2$ と $j_2 = 1/2$ の場合の $m_1 m_2$ 状態を考える．この場合の 4 通りの $m_1 m_2$ ケットは，式 (15.80) に与えられている．とりうる j の値は，式 (15.88) を用いて決定される．それらは，

$$j = \frac{1}{2} + \frac{1}{2} = 1$$

$$j = \left| \frac{1}{2} - \frac{1}{2} \right| = 0 \tag{15.89}$$

である．よって，結合された系には 2 通りの異なる j 状態が存在する．どのような角運動量でもそうであるように，$j = 1$ の場合には $m = 1,\ 0,\ -1$ であり，$j = 0$ なら $m = 0$ だけである．4 個の $m_1 m_2$ ケット（式 (15.80)）は，jm 表示に変換されると，4 個の jm ケット

$$|11\rangle,\ |10\rangle,\ |00\rangle,\ |1-1\rangle \tag{15.90}$$

を生成する．$m_1 m_2$ ケットの場合と同様に，実際には 4 個の量子数が存在するが，不変の 2 個は省略されている．ケットは正確には $|j_1 j_2 j m\rangle$ である．j_1 と j_2 の値は決して変化しないので省略され，$|j m\rangle$ と書かれている．

　式 (15.90) に与えられる 4 個の jm ケットは，それぞれが式 (15.80) の $m_1 m_2$ ケットの重ね合わせになる．ある特定の jm ケットに関する $m_1 m_2$ ケットの具体的な重ね合わせは，下降演算子を適用する手順を用いて見いだされる．特定の具体的な重ね合わせを見いだすことは，対応するクレブシュ－ゴルダン係数を決定することに等しい．最大の j と最大の m をもつケット

332　第 15 章　角運動量

$|11\rangle$ から始めることにして，これに $\hat{J}_z$ を作用させると，

$$\hat{J}_z|11\rangle = 1|11\rangle$$

が得られる．すなわち $m=1$ である．$m=m_1+m_2$ だから，m_1 と m_2 の値は

$$m_1 = \frac{1}{2}, \quad m_2 = \frac{1}{2}$$

となり，これ以外に $m_1+m_2=1$ となりうる場合はない．したがって，

$$|11\rangle = \left|\frac{1}{2}\ \frac{1}{2}\right\rangle \tag{15.91}$$

となり，この場合のクレブシュ–ゴルダン係数は 1 に等しい．

　jm 下降演算子は m_1m_2 下降演算子の和，すなわち

$$\hat{J}_- = \hat{J}_{1-} + \hat{J}_{2-} \tag{15.92}$$

で与えられる．jm 下降演算子は式（15.91）の左辺に作用し，それに等価な m_1m_2 下降演算子はその右辺に作用する．下降演算子を適用する際には，下降演算子の関係式である式（15.49）を用いる[4]．まず，

$$\hat{J}_-|11\rangle = \sqrt{2}\,|10\rangle \tag{15.93}$$

であり，次いで，

$$\left(\hat{J}_{1-} + \hat{J}_{2-}\right)\left|\frac{1}{2}\ \frac{1}{2}\right\rangle = \hat{J}_{1-}\left|\frac{1}{2}\ \frac{1}{2}\right\rangle + \hat{J}_{2-}\left|\frac{1}{2}\ \frac{1}{2}\right\rangle \tag{15.94a}$$

$$= 1\left|-\frac{1}{2}\ \frac{1}{2}\right\rangle + 1\left|\frac{1}{2}\ -\frac{1}{2}\right\rangle \tag{15.94b}$$

となる．式（15.93）の左辺は式（15.94a）の左辺に等しい．したがって，式（15.93）の右辺は式（15.94b）の右辺に等しい．これら 2 項を等しいとおいて両辺を $\sqrt{2}$ で割れば，

$$|10\rangle = \frac{1}{\sqrt{2}}\left|\frac{1}{2}\ -\frac{1}{2}\right\rangle + \frac{1}{\sqrt{2}}\left|-\frac{1}{2}\ \frac{1}{2}\right\rangle \tag{15.95}$$

を得る．式（15.95）は，jm ケット $|10\rangle$ を m_1m_2 ケット 2 個の重ね合わせ

---

4)　原著注：下降演算子の公式の係数を決定するには，j と m にそれぞれ適切な値を代入する必要がある．jm 下降演算子に関しては，それらは j と m である．m_1m_2 下降演算子に関しては，$\hat{J}_{1-}$ は m_1 に作用し，値 j_1（m_1m_2 ケットでは省略されている）と値 m_1 を公式に用いる．一方 $\hat{J}_{2-}$ は m_2 に作用し，よって値 j_2（m_1m_2 ケットでは省略されている）と値 m_2 を公式にそれぞれ代入して計算する．

で表している. 2個の m_1m_2 ケットに先立つ $1/\sqrt{2}$ が, この場合のクレブシュ-ゴルダン係数を与える.

式 (15.95) の両辺に再度下降演算子を適用すると,

$$\hat{J}_-|10\rangle = \sqrt{2}\,|1-1\rangle \tag{15.96a}$$

$$= (\hat{J}_{1-} + \hat{J}_{2-}) \frac{1}{\sqrt{2}} \left(\left| \overset{m_1}{\frac{1}{2}} \, \overset{m_2}{-\frac{1}{2}} \right\rangle + \left| \overset{m_1}{-\frac{1}{2}} \, \overset{m_2}{\frac{1}{2}} \right\rangle \right) \tag{15.96b}$$

$$= \frac{1}{\sqrt{2}} \left| -\frac{1}{2} \, -\frac{1}{2} \right\rangle + 0 + 0 + \frac{1}{\sqrt{2}} \left| -\frac{1}{2} \, -\frac{1}{2} \right\rangle \tag{15.96c}$$

となる. 式 (15.96b) では, m_1m_2 指標をそれぞれのケットの上部に付けて, 各下降演算子がケットのどの部分に作用するのかを見分けやすくしてある. 2個の下降演算子は2個のケットにそれぞれ作用するので, 全部で4項になる. 結果として生じるその4項が, 式 (15.96c) に示されている. まず2個の演算子が最初のケットに作用し, 次にその2個が2番目のケットに作用した. $j=1/2$ の場合には $m=-1/2$ がとりうる最小値になるので, それらのうちの2個が0になることをあらわに示してある. $m=-1/2$ に下降演算子を作用させると0を与える. 式 (15.96a) の右辺を式 (15.96c) に等置すると,

$$|1-1\rangle = \left| -\frac{1}{2} \, -\frac{1}{2} \right\rangle \tag{15.97}$$

が得られ, クレブシュ-ゴルダン係数は1となる.

式 (15.91), (15.95), (15.97) は, $j=1$ をもつ3通りの jm ケットが m_1m_2 ケットの重ね合わせとして得られることを示す. 残るは, jm ケット $|00\rangle$ が m_1m_2 ケットでどのように表されるかを見いだすことである. $m=0=m_1+m_2$ だから, この条件を満たしうるのは, 次の2個の (m_1m_2) ケット

$$\left| \frac{1}{2} \, -\frac{1}{2} \right\rangle, \quad \left| -\frac{1}{2} \, \frac{1}{2} \right\rangle$$

である. ケット $|00\rangle$ はこれらの重ね合わせであって, しかもそれは, 他のケットと直交し規格化されていなければならない. 式 (15.95) に与えられているケット $|10\rangle$ は, すでにこの2個のケットの組み合わせである. したがって,

$$|00\rangle = \frac{1}{\sqrt{2}} \left| \frac{1}{2} \, -\frac{1}{2} \right\rangle - \frac{1}{\sqrt{2}} \left| -\frac{1}{2} \, \frac{1}{2} \right\rangle \tag{15.98}$$

334　第15章　角運動量

が，式 (15.95) の右辺に直交する唯一の組み合わせとして決定される.

　式 (15.19)，(15.95)，(15.97)，(15.98) が我々の目的とした結果であり，$j_1=1/2$ と $j_2=1/2$ の 2 個の角運動量の場合に，4 個の m_1m_2 ケットを合成して得られる 4 個の jm ケットになる. 位相因子の任意性を除いて，重ね合わせは実際に一意的に決まる. 慣例では，クレブシュ-ゴルダン係数は実数になるようにとられる. この条件を課したとしても，各 jm ケットを与えるそれぞれの重ね合わせには，定数 -1（位相因子 $\exp(i\pi)$）を掛けてもよい任意性が残る. 慣例では，最後に残るこの符号も，正になるように重ね合わせをとる. 一連の重ね合わせに関して符号の選択が内部的に矛盾さえしなければ，この一連の重ね合わせを用いてなされる計算は，符号の選択にはよらないのである.

　クレブシュ-ゴルダン係数は，1 つの表にまとめることができる. $j_1=1/2$ と $j_2=1/2$ の場合については，表は次のような形になる.

$j_1=1/2$		1	1	0	1	j
$j_2=1/2$		1	0	0	-1	m
1/2	1/2	1				
1/2	$-1/2$		$\frac{1}{\sqrt{2}}$	$\frac{1}{\sqrt{2}}$		
$-1/2$	1/2		$\frac{1}{\sqrt{2}}$	$-\frac{1}{\sqrt{2}}$		
$-1/2$	$-1/2$				1	
m_1	m_2					

　クレブシュ-ゴルダン係数の表をつくるにあたっては，ひと通り伝統的な取り決めがある. まず j と m の値は，表の最上段に，j の最大値を左端において右方に順に書き並べる. m の最大値も左上に書かれる. j と m は，順次右に向かって原則 m の値の大きいものから順に小さく並べられ，m が同じなかではとりうる j の大きい組み合わせが先になるように並べられる. したがって今の場合には，11，10 の順に並び，この後に 00 が置かれ，$1-1$ は最後になる. m_1m_2 値は，表の左側に縦に並べられ，最大の m_1 値と最大の m_2 値の組を最上段に置き，最小の m_1 値と m_2 値の組が最下段にくるように並べられる. m_1m_2 値は基本的に大きいものから小さいものへという順に，m_1+m_2 の最大のものから順次並べられ，それが等しい場合は m_1 の正のも

のから書き並べられる. 最大の j と最大の m をもつ jm ケットは, 常に最大の m_1 と最大の m_2 をもつ単一の m_1m_2 ケットに対応する. したがって, 表の最左上角の位置は常に 1 である. 最小の j と最小の m をもつ jm ケットは, 常に最小の m_1 と最小の m_2 をもつ単一の m_1m_2 ケットに対応するので, 表の最右下角の位置は常に 1 である. ある特定の jm ケットを, m_1m_2 ケットの重ね合わせとして求めるには, 当該の jm ケットの位置から, 表を上から下に順にたどって見ていき, 表に現れる係数にその左方にある m_1m_2 ケットを掛け合わせながら加え合わせていく. たとえば jm ケット $|00\rangle$ (表の最上段に 00 とある) については, $(1/\sqrt{2})|1/2 \ -1/2\rangle - (1/\sqrt{2})|-1/2 \ 1/2\rangle$ となる (m_1m_2 ケットは, 表には 1/2 −1/2 および −1/2 1/2 と書き表されている). クレブシュ–ゴルダン係数のこのような表は, m_1m_2 ケットを jm ケットに変換するユニタリ変換の行列にもなっている. 逆もまた同様である.

j_1 と j_2 の値の次に大きな組み合わせは,

$$j_1 = 1 \qquad\qquad j_2 = 1/2$$
$$m_1 = 1, 0, -1 \qquad m_2 = 1/2, -1/2$$

が可能である. 対応する m_1m_2 ケットは

$$\left|1 \ \frac{1}{2}\right\rangle \ \left|1 -\frac{1}{2}\right\rangle \ \left|0 \ \frac{1}{2}\right\rangle \ \left|0 -\frac{1}{2}\right\rangle \ \left|-1 \ \frac{1}{2}\right\rangle \ \left|-1 -\frac{1}{2}\right\rangle$$

の 6 通りである. これらの各ケットでは, j_1 と j_2 の値は例によって省略されている. jm 表示に変換すると, j と m の値として次の 6 通り

$$j = j_1 + j_2 = \frac{3}{2} \qquad m = \frac{3}{2}, \frac{1}{2}, -\frac{1}{2}, -\frac{3}{2}$$
$$j = j_1 - j_2 = \frac{1}{2} \qquad m = \frac{1}{2}, -\frac{1}{2}$$

の状態が生成される. jm ケットとしては,

$$\left|\frac{3}{2} \ \frac{3}{2}\right\rangle \ \left|\frac{3}{2} \ \frac{1}{2}\right\rangle \ \left|\frac{3}{2} -\frac{1}{2}\right\rangle \ \left|\frac{3}{2} -\frac{3}{2}\right\rangle \ \left|\frac{1}{2} \ \frac{1}{2}\right\rangle \ \left|\frac{1}{2} -\frac{1}{2}\right\rangle$$

である. これに対応するクレブシュ–ゴルダン係数の表は,

336　第15章　角運動量

$j_1=1$		3/2	3/2	1/2	3/2	1/2	3/2	j
$j_2=1/2$		3/2	1/2	1/2	$-1/2$	$-1/2$	$-3/2$	m
1	1/2	1						
1	$-1/2$		$\sqrt{\frac{1}{3}}$	$\sqrt{\frac{2}{3}}$				
0	1/2		$\sqrt{\frac{2}{3}}$	$-\sqrt{\frac{1}{3}}$				
0	$-1/2$				$\sqrt{\frac{2}{3}}$	$\sqrt{\frac{1}{3}}$		
-1	1/2				$\sqrt{\frac{1}{3}}$	$-\sqrt{\frac{2}{3}}$		
-1	$-1/2$						1	
m_1	m_2							

となるので，たとえば，

$$\underset{j\ m}{\left|\frac{1}{2}\ \frac{1}{2}\right\rangle} = \sqrt{\frac{2}{3}}\underset{m_1\ m_2}{\left|1\ -\frac{1}{2}\right\rangle} - \sqrt{\frac{1}{3}}\underset{m_1\ m_2}{\left|0\ \frac{1}{2}\right\rangle}$$

のように書き下せる．

　クレブシュ-ゴルダン係数には，漸化式に類するひと通りの一般式は存在するが，順に書き下しつつ上記のような表をその場でつくっていく方が，むしろわかりやすい．クレブシュ-ゴルダン係数は，$j_1=1/2$, $j_2=1/2$ の系で例示したような下降演算子の手続きを用いて求めることができる．一般的な手続きは次のようである．j と m の最大値をもつ jm ケットは，常に m_1 と m_2 が最大値の $m_1 m_2$ ケットに等しい．1単位分小さい m 値をもつ jm ケットを $m_1 m_2$ ケットの重ね合わせとして得るには，jm 下降演算子をこの jm ケットに，$m_1 m_2$ 下降演算子を対応する $m_1 m_2$ ケットにそれぞれ作用させる．この手続きを，j の最大値に付随して決まる，$2j+1$ 通りの m 状態がすべて得られるまで繰り返す．最大値から1だけ低い値の j と，それに対応する m 値をもつ次のシリーズについては，条件 $m=m_1+m_2$ と直交性を用いて順次手続きを開始する．この手順を，すべての jm ケットが得られるまで繰り返す．$j_1=1$, $j_2=1/2$ の系では，jm ケット $|3/2\ 3/2\rangle$ が $m_1 m_2$ ケット $|1\ 1/2\rangle$ に等しいことを認識するところから，手続きは開始される．まず下降演算子を用いて，すべての $j=3/2$ ケットを見いだす．次に大きな j と m の値をもつのは，$j=1/2$ と $m=1/2$ である．ケット $|1/2\ 1/2\rangle$ を見いだす必要がある．$m=m_1+m_2$ でなければならないので，$m_1+m_2=1/2$ を満たす $m_1 m_2$ ケット

E.　角運動量の合成（加法）　337

は 2 個だけ存在する．すなわち，$|1\ -1/2\rangle$ と $|0\ 1/2\rangle$ である．上記のクレブシュ–ゴルダン係数の表を見ると，jm ケット $|3/2\ 1/2\rangle$ を表現するのに，これら 2 個の $m_1 m_2$ ケットが用いられていることが見てとれる．したがって jm ケット $|1/2\ 1/2\rangle$ は，これら 2 個の $m_1 m_2$ ケットの重ね合わせで，$|3/2\ 1/2\rangle$ 重ね合わせに直交し規格化されたものになる．下降演算子を更に適用して，$m_1 m_2$ ケットの重ね合わせとして $|1/2\ -1/2\rangle$ を見いだして，一連の手続きが完成する．

　クレブシュ–ゴルダン係数に関する公式類は，一般的なものというわけではないが，ひと通りの漸化式の他にも，適当な j_1, j_2 の値に対する係数の一覧表が関連する書籍には与えられている．さらに，市販のコンピューター用数学アプリケーションには，クレブシュ–ゴルダン係数を計算できるものもある．クレブシュ–ゴルダン係数は，2 個を超える角運動量を合成するのにも用いることができる．まず角運動量ベクトルのうちの 2 個を加算する．次に，その結果得られる jm ベクトルと，第 3 のベクトルとを加算する．この手続きを続けると，任意の数の角運動量ベクトルを足し合わせて，合成系を表す一連の jm ベクトルの集合を生成することができる．jm ベクトルの有効性は，第 16 章で具体的にその例を示す．

第16章 | 電子スピン

Electron Spin

　水素原子とヘリウム原子の取扱い（第7章，第10章）では，電子状態の記述に際して，電子に固有な真性角運動量は含めなかった．水素原子の s，p，d，f 軌道を生じさせた軌道角運動量は，水素原子のシュレーディンガー描像による取扱いの中で自然に現れ，3種類の量子数 n，l，m_l が得られた（磁気量子数 m_l の添え字 l は，この m 値が軌道角運動量に由来することを示す）．一方ディラックは，水素原子の問題を量子力学と相対性理論の両者に矛盾しない方法で解いた．その結果，電子固有の角運動量に由来する付加的な量子数 m_s がもたらされた．m_s は，s で識別される電子固有の角運動量の z 軸への射影である．それが固有の角運動量であるがために，電子は固有の永久磁気双極子をもつ．電子のこの角運動量は，角運動量を伴う古典的な電荷分布（回転あるいは自転している電荷分布）が磁気モーメントを生成するところから，**電子スピン**（electron spin）と呼ばれる．

　ディラックによる水素原子の相対論的な取扱いに加え，電子が固有の角運動量をもつとすれば説明できる事象が多くの実験で見いだされた．たとえばアルカリ金属では，外部磁場がない場合でも，スペクトル線にある種の分裂が見られる．励起された Na からの 589 nm にある強いオレンジ色の発光は，ナトリウムの D 線と呼ばれるが，精密に観測すると 17 cm^{-1} だけ分離した二重線になっている．D 線の蛍光は，Na の $3p$ 励起状態から $3s$ 基底状態への電子遷移に起因する．p 状態の多重度は $2l+1=3$ であり，Na の $3p$ 状態に励起された電子にとっては，3個の p 軌道は縮退している．それゆえ外部磁場が存在するような場合には，二重線ではなく三重線の遷移スペクトルが観測されるはずである（第15章 D 節参照）．以下で議論するように，二重線の分裂は，電子に固有な電子スピン角運動量が $3p$ 状態の軌道角運動量と結合した結果である．

340　第16章　電子スピン

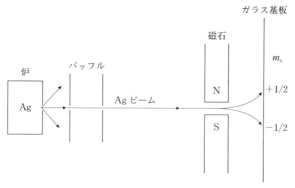

図 16.1　シュテルン-ゲルラッハの実験の模式図. 熱せられた炉から放出された銀原子は, バッフルを経て原子線に成形される. 原子線はその後, 不均一な磁場中を通過して基板表面に向かう. 磁場は電子の m_s 量子数に依存する力を及ぼす.

　電子スピンの存在を劇的に示したのがシュテルン-ゲルラッハによる実験 (Stern-Gerlach, 図 16.1) であった. シュテルン-ゲルラッハの実験では, まず金属の銀を入れた炉が, 銀の蒸気が発生するまで熱される. 蒸気の一部が炉に設けられた小穴から外部に噴出する. 小穴の前方に置かれたバッフルにより, 適切な方向以外に向かう銀原子を取り除く. バッフルを通過した銀原子は整形されて原子線（ビーム）を構成する. 銀の原子線は続いて不均一な磁場中を通過し, その後ガラス基板表面に入射する. 銀原子はそこでガラス基板に付着し, いわゆる銀の蒸着膜を形成する. 銀蒸着のパターンを観測すれば, 銀原子の軌跡を決定することができる. ガラス基板上には, 明瞭に分離した 2 本の銀の蒸着線の跡が観測された.

　不均一な磁場中に置かれた磁気双極子は, 磁場に対する双極子の向きに依存して, 原子線双極子の進行方向を偏向する力を受ける. 銀原子は $5s$ 電子を 1 個もち, これは対を形成していない（下記 C 節のパウリの原理と電子スピンの対形成の議論を参照）. 磁場の方向は z 軸を定義する. 電子がそれ自体で角運動量 $s=1/2$ をもつとすれば, 値 $m_s=\pm 1/2$ で決まる z 軸への 2 通りの射影をとりうる. この 2 通りの m_s 値に対応して, ガラス基板上には 2 本の銀蒸着パターンが現れる. ガラス基板上の銀蒸着線の分離から, 電子の磁気モーメントが決定された. s 電子は軌道角運動量をもたないので, 磁

A. 電子スピンの仮説　341

場による原子線の偏向が軌道角運動量に起因するということはありえない．一方偏向の大きさは，遥かに小さいプロトンの磁気モーメントに起因すると考えるには大き過ぎる．シュテルン–ゲルラッハの実験は，電子に固有な角運動量の存在を示す多くの実験の1つである．

A.　電子スピンの仮説

　ディラックによる水素原子の相対論的量子力学の取扱いは，電子スピンを理論的に取り扱う根拠を与えるものの，その数学的な取扱いは非常に複雑であり，原子や分子の量子力学的な解析に際して実用的なアプローチにはなりにくい．そこで本章では，非相対論的な量子論を基本的に用いることにして，電子スピンの存在は仮説と位置付けて導入することにする．

　電子は固有な角運動量（スピン）をもち，その角運動量の大きさが

$$s = \frac{1}{2}\hbar \tag{16.1}$$

であること，言い換えれば，

$$\hat{S}^2 |s m_s\rangle = \frac{1}{2}\left(\frac{1}{2}+1\right)\hbar^2 |s m_s\rangle \tag{16.2}$$

であると仮定する．ここで$\hat{S}^2$は，角運動量演算子の2乗である（第15章では$\hat{J}^2$と書き表した）．ケット$|s m_s\rangle$はまた，$\hat{S}_z$の固有ケットでもある．

$$\hat{S}_z |s m_s\rangle = \pm\frac{1}{2}\hbar |s m_s\rangle \tag{16.3}$$

第15章と同様に，角運動量は通常$\hbar$を単位として表し，以下では$\hbar$をあらわには書き表さないものとする．電子に固有な磁気（双極子）モーメントの大きさは

$$\mu_s = \frac{e\hbar}{2mc} \equiv \mu_B \tag{16.4}$$

であり，これを1ボーア磁子（μ_B；ガウス単位系）と呼ぶ．なお，比（磁気回転比；式（16.16）を参照）

$$\frac{\mu_s}{s} = \frac{e}{mc}$$

342　第16章　電子スピン

は，軌道角運動量の場合の同様な比

$$\frac{\mu_l}{l} = \frac{e}{2mc}$$

の2倍である.

1　スピンを伴う電子波動関数

　水素原子の取扱いでは（第7章），電子状態を記述する波動関数は3個の空間座標を含む関数

$$\psi = \psi(x, y, z)$$

であった. 電子スピンまで含めると，これにもう1つの自由度，つまりは"座標"としての m_s 値が付け加わる[1]. すなわち

$$\psi = \psi(x, y, z, m_s) \tag{16.5a}$$

であって，

$$m_s = \pm\frac{1}{2} \tag{16.5b}$$

を値としてとる. 正確には（m_s の前に），5番目の座標 s として電子固有の角運動量の大きさがあるべきだろう. しかし，どのような電子についても常に $s = 1/2$ であり，しかもこの値は不変なので，これを明示する必要はない. 多電子系波動関数の場合には，個々の電子がこれら4個の座標，すなわち3個の空間座標と1個の m_s 値をもつと考える.

　角運動量の大きさの2乗と z 軸への角運動量の射影を表す演算子 $\hat{S}^2$ と $\hat{S}_z$ について，角運動量固有ベクトル $|s m_s\rangle$ は

---

1)　訳者注：スピン自由度は，原子スペクトルの多重性（微細構造）の理解に不可欠であった. そのスピン自由度についても，シュレーディンガーの意味での関数 $\chi(m_s)$，あるいは α と β を導入することができることを示しているが，通常の正準座標に対応するべき変数 m_s は離散的で2値のみ（1/2と$-1/2$）をとり，当然微分は定義できず，連続的な正準変数とは明らかに異なる. それにもかかわらず，角運動量の一般論も示すようにスピン自由度は角運動量の仲間であり，固有の磁気モーメントを伴うのである. ここでの議論は，スピン角運動量の固有ベクトルが2次元であり，対応する演算子は，2×2の行列（たとえば，式（15.55）参照）で表現されることも主張している. スピン波動関数 $\chi(m_s)$ を導入する利点は多々あるが，後述のように，パウリの原理の定式化しやすさもその一例である.

A. 電子スピンの仮説　343

$$|\chi(m_s)\rangle = \left|\frac{1}{2}\ \frac{1}{2}\right\rangle, \left|\frac{1}{2}\ -\frac{1}{2}\right\rangle \tag{16.6}$$

と書ける．これらはしばしば α スピン，β スピンと呼ばれ，

$$\alpha = \left|\frac{1}{2}\ \frac{1}{2}\right\rangle \tag{16.7a}$$

$$\beta = \left|\frac{1}{2}\ -\frac{1}{2}\right\rangle \tag{16.7b}$$

と表される．状態 α のスピンは z 軸に平行であり，状態 β のスピンは z 軸に反平行である．

2　中心力場での電子状態

軌道角運動量が l の状態にある 1 個の電子を考えよう．原子のような中心対称性を有する系では，3 個の空間座標は球面極座標 r，θ，φ を用いて書ける．θ と φ の角度依存性の部分は，**球面調和関数** $Y_l^{m_l}$（第 7 章参照）を用いて表現できる．ここで m_l は，軌道角運動量 l のもとでの磁気量子数を同定するのに用いられる．**スピン波動関数**は $\chi(1/2)$ と $\chi(-1/2)$ であって，ここでは式（16.6）の m_s 値のみで表記される．よって電子波動関数の角運動量状態を記述する部分は，

$$|\psi(lm_lm_s)\rangle = |Y_l^{m_l}\rangle\,|\chi(m_s)\rangle \tag{16.8}$$

となる．ケット $|\psi(lm_lm_s)\rangle$ は，電子の固有ベクトルの積空間を定義する．このケットは，軌道とスピンという 2 種類の角運動量の m_1m_2 表示（第 15 章 E 節参照）に対応する．

ケット $|\psi(lm_lm_s)\rangle$ は，軌道角運動量とスピン角運動量に関する演算子 $\hat{L}^2$，$\hat{L}_z$，$\hat{S}^2$，$\hat{S}_z$ の同時固有関数である．

$$\hat{L}^2|\psi\rangle = l(l+1)|\psi\rangle$$

$$\hat{L}_z|\psi\rangle = m_l|\psi\rangle$$

$$\hat{S}^2|\psi\rangle = \frac{3}{4}|\psi\rangle$$

$$\hat{S}_z|\psi\rangle = m_s|\psi\rangle$$

第 3 番目の方程式は，$\hat{S}^2$ の固有値は $s(s+1)$ であって，しかも s は常に $1/2$ に等しいことから得られる．全体として $2(2l+1)$ 通りの線形独立な $|\psi(lm_lm_s)\rangle$

344 第16章 電子スピン

関数が存在する.

B. スピン–軌道結合

水素あるいはヘリウム原子の取扱い（第7章，第10章）では，ハミルトニアンのポテンシャルエネルギー項については，クーロン相互作用のみを考慮した．クーロン相互作用は，原子や分子の状態のエネルギーの全体的なスケールを定める．一方，本章の最初の部分で述べたように，電子スピンを導入してはじめて説明できる現象が数多く存在する．電子の固有な角運動量とそれに由来する磁気双極子モーメントに依存する相互作用は，原子や分子の電子状態に関する**微細構造**（fine structure）の起源となる．原子や分子の分光特性や電子過程の多くの場面で重要な役割を演ずる相互作用の1つとして，電子の軌道角運動量と固有のスピン角運動量を結合させる**スピン–軌道結合**（spin-orbit coupling）がある．本章では，Na原子の $3p$ 励起状態を例に，電子が p 軌道にある場合に特化してスピン–軌道結合を取り扱う．Naの $3p$ 状態から $3s$ 状態へ発光性遷移をする電子は，オレンジ色の光（589 nm）を放出する．励起されたNa原子の集団からの蛍光を実際に観測すると，スペクトルは2本の近接した周波数（波長）線からなることが見いだされる．Naの $3p$ から $3s$ への遷移にともなう発光に見られるこの分裂は，スピン–軌道結合項をハミルトニアンに付け加えることにより，はじめて説明されるのである．

1 電子の p 状態

原子内のある1個の電子の $l=1$ 状態に関する波動関数の角度部分（空間）は，3種の球面調和関数

$$Y_1^1 = |1\,1\rangle$$
$$Y_1^0 = |1\,0\rangle$$
$$Y_1^{-1} = |1\,-1\rangle \tag{16.9}$$

よりなる．その電子スピン状態は，

$$\alpha = \left|\frac{1}{2}\,\frac{1}{2}\right\rangle$$

$$\beta = \left| \frac{1}{2} \ -\frac{1}{2} \right\rangle \tag{16.10}$$

である.

これらが結合されて得られるべき系の（全）角運動量状態は，$m_1 m_2$ 表示（第15章 E 節参照）で書き表すことができる．基になる要素は，

$$j_1 m_1 = l m_l$$

および

$$j_2 m_2 = s m_s$$

である．よって，$m_1 m_2$ 表示の結合されるべき基になる系の状態は，

$$Y_1^1 \alpha = \left| 1 \ \frac{1}{2} \ 1 \ \frac{1}{2} \right\rangle = \left| 1 \ \frac{1}{2} \right\rangle$$

$$Y_1^1 \beta = \left| 1 \ \frac{1}{2} \ 1 \ -\frac{1}{2} \right\rangle = \left| 1 \ -\frac{1}{2} \right\rangle$$

$$Y_1^0 \alpha = \left| 1 \ \frac{1}{2} \ 0 \ \frac{1}{2} \right\rangle = \left| 0 \ \frac{1}{2} \right\rangle$$

$$Y_1^0 \beta = \left| 1 \ \frac{1}{2} \ 0 \ -\frac{1}{2} \right\rangle = \left| 0 \ -\frac{1}{2} \right\rangle$$

$$Y_1^{-1} \alpha = \left| 1 \ \frac{1}{2} \ -1 \ \frac{1}{2} \right\rangle = \left| -1 \ \frac{1}{2} \right\rangle$$

$$Y_1^{-1} \beta = \left| 1 \ \frac{1}{2} \ -1 \ -\frac{1}{2} \right\rangle = \left| -1 \ -\frac{1}{2} \right\rangle \tag{16.11}$$

の6通りである．一連のケットの最右辺では，$j_1 j_2 = ls$ の値は常に不変なので，あらわには示されない．式 (16.11) の6個の $m_1 m_2$ ケットは，その状態の軌道とスピン角運動量成分を記述している．これらのそれぞれには，同一の動径関数 $R(r)$ が共通に掛けられる．波動関数の動径部分には角運動量演算子は作用しないので，動径部分はそれが必要になるまで伏せたままにしておくことにする．

6個の p 電子状態はまた，jm 表示（第15章 E 節）による**全角運動量ベクトル**としても書き表すことができる．全角運動量 j は，2通りの値をとることができる．すなわち，

$$j = j_1 + j_2 = l + s = \frac{3}{2} \tag{16.12a}$$

346　第16章　電子スピン

$$j = j_1 + j_2 - 1 = |j_1 - j_2| = l - s = \frac{1}{2} \tag{16.12b}$$

である．対応する6個の jm ケットは，

$$\left|\frac{3}{2}\,\frac{3}{2}\right\rangle \left|\frac{3}{2}\,\frac{1}{2}\right\rangle \left|\frac{3}{2}-\frac{1}{2}\right\rangle \left|\frac{3}{2}-\frac{3}{2}\right\rangle \left|\frac{1}{2}\,\frac{1}{2}\right\rangle \left|\frac{1}{2}-\frac{1}{2}\right\rangle \tag{16.13}$$

となる．これら jm 表示のケットは，第15章で与えられた $j_1 = 1$, $j_2 = 1/2$ に対応するクレブシュ–ゴルダン係数の表を用いて，$m_1 m_2$ ケットから得ることができる．たとえば jm ケット $|1/2\,1/2\rangle$ は，$m_1 m_2$ ケットの重ね合わせとして，

$$\left|\frac{1}{2}\,\frac{1}{2}\right\rangle = \sqrt{\frac{2}{3}}\left|1-\frac{1}{2}\right\rangle - \sqrt{\frac{1}{3}}\left|0\,\frac{1}{2}\right\rangle \tag{16.14}$$

で与えられる．

2　スピン–軌道結合のハミルトニアン

　水素様原子（あるいは多電子原子）のハミルトニアンには，これまでは電子スピンに起因する項は含めてこなかった．したがって，ナトリウム中のある1個の p 電子の6個の状態は，縮退しているはずである．しかし，電子に固有な角運動量は，原子（あるいは分子）のクーロン電場内を運動している電子に，（電子に固有な）磁気双極子を誘起する．電場内を運動するこの磁気双極子に起因する相互作用が，電子エネルギーの変化を生じさせる．

　古典的には，電場 E の中を運動する磁気双極子 μ のエネルギー W は，

$$W = -\left(\frac{1}{c}E \times V\right) \cdot \mu \tag{16.15}$$

で与えられる[2]．ここで，V は双極子の運動する速度である．$\hbar$ を単位とす

---

2)　訳者注：式（16.15）は概略次のようにして得られる．原子内の着目する電子は，核の周りに速度 V で円運動するものと見なす．その電子が静止する座標から見れば，核が電子の周りに逆の速度で円運動するように見え，電子の位置に磁場をつくる．この磁場はビオ–サバールの法則により評価でき，$(E \times V)/c$ で与えられる（ガウス単位系）．この磁場と電子の磁気双極子との相互作用エネルギーとして，式（16.15）が得られる．ここでの電場 E は，核と当該電子以外の電子によって作られる円運動の源になる中心対称な引力電場であり，電場中を電子が走れば常に磁場を感じるというわけではないことに注意してほしい．

B. スピン–軌道結合　347

れば，電子の磁気双極子（演算子）は一般に

$$\hat{\boldsymbol{\mu}} = -\frac{|e|\hat{\boldsymbol{S}}}{2mc} \times g \tag{16.16}$$

で与えられる（式（16.4）を参照）．ここで $\hat{\boldsymbol{S}}$ は，電子スピン角運動量の演算子であり，g 因子は以下では 2 に等しいとする．すると W は，

$$W = \frac{|e|}{mc}(\boldsymbol{E} \times \boldsymbol{V}) \cdot \hat{\boldsymbol{S}} \tag{16.17}$$

と書ける．ここではさらに，電場 $\boldsymbol{E}$ の代わりに電子の感じるクーロン引力に対するポテンシャル ϕ を用いると，

$$-|e|\boldsymbol{E} = -\operatorname{grad}\phi$$

と置ける．ここで，$\operatorname{grad} = \boldsymbol{\nabla}$ は**勾配**（gradient）であり，

$$\boldsymbol{p} = m\boldsymbol{V}$$

である．これらを代入し，古典的な運動量を量子力学的演算子に置き換えると，

$$\hat{W} = \frac{1}{m^2c}(\operatorname{grad}\phi \times \hat{\boldsymbol{p}}) \cdot \hat{\boldsymbol{S}} \tag{16.18}$$

となる．$\hat{W}$ は，今や古典的なエネルギーから量子力学的な演算子に変換された．

水素様原子（1 電子原子）では，

$$\phi = -\frac{z|e|^2}{4\pi\varepsilon_0 r} \tag{16.19}$$

と表せる．ここで，$+z|e|$ は核電荷，r は核から電子までの距離である．よって，

$$\operatorname{grad}\phi = \frac{z|e|^2}{4\pi\varepsilon_0 r^2}\frac{\boldsymbol{r}}{r} = \frac{z|e|^2}{4\pi\varepsilon_0 r^3}\boldsymbol{r} \tag{16.20}$$

となる．ここで，$\boldsymbol{r}/r$ は単位ベクトルである．式（16.20）を式（16.18）に代入すると，水素様原子ハミルトニアンのスピン–軌道結合項 $\hat{H}_{so}$ が得られる．

$$\hat{H}_{so} = \frac{z|e|^2}{4\pi\varepsilon_0 m^2c^2}\frac{1}{\hat{r}^3}(\hat{\boldsymbol{r}} \times \hat{\boldsymbol{p}}) \cdot \hat{\boldsymbol{S}} \tag{16.21}$$

$(\hat{\boldsymbol{r}} \times \hat{\boldsymbol{p}})$ は軌道角運動量 $\hat{\boldsymbol{L}}$ に等しいので，結局，

348　第16章　電子スピン

$$\hat{H}_{so} = \frac{z|e|^2}{4\pi\varepsilon_0 m^2 c^2} \frac{1}{\hat{r}^3} \hat{\boldsymbol{L}} \cdot \hat{\boldsymbol{S}} \qquad (16.22\text{a})$$

が得られる．ここで，$\hat{\boldsymbol{S}}$ は電子スピンの波動関数，$\hat{\boldsymbol{L}}$ は軌道角運動量の波動関数（球面調和関数）にそれぞれ作用し，$1/\hat{r}^3$ は波動関数の動径部分に作用する．この古典的な考察による結果は，ディラックの相対論的量子力学による結果とは 2 倍だけ異なる．正確なスピン–軌道結合（*i.e.* 相互作用）のハミルトニアンは

$$\hat{H}_{so} = \frac{z|e|^2}{8\pi\varepsilon_0 m^2 c^2} \frac{1}{\hat{r}^3} \hat{\boldsymbol{L}} \cdot \hat{\boldsymbol{S}} \qquad (16.22\text{b})$$

で与えられることが知られている．以後は，式（16.22b）を用いることにしよう．1/2 の補正因子はトーマス因子（Thomas factor）とも呼ばれる．

中心力場中の 1 電子（ナトリウム原子では，核と内殻電子のつくる実効的な電場の中の $3p$ 電子）に関しては，

$$\phi = V(r) \qquad (16.23)$$

と置けるので，

$$\text{grad}\, V(r) = \frac{\partial V(r)}{\partial r} \frac{1}{r} \boldsymbol{r} \qquad (16.24)$$

となる．したがって，

$$\hat{H}_{so} = \frac{1}{2m^2 c^2} \frac{1}{r} \frac{\partial V(r)}{\partial r} \hat{\boldsymbol{L}} \cdot \hat{\boldsymbol{S}} = a(r) \hat{\boldsymbol{L}} \cdot \hat{\boldsymbol{S}} \qquad (16.25)$$

と表せる．ここで $a(r)$ は，r に依存する項が波動関数の動径部分に作用した結果として生じる数である．多電子系の場合には，

$$\hat{H}_{so} = \frac{1}{2m^2 c^2} \sum_i \left[\frac{1}{r_i} \frac{\partial V(r_i)}{\partial r_i} \right] \hat{\boldsymbol{L}}_i \cdot \hat{\boldsymbol{S}}_i = \sum_i a_i(r) \hat{\boldsymbol{L}}_i \cdot \hat{\boldsymbol{S}}_i \qquad (16.26)$$

となる．ここで指標 i は個々の電子に付けられ，$\hat{\boldsymbol{L}}_j \cdot \hat{\boldsymbol{S}}_i$ の形で含まれる項については，その寄与は極めて小さいので無視する．

水素様原子について，$\hat{\boldsymbol{L}} \cdot \hat{\boldsymbol{S}}$ の係数の値を動径部分については期待値をとって評価すると（式（7.63 参照）），

$$a(r) \propto z^4 \qquad (16.27)$$

が得られる．他の型の原子でも，$a(r)$ は近似的に z^4 の形で変化すると見なしてよい．z^4 依存性は通常，**重原子効果**（heavy-atom effect）と呼ばれる

B. スピン-軌道結合　349

現象の起源になる．原子の核電荷の増大に伴い，スピン-軌道結合は急激に増大する．これは，分子の場合にも現実に成り立つ．たとえば臭素化ベンゼンは，ベンゼンに比べて非常に増大したスピン-軌道結合を示す．重原子を含む溶媒中の分子の場合にも，いわば"外部"重原子効果によって，大きなスピン-軌道結合を示す．原子あるいは分子波動関数は空間的に拡がっているので，その分子の電子が溶媒（分子）中の重原子を見いだす確率が，必ずある程度は存在するからである．電子の非局在性が，外部重原子効果を引き起こす要因である．

$a(r)$ は，演算子 $\hat{L}$ と $\hat{S}$ にはよらないので，$\hat{H}_{so}$ ではパラメーターとして取り扱うことができる．$\hat{L} \cdot \hat{S}$ 演算子をそれらの成分で書くと，

$$\hat{L} \cdot \hat{S} = \hat{L}_x \hat{S}_x + \hat{L}_y \hat{S}_y + \hat{L}_z \hat{S}_z \tag{16.28}$$

となる．さらに，これらのうちの x と y 成分は，角運動量の昇降演算子を用いて書き表すことができる（第15章B節）．すなわち，

$$\hat{S}_x = \frac{1}{2}(\hat{S}_+ + \hat{S}_-) \tag{16.29a}$$

$$\hat{S}_y = \frac{1}{2i}(\hat{S}_+ - \hat{S}_-) \tag{16.29b}$$

$$\hat{L}_x = \frac{1}{2}(\hat{L}_+ + \hat{L}_-) \tag{16.29c}$$

$$\hat{L}_y = \frac{1}{2i}(\hat{L}_+ - \hat{L}_-) \tag{16.29d}$$

である．昇降演算子による表式を式（16.28）に代入すると，

$$\hat{L} \cdot \hat{S} = \hat{L}_z \hat{S}_z + \frac{1}{2}(\hat{L}_+ \hat{S}_- + \hat{L}_- \hat{S}_+) \tag{16.30}$$

を得る．

3　ナトリウムの6個の p 状態に関するスピン-軌道結合エネルギー

a　$m_1 m_2$ 表示

すでに述べたように，$\hat{L} \cdot \hat{S}$ は $m_1 m_2$ 表示の演算子である．L 演算子は式（16.11）のケットの軌道角運動量部分に作用し，S 演算子はケットのスピン角運動量部分に作用する．2つの型の角運動量が，分離して独立に扱われる

350　第16章　電子スピン

という点で，$m_1 m_2$ 表示になっている.

　$\hat{\boldsymbol{L}} \cdot \hat{\boldsymbol{S}}$ 演算子は，$m_1 m_2$ ケット（式（16.11）の右辺に対応）を基底系とし
て 6×6 の行列で表示できる. $m_1 m_2$ ケットは $\hat{L}_z \hat{S}_z$ 演算子の固有ケットであ
る. 実際，あるケットに作用すると，$\hat{S}_z$ は固有値 m_s を，$\hat{L}_z$ は固有値 m_l を
それぞれもたらす. たとえば，

$$\hat{L}_z \hat{S}_z \left| 1 \frac{1}{2} \right\rangle = \frac{1}{2} \left| 1 \frac{1}{2} \right\rangle \tag{16.31}$$

である.

　一方，$m_1 m_2$ ケットは $\hat{\boldsymbol{L}} \cdot \hat{\boldsymbol{S}}$ 演算子の $(1/2)(\hat{L}_+ \hat{S}_- + \hat{L}_- \hat{S}_+)$ 部分の固有ケッ
トではない. したがって，この演算子の行列は非対角要素をもち，$m_1 m_2$ ケ
ットは $\hat{H}_{so}$ の固有ケットではない. 行列の非対角要素を定めるには，
$(1/2)(\hat{L}_+ \hat{S}_- + \hat{L}_- \hat{S}_+)$ を6個の $m_1 m_2$ ケットすべてについて個別に作用させね
ばならない. 式（16.11）の最初の2つのケットに，これを作用させること
を考えよう. まず，

$$\frac{1}{2}(\hat{L}_+ \hat{S}_- + \hat{L}_- \hat{S}_+) \left| 1 \frac{1}{2} \right\rangle = 0 \tag{16.32}$$

である. 演算子の第1項を作用させると，$\hat{L}_+$ は1を1より上には上昇でき
ないので0になる. 同様に第2項を作用させると，$\hat{S}_+$ は1/2を1/2より上
昇できないので0になる. したがって，ケット $|1\,1/2\rangle$ は行列の非対角要素
を通じて他のケットと結合することはない. 第2のケットに同じくこの演算
子を作用させると，

$$\frac{1}{2}(\hat{L}_+ \hat{S}_- + \hat{L}_- \hat{S}_+) \left| 1 -\frac{1}{2} \right\rangle = \frac{\sqrt{2}}{2} \left| 0 \frac{1}{2} \right\rangle \tag{16.33}$$

を得る. 演算子の第1項を作用させると，$\hat{L}_+$ は1を1より上に上昇できな
いので0になる. しかし第2項を作用させると，$\hat{L}_-$ は1を0に下降し，
$\hat{S}_+$ は $-1/2$ を $+1/2$ に上昇させる. 結果は，ケット $|0\,1/2\rangle$ に適当な定数を
掛けたものになる. この定数は，第15章B節で与えられた上昇演算子と下
降演算子の公式を用いて得られる. 式（16.33）に左からブラ $\langle 0\,1/2|$ を掛
ければ，行列要素が得られる. すなわち，

$$\left\langle 0 \frac{1}{2} \left| \frac{1}{2}(\hat{L}_+ \hat{S}_- + \hat{L}_- \hat{S}_+) \right| 1 -\frac{1}{2} \right\rangle = \frac{\sqrt{2}}{2} \tag{16.34}$$

B. スピン-軌道結合　351

となる．同様にして，他の行列要素も決定される．

　こうして，6×6 の全行列は，$\hat{L}_z\hat{S}_z$ 演算子から得られる対角要素と $(1/2)$ $(\hat{L}_+\hat{S}_- + \hat{L}_-\hat{S}_+)$ 演算子から得られる非対角要素からなる．行列 H_{so} をあらわに書き下すと，式（16.35）のようになる．この行列には $a(r)$ が掛けられていて，この係数部分は波動関数の動径部分により定まる．あきらかにこの行列は対角化されていないので，$m_1 m_2$ 表示のケットは $\hat{L}\cdot\hat{S}$ 演算子の固有ケットではない．しかし行列はブロック対角化されていて，全部で4個のブロックがあり，1×1 のブロックが2個，2×2 のブロックが2個ある．1×1 のブロックは，$\hat{H}_{so}$ の固有値である．したがって，固有値のうちの2個は，$(1/2)a(r)$ である．

$$
H_{so}=a(r)
\begin{array}{c|cccccc}
 & \left|1\,\tfrac{1}{2}\right\rangle & \left|1-\tfrac{1}{2}\right\rangle & \left|0\,\tfrac{1}{2}\right\rangle & \left|0-\tfrac{1}{2}\right\rangle & \left|-1\,\tfrac{1}{2}\right\rangle & \left|-1-\tfrac{1}{2}\right\rangle \\
\hline
\left\langle 1\,\tfrac{1}{2}\right| & \tfrac{1}{2} & & & & & \\
\left\langle 1-\tfrac{1}{2}\right| & & -\tfrac{1}{2} & \sqrt{2}/2 & & & \\
\left\langle 0\,\tfrac{1}{2}\right| & & \sqrt{2}/2 & 0 & & & \\
\left\langle 0-\tfrac{1}{2}\right| & & & & 0 & \sqrt{2}/2 & \\
\left\langle -1\,\tfrac{1}{2}\right| & & & & \sqrt{2}/2 & -\tfrac{1}{2} & \\
\left\langle -1-\tfrac{1}{2}\right| & & & & & & \tfrac{1}{2}
\end{array}
\tag{16.35}
$$

　2個の 2×2 ブロックは等しい．その固有値は，ブロック行列の対角化を行うことで見いだされる（第13章E節）．最初の 2×2 ブロックの**永年行列式**（secular determinant）は，

$$
\begin{vmatrix}
-\tfrac{1}{2}-\lambda & \sqrt{2}/2 \\
\sqrt{2}/2 & -\lambda
\end{vmatrix} = 0
\tag{16.36}
$$

となり，ここで λ がここで定めるべき固有値である．行列式を展開して λ について解き，$a(r)$ を掛けたものを求めれば，

$$\lambda = (1/2)a(r)$$
$$\lambda = (-1)a(r)$$

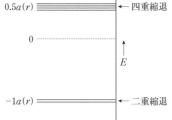

図 16.2 ハミルトニアンにスピン-軌道結合が含められた場合の, p 電子の 6 個のエネルギー準位の構造を示す模式図. エネルギーの零点は, スピン-軌道結合がない場合の p 電子のエネルギーである. $a(r)$ は, 波動関数の動径部分により定まる.

が得られる. もう一方の 2×2 ブロックも同一の固有値を与える.

$\hat{H}_{so}$ の 6 個の固有値は, 4 個が $0.5a(r)$, 2 個が $-1a(r)$ と得られた. 図 16.2 に, これらのエネルギー準位を模式的に示す. エネルギーの零点は, スピン-軌道結合がない場合の p 電子のエネルギーにとられている. 2 個のエネルギー準位集団の全分裂量は, $1.5a(r)$ である. 先に述べたように, Na の $3p$ から $3s$ への蛍光 (Na D 線) は, $17\,\mathrm{cm}^{-1}$ だけ分裂した 2 本の分光学的発光線よりなる. Na D 線の分裂は, スピン-軌道結合によるものである. Na の場合には, $1.5a(r) = 17\,\mathrm{cm}^{-1}$ と置くと, $a(r) = 11.3\,\mathrm{cm}^{-1}$ が得られる. 発光線の分裂量 $17\,\mathrm{cm}^{-1}$ の, 遷移エネルギー $E = 16980\,\mathrm{cm}^{-1}$ に対する比は,

$$\frac{a(r)}{E} \approx 7 \times 10^{-4}$$

の程度になる. これは, 遷移エネルギー自体と比較して十分に小さな補正ではあるが, スピン-軌道結合 (相互作用) を考慮しない限り, Na からの蛍光の観測結果は説明できない. スピン-軌道結合は他の多くの現象の起源でもある.

スピン-軌道相互作用は, 6 個の p 電子の状態を 4 個の縮退した状態の集団と 2 個の縮退した状態の集団に分裂させる. エネルギー準位にグループ分けが生じる理由は, 固有ベクトルを具体的に定めることで理解することができる. 固有ベクトルは, 第 13 章 E 節に与えられた手続きを踏むことで求められる. 以下ではその代わりに, $m_1 m_2$ 表示よりはむしろ角運動量状態の jm 表示を用いて, もう一度問題を扱い直してみよう.

b jm 表示

スピン-軌道結合の問題は, 軌道角運動量とスピン角運動量のベクトルを

1つの全角運動量ベクトルに結合した，jm 表示（第15章 E 節）によっても扱うことができる．$l=1$，$s=1/2$ の1個の p 電子の jm ケットは，式（16.13）に与えられている．これらは，第15章に与えられたクレブシュ-ゴルダン係数の表を用いて，$m_1 m_2$ ケットの重ね合わせとしても書くことができる．

jm ケットに基づく $\hat{H}_{so}$ の行列要素は，それらおのおののケットに $a(r)$ $\hat{\boldsymbol{L}} \cdot \hat{\boldsymbol{S}}$ を作用させることにより得られる．式（16.13）の最初のケット $|3/2\ 3/2\rangle$ について考えてみよう．$\hat{\boldsymbol{L}} \cdot \hat{\boldsymbol{S}}$ は $m_1 m_2$ 演算子である．したがって，jm ケットを $m_1 m_2$ 表示に変換する必要がある．すなわち，

$$a(r)\hat{\boldsymbol{L}} \cdot \hat{\boldsymbol{S}}\left|\frac{3}{2}\ \frac{3}{2}\right\rangle = a(r)\hat{\boldsymbol{L}} \cdot \hat{\boldsymbol{S}}\left|1\ \frac{1}{2}\right\rangle = \frac{1}{2}a(r)\left|1\ \frac{1}{2}\right\rangle \tag{16.37}$$

となる．よって，

$$a(r)\hat{\boldsymbol{L}} \cdot \hat{\boldsymbol{S}}\left|\frac{3}{2}\ \frac{3}{2}\right\rangle = \frac{1}{2}a(r)\left|\frac{3}{2}\ \frac{3}{2}\right\rangle \tag{16.38}$$

が得られる．つまり $|3/2\ 3/2\rangle$ は，固有値 $(1/2)a(r)$ をもつ $a(r)\hat{\boldsymbol{L}} \cdot \hat{\boldsymbol{S}}$ の固有ケットである．一方，第15章にあるクレブシュ-ゴルダン係数の表から，

$$\left|\frac{3}{2}\ \frac{3}{2}\right\rangle = \left|1\ \frac{1}{2}\right\rangle$$

であることがわかる．ところで式（16.35）の行列で，$|1\ 1/2\rangle$ は 1×1 ブロックの基底，すなわち固有ベクトルになっている．したがって $|3/2\ 3/2\rangle$ もまた，固有ベクトルになるのである．各 jm ケットに $a(r)\hat{\boldsymbol{L}} \cdot \hat{\boldsymbol{S}}$ を作用させることによって，それらが $a(r)\hat{\boldsymbol{L}} \cdot \hat{\boldsymbol{S}}$ の6個の固有ベクトルであることが示される．たとえば，jm ケット $|1/2\ 1/2\rangle$ は $m_1 m_2$ 表示では

$$\left|\frac{1}{2}\ \frac{1}{2}\right\rangle = \left[\sqrt{\frac{2}{3}}\left|1\ -\frac{1}{2}\right\rangle - \sqrt{\frac{1}{3}}\left|0\ \frac{1}{2}\right\rangle\right]$$

と書き表される．両辺に $a(r)\hat{\boldsymbol{L}} \cdot \hat{\boldsymbol{S}}$ を作用させると，

$$a(r)\hat{\boldsymbol{L}} \cdot \hat{\boldsymbol{S}}\left|\frac{1}{2}\ \frac{1}{2}\right\rangle = a(r)\left(\hat{L}_z\hat{S}_z + \frac{1}{2}(\hat{L}_+\hat{S}_- + \hat{L}_-\hat{S}_+)\right)\left[\sqrt{\frac{2}{3}}\left|1\ -\frac{1}{2}\right\rangle - \sqrt{\frac{1}{3}}\left|0\ \frac{1}{2}\right\rangle\right] \tag{16.39}$$

$$= -\frac{1}{2}\cdot 1 \cdot a(r)\sqrt{\frac{2}{3}}\left|1\ -\frac{1}{2}\right\rangle - 0 + \frac{1}{2}a(r)\left[0 - \sqrt{2}\sqrt{\frac{1}{3}}\left|1\ -\frac{1}{2}\right\rangle + \sqrt{2}\sqrt{\frac{2}{3}}\left|0\ \frac{1}{2}\right\rangle\right] + 0 \tag{16.40}$$

が得られる．式（16.40）の第1項は，最初のケットに $\hat{L}_z\hat{S}_z$ を作用させるところからくる．1と $-1/2$ は，それぞれ演算によってもたらされた m_l 値と m_s 値

354　第16章　電子スピン

である．次の項−0は，第2のケットに$\hat{L}_z\hat{S}_z$を作用させた結果から生じる．$\hat{L}_z$が0を引き出した．次の大括弧内の第1項は0であり，これは$|1-1/2\rangle$に$\hat{L}_+\hat{S}_-$を適用したところからくる．$m_l=1$はこれ以上には上昇できず，$-1/2$はこれ以下には下降できないからである．式（16.40）のその次の項は，$|0\,1/2\rangle$に$\hat{L}_+\hat{S}_-$を適用すると得られる．$\hat{L}_+$は0を1に上昇し，$\hat{S}_-$は$1/2$を$-1/2$に下降する．係数$\sqrt{2}$は，第15章B節に与えられた昇降演算子の公式を用いて得られる．残り2項も，同様な手順により導かれる．式（16.40）で得られた各項を集めて整理すると，

$$=(-1)a(r)\left[\sqrt{\frac{2}{3}}\left|1-\frac{1}{2}\right\rangle-\sqrt{\frac{1}{3}}\left|0\,\frac{1}{2}\right\rangle\right]=(-1)a(r)\left|\frac{1}{2}\,\frac{1}{2}\right\rangle \quad (16.41)$$

が得られ，したがって，

$$a(r)\hat{\boldsymbol{L}}\cdot\hat{\boldsymbol{S}}\left|\frac{1}{2}\,\frac{1}{2}\right\rangle=(-1)a(r)\left|\frac{1}{2}\,\frac{1}{2}\right\rangle \quad (16.42)$$

となる．すなわち$|1/2\,1/2\rangle$は，$a(r)\hat{\boldsymbol{L}}\cdot\hat{\boldsymbol{S}}$の固有値$(-1)a(r)$をもつ固有ケットになっている．

すべてのjmケットは，$a(r)\hat{\boldsymbol{L}}\cdot\hat{\boldsymbol{S}}$演算子の固有ケットである．軌道角運動量とスピン角運動量の間の相互作用が，2種類の角運動量ベクトルを結びつける．jm表示は，そのように結合された角運動量ベクトルを記述する．一般にjm表示のケットは，2個あるいはそれ以上の結合された当該の角運動量を含む系の固有状態になっている．$j=3/2$の4個のjmケットは固有値$(1/2)a(r)$を，$j=1/2$の2個のjmケットは固有値$(-1)a(r)$をそれぞれもつ．図16.2で，エネルギー$(1/2)a(r)$の4個の状態に対応する固有ケットは，

$$\left|\frac{3}{2}\,\frac{3}{2}\right\rangle\left|\frac{3}{2}\,\frac{1}{2}\right\rangle\left|\frac{3}{2}-\frac{1}{2}\right\rangle\left|\frac{3}{2}-\frac{3}{2}\right\rangle$$

である．エネルギー$(-1)a(r)$の2個の状態に対応するのは，

$$\left|\frac{1}{2}\,\frac{1}{2}\right\rangle\left|\frac{1}{2}-\frac{1}{2}\right\rangle$$

である．全角運動量の大きさに応じて，系はいくつかのエネルギー準位の集団に分割される．

Na D線のスピン−軌道相互作用で誘起される分裂は小さいが，それは容

易に観測可能な量でもある．より高分解能の分光法を用いると，Na D 線は
さらに微細なエネルギー間隔に分裂した構造をもつことがわかっている．こ
の付加的な分裂は**超微細相互作用**（hyperfine interaction）によるものであ
り，電子のつくる磁場が核の磁気と相互作用することに起因する．Na 原子
では，核スピン状態は $I=3/2$ である．ハミルトニアンに付け加わる超微細
相互作用項は，$\gamma \hat{\boldsymbol{I}} \cdot \hat{\boldsymbol{S}}$ の形式をもつことが知られている．ここで，γ は角運
動量にはよらない定数であり，$\hat{\boldsymbol{I}}$ は核スピンに，$\hat{\boldsymbol{S}}$ は電子スピンにそれぞれ
作用する．Na の基底状態では，電子は $3s$ 軌道に存在する．したがって，
軌道角運動量はない．$\gamma \hat{\boldsymbol{I}} \cdot \hat{\boldsymbol{S}}$ の固有ケットは，2 通りの j 値，つまり 2 と 1
（*i.e.* $3/2+1/2$ と $3/2-1/2$）をもつ jm ケットである．それら 8 通りのエネ
ルギー準位（超微細結合がなければ縮退している）は，それぞれ $j=2$ に属
する 5 個の準位の組と，$j=1$ に属する 3 個の準位の組に分割される．これ
らの分裂量は 1.7 GHz である．$3p$ 励起状態の場合には，軌道角運動量，電
子スピン，核スピンの 3 種類の角運動量が存在する．核スピン状態は，
$\hat{H}_{so}$ の jm 固有ケットに結合する．$j=3/2$ が $I=3/2$ に結合すると，全角運動
量の値が $F=3,\ 2,\ 1,\ 0$ の状態を生成する．これらがそれぞれ対応する m_F
値をもつので，全体で 16 個の状態になる．$j=1/2$ が $I=3/2$ に結合すると，
全角運動量の値が $F=2,\ 1$ の状態を生成する．これらがそれぞれ対応する
m_F 値をもつ結果，全体で 8 個の状態ができる．Na の $3p$ 状態は結局，超微
細相互作用により全体として 6 通りの集団に分裂するのである．$3p$ 状態か
ら $3s$ 状態への遷移で観測される分光学的な超微細構造の分裂は，概ね
100 MHz の範囲にある．

式（16.35）に与えられた行列は，m_1m_2 表示のケットが $\hat{H}_{so}$ の固有ケット
ではないために，対角行列ではない．固有値は一般に，永年行列式を解くこ
とで見いだされた．行列はまた，適当な**相似変換**（第 13 章 E 節）により対
角化される．相似変換に用いられる行列は，初期の基底系を固有ベクトルに
よる基底系に変換する行列でもある．スピン-軌道相互作用の問題では，初
期の基底系は m_1m_2 表示のケットである．一方，固有ケットは jm ケットに
なる．クレブシュ-ゴルダン係数で構成される行列が，m_1m_2 ケットを jm ケ
ットに変換する．よって，式（16.35）の非対角行列を，固有値を対角要素
にもつ対角行列に変換する**相似変換**は，

356 第16章 電子スピン

$$H_{so}^{jm} = U H_{so}^{m_1 m_2} U^{-1} \tag{16.43}$$

と表される. $H_{so}^{m_1 m_2}$ は初期の $m_1 m_2$ 表示による非対角行列であり, H_{so}^{jm} は jm 表示による固有値を（対角）要素とする対角行列であり, U はクレブシュ–ゴルダン係数による（ユニタリ）行列である.

C. 反対称化とパウリの原理

　式（16.10）は, 電子に固有な角運動量状態を記述するケットを与える. 1個の p 電子のスピン–軌道結合を論じる際には, 当然1個の電子を取り扱えばよかった. しかし, 原子や分子に関わる多くの問題では, 複数個の電子が系に含まれることが普通である. 本節では, スピンと軌道成分を合わせもつ多電子波動関数の特性について議論する. 多電子系の全波動関数（軌道とスピン）を**反対称化**（antisymmetrization）することにより, **パウリの原理**（Pauli Principle）が量子力学の定式化の中に組み込まれることを示す. パウリの原理は, たかだか2個までの電子が1個の原子あるいは分子軌道を占めることができ, 同一軌道を2個の電子が占める場合には, 互いに向きが反平行のスピンをもたねばならないことを主張している. 言い換えれば, 1つの系の中では, 2個の電子が4種の量子数 n, l, m_l, m_s すべてに同一の値をとることはできない. $m_s = \pm 1/2$ なので, 同一の n, l, m_l をとることができるのは2個の電子までとも言える. 対称的あるいは反対称的な状態の重ね合わせの演ずる役割とパウリの原理との関係を具体的に示すために, ヘリウム原子の励起状態について, まずスピンがない場合, 続いてスピンを考慮した場合をそれぞれ議論する.

1　ヘリウムの励起状態——スピンを無視した場合

　第10章A節では, 縮退のない場合の1次の摂動論を用いて, ヘリウム原子の基底状態（1s）のエネルギーを計算した. 電子間の斥力的な相互作用 $e^2/4\pi\varepsilon_0 r_{12}$ は, 摂動として取り入れた. 計算を遂行するにあたり, 2個の水素原子様 1s 波動関数の積を0次の波動関数として用いた. He のどのような状態にせよ, 0次の波動関数は一般に積関数

$$|\psi_{n_1 l_1 m_1}(1)\rangle |\psi_{n_2 l_2 m_2}(2)\rangle = |\psi_{n_1 l_1 m_1}(1)\psi_{n_2 l_2 m_2}(2)\rangle \tag{16.44}$$

C. 反対称化とパウリの原理　357

の形にとれる. 最初の電子には1, 第2の電子には2と指標を付ける. 関数の引数 (1) は第1の電子の座標 $(r_1, \theta_1, \varphi_1)$ を, 引数 (2) は第2の電子の座標 $(r_2, \theta_2, \varphi_2)$ をそれぞれ表す. すると, 0次のエネルギーは

$$E^0_{n_1 n_2} = -4 R_H h c \left(\frac{1}{n_1^2} + \frac{1}{n_2^2} \right) \tag{16.45}$$

であり, ここで

$$R_H = \frac{\mu e^4}{8 \varepsilon_0^2 h^3 c}$$

はリュードベリ定数, μ は水素原子の換算質量である.

He の最初の励起状態の0次エネルギーは, 式 (16.45) より

$$E^0 = -5 R_H h c \tag{16.46}$$

となる. このエネルギーを与える量子数の組み合わせは, $n_1 = 1$ と $n_2 = 2$ あるいは $n_1 = 2$ と $n_2 = 1$ の2通りある. これら2通りの可能な状態は, 電子は互いに区別のできない同種粒子であるので, 同一エネルギーでなくてはならない. 電子1が最低エネルギー状態にあって電子2が励起されているのか, 電子2が最低エネルギー状態にあって電子1が励起されているのかは, どちらでも構わない (要するに, 区別できないものは区別しない) のである.

第1励起状態の (電子) 配置を詳しく考察する. まず, 第1励起状態の0次のエネルギー準位 (式 (16.45)) は, 八重に縮退している. それら8個の状態は,

$$
\begin{array}{ll}
|1s(1)\rangle |2s(2)\rangle & |1s(1)\rangle |2p_y(2)\rangle \\
|2s(1)\rangle |1s(2)\rangle & |2p_y(1)\rangle |1s(2)\rangle \\
|1s(1)\rangle |2p_x(2)\rangle & |1s(1)\rangle |2p_z(2)\rangle \\
|2p_x(1)\rangle |1s(2)\rangle & |2p_z(1)\rangle |1s(2)\rangle
\end{array} \tag{16.47}
$$

である. これらはそれぞれ, $n_1 = 1$ と $n_2 = 2$ あるいは $n_1 = 2$ と $n_2 = 1$ のいずれかになっている. したがって, He の第1励起状態の取扱いは, 縮退のある場合の摂動論 (第9章C節) の問題になる. 縮退のある場合の摂動論の問題は, 8個の状態に対する摂動演算子の行列要素を見いだし, その行列を対角化することで解かれる. 摂動行列から得られる永年行列式 (方程式) は, 式 (16.48) で与えられる.

358　第16章　電子スピン

$$
\begin{array}{c}
\\
1\ 1s(1)2s(2)\\
2\ 2s(1)1s(2)\\
3\ 1s(1)2p_x(2)\\
4\ 2p_x(1)1s(2)\\
5\ 1s(1)2p_y(2)\\
6\ 2p_y(1)1s(2)\\
7\ 1s(1)2p_z(2)\\
8\ 2p_z(1)1s(2)
\end{array}
\begin{vmatrix}
J_s-E' & K_s & & & & & & \\
K_s & J_s-E' & & & & & & \\
& & J_{p_x}-E' & K_{p_x} & & & & \\
& & K_{p_x} & J_{p_x}-E' & & & & \\
& & & & J_{p_y}-E' & K_{p_y} & & \\
& & & & K_{p_y} & J_{p_y}-E' & & \\
& & & & & & J_{p_z}-E' & K_{p_z} \\
& & & & & & K_{p_z} & J_{p_z}-E'
\end{vmatrix}=0
$$

(16.48)

　行列式の左側は，ブラで指標付けされている．ブラには1から8まで番号を付け，対応するケットと関連付けた．E' は行列の固有値である．解 E' は，式（16.46）で与えられる0次のエネルギーに対する1次の補正量をそれぞれ与える．J と K で表される行列要素の最初の4個は，それぞれ

$$
J_s = \iint 1s(1)2s(2)\frac{e^2}{4\pi\varepsilon_0 r_{12}}1s(1)2s(2)d\tau_1 d\tau_2
$$

$$
K_s = \iint 1s(1)2s(2)\frac{e^2}{4\pi\varepsilon_0 r_{12}}2s(1)1s(2)d\tau_1 d\tau_2
$$

$$
J_{p_x} = \iint 1s(1)2p_x(2)\frac{e^2}{4\pi\varepsilon_0 r_{12}}1s(1)2p_x(2)d\tau_1 d\tau_2
$$

$$
K_{p_x} = \iint 1s(1)2p_x(2)\frac{e^2}{4\pi\varepsilon_0 r_{12}}2p_x(1)1s(2)d\tau_1 d\tau_2 \tag{16.49}
$$

と書き表される．他の行列要素 J_{p_y}, K_{p_y}, J_{p_z}, K_{p_z} は，式（16.49）で x を y あるいは z で順次置き換えることにより得られる．J の型の積分は**クーロン積分**（Coulomb integrals）と呼ばれる．これらは，電荷分布がそれぞれ $|\psi|^2$ で与えられる場合に，2電子間のクーロン相互作用の平均値（期待値）を表す量とみなせる．たとえば電子1が1s軌道にあり，電子2が2s軌道にある場合には，2電子がそれぞれ $|1s(1)|^2$ と $|2s(2)|^2$ で記述される電荷分布をとるものとして，J_s が2電荷分布間のクーロン相互作用を与える．

　K の型の積分は**交換積分**（exchange integrals）と呼ばれ，これに対応する古典的な対応概念あるいは解釈は存在しない．K 積分がこのように名付けられたのは，積分に含まれる2個の波動関数が，電子を交換している点で互いに異なっているからである．K_s 積分では，関数 $1s(1)2s(2)$ が演算子の左側にあり，関数 $1s(2)2s(1)$ が演算子の右側にある．これらは，それぞれ

C. 反対称化とパウリの原理　359

の電子がどちらの状態を占有しているかが入れ替わっているだけである．行列の非対角要素である K 積分は，行列を構成するのに用いられた積の基底系が，正しい 0 次の基底関数系ではないために生じたのである．

式（16.48）であらわに示されていない行列要素は，すべて 0 である．たとえば，次のような積分は 0 である．

$$\iint 1s(1)2s(2)\frac{e^2}{4\pi\varepsilon_0 r_{12}}1s(1)2p_z(2)d\tau_1 d\tau_2 = 0$$

これは，関数 $2p_z(2)$ は原点に関する**反転操作**（inversion）によって符号を変えるのに対し，他の関数は符号を変えないためである．これはまた，偶関数に奇関数を掛けた積を全空間にわたって積分するのと等価であって，その結果は当然 0 となる．

E' の値は，行列からつくる行列式を 0 に等しく置き（式（16.48）），その行列式を展開して得られる方程式を解くことにより見いだされる．8×8 の行列式は，4 個の 2×2 ブロックから構成されている．p 軌道を含む 3 個のブロックはまったく同一である．したがって，エネルギーの 1 次の補正量は，

$$J_s + K_s$$
$$J_s - K_s$$
$$J_{p_i} + K_{p_i} \quad （3 重根）$$
$$J_{p_i} - K_{p_i} \quad （3 重根） \tag{16.50}$$

となる．ここで添え字 i は，x, y, z を表す．図 16.3 には，これらのエネルギー準位間の関係を模式的に示す．第 1 励起状態に加え，基底状態のエネルギー準位もあわせて図示してある．図の中央部は，クーロン積分のみを計算に含め，非対角項の交換積分は考慮しない場合の計算結果を示す．図の最右部は，エネルギーを 1 次の補正まで計算した結果である．電子が（$1s$ は共通）$2s$ 軌道にある状態を含む場合の方が，$2s$ 軌道の方が $2p$ 軌道に比べてより核の近くに電子密度をもつことでクーロン引力が増大してエネルギーを下げるため，$2p$ 軌道を含む場合に比べてエネルギーがより低くなっている．図の右端に付けられた記号（$e.g.\ {}^3S$）は，**項**を表す（term symbols）．項については，以下で電子スピンを含めた後に議論する．

対角化された行列に付随する固有関数も求められ，それらは次のようになる．$E' = J_s + K_s$ については

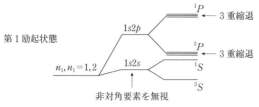

図 16.3 ヘリウムの基底状態と第 1 励起状態に関するエネルギー準位図. 図の中央部は, クーロン積分 J のみを含めた場合（行列の非対角要素は入らない）に対応. 図の右側が, 1 次の項まで正しく取り入れた場合の準位構造.

$$\frac{1}{\sqrt{2}}\{1s(1)2s(2)+2s(1)1s(2)\} \tag{16.51a}$$

$E'=J_s-K_s$ については,

$$\frac{1}{\sqrt{2}}\{1s(1)2s(2)-2s(1)1s(2)\} \tag{16.51b}$$

同様にして, $E'=J_{p_i}+K_{p_i}$ については,

$$\frac{1}{\sqrt{2}}\{1s(1)2p_i(2)+2p_i(1)1s(2)\} \tag{16.51c}$$

$E'=J_{p_i}-K_{p_i}$ については,

$$\frac{1}{\sqrt{2}}\{1s(1)2p_i(2)-2p_i(1)1s(2)\} \tag{16.51d}$$

ここで, あとの 2 個の関数では, $i=x, y, z$ をとるものとする.

2　対称的および反対称的組み合わせと置換演算子

式 (16.51) で＋符号をもつ関数は, 電子の位置座標の交換に対して**対称**である（symmetric）と言う. 電子に関する指標の交換に対して, 同一の関数を与えるからである. 電子指標は, その電子に関する位置座標, たとえば $(1) \Rightarrow r_1, \theta_1, \varphi_1$ を表すので, 指標の交換は 2 個の電子の互いの位置の交換に等しい.

2 電子の位置を交換する操作は, 数学的には**置換演算子** $\hat{P}$（permutation operator；パリティ演算子と呼ばれることもある）を波動関数に作用させ

C. 反対称化とパウリの原理　361

ることで行う．あるケット $|x\rangle$ が対称的であれば，

$$\hat{P}|x\rangle = 1|x\rangle \tag{16.52}$$

であり，$|x\rangle$ は置換演算子の固有値 1 をもつ固有ケットになっている．

　式（16.51）で−符号をもつ関数は，**反対称**である（antisymmetric）と言う．電子の指標の交換に対して，元の関数に−1 を掛けた関数を与えるからである．たとえばこのケット $|x\rangle$ が式（16.51b）の場合には，置換演算子を作用させると，

$$\begin{aligned}
\hat{P}|x\rangle &= \hat{P}\frac{1}{\sqrt{2}}\{1s(1)2s(2) - 2s(1)1s(2)\} \\
&= \frac{1}{\sqrt{2}}\{1s(2)2s(1) - 2s(2)1s(1)\} \\
&= -1\frac{1}{\sqrt{2}}\{1s(1)2s(2) - 2s(1)1s(2)\} \\
&= -1|x\rangle
\end{aligned} \tag{16.53}$$

となる．関数は，置換演算子の固有値−1 をもつ固有ケットになっている．

　＋関数も−関数も共に置換演算子の固有関数である．置換演算子を作用させると，対称関数は 1 を固有値としてもち，反対称関数は−1 を固有値としてもつ．2 個の電子は互いに区別のできない同種の粒子だから，それらの位置を入れ替えても系の状態を変えることはできない．したがって，置換演算子を作用させると，その結果は元と同一の関数に戻らなければならない．系は，抽象的なベクトル空間におけるケットの長さではなく，（その長さが 0 ではない限り）方向によって定義されているので，関数に−1 を掛けても系の状態は変わらない．2 個あるいはそれ以上の同種粒子を含む系を適切に記述する波動関数は，すべて 1 組の粒子の指標（粒子座標）間の交換に関して，対称的か反対称的かのいずれかである．要するに，2 個あるいはそれ以上の同種粒子を含む系の，素性の良い適切な波動関数は，置換演算子の固有関数でなければならないのである．

3　ヘリウムの励起状態——スピンを含めた場合

　He 原子の 2 電子は，それぞれスピン 1/2 の粒子である．スピン 1/2 の 2 個の粒子について考えると，電子に固有な角運動量に関連して 4 個の状態が

362　第16章　電子スピン

可能である. $m_1 m_2$ 表示を用いると, 4 個の状態は

$$\alpha(1)\alpha(2)$$
$$\alpha(1)\beta(2)$$
$$\beta(1)\alpha(2)$$
$$\beta(1)\beta(2)$$

である. このうちの 2 個の関数 $\alpha(1)\beta(2)$ と $\beta(1)\alpha(2)$ は, 対称でもなければ反対称でもない. 置換演算子をこれら 2 個の関数に作用させても, 元と同じ関数に ± 1 を掛けた関数には戻らない. すなわち $m_1 m_2$ 表示は, 2 電子スピン系についての適切な表示ではない.

　2 電子スピン系の状態は, jm 表示によっても書き表される. そのために必要なクレブシュ–ゴルダン係数の表は既に第 15 章に与えられている. jm 表示に対応する 4 個のスピン状態は,

$$\alpha(1)\alpha(2)$$
$$\frac{1}{\sqrt{2}}\{\alpha(1)\beta(2)+\beta(1)\alpha(2)\}$$
$$\beta(1)\beta(2)$$
$$\frac{1}{\sqrt{2}}\{\alpha(1)\beta(2)-\beta(1)\alpha(2)\} \tag{16.54}$$

である. はじめの 3 個のスピン関数は, 全角運動量が $s=1$ であり, 上から順に $m_s=1$, 0, -1 に対応している. 4 番目のスピン関数は, $s=0$ と $m_s=0$ をもつ. 電子の指標の交換に関しては, はじめの 3 個の関数は対称であり, 4 番目は反対称である. これらの関数は置換演算子の固有関数になっているので, すべて適切なスピン関数である.

　1 電子の全波動関数は, 空間部分の関数にスピン関数を掛け合わせた積で構成される. 式 (16.47) に与えられるように, 8 個の空間基底関数系が存在し, 式 (16.54) に与えられるように, 4 個のスピン関数が存在する. 積関数を構成すると, He 原子の第 1 励起状態については全部で 32 個の独立な状態（積関数）が存在する. 32 個の全基底関数系（空間関数×スピン関数）は, それぞれ

$$1s(1)2s(2)\alpha(1)\alpha(2)$$
$$2s(1)1s(2)\alpha(1)\alpha(2)$$

$$1s(1)2p_x(2)\alpha(1)\alpha(2)$$

$$\vdots \tag{16.55}$$

$$1s(1)2s(2)\cdot\frac{1}{\sqrt{2}}\{\alpha(1)\beta(2)+\beta(1)\alpha(2)\}$$

$$\vdots$$

の形に書き表せる．ハミルトニアン自体はスピンによらない（スピン-軌道結合あるいは他のスピンに依存する項は未だ含まれていない）ので，ある空間関数に4通りのスピン関数をそれぞれ掛けても，エネルギーは変わらない．つまり，第1励起状態は32重に縮退している．これらによる永年行列式は，

$$= 0 \tag{16.56}$$

という形をもつ．そこには8×8のブロックが4個ある．それらは，空間基底関数にそれぞれ異なるスピン関数が掛けられていること以外は，式 (16.48) に示された8×8行列式に等しい．ブロック外側の行列要素は，スピン関数の直交性により消滅する．演算子 $1/r_{12}$ はスピンに依存しないので，これにより直交性が損なわれることはない．

　行列の固有関数の正しい0次関数は，式 (16.51) に与えられる4通りの空間関数に，式 (16.54) に与えられる4個のスピン関数をそれぞれ掛け合わせることで得られる．8×8ブロックの1つに着目し，たとえば $1s$ と $2s$ 軌道を含むブロックについて考えよう．空間部分 × スピン部分の8個の全波動関数は，

$$\frac{1}{\sqrt{2}}[1s(1)2s(2)+2s(1)1s(2)]\cdot\alpha(1)\alpha(2)$$

$$\frac{1}{\sqrt{2}}[1s(1)2s(2)+2s(1)1s(2)]\cdot\frac{1}{\sqrt{2}}[\alpha(1)\beta(2)+\beta(1)\alpha(2)]$$

$$\frac{1}{\sqrt{2}}[1s(1)2s(2)+2s(1)1s(2)]\cdot\beta(1)\beta(2) \tag{16.57a}$$

364　第16章　電子スピン

$$\frac{1}{\sqrt{2}}[1s(1)2s(2)-2s(1)1s(2)] \cdot \frac{1}{\sqrt{2}}[\alpha(1)\beta(2)-\beta(1)\alpha(2)]$$

$$\frac{1}{\sqrt{2}}[1s(1)2s(2)-2s(1)1s(2)] \cdot \alpha(1)\alpha(2)$$

$$\frac{1}{\sqrt{2}}[1s(1)2s(2)-2s(1)1s(2)] \cdot \frac{1}{\sqrt{2}}[\alpha(1)\beta(2)+\beta(1)\alpha(2)]$$

$$\frac{1}{\sqrt{2}}[1s(1)2s(2)-2s(1)1s(2)] \cdot \beta(1)\beta(2) \qquad (16.57b)$$

$$\frac{1}{\sqrt{2}}[1s(1)2s(2)+2s(1)1s(2)] \cdot \frac{1}{\sqrt{2}}[\alpha(1)\beta(2)-\beta(1)\alpha(2)]$$

となる. 関数系はグループ分けされ, はじめの4個の式 (16.57a) は, 電子の指標の交換に関して, 全体として対称である. 関数1〜3は, 空間部分とスピン部分の両方とも対称である. 置換演算子 $\hat{P}$ を空間部分に作用させると1をもたらし, $\hat{P}$ をスピン部分に作用させるとこれも1をもたらす. したがって, 積関数は全体として, 置換演算子の固有値+1をもつ固有関数になっている. 関数4は, いずれも反対称な空間部分とスピン部分をもつ. すなわち, $\hat{P}$ をそれぞれの部分に作用させると, いずれも−1をもたらす. その結果, $\hat{P}$ を積関数に作用させると固有値+1を生じる. したがって, 空間×スピンとしての全(積)関数は, $\hat{P}$ の固有値+1をもつ固有関数となり, 関数4もまた全体として対称である.

　式 (16.57b) の関数5〜8は, すべて全体として反対称である. 関数5〜7は, 反対称な空間関数に対称なスピン関数を掛け合わせた形になっている. 関数8は, 対称な空間関数と反対称なスピン関数をもつ. いずれの関数も, 固有値−1をもつ $\hat{P}$ の固有関数である. 式 (16.56) で p_x, p_y, p_z 軌道を含む他の8×8ブロックを生成する関数系も, 同様にしてグループ分けされる. そのおのおののブロックで, 全関数(空間×スピン)のうちの4個は全体として対称であり, 他の4個は全体として反対称である.

　図16.4は, Heの基底状態と第1励起状態の相対的なエネルギー関係を定性的に図表にまとめたものである. 全波動関数の置換対称性で状態が大きく分離されることを反映して, 図はまず左右に2分割して示してある. 空間部分にスピン部分を掛けた関数が対称なら, 状態は対称である. 空間部分にス

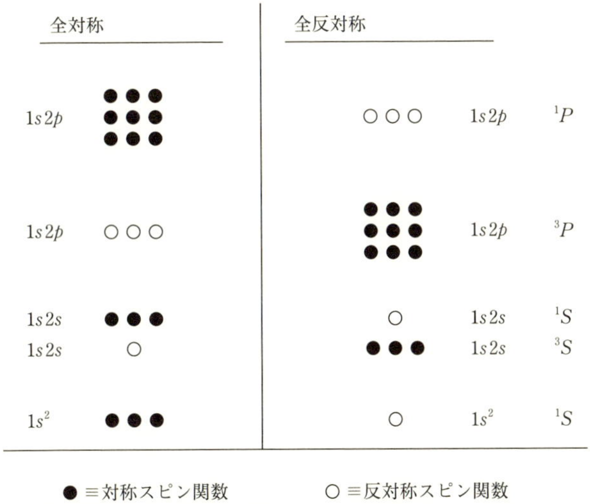

全対称　　　　　　　　　　　全反対称

$1s2p$　●●●　　　　　　　　　○○○　　$1s2p$　^1P
　　　　●●●
　　　　●●●

$1s2p$　○○○　　　　　　　　●●●　　$1s2p$　^3P
　　　　　　　　　　　　　　　●●●
　　　　　　　　　　　　　　　●●●

$1s2s$　●●●　　　　　　　　　○　　　$1s2s$　^1S
$1s2s$　○　　　　　　　　　　●●●　　$1s2s$　^3S

$1s^2$　●●●　　　　　　　　　○　　　$1s^2$　^1S

●≡対称スピン関数　　　　　○≡反対称スピン関数

図 16.4 He 原子の基底状態と第1励起状態のエネルギー準位構造を示す模式図．黒丸●は対称スピン関数，白丸○は反対称スピン関数をそれぞれ示す．図の左側は，全体として対称な状態を示し，右側は全体として反対称な状態を示す．全対称な状態は，自然界では生成していない．

ピン部分を掛けた関数が反対称なら，状態は反対称である．黒丸（●）は対称スピン関数を示し，白丸（○）は反対称スピン関数を示す．黒丸をもつ全体として反対称な関数は，スピン部分が対称なので，反対称な空間関数をもつことを意味する．白丸をもつ全体として反対称な関数は，スピン部分が反対称なので対称な空間関数をもつ．全体として対称な関数は，黒丸では空間関数が対称であり，白丸では空間関数が反対称であることを意味する．3 個の丸印が横 1 行に並んでいる（e.g. $1s2s$ 全反対称状態）のは，エネルギー準位が三重に縮退していることを示す．1 個の空間配置に付随して 3 個のスピン状態が存在するか，あるいはスピン状態は 1 個だが 3 個の異なる p 軌道が存在するので，この縮退は現実に生じうる．9 個の丸印のグループは，準位が九重に縮退していることを表す．異なる 3 個の p 軌道のそれぞれに付随して 3 個のスピン状態が存在するので，これも現実に存在しうる．それぞれの準位を発生させる軌道は，図表中に記入されている．さらに図表の右端には，項記号も記してある．これらについてはすぐ後で議論する．

366 第16章 電子スピン

　ハミルトニアン（式（16.56）と（16.48））の中には，対称状態と反対称状態を混合することのできるような付加的な項は存在しない．これらの状態を混合するためには，0 でない行列要素が存在しなければならない．ハミルトニアン自体は，すべての付加的な項を含めて対称である．対称関数と反対称関数の積は反対称関数である．行列要素の値を計算するためには，積分を全空間，言い換えれば対称的な空間領域全体にわたって実行することになる．もし一方の波動関数が対称的で他方が反対称的なら，その積は反対称であり，積分は消滅する．したがって，全体として対称な関数系と全体として反対称な関数系は，互いに完全に独立な関数系であり，それらは決して混合することはない．言い換えると，それらの間には相互作用がまったく存在しない．

　全体として反対称な状態の集団は，全体として対称な状態の集団と相互作用することができないのであれば，この 2 種類の状態集団のうちのいずれか一方だけが，自然界には存在するはずである．そこで問題は，“どちらの型の関数が実際に自然界には生成するのか？”である．この質問に対しては，実験により答えられてきた．実験による観測結果はすべて，自然界に生成している状態は全体として**反対称**であることを明示している．たとえばこの図表によれば，波動関数が全体として対称なら，He の基底状態は三重に縮退した $s=1$ のスピン状態（*i.e.* 電子スピンは**対**になっていない）であり，全体として反対称なら，基底状態は非縮退で $s=0$ のスピン状態（*i.e.* 電子スピンは**対**を形成していると言われる）であるかの，いずれかであることを示す．さらに，$s=1$ の状態ならば，2 電子の角運動量の結合の結果生じる有限の磁気双極子モーメントによる**常磁性**（paramagnetism）を示すだろう．対照的に，$s=0$ の状態ならば，系は**反磁性**（diamagnetism）であるはずである．実験は，He の基底状態は常磁性ではないことを示す．たとえばガラス容器に入った液体ヘリウムは，磁石によって捕捉できない．図 16.4 はまた，全体として対称な状態では，$s=0$（一重項）状態の方が，同じ軌道を用いる $s=1$（三重項）状態よりもエネルギーが低いことを示している．現実はそれとは真逆で，全体として反対称な状態が実現している．分光学的な実験によれば，同一軌道の場合には，三重項状態の方が一重項状態に比べて常にエネルギーが低い．この具体的な理由については，以下で議論する．同じくこれも以下で議論するように，**パウリの排他律**（Pauli Exclusion Principle）は，多電子系の全波動関数は，すべて反対称的でなければならないことを定性的に主張している．空間部分は対称的にも反対称的にもなることができ，スピン部分も対称的にも反対称的にもなることができるが，全体としての関数は必ず**反対称**でなければならない．全波動関数が反対称でなければならないという事実（パウリの排他律）は，元素の**周期律表**の成立にも関連がある．図 16.4 に戻れば，全体として反対称な状態だけが現実世界には存在する．言い換えれば，全体として対称な関数は，現実を記述する正しい波動関数にはなりえないのである．

多電子系の波動関数の置換対称性は，実験によってのみ決定できるので，反対称であるべき属性を量子力学に持ち込むには，一種の仮定（仮説）として持ち込む必要がある．

◆**仮定**：2 個またはそれ以上の電子を含む系の現実の状態を表示する波動関数は，電子系の座標の交換に関して**完全に反対称**でなければならない．言い換えれば，どの 2 個の電子の組についても，（スピンを含む）座標の交換によって波動関数の符号は反転しなければならない．

この仮定が，パウリの排他律の量子力学的な表現である．このことを具体的に理解するために，反対称波動関数が行列式で書き表せるという事実について考察しよう．$A(1)$ が，たとえば $1s\alpha$ のような，ある 1 電子に関する軌道×スピンの関数を表示するものとし，$B, C, \cdots, N$ を他の 1 電子に関する表示とすれば，波動関数

$$\psi = \begin{vmatrix} A(1) & B(1) & \cdots & N(1) \\ A(2) & B(2) & \cdots & N(2) \\ \vdots & \vdots & & \vdots \\ A(N) & B(N) & \cdots & N(N) \end{vmatrix} \tag{16.58}$$

は，N 電子系についての完全に反対称な波動関数になっている．どの 2 行についての入れ替えも，行列の符号を変えるからである．それぞれの行の数字は電子に付けられた指標である．各電子は，どの軌道にも入ることができる．たとえば，He の基底状態の波動関数は行列式で書き表せる．基底状態には，$1s$ 軌道と，α と β のスピン状態が含まれるだろう．電子 1 が $1s$ 状態

368　第16章　電子スピン

でスピン β をもつなら，関数は $1s(1)\beta(1)=\overline{1s(1)}$ と書くことにしよう．こ
こで関数上部の横線は，スピン状態が β であることを示す．電子1が $1s$ 状
態でスピン α をもつなら，関数は $1s(1)\alpha(1)=1s(1)$ のように書かれる．こ
こで関数上部に横線がないのは，スピン状態が α であることを示す．2×2
行列式（He なので電子は2個）を，上記のように構成してそれを展開すれ
ば，全体として反対称な波動関数が得られる．すなわち，

$$\begin{vmatrix} 1s(1) & \overline{1s(1)} \\ 1s(2) & \overline{1s(2)} \end{vmatrix} = 1s(1)\overline{1s(2)} - 1s(2)\overline{1s(1)}$$
$$= 1s(1)\alpha(1)1s(2)\beta(2) - 1s(2)\alpha(2)1s(1)\beta(1) \qquad (16.59)$$
$$= 1s(1)1s(2)[\alpha(1)\beta(2) - \beta(1)\alpha(2)]$$

となる．最後の行が，正しい反対称基底状態関数である．空間部分は対称で
あり，スピン部分は反対称である．スピン部分は $s=0$, $m_s=0$ に対応し，電
子スピンは**対**になっている．

　行列式は，今1つ重要な属性を与える．行列式のいずれか2列が等しい場
合には，行列式は消滅する．行列式のこの性質により，パウリの排他律の数
学的定式化が可能になる．与えられたある1電子軌道については，空間×ス
ピン関数のとりうる形式は，2通りのみが可能である．すなわちその2通り
は，空間関数にスピン関数 α と β のいずれかを掛けて得られる．したがっ
て，せいぜい2個までの電子しか，原子あるいは分子の同一軌道を占有でき
ず，その2個はスピンが互いに逆向きでなければならない．言い換えると，
2個の電子は，4種の量子数 n, l, m_l, m_s のすべてに同一の値をとること
はできない[3] のである．もし，すべての量子数が等しい場合には，波動関

---

3)　訳者注：このような粒子をよくフェルミ粒子（フェルミオン，fermion）という．電
　　子や陽子（プロトン）はその典型例である．つまり，フェルミ粒子は反対称な波動関数
　　をもち，半整数の角運動量（スピン 1/2）をもつのが特徴で，量子統計力学的にはいわ
　　ゆるフェルミ統計に従う．一方，上記までの議論は電子についてであり，対称な波動関
　　数も，本文にあるように量子力学的にはまったく正当であることに注意してほしい．対
　　称な波動関数をもつ粒子も実際には存在するのであって，それはボーズ粒子（ボゾン，
　　boson）と呼ばれる．ボーズ粒子は，対称な波動関数をもち，スピン0で，ボーズ統計
　　に従う．光子や励起子，フォノンなどの素励起（第8章 E 節）がその例である．金属
　　中の伝導電子はフェルミ粒子であり，フェルミ統計に従う特徴を一般に示すが，その一
　　部がフォノンを介した相互作用で対（クーパー対と呼ばれ，素励起の一種になる）を作

数の行列式による定式中の 2 列が等しくなり，波動関数（行列式）は消滅する．よって，多電子系の全波動関数（空間×スピン）がすべての電子の組の間の交換に関して反対称でなければならないという要請は，波動関数がパウリの排他律を満たすことを余儀なくしていると言え，つじつまが合っている．

たとえば He 原子の基底状態に対する波動関数は，電子が両方とも $1s$ 軌道を占め，しかも両方とも α スピンをもつとするなら，次のように書ける．

$$\psi = \begin{vmatrix} 1s(1) & 1s(1) \\ 1s(2) & 1s(2) \end{vmatrix} \tag{16.60}$$

この行列式を展開すると，

$$\psi = \begin{vmatrix} 1s(1) & 1s(1) \\ 1s(2) & 1s(2) \end{vmatrix} = 1s(1)\alpha(1)1s(2)\alpha(2) - 1s(2)\alpha(2)1s(1)\alpha(1) = 0 \tag{16.61}$$

を得る．パウリの原理に反する波動関数（全体として反対称ではない波動関数）を書こうとすると，自動的に 0 になるのである．

D. 一重項状態と三重項状態

図 16.4 の右側は，He 原子の状態として現実に発生している全体として反対称な状態のエネルギー準位を示す．白丸をもつ状態と黒丸をもつ状態の 2 通りのタイプが存在する．白丸をもつ状態は，対称的な空間関数に単一の反対称スピン関数を掛けて得られる．それぞれの空間的な配置に対して，$s=0$ および $m_s=0$ であるような状態は，ただ 1 つだけ存在する．これらの状態は**一重項状態**（singlet state）と呼ばれる．

黒丸をもつ状態は，反対称空間関数に対称スピン関数を掛けて得られる．それぞれの反対称空間関数には，$s=1$ であって，しかも $m_s=1$, 0, -1 の 3 通りの対称スピン関数を掛けることができる．各反対称空間関数は 3 通りの全（空間×スピン）関数を生成するので，これらの状態は**三重項状態**（trip-

---

り，見かけ上スピンが打ち消し合って 0 になると，今度はボーズ粒子の様相を呈するようになる．ボーズ粒子はパウリの排他律には従わないので，スピンを含めた同一の 4 つの量子状態に何個でも占有できるのが特徴で，極低温にすると特に基底状態には集まりやすく，そのような状態をボーズ凝縮という．超伝導（第 8 章 E 節）は，量子統計力学的な効果の一種であるボーズ凝縮が，巨視的なレベルで金属に現れたものとも言える．

370　第16章　電子スピン

let state) と呼ばれる．3個の三重項状態は，それぞれの状態に関する m_s の値のみが異なっている．3個の三重項状態は必ずしも縮退している必要はない．たとえばスピン‒軌道結合が存在すると三重項状態間の縮退は解かれ，スペクトルには**多重項**（多重線；multiplets）が発生する．

　図16.4の右端に記された記号，すなわち ^1S, ^3S, ^1P, ^3P は，**項記号**（term symbols）と呼ばれる．^3S は s 状態に由来する三重項状態を意味し，^1P は s と p 状態に由来する一重項状態を意味する．

　三重項状態の固有の属性としては，同一の軌道配置に基づく一重項状態と比べてより低いエネルギーをもつということがある．たとえば $1s2s$ 軌道に基づく He の励起三重項状態は，空間波動関数としては同一の軌道を含むにもかかわらず，対応する $1s2s$ の一重項状態よりもエネルギーが低い．このエネルギー差は，空間波動関数の置換対称性から発生している．三重項状態は反対称空間関数をもつ一方で，一重項状態は対称空間関数をもつ．反対称空間関数は節（node）をもち，2電子が空間的に同じ位置に来ると関数は消滅する一方で，対称空間関数は消滅することはない．反対称空間関数

$$\frac{1}{\sqrt{2}}[1s(1)2s(2) - 2s(1)1s(2)] \tag{16.62}$$

について考えよう．電子の指標1と2は2電子の座標を表示するので，もし2電子が同一の位置 q にいるものとすれば，関数は

$$\frac{1}{\sqrt{2}}[1s(q)2s(q) - 2s(q)1s(q)] = 0$$

となる．三重項電子は，互いに相手を避けようとする**反相関**（anti-correlated）の状態にあると言える．式（16.62）のような関数を点 q の周辺でプロットすると，あらゆる q の近傍について，2電子を互いに近接して見いだす確率は小さくなり，q でそれが消滅することが示される．それとは対照的に，対称空間関数では，2電子が位置 q に置かれたとすると，

$$\frac{1}{\sqrt{2}}[1s(q)2s(q) + 2s(q)1s(q)] \neq 0$$

となる．言い換えると，対称空間関数は2電子が空間内の同一の場所を占めることを許容しているので，2電子が互いに接近したり，同一の場所に見いだされる確率は，必ずしも小さくはならない．

D. 一重項状態と三重項状態 371

　三重項電子状態のこのような反相関性は，一重項電子の場合に比較して，平均として（空間的に）互いにより離れた場所にいることを要請し，その結果として，電子間のクーロン反発相互作用の強さを減少させて，三重項状態のエネルギーを低くする．電子–電子反発は，状態のエネルギーを増大させる相互作用である．したがって，状態のエネルギーは空間波動関数を構成する（元の）軌道のみで決定されるわけではない．空間波動関数の置換対称性もまた，状態のエネルギーを決定するのに重要な役割を演じうるのである（巻末の第16章演習問題3も参照のこと）．

第**17**章 | 共有結合

The Covalent Bond

　本章では，共有結合の特性について考察する．化学結合は，たとえば塩化ナトリウムの結晶のようにほとんど純粋にイオン結合性のものから，水素分子の生成のようにほとんど純粋に共有結合性のものまで，非常に広範である．特に共有結合は，H_2 のような非常に小さい分子から DNA 等の巨大分子に至るまで，分子の形成に関わる第 1 義的な要素である．イオン結合は静電的な相互作用から生じ，古典力学の範疇でひと通り説明することができる．しかし共有結合は，純粋に量子力学的な効果である．共有結合の理解は，量子力学の主要な成果の 1 つでもある．

　本章では，最も単純な 2 種類の分子，すなわち H_2^+ と H_2 の結合について詳しく調べよう．ここでは，これまでの解析的な計算結果をできるだけ援用するように，非常に単純化した枠組みで取り扱うこととする．この 2 つの分子を取り扱うだけでも，近代的な分子構造の計算に向けた本筋の考え方は，十分に提示されていると思われる．しかしここでは，分子構造を定めるために開発された強力な量子力学的計算手法の説明より，共有結合の基礎特性を明確にすることに，目標を絞ることにする．

A. 電子と核の運動の分離——ボルン-オッペンハイマー近似

　r 個の核と s 個の電子からなる分子全体の全シュレーディンガー方程式は，

$$\sum_{j=1}^{r} \frac{1}{M_j} \nabla_j^2 \psi + \frac{1}{m_0} \sum_{i=1}^{s} \nabla_i^2 \psi + \frac{2}{\hbar^2} (W - V) \psi = 0 \tag{17.1}$$

と書ける．ここで，M_j は j 番目の核の質量，m_0 は電子の質量であり，∇_j^2 は j 番目の核の座標に，∇_i^2 は i 番目の電子の座標にそれぞれ対応するラプラス演算子である．V はポテンシャルエネルギーであり，

374 第 17 章 共有結合

$$V = \sum_{i,i'} \frac{e^2}{4\pi\varepsilon_0 r_{ii'}} + \sum_{j,j'} \frac{Z_j Z_{j'} e^2}{4\pi\varepsilon_0 r_{jj'}} - \sum_{i,j} \frac{Z_j e^2}{4\pi\varepsilon_0 r_{ij}} \qquad (17.2)$$

で与えられるものとする．第1項は電子 i と電子 i' の間に働く電子間の，第2項は核 j と核 j' の間に働く核間の，いずれもクーロン斥力による項である．第3項は電子 i と核 j との間に働く，クーロン引力による項である．式 (17.1) で，第1項は核の，第2項は電子のそれぞれ運動エネルギー演算子に対応し，W は分子の（全）エネルギーである．

　最も単純な場合でも，式 (17.1) は厳密には解くことができない．分子のエネルギーと分子波動関数を計算して決定する問題では，問題をより扱いやすくするために（とは言え，依然として厳密には解けないが），**ボルン–オッペンハイマー近似**（Born-Oppenheimer approximation）を用いるのが通常である．ボルン–オッペンハイマー近似は，電子と原子核の質量の違いにその基礎を置く．電子は，最も小さい核であるプロトン（陽子）と比較しても非常に質量が小さくて軽い．電子は非常に軽いので，核の運動に比べて非常に速く運動する．核がその位置をそれなりの量（たとえば，分子振動分）だけ変える時間内に，電子は配位可能な全空間を動いてしまうだろう．電子あるいは核の位置を変える速度が大きく異なるために，ボルン–オッペンハイマー近似では，核は静止しているものとみなされ，電子のエネルギーと波動関数は，まず核のある固定された位置について計算される．その後，核を少し動かし，再度電子とその波動関数が計算される．この手続きを繰り返し，核の位置の関数として電子のエネルギーが描き出されるまで続ける．このエネルギー曲面上のエネルギー極小となる位置が，現実に実現可能な分子の安定構造に対応する．エネルギー極小点の深さは，その構造の安定性の尺度になる．

　数学的には，ボルン–オッペンハイマー近似は，全波動方程式を，独立した2個の問題へ分離することを許すことを意味する．1つは，分子の電子系のエネルギーを核座標の関数として求める問題であり，もう1つは，そのような電子系のエネルギー曲面が核の運動に関するポテンシャルエネルギーを与えるとする観点に基づいて，分子の振動状態を求める問題である．

　空間に固定された座標系を考え，核の $3r$ 個の座標を γ，核に相対的に定まる電子系の $3s$ 個の座標を x とそれぞれ表そう．また，核の運動に付随す

A. 電子と核の運動の分離——ボルン-オッペンハイマー近似 375

る量子数をνとし，電子の運動に付随する量子数をnとする．すると，この近似のもとでの全波動関数は，

$$\psi_{n\nu}(x,\ \gamma)=\psi_n(x,\ \gamma)\psi_{n\nu}(\gamma) \tag{17.3}$$

の形をとらねばならない．ここで，$\psi_n(x,\ \gamma)$は電子の波動関数であり，$\psi_{n\nu}(\gamma)$は核の波動関数である．言い換えると，後者は分子の振動・回転の波動関数である．$\psi_n(x,\ \gamma)$は，固定された核の座標γに依存する．水素原子の波動方程式の場合のような，3種類の関数の積に波動関数を厳密に分解することによって達成された3本の方程式への正確な変数分離（第7章A節）とは異なり，式（17.3）の積の形式の状態は，文字通り近似である．すなわち，積関数は近似的に波動方程式を2本の方程式に分離することを許す．

$\psi_n(x,\ \gamma)$は，固定された核の位置γ（したがって，核の運動エネルギーは無視できる）について，電子の近似的な波動方程式を解くことで得られる．

$$\sum_{i=1}^{s}\nabla_i^2\psi_n(x,\ \gamma)+\frac{2m_0}{\hbar^2}[U_n(\gamma)-V(x,\ \gamma)]\psi_n(x,\ \gamma)=0 \tag{17.4}$$

ここで$U_n(\gamma)$は，電子系のエネルギー（固有値）であり，パラメーターとしての核の座標と電子系の量子数に依存する．ポテンシャル関数$V(x,\gamma)$は，式（17.2）で与えられる完全なポテンシャル関数であるが，核の位置座標は固定されているものとする．式（17.4）に含まれる重要な単純化は，核の運動エネルギー項を落としたことである．こうして，ボルン-オッペンハイマー近似のもとでは，電子の運動は核の運動から切り離される．式（17.4）を解くことによって，電子状態のエネルギー$U_n(\gamma)$は，核座標の関数として与えられる．（核の）ポテンシャルエネルギーとしての$U_n(\gamma)$の極小点は，安定な分子構造の核配置と，その場合の電子エネルギーを与える．2原子分子では，そのような極小点はたかだか1個である．一方，多原子系では，極小点は多数個存在しうる．状況によっては，異なる極小点が異なる安定な分子配置を与えることもありうるのである．別の表現をすれば，分子はエネルギーの極小点に関連させて，自身の構造を実現する．

核の波動関数は，

$$\sum_{j=1}^{r}\frac{1}{M_j}\nabla_j^2\psi_{n\nu}(\gamma)+\frac{2}{\hbar^2}[E_{n,\nu}-U_n(\gamma)]\psi_{n\nu}(\gamma)=0 \tag{17.5}$$

で与えられる．核座標γの関数である電子エネルギー$U_n(\gamma)$は，核の波動

376　第17章　共有結合

方程式ではポテンシャル関数として振る舞う．一旦，電子波動関数が解かれると，$U_n(\gamma)$ は既知になる．仮に核の配置をある値に固定したときに得られる電子系のエネルギーが核のポテンシャルエネルギーを定めるのだが，式 (17.5) は，そのようなポテンシャル中での核の運動を記述している．この波動方程式には，電子の運動エネルギーに関する項は含まれない．第6章では，調和振動子の問題を解いた．放物線型のポテンシャルは，最も単純な分子振動のモデルであった．第9章B節では，ポテンシャルの非調和項が，この調和振動子エネルギーを変化させる様子を見た．ポテンシャル $U_n(\gamma)$ は，一般に非調和型である．この関数は，分子の振動状態を定めるのに必要な，正確なポテンシャル関数を提供する．

　分子の全波動方程式を電子の方程式と核の方程式に近似的に分離することを許容するボルン–オッペンハイマー近似は，全波動方程式を $(m_0/M)^{1/4}$ の冪関数で展開することによって得られる．ここで M は，平均的な核の質量である．ボルン–オッペンハイマー近似は，広範な問題について極めて有用な手法である．しかし一方，多くの重要な効果で，ボルン–オッペンハイマー近似が破綻している場合があることも，突き止められている．ボルン–オッペンハイマー近似を発展し拡張する多様な手段が存在し，より改善された結果も得られている．電子は核の運動に基本的には結合しているに違いないので，状況によっては，この結合も考慮する必要がある．

B. 水素分子イオン

　最も簡単な分子は，2個のプロトンと1個の電子からなる，水素分子イオン H_2^+ である．ボルン–オッペンハイマー近似を行ったあとでは，H_2^+ の電子エネルギーの問題は，固定された核座標のもとであれば，共焦点楕円座標（confocal elliptical coordinates）を用いて分離した波動関数を厳密に解くことが可能である．しかしここでは，むしろより一般的で，しかも水素分子の場合にも用いることのできる近似的手法を用いることにする．

　図17.1は，各粒子間の距離についての指標付けを図解するダイヤグラムである．水素原子核（プロトン）A と B は，距離 r_{AB} だけ離れている．核 A，B から電子までの距離を，それぞれ r_A，r_B とする．

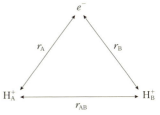

図17.1 水素分子イオンの問題を扱う際に用いられる，各距離パラメーターの定義．

ボルン–オッペンハイマー近似に従うと，H_2^+ の電子波動方程式は

$$\nabla^2 \psi + \frac{2m_0}{\hbar^2}\left(E + \frac{e^2}{4\pi\varepsilon_0 r_A} + \frac{e^2}{4\pi\varepsilon_0 r_B} - \frac{e^2}{4\pi\varepsilon_0 r_{AB}}\right)\psi = 0 \qquad (17.6)$$

で与えられる．第1項は，電子の運動エネルギー項（$i.e.\ -2m_0/\hbar^2$ を掛けて）に対応する．E は電子の（全）エネルギーであり，核間距離 r_{AB} の関数として得られる．括弧内の第2項は核A，第3項は核Bによる，それぞれ電子に対するクーロン引力ポテンシャル項であり，最後の項は，核AとBの間のクーロン反発力に関するポテンシャル項である．

核間距離 r_{AB} が十分に大きい場合には，系は1個の水素原子と水素イオン（プロトン）に分離する．水素原子が核Aを含み，核Bはイオンとなる場合，あるいは核Bを含み，核Aはイオンとなる場合の2通りがありうる．十分に r_{AB} が大きく，互いに遠方に離れている（$i.e.$ 相互作用が無視できる）場合には，これら2つの状態の電子エネルギーは共に等しく，

$$E = E_H \qquad (17.7)$$

で与えられる．これはすなわち，水素原子の基底状態（1s 状態）のエネルギー，$E_H = -13.6\,\mathrm{eV}$ である．これら2つの状態の波動関数は，核Aを中心とする1s水素原子の波動関数 U_{1s_A} あるいは核Bを中心とする1s水素原子の波動関数 U_{1s_B} で，それぞれ与えられるものとする．これらの2状態は，縮退している．

核が互いに十分離れている系のこれら2つの状態を考えることにより，U_{1s_A} と U_{1s_B} を基底関数に用いることが最も単純な近似的手法であることがわかる．水素原子をプロトンの十分近傍まで近づけると，相互作用が発生し，その結果として化学結合が作用しはじめるに違いない．波動関数 U_{1s_A} と U_{1s_B} は，可能な2通りの等価な初期状態である．したがって，問題を取り扱うた

378　第17章　共有結合

めの最小の基底系として，両者とも考慮に入れる必要がある．これらの基底
状態に基づけば，ハミルトニアン行列は，

$$H = \begin{pmatrix} H_{AA} & H_{AB} \\ H_{BA} & H_{BB} \end{pmatrix} \tag{17.8}$$

の形に書ける．ここで各行列要素は，

$$H_{AA} = \int U_{1s_A}^* \hat{H} U_{1s_A} d\tau \tag{17.9a}$$

$$H_{BA} = \int U_{1s_B}^* \hat{H} U_{1s_A} d\tau \tag{17.9b}$$

$$H_{BB} = H_{AA} \tag{17.9c}$$

$$H_{AB} = H_{BA} \tag{17.9d}$$

で与えられる．

　一般に，行列を対角化して固有値と固有ベクトルを見いだす問題，特に 2
×2 行列の対角化については，第 13 章 E 節で具体的に取り扱った．第 13 章
では，基底ベクトルは規格化され，互いに直交していた．ところが
U_{1s_A} と U_{1s_B} は，規格化されてはいるが，互いに直交化されてはいない．そ
こで，"**重なり積分**"（overlap integral）と呼ばれる量

$$\Delta = \int U_{1s_A}^* U_{1s_B} d\tau \tag{17.9e}$$

を導入しよう．この積分は，2 個のベクトル関数のスカラー積に対応する．
2 個の関数が互いに直交する場合には，$\Delta = 0$ となるが，今の場合は必ずし
もそうではない．規格化されてはいるが直交化基底ではない場合には，式
（13.80）に対応する連立 1 次方程式は，

$$\sum_{j=1}^{N} (a_{ij} - \alpha \Delta_{ij}) u_j = 0 \qquad (i = 1, 2, \cdots, N) \tag{17.10}$$

と書き表される．ここで，Δ_{ij} は i 番目と j 番目の基底関数の間の重なり積
分であり，クロネッカーのデルタ δ_{ij} に代わって現れた．したがって，式
（13.82）に対応する，ベクトル表示 u_j の係数に関する行列式は，

B. 水素分子イオン　379

$$\begin{vmatrix} (a_{11}-\alpha) & (a_{12}-\Delta_{12}\alpha) & (a_{13}-\Delta_{13}\alpha) & \cdots \\ (a_{21}-\Delta_{21}\alpha) & (a_{22}-\alpha) & (a_{23}-\Delta_{23}\alpha) & \cdots \\ (a_{31}-\Delta_{31}\alpha) & (a_{32}-\Delta_{32}\alpha) & (a_{33}-\alpha) & \cdots \\ \vdots & \vdots & \vdots & \ddots \end{vmatrix} = 0 \qquad (17.11)$$

となる. 基底関数系は規格化されているため, Δ_{ii} は 1 に等しいので, Δ_{ii} は対角項から省略してある.

　ここで考察中の 2×2 の問題については, ハミルトニアン行列に対応する永年行列式は

$$\begin{vmatrix} H_{AA}-E & H_{AB}-\Delta E \\ H_{BA}-\Delta E & H_{BB}-E \end{vmatrix} = 0 \qquad (17.12)$$

となる. これを解いて得られる根 E が, 期待されるエネルギー固有値になる. 固有値と固有関数はそれぞれ,

$$\begin{aligned} E_S &= \frac{H_{AA}+H_{AB}}{1+\Delta} \\ E_A &= \frac{H_{AA}-H_{AB}}{1-\Delta} \\ \psi_S &= \frac{1}{\sqrt{2+2\Delta}}(U_{1s_A}+U_{1s_B}) \\ \psi_A &= \frac{1}{\sqrt{2-2\Delta}}(U_{1s_A}-U_{1s_B}) \end{aligned} \qquad (17.13)$$

と得られる. 分母に $\Delta(=\Delta_{1s_A 1s_B})$ が現れている点を除けば, 結果は 2×2 行列の標準的な解と同等である. 基底関数の正の組み合わせからなる波動関数とそれに付随するエネルギーには下付き文字 S が, 負の組み合わせとそれに付随するエネルギーには下付き文字 A が, それぞれ指標として付されている. 下記に示される水素分子の場合にも, 類似の関数が現れる. 水素分子の場合には, S あるいは A は 2 個の電子の置換対称性（第 16 章 C 節参照）を反映しており, **対称**（symmetric）あるいは**反対称**（antisymmetric）をそれぞれ意味する. H_2^+ 分子の場合には, 1 個の電子しか存在しないが, H_2 あるいは他の多電子分子の場合の関数との類推で, S や A の呼称が用いられている.

　エネルギー E_S と E_A を実際に求めるには, 式（17.9a）と（17.9b）に与えられている各行列要素と, 式（17.9e）の重なり積分を具体的に評価しなけ

380　第17章　共有結合

ればならない．行列要素の計算は単純化できる．式（17.6）より，ハミルトニアンは

$$\hat{H} = -\frac{\hbar^2}{2m_0} \nabla^2 - \frac{e^2}{4\pi\varepsilon_0 r_A} - \frac{e^2}{4\pi\varepsilon_0 r_B} + \frac{e^2}{4\pi\varepsilon_0 r_{AB}} \tag{17.14}$$

である．$\hat{H}$ のはじめの2項は，プロトンAに関する水素原子のハミルトニアンに対応する．これらはすなわち，電子の運動エネルギー演算子とA点にあるプロトンから電子の受ける引力ポテンシャルである．水素原子Aの $1s$ 軌道である U_{1s_A} は，$\hat{H}$ のはじめの2項に対する固有関数

$$\left(-\frac{\hbar^2}{2m_0} \nabla^2 - \frac{e^2}{4\pi\varepsilon_0 r_A}\right) U_{1s_A} = E_H U_{1s_A} \tag{17.15}$$

になる．ここで，E_H は水素 $1s$ 状態のエネルギーである．行列要素の計算には，U_{1s_A} に $\hat{H}$ が作用する部分が含まれるので，ハミルトニアンのはじめの2項は，E_H で置き換えられる．

　行列の対角要素は，結局

$$H_{AA} = \int U_{1s_A}{}^*\left(E_H - \frac{e^2}{4\pi\varepsilon_0 r_B} + \frac{e^2}{4\pi\varepsilon_0 r_{AB}}\right) U_{1s_A} d\tau \tag{17.16}$$

$$H_{AA} = E_H + J + \frac{e^2}{4\pi\varepsilon_0 a_B D} \tag{17.17}$$

と書き表される．ここで，

$$J = \int U_{1s_A}{}^*\left(-\frac{e^2}{4\pi\varepsilon_0 r_B}\right) U_{1s_A} d\tau \tag{17.18a}$$

$$J = \frac{e^2}{4\pi\varepsilon_0 a_B}\left[-\frac{1}{D} + e^{-2D}\left(1 + \frac{1}{D}\right)\right] \tag{17.18b}$$

および，

$$D = \frac{r_{AB}}{a_B} \tag{17.19}$$

である．D は，ボーア半径 a_B を単位とした核間距離である．式（17.16）の行列要素の計算を実際に進めるには，最初と最後の項が電子の座標には独立であることに注意して，これらを積分の外に数因子としてくくり出す．これら2項では，積分は規格化積分に還元される．U_{1s_A} は規格化されているので，その積分は1である．

行列の非対角要素と重なり積分 Δ も，ほぼ同様の手続きで評価できる．その結果は，

$$H_{\mathrm{BA}} = \int U_{1s_B}{}^* \left(E_{\mathrm{H}} - \frac{e^2}{4\pi\varepsilon_0 r_{\mathrm{B}}} + \frac{e^2}{4\pi\varepsilon_0 r_{\mathrm{AB}}} \right) U_{1s_A} d\tau$$
$$= \Delta \cdot E_{\mathrm{H}} + K + \frac{\Delta \cdot e^2}{4\pi\varepsilon_0 a_{\mathrm{B}} D} \tag{17.20}$$

$$K = \int U_{1s_B}{}^* \left(- \frac{e^2}{4\pi\varepsilon_0 r_{\mathrm{B}}} \right) U_{1s_A} d\tau \tag{17.21a}$$

$$K = - \frac{e^2}{4\pi\varepsilon_0 a_{\mathrm{B}}} e^{-D}(1+D) \tag{17.21b}$$

および，

$$\Delta = e^{-D}(1 + D + D^2/3) \tag{17.22}$$

となる．

J はクーロン積分（Coulomb integral）である．これは，核 A の周りの $1s$ 軌道にある電子と位置 B に存在する別の核との間のクーロン相互作用を表す．J 積分には，古典的な解釈が成り立つ．すなわち，位置 A を中心に負に帯電した球対称な電荷分布が位置 B にある正の点電荷と相互作用する場合のクーロンエネルギーであると考えられる．

K は交換積分（exchange integral）である．これには古典的な対応概念がない．これは，基底関数にとった U_{1s_A} と U_{1s_B} が，ハミルトニアンの固有関数ではないことによる．式（17.21a）を吟味すると，クーロン相互作用が，核 B の周りに電子をもつ系の状態に，核 A の周りに電子をもつ系の状態を結合させていると考えることができる．K 積分は，2 個の核の間の電子の交換，あるいは共鳴エネルギーを表す．K は，本質的に負の量であることに注意してほしい[1]．

---

1) 訳者注：ポーリングら（L. ポーリング・E. B. ウィルソン 著，『量子力学序論——および化学への応用』桂井富之助・坂田民雄・玉木英彦・徳光 直 共訳，1965，白水社）の流儀に従って，本章では，式（17.21a）が K の定義として用いられているが，他書では，括弧内のマイナス記号を前に出し，$K>0$ となるように，式（17.21a）を $-K$ で定義する場合も多い．参照する際には注意してほしい．なお，$\int U_A H U_B d\tau$ の形の積分を共鳴積分（エネルギー）と呼ぶことが多いが，これは，たとえば相互作用 H を通じ

382　第17章　共有結合

以上の結果を用いると,

$$E_S = E_H + \frac{e^2}{4\pi\varepsilon_0 a_B D} + \frac{J+K}{1+\Delta}$$

$$E_A = E_H + \frac{e^2}{4\pi\varepsilon_0 a_B D} + \frac{J-K}{1-\Delta}$$

(17.23)

を得る.

　これらのエネルギー固有値に加えて,水素分子イオンの結合に関する古典力学的な物性値がどうなっているのかを吟味しておくことは,大変有意義である.古典的な解釈では,この分子は,水素原子とそれと距離 r_{AB} だけ離れた位置にある水素原子イオンが静電的相互作用により互いに結合してできているはずである.この相互作用エネルギーは,量子力学的な交換相互作用を含まないクーロン相互作用である,対角行列要素 H_{AA}(i.e. 電子は核 A に捕捉された状態に留まる)に対応すると考えられる.よって,古典的なエネルギー E_N は,

$$E_N = H_{AA} = E_H + \frac{e^2}{4\pi\varepsilon_0 a_B} e^{-2D}\left(1 + \frac{1}{D}\right)$$

(17.24)

となる.図 17.2 は,これら3種類の関数 E_S, E_A, E_N を $D = r_{AB}/a_B$,つまりボーア半径 a_B を単位とする核間距離の関数として,図示したものである.十分に大きな距離だけ離れると,3種の曲線は同一の値(i.e. 相互作用が 0),すなわち水素原子のエネルギー

$$E_H = -1.0 \frac{e^2}{8\pi\varepsilon_0 a_B}$$

に収束する.核間距離が減少すると,E_A は急激にエネルギーが増大する.E_A は,式(17.13)に与えられた**反結合性分子軌道** ψ_A(antibonding molecular orbital)のエネルギーである.基底の 1s 関数の反対称的な組み合わせは,これらの粒子が大きく離れていても,互いに反発し合う状態である.古典力学的エネルギー E_N もまた,核間距離が減少すると急速に増大する関数であるが,そのエネルギー増大が始まる前に,粒子は少しだけ余分に接近

て状態 U_A と状態 U_B の間に生じる重なりから状態が拡がる効果(共鳴)といったイメージである.電子が核 A,B の間を振動数 $2|K|/h$ で行き来しているとも言える.本章 C 節の訳者注も参照されたい.

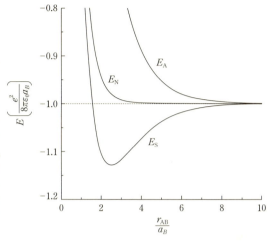

図17.2 水素分子イオンの各電子状態のエネルギーを，$D = r_{AB}/a_B$ の関数としてグラフに示す．E_S は，原子の $1s$ 波動関数の対称的な組み合わせに対応し，E_A はその反対称的な組み合わせに対応する．E_N は古典的なエネルギーである．E_S 曲線に現れた極小は，安定な結合が形成されたことを示し，極小点の位置は結合長を与える．

することができる．古典力学的な記述では，安定な結合を形成するには至らない．一方，E_A や E_N の場合とは対照的に，E_S は，粒子を互いに近接させると減少する．エネルギーは，核間距離の減少に伴い一旦深い極小値をとるが，その後核間距離の更なる減少に伴い急激に増大し始める．エネルギーの極小値を与える核間距離 r_{AB} は，平衡状態での**結合長**であり，その極小点の深さは，粒子を十分遠方まで引き離す（i.e. 結合を切る）のに必要なエネルギーに対応するという意味で，**結合の強さ**になる．E_S は，式（17.13）に示された**結合性分子軌道** ψ_S（bonding molecular orbital）のエネルギーである．

結合性相互作用の起源は，式（17.23）と（17.24）を調べることにより知ることができる．図17.2の曲線 E_N と曲線 E_A や E_S との根本的な違いは，2個の核の間での電子の交換あるいは共鳴効果を古典的取扱いでは無視したものである．結合のエネルギーは，主に共鳴エネルギー（交換相互作用）により決定される（他にも，ここでの取扱いでは考慮されない小さな寄与，たとえばイオン電場による原子の分極などがある）．図17.2 は，共鳴相互作用は原子とイオンのクーロン相互作用（曲線 E_N）が働く領域よりも，核間距離がより大きい領域で重要になることを示す．それは，H_{AA} が因子 e^{-2D} を含むのに対し，共鳴積分 K は因子 e^{-D} を含むからである．~ 2Å より大きい距離では，E_S と E_A は十分正確に

384　第17章　共有結合

$$E_S \cong E_H + K$$
$$E_A \cong E_H - K$$

(17.25)

で与えられる．ここで，K は本質的に負の量であった．この交換相互作用のために，結合性の分子軌道ではエネルギーが低くなり，反結合性の分子軌道ではエネルギーが高くなる．式（17.23）の最初の 2 項は完全に同一であり，第 3 項の J も E_S と E_A で等しい．表式中の異なるところは，K と Δ の符号である．これらの違いは共に，電子が A の周辺あるいは B の周辺に局在していることを表す基底関数が，実は系を正しく記述していないことから生じている．式（17.13）に示される固有関数は，2 個の原子中心の間で，電子が共有されるかあるいは交換されるかの重ね合わせになっている．こうして，古典的なクーロン相互作用ではなくて量子力学的な交換相互作用が，共有結合の形成を担うことになる．

　H_2^+ の詳細で分析的な解析により，共有結合の本質が明らかになり，同時に結合の解離エネルギーと平衡状態での結合長も与えられた．結合の解離エネルギー D_e は，ポテンシャル井戸の底（実際には零点振動のエネルギー）と孤立した水素原子のエネルギーとの差である．計算では，$D_e = 1.77\,\mathrm{eV}$ となる．また，平衡状態での結合長は，計算すると，$\overline{r}_{AB} = 1.32\,\text{Å}$ となる．これらの計算値を，実験値 $D_e = 2.78\,\mathrm{eV}$ あるいは $\overline{r}_{AB} = 1.06\,\text{Å}$ と比較してみよう．理論の単純さを考慮すれば，H_2^+ の結合長と結合エネルギーは，もっともらしい値を与えていると言えるだろう．ここまでの取扱いを最も単純な変分計算（第 10 章 B 節参照）で増強しておくと，核電荷 Z を変分の極小化パラメーターに用いた場合には，計算値はそれぞれ $D_e = 2.25\,\mathrm{eV}$ と $\overline{r}_{AB} = 1.06\,\text{Å}$ になる．より洗練された手法を用いると，実験的に計測されたパラメーターはほとんど再現することができる．すべての場合に共通して，結合の主要な起源は交換相互作用に由来する．

C. 水素分子

　B 節で議論した水素分子イオンは，電子が 1 個しか存在しないという点で，十分に典型例とは言い難い．本節では，H_2^+ に適用されたのと同様の手法を用いて，水素分子を取り扱うことにする．

C. 水素分子　385

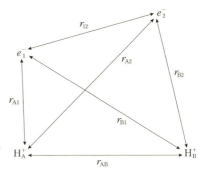

図 17.3 水素分子の問題を扱う際に用いられる，各距離パラメーターの定義．

図 17.3 に，扱われる粒子相互間の距離パラメーターをどのように定義したかを示す．水素原子核（プロトン）A と B は，距離 r_{AB} だけ隔てられているものとする．電子をそれぞれ 1, 2 と指標付けすると，核 A から電子 1 までの距離は r_{A1}, …である．2 個の電子間の距離は r_{12} である．

ボルン–オッペンハイマー近似を用いると，電子系の波動方程式は，

$$\nabla_1^2 \psi + \nabla_2^2 \psi \\ + \frac{2m_0}{\hbar^2}\left[E + \frac{e^2}{4\pi\varepsilon_0 r_{A1}} + \frac{e^2}{4\pi\varepsilon_0 r_{B1}} + \frac{e^2}{4\pi\varepsilon_0 r_{A2}} \\ + \frac{e^2}{4\pi\varepsilon_0 r_{B2}} - \frac{e^2}{4\pi\varepsilon_0 r_{12}} - \frac{e^2}{4\pi\varepsilon_0 r_{AB}}\right]\psi = 0 \tag{17.26}$$

となる．最初の 2 項は，電子 1 と 2 の運動エネルギー演算子（$-2m_0/\hbar^2$ を掛けて）に関する項である．E はエネルギー固有値である．大括弧内の第 2 〜 5 項は，それぞれ電子 1 と 2 の核 A と B に対するクーロン引力項である．6 番目の項は電子間の，最後の項は核間の，それぞれクーロン斥力項である．

核間の距離 r_{AB} が非常に大きい場合には，系は互いに相互作用をしていない 2 個の孤立した水素原子に戻るだろう．十分大きな核間距離の場合の系の波動関数は，2 個の 1s 水素原子の波動関数 U_{1s} の積となるに違いない．核間距離が十分大きい場合の系の波動関数の考え方は，H_2 の電子エネルギー問題の近似的な解として，次のような規格化された基底関数をとりうることを示唆する．

$$\begin{aligned}\psi_\mathrm{I} &= U_{1s_A}(1) U_{1s_B}(2) \\ \psi_\mathrm{II} &= U_{1s_A}(2) U_{1s_B}(1)\end{aligned} \tag{17.27}$$

386　第17章　共有結合

ψ_I は，電子1を核Aの周りの1s軌道に，電子2を核Bの周りの1s軌道に，それぞれもつ状態である．ψ_{II} は，電子2を核Aの周りの1s軌道に，電子1を核Bの周りの1s軌道に，それぞれもつ状態である．これら2つの状態は縮退している．核が互いに大きく離れている場合には，系のエネルギーは $2E_H$，つまり2個の水素原子の基底エネルギー分に収束する．

これらの基底関数を用いると，ハミルトニアン行列は，

$$H = \begin{pmatrix} H_{II} & H_{I\,II} \\ H_{II\,I} & H_{II\,II} \end{pmatrix} \tag{17.28}$$

と書き表せる．行列の各項は，

$$H_{II} = \iint \psi_I \hat{H} \, \psi_I d\tau_1 d\tau_2$$
$$H_{I\,II} = \iint \psi_I \hat{H} \, \psi_{II} d\tau_1 d\tau_2 \tag{17.29}$$

となる．さらに，$H_{II} = H_{II\,II}$ および $H_{I\,II} = H_{II\,I}$ も成り立つ．B節でも議論したように，これらの基底関数は，それぞれ規格化はされているが，互いに直交化されてはいないことに注意しよう．

次式

$$\Delta^2 = \iint \psi_I \psi_{II} d\tau_1 d\tau_2 \tag{17.30}$$

で，"重なり積分"を定義する．これは，2個のベクトル関数のスカラー積である．関数は互いに直交してはいないので，$\Delta^2 \neq 0$ である．ここでは，電子は1個ではなく2個存在するので，Δ^2 はB節で H_2^+ 問題に現れた重なり積分 Δ の2乗に等しい．B節で議論したように，基底関数が直交化されていないために，対応する永年行列式には，付加的な項 $\Delta^2 \cdot E$ が現れる．

その永年行列式は，

$$\begin{vmatrix} H_{II} - E & H_{I\,II} - \Delta^2 E \\ H_{II\,I} - \Delta^2 E & H_{II\,II} - E \end{vmatrix} = 0 \tag{17.31}$$

となる．ここで，E はエネルギー固有値である．行列式を展開し，E に関する2次方程式を解いて，2個の解と対応する固有関数をそれぞれ求めれば，

$$E_S = \frac{H_{II} + H_{I\,II}}{1 + \Delta^2}$$

$$E_A = \frac{H_{II} - H_{III}}{1 - \Delta^2}$$

$$\psi_S = \frac{1}{\sqrt{2 + 2\Delta^2}} [U_{1s_A}(1) U_{1s_B}(2) + U_{1s_B}(1) U_{1s_A}(2)] \tag{17.32}$$

$$\psi_A = \frac{1}{\sqrt{2 - 2\Delta^2}} [U_{1s_A}(1) U_{1s_B}(2) - U_{1s_B}(1) U_{1s_A}(2)]$$

となる．ここで，指標 S は基底関数の対称的な組み合わせを，A はその反対称的な組み合わせを，それぞれ意味する．第16章 C 節で議論したように，波動関数は置換演算子の固有関数でなければならず，これはすべての多電子波動関数に要請される必要条件である．

エネルギー E_S と E_A は，水素分子イオンの場合に用いられたのと同等の手順で評価することができる．まず，ハミルトニアンに現れる各項は，一方は核 A 周りを中心とする水素原子，他方は核 B 周りを中心とする水素原子という，2個の水素原子のシュレーディンガー方程式に対応することがわかる．基底関数はこれらの各項の固有関数であり，2個の水素原子のエネルギーをそれぞれ与える．したがって，$\hat{H}$ 中のこれらの項は $2E_H$ で置き換えることができる．残りの項も，すべて解析的に評価することができる．まず，

$$H_{II} = 2E_H + 2J + J' + \frac{e^2}{4\pi\varepsilon_0 a_B D} \tag{17.33}$$

を考える．ここで，J は H_2^+ 問題に現れた式（17.18b）と同一の量であり，J' は

$$J' = \iint U_{1s_A}(1) U_{1s_B}(2) \frac{e^2}{4\pi\varepsilon_0 r_{12}} U_{1s_A}(2) U_{1s_B}(1) d\tau_1 d\tau_2$$

$$J' = \frac{e^2}{4\pi\varepsilon_0 a_B} \left[\frac{1}{D} - e^{-2D} \left(\frac{1}{D} + \frac{11}{8} + \frac{3}{4}D + \frac{1}{6}D^2 \right) \right] \tag{17.34}$$

となる．D は，先に式（17.19）で定義したものと同一である．また，

$$H_{III} = 2\Delta^2 E_H + 2\Delta K + K' + \Delta^2 \frac{e^2}{4\pi\varepsilon_0 a_B D} \tag{17.35}$$

であり，K と Δ は，先に H_2^+ 問題で式（17.21）と（17.22）でそれぞれ定義した量と同一である．一方 K' は，

388　第17章　共有結合

$$K' = \iint U_{1s_A}(1) U_{1s_B}(2) \frac{e^2}{4\pi\varepsilon_0 r_{12}} U_{1s_A}(2) U_{1s_B}(1) d\tau_1 d\tau_2$$

$$K' = \frac{e^2}{20\pi\varepsilon_0 a_B} \left[-e^{-2D}\left(-\frac{25}{8} + \frac{23}{4}D + 3D^2 + \frac{1}{3}D^3 \right) \right. \tag{17.36}$$

$$\left. + \frac{6}{D}[\Delta^2(\gamma + \ln D) + \Delta'^2 \mathrm{Ei}(-4D) - 2\Delta\Delta' \mathrm{Ei}(-2D)] \right]$$

で与えられることがわかっている[2]．ここで，$\gamma = 0.57721\cdots$はオイラーの定数であり，

$$\Delta' = e^D\left(1 - D + \frac{1}{3}D^2 \right) \tag{17.37}$$

である．また Ei は関数であって，積分指数関数（exponential integral）を意味する．Ei は，積分対数関数 Li（logarithmic integral）とは

$$\mathrm{Li}(x) = \mathrm{Ei}(\ln x) \quad \text{または} \quad \mathrm{Ei}(x) = -\mathrm{Li}(e^{-x})$$

の関係にある．$\mathrm{Ei}(-x)$ の値は表にされている．式（17.36）で現実に関連のある変数領域では，非常に良い近似式として

$$\mathrm{Ei}(-x) = \left(\frac{x^2 + a_1 x + a_2}{x^2 + b_1 x + b_2} \right) \frac{e^{-x}}{-x} \tag{17.38}$$

があり，$1 \leq x < \infty$ の変域で

$$a_1 = 2.334733, \quad a_2 = 0.250621, \quad b_1 = 3.330657, \quad b_2 = 1.681534$$

と与えられている．

　J と K は，H_2^+ 問題の場合と同様の意味をもつ．J' は，H_A 上の $1s$ 軌道上にある電子と H_B 上の $1s$ 軌道上にある電子との間の相互作用を記述する**クーロン積分**である．J' には，古典的な解釈が成り立つ．それは，負に帯電した位置 A を中心とする球対称な電荷分布と，同量の負に帯電した位置 B を中心とする球対称な電荷分布との間のクーロン相互作用である．一方 K' は，それらの電子に関する**交換積分**，あるいは**共鳴積分**である．

　H_2 の分子軌道のエネルギーに関する最終的な表式は，

---

2)　訳者注：ポーリングらによる書籍（訳者注前出）も参照するとよい．そこにもあるように，これらと特に Ei を含む関係式は，ハイトラーとロンドン（W. Heitler, F. London, *Z. f. Phys.*, 44（1927）455）により最初近似式が得られ，その後，杉浦義勝（Y. Sugiura, *Z. f. Phys.*, 45（1927）484）により，はじめて計算された．

C. 水素分子　389

$$E_S = 2E_H + \frac{e^2}{4\pi\varepsilon_0 a_B D} + \frac{2J + J' + 2\Delta K + K'}{1 + \Delta^2} \tag{17.39a}$$

$$E_A = 2E_H + \frac{e^2}{4\pi\varepsilon_0 a_B D} + \frac{2J + J' - 2\Delta K - K'}{1 - \Delta^2} \tag{17.39b}$$

で与えられる．H_2^+ 問題の場合と同様に，相互作用している 2 個の水素原子の古典力学的エネルギーを評価してみることは，ここでも非常に有意義である．古典的なエネルギーには，A にある水素原子と B にある水素原子との間のクーロン相互作用は含まれるが，交換相互作用は含まれない．よって古典的エネルギー E_N は，

$$E_N = H_{11} \tag{17.40}$$

で与えられる．これはすなわち，基底関数 $\psi_I = U_{1s_A}(1)U_{1s_B}(2)$ のエネルギーである．図 17.4 には，これら 3 種類の関数 E_S, E_A, E_N を，$D = r_{AB}/a_B$，つまりボーア半径 a_B を単位とする核間距離の関数として図示してある．

　十分に大きな核間距離だけ遠方に離れると（*i.e.* 一切の相互作用が無視できる），3 本のグラフはすべて同一の値，つまり水素原子 2 個分のエネルギー $2E_H$ に収束する．核間距離の減少にともない，E_A はエネルギーが急激に増大し始める．E_A は，式 (17.32) に示すように，**反結合性分子軌道** ψ_A のエネルギーである．基底 $1s$ 関数の反対称的な組み合わせは，粒子が大きく離れていても互いに反発し合うべき状態である．一方，H_2^+ の場合とは対照的に（*cf.* 図 17.2），古典力学的エネルギー E_N も浅く拡がった極小を示す．この極小はしかし，H_2 結合の実験的な強度を説明できるほど十分に深くはない．これは，強く結合していない場合の原子や分子の間に生ずる**ファン・デル・ワールス相互作用**（van der Waals interactions）に起因する，弱い引力相互作用の結果である．一方 E_S は，粒子が互いに近づくと大きく減少する．エネルギーは深い極小点を通り，そのあと核がさらに接近すると，再度急激に増大する．この極小点が現れたということは，安定な**共有結合**が形成されたということである．極小になる核間距離 r_{AB} は，平衡状態での**結合長**であり，極小点の深さは**結合強度**である．E_S は，式 (17.32) が示すように，**結合性分子軌道** ψ_S のエネルギーである．

　図 17.4 の各グラフの特性から，共有結合が 2 個の原子中心の間で電子（2 個）を共有することを反映する非古典的な交換相互作用の結果であるという

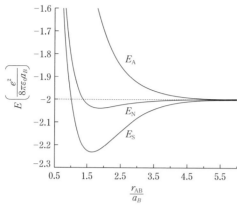

図17.4 水素分子の各電子状態のエネルギーを，核間距離 $D = r_{AB}/a_B$ の関数としてグラフに示す．E_S は，原子 1s 関数の対称的な組み合わせに対応し，E_A は反対称的な組み合わせに対応し，E_N は古典的なエネルギーである．E_S 曲線の極小は，安定な結合が形成されたことを示し，極小点の位置は結合長を与える．

ことがわかる．E_N のグラフは，クーロン相互作用の基本的な振舞いを記述する．クーロン相互作用だけでは，H_2 結合の強度を説明できるエネルギー曲線の極小を再現できない．非対角行列要素に現れる交換相互作用は，正しく量子力学的効果である．各電子がそれ自体の原子中心の周りに局在したままでいることを表している基底関数は，正しい固有関数ではないのである．基底関数の対称的あるいは反対称的な組み合わせ（*i.e.* 重ね合わせ）からなる**分子軌道**（molecular orbitals）が，正しい固有関数なのである．こうしたことによって，共有結合は真に量子力学的な現象であると言える．

計算結果はまた，結合の解離エネルギーと平衡状態での結合長の具体的数値を与える．結合の解離エネルギーの計算値は $D_e = 3.15$ eV，平衡状態での結合長の計算値は $\overline{r}_{AB} = 0.80$ Å となる．これらの計算値はそれぞれ，実験による観測値 $D_e = 4.72$ eV および $\overline{r}_{AB} = 0.74$ Å と比較することができる．さらに式 (17.32) の波動関数 ψ_S について，実効的な核電荷 $Z'e$ を変分パラメーターにして変分法を適用すると，値 $D_e = 3.76$ eV と $\overline{r}_{AB} = 0.76$ Å がそれぞれ得られる．

計算可能なもう1つの特性は，H_2 分子振動の周波数であろう．その1つのやり方は，式 (17.39a) をポテンシャルエネルギーとして核の波動関数に代入し，振動の固有値問題を解くことである．より単純な近似法としては，ポテンシャル関数（図 17.4 の E_S）の極小点近傍で放物線を当てはめて，その曲線の当てはめ（fitting；フィッティングとそのまま使うことも多い．

C. 水素分子　391

演習問題に具体的な説明がある）により得られる放物線型ポテンシャルに対する調和振動子の振動エネルギーを決定する方法である．極小値の深さは固定し，$D=1.3$ から $D=2.2$ の間で極小点の位置と調和振動子の力の定数（第6章）を変化させてポテンシャルを最適化させると，振動周波数として $\nu \approx 3400 \ cm^{-1}$ を得る．測定値は $\nu = 4318 \ cm^{-1}$ であり，計算値は測定値の約80% である [3]．

　計算によって得られた H_2 分子のさまざまな特性には，明らかに無視できない誤差がある．それにもかかわらず，ここに述べた単純で解析的な取扱いは，それなりに納得のいく数値を与えている．これらの計算値は，より徹底した分子構造計算によって改善できる．H_2 分子に限れば，数値計算によって本質的に十分正確と言える結果が得られている．しかし上記で紹介してきた計算でも，十分に重要な点を示している．分子の共有結合は，もっぱら非古典的な交換相互作用により生じるのである．

　また同時に，式（17.32）に与えられるハミルトニアン演算子の固有関数は，置換演算子の固有関数でもある．第16章C節で議論したように，空間×スピンの形の全波動関数はすべて，電子の指標（座標）の交換に対して全体として**反対称**でなければならない．結合性分子軌道 ψ_S は対称的である．したがってスピン波動関数は，2個の $s=1/2$ 電子スピン波動関数の反対称的な組み合わせでなければならない．この状態は**一重項**状態（singlet state）に対応する．言い換えると，この場合の電子スピンは**対**（paired）になっている．一方，反結合性分子軌道 ψ_A は反対称的である．したがって，スピン関数は対称的でなければならない．対照的な組み合わせは $s=1$ をもち，これは**三重項**状態（triplet state）である．したがって，m_s の値が異なる3通りの反結合性分子軌道が存在し，その m_s の値は，1，0，-1 のいずれかになりうる．

3）　訳者注：本章で議論された内容，計算例と分子構造の決定を含むより広範な展開については，量子力学関連に加えて，量子化学関連の書籍も参照されたい．たとえば，三訂米澤貞次郎・永田親義・加藤博史・今村 詮・諸熊奎治 共著『量子化学入門（上，下）』（化学同人，1983）などがある．

演習問題

Problems

第2章

1. エルミート演算子は，次の関係式により定義できる．
$$\langle a|\hat{\gamma}|b\rangle = \langle a|\overline{\hat{\gamma}}|b\rangle \equiv \overline{\langle a|\hat{\gamma}|b\rangle}$$
これより，次式が与えられる．
$$\langle a|\hat{\gamma}|a\rangle = \langle a|\overline{\hat{\gamma}}|a\rangle \equiv \overline{\langle a|\hat{\gamma}|a\rangle}$$
最初の方程式の方が，必要というよりはより一般的である．そこで，

後者：$\langle S|\hat{F}|S\rangle = \langle S|\overline{\hat{F}}|S\rangle \equiv \overline{\langle S|\hat{F}|S\rangle}$が与えられたとして，

前者：$\langle T|\hat{F}|S\rangle = \langle T|\overline{\hat{F}}|S\rangle$であることを証明せよ．

ここで，次のケットを定義し，用いることは有用である．
$$|\phi\rangle = |T+S\rangle = |T\rangle + |S\rangle$$
$$|\theta\rangle = |T+iS\rangle = |T\rangle + i|S\rangle$$
ただし，$i = \sqrt{-1}$である．

2. $\psi(x)$をxの素性のよい関数とし，$\pm\infty$で関数は0に消滅するものとする．量子力学のシュレーディンガー表示では，そのようなベクトル関数がケットベクトルとして用いられる（シュレーディンガー表示については，第3章，第4章で導入し，第5章で詳述している）．線形代数では，ベクトル関数同士のスカラー積は，
$$\langle \psi(x)|\hat{A}(x)|\psi(x)\rangle = \int_{-\infty}^{\infty} \psi^*(x)A(x)\psi(x)dx$$
で定義される．ここで，$\hat{A}(x)$は演算子，$\psi^*(x)$は$\psi(x)$の複素共役である．つまり，$\psi(x)$はケットベクトル，$\psi^*(x)$は対応するブラベクトルである．

上記の場合に，以下の各演算子がエルミートであるかどうかを判定せよ．

a. $i\dfrac{d}{dx}$

b. $\dfrac{d^2}{dx^2}$

c. $i\dfrac{d^2}{dx^2}$

394　演習問題

3. $m=1$ から n までとして，ケットの集合 $|A_m\rangle$ が与えられ，これらは互いに線形独立ではあるが，規格化も互いに直交化もされていないとする．この場合に，集合 $|A_m\rangle$ から正規直交系をなす新たなケットの集合 $|B_m\rangle$ を得る手続きを定式化せよ．これを，**グラム–シュミットの正規直交化法**（Gram-Schmidt orthonormalization procedure）という．グラム–シュミットの手順は，標準的な線形代数学の教科書に示されている．

4. $x=-1$ から $x=+1$ の区間で定義される，次の関数の集合を考えよう．
$$f_0=1,\ f_1=x,\ f_2=x^2,\ f_3=x^3$$
これらの関数は，互いに線形独立ではあるが，直交化も規格化もされていない．この場合に，f_i の集合から正規直交系をなす関数 g_i の集合を構築してみよ．ここで，区間 γ から δ で定義される関数 $A(x)$ と $B(x)$ のスカラー積として，
$$\langle A(x)\,|\,B(x)\rangle=\int_\gamma^\delta A(x)B(x)dx$$
を定義として用いよ．

5. 規格化されたケット $|\psi\rangle$ が，正規直交系ケット $|A_n\rangle$ の線形結合
$$|\psi\rangle=\sum_n c_n|A_n\rangle$$
で与えられるものとする．この場合に，以下の各項が成り立つことを示せ．

    a. $\sum_n c_n^* c_n=1$

    b. $\hat{P}_n=|A_n\rangle\langle A_n|$ は演算子である．

    c. $\hat{P}_n^2=\hat{P}_n$

第3章

1. 光学領域の電磁波スペクトルについて，物質は波長に依存する屈折率 $n(\lambda)$ をもつ．ここで，$a=1.84$ および $b=-2.56\times10^3\,\mathrm{cm}^{-1}$ であるとする．
$$n(\lambda)=ae^{b\lambda}$$

    a. 物質中での光子（*i.e.* 光の波束）の群速度 $V_g(k)$ の表式を導け．その波束について，k–空間での拡がりの中心に対応する波動ベクトルをもつ平面波の位相速度 $V_p(k)$ の表式も導いてみよ．

    b. 波長 $\lambda=1.0\,\mu\mathrm{m}$，500 nm，200 nm における $V_p(k)$ と $V_g(k)$ を，それぞれ計算せよ．

2. ガウス型の波束に関する関係式 $\Delta x\Delta p=\hbar/2$ を用いて，大気中（正確には 1 から少しずれるが，ここではすべての波長で $n(\lambda)$ は 1 に等しいとする）での $\lambda=1.064\,\mu\mathrm{m}$，$\Delta t=100\,\mathrm{ps}$ の Nd:YAG レーザーの光パルスのスペクトル幅（*i.e.* 半値全幅；FWHM, full width at half maximum）を求めよ．本問では，Δt で与

えられる値がガウス型波束のパルス継続時間の標準偏差 σ に等しいと仮定してよい．また，現実には測定は光の強度（確率）についてなされるのであり，電場（確率振幅）についてなされるのではないが，この事実もここでは無視してよい．このため，スペクトルの FWHM の答に因子 $1/\sqrt{2}$ の違いが出る．最終的な答を得るには，σ から FWHM への変換は必要である．

3. 分散が，k に線形には依存しない場合には，波束は時間の経過とともに拡がる．それはなぜか？　その理由を説明せよ．

4. 質量 m の物体について，波束がガウス型の場合には，適当に長い時間 t が経過したときの波束の拡がりを表す，非常に簡潔な結果を得ることができる．

$$\Delta x = \frac{\hbar t}{2m \Delta x_0}$$

ここで，Δx_0 は $t=0$ での波束の幅である．巨視的な物体では，波束の拡がりが重要にはならない理由を見るために，質量 1g で長さが 1cm の物体が，2倍の大きさに拡がるのに必要な時間（年単位で！）を計算してみよ．

5. 上記問題 4 の関係式を導いてみよ（これを得る方法は，複数ある）．

6. 波束を 1 つの分散媒質から他の分散媒質に連続的に伝搬させる（下図）ことによって，分散性の媒質中を伝搬する光波束の拡がりを補償する可能性について述べよ．

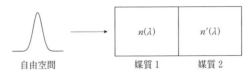

第 4 章

1. 古典的なポアソンの括弧式の定義が，

$$\{f, g\} = \frac{\partial f}{\partial x}\frac{\partial g}{\partial p} - \frac{\partial g}{\partial x}\frac{\partial f}{\partial p}$$

で与えられるものとし，古典的なハミルトニアンを

$$H = \frac{p^2}{2m} + V(x)$$

とするとき，古典的な運動方程式が，$\dot{x} = \{x, H\}$ および $\dot{p} = \{p, H\}$ となることを証明せよ．また，$f = f(x, p)$ が x と p の任意の関数であるとき，$\dot{f} = \{f, H\}$ となることを証明せよ．

2. a. 任意の正の整数 n について，$[\hat{x}^n, \hat{P}] = i\hbar n \hat{x}^{n-1}$ であることを示せ．

   b. x の任意の多項式 $f(x)$ について，$[\hat{f}(x), \hat{P}] = i\hbar \dfrac{\partial \hat{f}}{\partial x}$ であることを示せ．

c. $[\hat{x}, \hat{p}^n] = i\hbar n \hat{p}^{n-1}$ であることを示せ.

d. p の任意の多項式 $f(p)$ について,

$$[\hat{x}, \hat{f}(p)] = i\hbar \frac{\partial \hat{f}(p)}{\partial p}$$

であることを示せ.

3. 不確定性関係（原理）の導出に際しては，次の交換子

$$[\hat{A}, \hat{B}] = i\hat{C}$$

が出発点であった．ここで，演算子 $\hat{A}$ と $\hat{B}$ はエルミートであるとする．α と β は実数として，演算子 $\hat{D} = \hat{A} + \alpha\hat{B} + i\beta\hat{B}$ について，不等式

$$\langle S | \hat{\bar{D}}\hat{D} | S \rangle = \langle \hat{A}^2 \rangle + (\alpha^2 + \beta^2)\langle \hat{B}^2 \rangle + \alpha\langle \hat{C}' \rangle - \beta\langle \hat{C} \rangle \geq 0$$

が成り立つことを導け．ここで，$\hat{C}'$ は $\hat{A}$ と $\hat{B}$ の反交換子

$$\hat{C}' = \hat{A}\hat{B} + \hat{B}\hat{A} \equiv \{\hat{A}, \hat{B}\}$$

とする.

4. "運動量表示"を定義する次の各演算子が，ディラックの量子条件に従うことを示せ.

$$p \to \hat{p} = p$$

$$x \to \hat{x} = +i\hbar \frac{\partial}{\partial p}$$

5. 演算子の期待値と固有値の違いを述べよ.

第5章

1. 固有値問題 $\hat{H}|U\rangle = E|U\rangle$ について考えよう．固有値（微分）方程式を満たすことに加え，シュレーディンガー表示では，特定の関数 U が許容可能な固有関数であるためには，素直な振舞いの関数でなければならない．ボルンはこの"素直な振舞い"を，下記の4要件を満たすことと定義した.

　　1. 1価関数である.

　　2. 至る所で有界である.

　　3. 至る所で連続である.

　　4. 1階の導関数が至る所で連続である.

次の関数で，素直な振舞いなのはどれか？　素直でないものについては，その理由も述べよ.

a. $u = \begin{cases} x, & x \geq 0 \\ 0, & x < 0 \end{cases}$

b. $u = x^2$

c. $u = e^{|x|}$

　　d. $u = e^{-x}$

　　e. $u = e^{-x^2}$

　　f. $u = \sin|x|$

　　g. $u = \cos x$

2. 量子力学での動的変数の時間微分を表示する演算子は，$\dot{\hat{A}} = (i/\hbar)[\hat{H}, \hat{A}]$ である．この関係式を用いて，演算子 $\hat{P}$ と $\hat{x}$ について，

$$\dot{\hat{p}} = -\frac{\partial \hat{V}}{\partial x}$$

および

$$\dot{\hat{x}} = \frac{\hat{p}}{m}$$

であることを示せ．ここで，$\hat{H} = \hat{P}^2/2m + \hat{V}(x)$ とする．

3. 無限に高い壁をもつ1次元の箱の中の粒子について考える．エネルギー固有値に加え，それ以外の特性も種々計算可能である．たとえば箱の中で，粒子はどのような速度で運動しているか，を調べるのは興味深い．箱の中の粒子の最低エネルギー状態について，$\hat{v}$ を速度演算子として，$\hat{v}^2$ の期待値の平方根，すなわち $\sqrt{\langle \varphi_1(x) | \hat{v}^2 | \varphi_1(x) \rangle}$ を計算してみよ．

　　平均2乗速度の平方根を計算するのは，粒子は正負の方向に等しく運動するので，速度自体の期待値は0だからである．式（5.36）は，自由粒子のハミルトニアンである．自由粒子では，ハミルトニアンは運動エネルギー $mv^2/2$ だけである．したがって，演算子 $\hat{v}^2$ の表式を求めるのに式（5.36）を用いることができる．得られた一般的な解を用いて，アントラセンの大きさの箱（6Å）の中の電子について，平均2乗速度の平方根を計算してみよ．

　　この速度は，相対論的な考察が重要になる速度よりは十分低いことに注意すること．

4. 無限の高さの障壁をもつ2次元の矩形型の箱（外側ではポテンシャルは無限大）の中の粒子に関し，エネルギー固有値と固有関数を求めよ．箱は，$x=0$ と $y=0$ の点を中心とし，x 方向は $-b$ から b まで，y 方向は $-a$ から a まで，それぞれ拡がっているものとする（2次元問題は2個の1次元問題に分離できることに注意すること）．

5. 問題4で得られた固有関数を用いて，2次元矩形型箱中の粒子が最低エネルギー状態にあるとき，矩形箱内の点 $(0,0)$，$(b,0)$，(b,a)，$(0,a)$ それぞれにおいて，粒子を見いだす確率を求めよ．

398 演習問題

第6章

1. シュレーディンガー表示によれば，調和振動子の波動関数の一般的な表式は，
$$\Psi_n(x) = N_n e^{-(\gamma^2/2)} H_n(\gamma)$$
と書ける．ここで，$\gamma = a^{1/2}x$，$a = 2\pi m\nu_0/\hbar$ であり，$H_n(\gamma)$ は n 次のエルミート多項式である．以下に与えられる母関数 $S(\gamma, t)$ と $T(\gamma, t)$ を用いて（式 (6.38) と (6.41)），すべての $|\Psi_n(x)\rangle$ が直交系をなすことを示せ．また，規格化定数 N_n の値（式 (6.34)）を定めよ．

$$S(\gamma, s) = \sum_n \frac{H_n(\gamma)}{n!} s^n = e^{\gamma^2 - (s-\gamma)^2}$$

$$T(\gamma, t) = \sum_m \frac{H_m(\gamma)}{m!} t^m = e^{\gamma^2 - (t-\gamma)^2}$$

注：手順の大筋は第6章に述べられている．

2. 固有関数 $|\Psi_m\rangle$ と $|\Psi_n\rangle$ で表される調和振動子の2個の状態間のスペクトル遷移の確率は，基本的にはブラケット
$$\langle \Psi_n | \hat{x} | \Psi_m \rangle$$
で決定される．ここで，演算子 $\hat{x}$ は，x 方向に偏光した光と調和振動子との相互作用を（x 成分として）表す（原子や分子による光の吸収・放出の問題は，第12章で詳しく扱われている）．問題1で用いたのと類似の方法で，すべての m と n における，このブラケットの値を評価せよ．

同じ問題の別解として，上昇・下降演算子を用いて結論 (6.96) を得た．異なる方法でブラケットを評価すれば，数学的には一見かなり異なる演算操作が含まれる可能性があるが，最終的な結果は変わらないはずである．遷移確率は，ブラケットの絶対値の2乗に依存する．

3. 分子が電子遷移を起こす確率は，その一部で**フランク-コンドン因子**（Frank-Condon factor）と呼ばれる "振動の重なり" 因子に依存する．遷移に関与する2つの電子状態のポテンシャルエネルギー面が同一（*i.e.* 形状や配位座標空間内の位置が同じ）なら，電子基底状態の振動状態から励起電子状態の振動状態への遷移は，同じ振動の量子数をもつ状態間のみで生じうる．この場合には，フランク-コンドン因子は1である．ところが，2つの電子状態のポテンシャルエネルギー面は，一般には必ずしも等しくはない．同様に，現実的な非調和的な振動ポテンシャルも，一般には同一ではなくなる．そのため，電子基底状態での振動の波動関数は，励起電子状態での振動の波動関数と必ずしも直交しなくなる．その結果，振動の量子数が変化する電子遷移も許容される．

電子励起状態の振動ポテンシャルは，電子基底状態のそれと比べて，次の2通りで違いが生じる可能性がある．すなわち，(1) 力の定数が異なる，あるいは

演習問題　399

(2) 平衡位置が異なる，のいずれかである．これら 2 つの効果はいずれも，フランク-コンドン因子を 1 以下に減少させることによって，振動の量子数が不変な遷移の遷移確率を減少させる．

　ある電子状態 Ψ_0 の $n=0$ 振動状態から別の電子状態 Ψ_0' の $n=0$ 振動状態（ここで，添え字は振動状態を示す）への遷移について，

　a．振動の重なり
$$\langle \Psi_0' \mid \Psi_0 \rangle$$
を計算せよ．ここで，振動の周波数は状態 $|\Psi_0\rangle$ では ν_0，状態 $|\Psi_0'\rangle$ では ν_0' とする．

　b．平衡位置が，状態 $|\Psi_0\rangle$ での $x=0$ から状態 $|\Psi_0'\rangle$ での $x=x_0$ に移動している場合に，振動の重なりを計算せよ．

　c．条件
$$\langle \Psi_0' \mid \Psi_0 \rangle \neq 1$$
は，電子励起状態 $|\Psi_i'\rangle$ で，$i \neq 0$ の少なくとも 1 個の振動励起状態が
$$\langle \Psi_0 \mid \Psi_i' \rangle \neq 0$$
となれば十分であることを，示してみよ．言い換えると，プライムのついた電子状態とプライムのつかない電子状態が直交していなければ，元の振動量子数を保存しない遷移が生じうるということである．これらの結果は，電子状態の分光学で，**"振動の系列構造（vibronic progression）"** の発生する起源になる（この問題を解くに当たっては，いかなる積分も実際に実行する必要はない．ケットの完全系による展開を用い，係数は実数と仮定せよ）．

4．ディラック表示の調和振動子のハミルトニアンと，昇降演算子 $\hat{a}^{\dagger}$ と $\hat{a}$ の間の次の交換関係を求めよ．
$$[\hat{a}, \hat{H}] = \hat{a}$$
$$[\hat{a}^{\dagger}, \hat{H}] = -\hat{a}^{\dagger}$$

5．昇降演算子による定式化の方法を用いて，不確定性関係 $\Delta x \Delta p$ を調和振動子のすべての状態について計算せよ．そのとき，次の関係
$$(\Delta x)^2 = \langle x^2 \rangle - \langle x \rangle^2$$
$$(\Delta p)^2 = \langle p^2 \rangle - \langle p \rangle^2$$
が成り立つことに留意すること．また量子数が増大するにつれて，積 $\Delta x \Delta p$ には何が生じるであろうか？

6．量子論的な調和振動子の最低エネルギー状態について，古典的に許容される領域の外側に（$i.e.$ 古典的な転換点を越えて），調和振動子を見いだす確率を計算せよ．

　　注：この確率は，観測可能量ではないことに注意して欲しい．昇降演算子による定式化の方法では計算できないが，シュレーディンガー表示を用いることで計算できる．

400 演習問題

観測可能量ではないが，このような計算は，古典力学と量子力学の間の違いを洞察するのに十分価値がある．

第7章

1. 水素原子が $1s$ あるいは $2s$ 状態にある場合に，核から電子までの平均距離はいくらか？　平均距離を見いだすために，各状態について，動径 r の期待値を計算すればよい（$1s$ と $2s$ の波動関数は，式（7.68）と（7.69）に与えられている．正確な積分要素を用いる必要があり，それは式（10.14）に与えられている）．

2. 水素原子の $1s$ と $2s$ 状態で，電子を動径位置 a_B から $2a_B$ の間の領域に見いだす確率はいくらか？

3. 適切な生成関数を用いて，水素原子の $2p$, $3p$, $4d$ 状態に関する波動関数の動径部分を決定せよ．

第8章

1. 縮退のある場合の時間に依存した2状態問題を解く際に，2状態の縮退したエネルギー E_0 を 0 に等しいと置いた（式（8.7））．ここでは，式（8.26a）と（8.26b）の結論を得るために，この問題を解き直そう．今度は $E_0=0$ とは置かず，励起状態のエネルギー E_0 を残したまま解いてみよ．

2. 縮退のない場合に，時間に依存する2状態問題（第8章D節）の結果は，式（8.38a）と（8.38b），および式（8.40a）と（8.40b）に与えられている．この解を，実際に途中の計算を実行して求めてみよ．$\Delta E = |E_A - E_B|$ として，$\gamma/\Delta E > 1$ あるいは $\gamma/\Delta E < 1$ の場合をそれぞれ考察し，得られた結果を説明せよ．

3. 1次元の励起子問題（第8章E節）について，最近接のみ，あるいは第2最近接相互作用まで含めたそれぞれの場合について，エネルギー準位（$i.e.$ バンド構造）を決定せよ．最近接相互作用は強度 γ をもち（式（8.52）），第2最近接相互作用は強度 β をもつとする．第2最近接相互作用は，ハミルトニアン（式（8.48））に，次式の項 $\hat{H}_{j,j\pm2}$ を新たに付け加えることで導入できる．

$$\hat{H}_{j,j\pm2} | \Phi_j^e \rangle = \beta | \Phi_{j+2}^e \rangle + \beta | \Phi_{j-2}^e \rangle$$

第9章

1. 1次元の箱の中の粒子を考える．箱の幅は L であり，$L/2$ を中心に 0 から L まで拡がっており，無限に高い障壁をもつとともに，平らな底の代わりに放物線形の底をもつとする．すなわち，箱の中でのポテンシャルは

$$V = \frac{K}{2} x^2$$

の形式をもつとする．ここで，この放物線形の底を，通常の箱の問題に対する摂

演習問題　401

動と考えることにしよう．摂動がない場合には，箱の中の粒子のエネルギー準位と波動関数は，

$$E_n^0 = n^2 h^2/8mL$$
$$\psi_n^0(x) = (2/L)^{1/2}\sin(n\pi x/L)$$

で与えられている．

　a．すべての n について，E_n^0 の補正量を計算するのに，1 次の摂動論を用いよ．すなわち，E_n' をすべての n について計算せよ．また n の非常に大きな値に対しては，その n 依存性はどうなるか？

　b．箱の壁 $x=L$ での摂動ポテンシャル V の値が，摂動のない箱の場合の最低エネルギーに等しくなるものとする．この条件を満たす K の値は何か？　また，この K に対応する，E_n' の表式を求めよ．

　c．0 次のエネルギーに対する 1 次の補正の比，すなわち E_n'/E_n^0 をすべての n について求めよ．また n が非常に大きくなると，この表式はどうなるか？

　d．b の結果を用いて，c の比を $n=1$，2，4，20 の場合について具体的に求めよ．n が大きくなると，摂動の効果は無視しうるようになるのはなぜか？

2．調和振動子が，bx の形のポテンシャルによる摂動を受ける場合を考える．ここで，b は定数とする．

　a．摂動論を用いて，調和振動子のエネルギーに関する 1 次と 2 次の補正量を計算せよ．

　b．本問は厳密に解くこともできる．すなわち，座標を x から $x'=x+b/k$ に変換することで，摂動論を用いずに計算可能である．この変換を用いてエネルギー準位を求め，厳密解の結果を問 a で得られた結果と比較せよ．

3．第 9 章 B 節 1 項で，1 次の摂動論を用いて，調和振動子のハミルトニアンに非調和項が付け加わった場合の影響を調べた．この摂動は，変位の 3 次と 4 次の項からなる．1 次の摂動まででは，3 次の項 $c\hat{x}^3$ は，調和振動子の状態のエネルギーを変えないことがわかった．昇降演算子による定式化を用いて，調和振動子ハミルトニアンに $c\hat{x}^3$ 摂動項が付け加わった場合に，エネルギー準位に関する 2 次の補正量（式（9.29））を計算せよ．

4．摂動論によれば，n 番目の状態の波動関数は，1 次の補正項まで含めると，

$$|\Psi_n\rangle = |\Psi_n^0\rangle + \lambda\sum_j{}' C_j |\Psi_j^0\rangle$$

となることが知られている．ここで，$|\Psi_n^0\rangle$ は，摂動 0 次のハミルトニアンの固有関数である．和の記号につくプライムは，和をとるときに n 番目の項は除外することを意味する．したがって，第 1 項に対する付加的な項

$$\lambda C_n |\Psi_n^0\rangle$$

は存在せず，0 次の波動関数に加えられることはない．ここで，1 次の摂動項ま

で含む波動関数が規格化されるためには，言い換えると

$$\langle \Psi_n | \Psi_n \rangle = 1$$

が1次までの範囲で成り立つためには，係数 C_n は実際には，次のような理由で0にとれることを示せ．すなわち，補正された波動関数が1次までの範囲で規格化されるためには，C_n の実部は0でなければならず，C_n の虚部は任意なので，これを0と置くことができるからである．

> 注：1次の範囲で摂動計算を実行する場合，λ の0次あるいは1次までの項のみを含めることを徹底することが重要である．すなわち，高次の項はすべて落とさなければならない．

5. 第9章 C節3項では，縮退がある場合の2次の摂動論を用いて，平板回転子の回転状態での縮退が，シュタルク効果の誘起するエネルギー準位の変化に及ぼす影響を調べた．式（9.84）を用いて，式（9.87）に示す最終結果を求めよ．

第10章

1. 本問では，リチウム原子 Li の最低エネルギー状態について，最も単純な試行関数を用いて，変分法で計算する．

    a. リチウム原子，すなわち3電子原子についてのハミルトン演算子（*i.e.* 式（10.40）に等価な形式）を書き下せ．

    b. 試行関数として，核電荷 Z' を変分変数とする3個の1s軌道の積（各電子がそれぞれ1s軌道にある）をつくれ．すなわち，式（10.39）に等価な式を書き下せ（規格化定数は，必ず正確なものを用いること）．

    c. ハミルトニアンを，Z' を含む形式（式（10.41）に等価なもの）に書き直せ．

    d. エネルギーを計算し，得られた結果を Z' について最小化せよ．結果を eV（電子ボルト）単位で与えよ．水素原子の基底状態のエネルギー $E_{1s}(H)$ が，13.6 eV であることを用いてよい．

> ヒント：ヘリウム原子 He の取り扱い方を吟味することにより，いかなる積分も実際に実行することなく結果を得ることが可能である．

    e. 実験的に定められたリチウム原子の基底状態のエネルギーは，$-203\,\mathrm{eV}$ である．設問dを正しく解答できていれば，この数字より低い数字が得られるはずであり，**変分定理**に従えば，一見して不可解なありえない解を与える．これは，3電子のすべてが1s軌道にあるとする試行関数は，実際には**パウリの排他律**に反しているからである．パウリの排他律は，第16章C節で詳しく議論されている．パウリの原理によれば，原子あるいは分子の同一の軌道を2個を超える電子が同時に占有することは許されず，たかだか2個までの電子が同一軌道を占有する場合には，それらの電子スピンは互いに反平行（第16章参照）にならねばならない．ここでの3電子に関する試行関数のとり方は，あたかもそれらが，**フェ**

演習問題　403

ルミ粒子ではなく**ボーズ粒子**のように扱ったやり方であった．フェルミ粒子（*e.g.* 電子）のみが，パウリの原理に従わねばならない．パウリの原理に反する試行関数が，見掛け上，なぜ変分原理に反するのかを考えよ．

　　注：フェルミ粒子とボーズ粒子の違いについては，たとえば第 16 章 C 節 3 項の訳者
　　注を参照のこと．パウリの排他律に関する議論も同章にある．

2. リチウムの基底状態のエネルギーについて，変分計算を用いてもっともらしい値を得るためには，パウリの原理に反しない試行関数を用いることが必要である．ここでは，問題 1a と 1c の結果を用いて，Li の基底状態のエネルギーを計算する．

　　a. 核電荷 Z' を変分変数にとり，試行関数として 2 個の $1s$ 軌道と 1 個の $2s$ 軌道の積を求めよ．要するに，式（10.39）に等価な表式を書き出せばよい．規格化定数は（3 種すべての波動関数成分について）正確なものを用い，Z' 変数はすべてしかるべき位置（式（7.66）と式（7.63）に続く ρ の定義を参照）に正確に置くことに留意すること．

　　b. この試行関数を用いてエネルギーを計算し，Z' について最小化せよ．答は eV（電子ボルト）単位で与えよ．水素原子の基底状態のエネルギー $E_{1s}(H)$ は，$-13.6\,\mathrm{eV}$ である．得られる解は，実測値 $-203\,\mathrm{eV}$ に数 % 以内で近い値になるはずであり，しかも変分定理に則って，真のエネルギーより高くなる．

　　ヒント：Li と He の計算の唯一現実的な違いは，$2s$ 軌道を含む項だけである．$2s$ 軌道を含む電子間の斥力相互作用の項は，依然として s 軌道だけを含むので，He の基底状態を得るために用いられた $1/R_{ij}$ の形状は，Li の計算で必要な，すべての電子間斥力項と基本的に等しい．

　　いくつかの有用な積分公式を挙げておく．

$$\int_0^\infty x^n e^{-ax}dx = \frac{n!}{a^{n+1}} \qquad n \text{ は正の整数で，} a > 0$$

$$\int x e^{ax}dx = \frac{e^{ax}}{a^2}(ax-1)$$

$$\int x^2 e^{ax}dx = \frac{x^2 e^{ax}}{a} - \frac{2e^{ax}}{a^3}(ax-1)$$

第 11 章

1. 時間に依存するハミルトニアン $\hat{H} = \hat{H}^0 + \hat{H}'$ を考える．ここで，$\hat{H}^0$ は調和振動子のハミルトニアンであり，$\hat{H}'$ は

$$\hat{H}'(t) = \begin{cases} 0 & -\infty < t < 0 \\ Ax^4 & 0 \le t \le t' \\ 0 & t' < t \end{cases}$$

404 演習問題

で与えられる. $t<0$ では, 系は調和振動子の最低エネルギー状態にあるものとする. つまり, $C_0^*C_0=1$ である. 時間に依存する摂動論を用いて, すべての状態 $|m\rangle$ で, 系を見いだす確率を時間の関数として計算せよ. 時間が $0\leq t\leq t'$ の場合に, 確率はどのように振る舞うであろうか? 時間が $t>t'$ では, どうか? この問題を扱う際には, すべての時間にわたって, $C_0^*C_0\cong 1$ と仮定してよいが, これが不十分な仮定となるのはどのような状況だろうか?

2. 本問では, 2個の同種金属原子とそれらを結合する配位子から構成される系における, 1電子の運動を調べる. 2個の金属原子に属する電子, 配位子に属する電子, 結合に関連して金属原子と配位子に共有される電子に加えて, もう1個余分の電子があるとしよう. この余分の電子が, それぞれ1番目の金属上にある場合の系の状態を $|m_1\rangle$, 配位子上にある場合を $|l\rangle$, 2番目の金属上にある場合を $|m_2\rangle$ とする. これらのケットは, (a) 余分の電子がある特定の原子 (あるいは配位子) 上にあるときには, その電子による相互作用が存在しない場合の状態を表し, (b) 他の原子または配位子上にいるときには, その原子または配位子の元々の状態を表すとする. したがって, たとえば $|m_1\rangle$ は, $|m_2\rangle$ ないし $|l\rangle$ を"知る"ことはない (これらのケットは互いに直交し, 規格化されているとする). これらのケットは時間に依存せず, 全ケットベクトルの空間部分に対応する. 電子がどちらかの金属原子上にあるときには, そのエネルギーは E_m, 配位子上にあるときには E_l とする. すなわち,

$$\hat{H}_0|m_1\rangle = E_m|m_1\rangle$$
$$\hat{H}_0|l\rangle = E_l|l\rangle$$
$$\hat{H}_0|m_2\rangle = E_m|m_2\rangle$$

として, $\hat{H}_0$ は全ハミルトニアンの一部で, この余分の電子に作用する部分とする.

実際には, 系が状態 $|m_1\rangle$ (余分の電子が第1の金属原子上にある) の場合には, これは $|l\rangle$ と相互作用をするだろう. また系が $|l\rangle$ の場合には, これは, $|m_1\rangle$ および $|m_2\rangle$ と相互作用するだろう. $|m_2\rangle$ の場合についても, 同様である. $|m_1\rangle$ と $|m_2\rangle$ の直接の相互作用は, 無視しよう. すると, $\hat{H}_0$ に加えて, ハミルトニアン $\hat{H}$ 中には, 現実にはこれらの相互作用を表す項が存在するはずである. その結果として, これらの系は互いに結合する. そのため, これらのケットに $\hat{H}$ を作用させると,

$$\hat{H}|m_1\rangle = E_m|m_1\rangle + \gamma|l\rangle$$
$$\hat{H}|l\rangle = E_l|l\rangle + \gamma|m_1\rangle + \gamma|m_2\rangle$$
$$\hat{H}|m_2\rangle = E_m|m_2\rangle + \gamma|l\rangle$$

を与える. ここで, γ は相互作用の強さである (*i.e.* 結合行列の非対角要素). 一

演習問題 405

般に，$E_l > E_m$ および $\gamma < (E_l - E_m)$ であるとする．数学を簡略化するために，これらの不等式を満たしつつ，ここでは次の特別な場合についてのみ考える．
$$(E_l - E_m) = \sqrt{8}\,\gamma$$
すると，系の固有値は，

$$E_1 = E_m$$
$$E_2 = E_m + (2 + \sqrt{2})\gamma$$
$$E_3 = E_m - (2 - \sqrt{2})\gamma$$

となり，対応する固有関数は，

$$|1\rangle = (1/\sqrt{2})(|m_1\rangle - |m_2\rangle)$$
$$|2\rangle = 0.271|m_1\rangle + 0.924|l\rangle + 0.271|m_2\rangle$$
$$|3\rangle = 0.653|m_1\rangle - 0.383|l\rangle + 0.653|m_2\rangle$$

となる．小数係数の出現はいずれも，たとえば $\sqrt{1/(8 + 4\sqrt{2})}$ の類の形から生じてくる，さまざまな込み入った因子を近似した結果である．直交性を詳細に議論するような状況で，小数が係数の場合には，正確には0にならない小さな端数が生じうる．これらは，必要に応じて0に丸めてしかるべきものである．この条件のもとに，ケットは互いに直交し規格化されている．それぞれは，ここには明示していないが，時間に依存する位相因子を付随してもつ．

　この種の問題の固有値と固有ベクトルを得る方法については，第13章に展開されている．そして，本問の固有値と固有ベクトルを実際に得る作業は，第13章の問題2に与えられている．

　a. 電子が当初，$t=0$ で第1の金属原子上にある状態（これは固有状態ではない）から開始するものとすると，結合 γ が系の時間発展を引き起こす．第1の原子上に電子を見いだす確率は，1から次第に減少し，配位子上と第2の原子上に電子を見いだす確率は，0から次第に増加する．$t=0$ において電子が第1の原子上にあるということは，系はあたかも，非結合状態 $|m_1\rangle$ にあるように見えるということである．時刻 $t=0$ で，系があたかも状態 $|m_1\rangle$ にあるように見える固有ケット $|1\rangle$，$|2\rangle$，$|3\rangle$ の重ね合わせを（陽関数の形に）書き表せ．

　　ヒント：必要な定数を各固有ベクトルに掛けて，単純に足したり引いたりして $|m_1\rangle$ だけが残る表示を探せばよい．$t=0$ での話なので，時間に依存する位相因子はない．得られた表式は，規格化されていることを確認せよ．

　b. 問 a の初期条件のもとに，時間に依存する，系の一般的な状態 $|t\rangle$ を書き表せ．これは，問 a で得られた表式に，時間に依存する位相因子を含めることを意味する（この部分に関する微分方程式を解く必要はない）．

　c. 非結合状態 $|l\rangle$ についての射影演算子を用いて，問 b で得られた時間に依存する状態 $|t\rangle$ に系があることを前提に，配位子上に電子が見いだされる確率

406　演習問題

（時間に依存する）を計算せよ.

d. 配位子上に電子を見いだす確率を計算する別の方法として, 第 1 の金属原子上に電子を置いた初期条件から出発して, 時間に依存する摂動論を用いる方法がある. 系は互いに結合しておらず (i.e. ハミルトニアンは $\hat{H}_0$), 初期には, 状態 $|m_1\rangle$ にあるものとする. $t=0$ で結合 γ が始まる（つまり, ハミルトニアンが突然 $\hat{H}$ に切り替わる）としよう. この場合に, 時間が十分短く確率変化の小さい場合に適切に使える時間に依存する摂動論を用いて, 系を $|l\rangle$ に見いだす（時間に依存する）確率を計算せよ.

e. 問 c で求めた, 配位子に電子を見いだす時間に依存する確率の関数形が, 問 d で得られた, 短時間極限で成り立つべき時間に依存する摂動論による解と同一であることを解析的に示せ. 言い換えると, 問 c で得られた解は, 短時間領域の極限では, 問 d で得られた解に一致することを示せ.

f. 時間発展のどの時点まで, あるいは確率の値がどの程度になるまで, 問 d の摂動論で得られた解が正しい結果を与えると言えるかを, 問 c で得た正確な解を用いて見積もれ. 具体的には, 精密解が摂動解からたとえば 5% ずれる点で評価せよ.

第 12 章

1. 調和振動子の取扱い（第 6 章）で, 調和振動子の状態間の遷移に関する選択則を導出した（式 (6.96)）. その結果は, 量子数変化が 1 の場合のみに限って, 双極子許容遷移が生じうることを示している. 現実の分子振動には, 非調和振動子も含まれる. 以下では, ポテンシャルの非調和性が分子振動スペクトルにどのような影響を及ぼすのかを調べよう.

a. ハミルトニアンの摂動項が $\hat{H}' = Ax^4$ であるような摂動を受けた調和振動子の, エネルギーに関しては 1 次と 2 次の補正項, 波動関数に関しては 1 次の補正項をそれぞれ求めよ.

b. 問 a の摂動がある調和振動子について, A が 1 次までの範囲で, 双極子遷移の選択則を求めよ. 要するに, 摂動のある調和振動子の状態を $|m'\rangle$ あるいは $|n'\rangle$ として, ブラケット $\langle n'|\hat{x}|m'\rangle$ に関して, どのブラケットに 1 次までの範囲で 0 でない寄与があるかを考えればよい.

ブラケットを計算する際には, ケットに対する補正は 1 次まで行うので, A^2 あるいはそれ以上の次数の項は落とされる. もしそこで A^2 まで残すのであれば, すべての項に関して A^2 まで計算しなければならない. A^2 の場合には, より多くの項が, ケットに対する 2 次の補正項から生じてくる. これらの項は, 1 次の補正から生じてくる項と同一のレベルで約し合うべきであり, そうでなければ, 1 次の補正から発生する項よりずっと多くの寄与になりかねない. したがって,

演習問題　407

摂動論によってブラケット（i.e. 摂動を受ける 3 項の積）を計算する場合には，ある次数までの項は，入れるならすべてを含め，落とすなら一切を含めてはならない．しかし，いったんブラケットがある次数まで計算されると，確率を計算するためにその絶対値の 2 乗を計算する際には，すべての項をそのまま含めて行う．たとえば，A の 1 次の項まで入れると，確率は最終的に A^2 までとなる．

　c.　どの遷移が強く許容され，どの遷移がより弱く許容されるかを示せ．

　d.　初期には系が最低の振動状態（$m'=0$）にあるものと仮定して，A の 1 次の項までで許容されるすべての遷移について，つまり A の 1 次の項まででブラケット $\langle n'|\hat{x}|m'\rangle$ が 0 にならないすべての遷移について，式（12.69）を用いて，各遷移確率の最大のものとの比を計算せよ．ここで，遷移は x 方向に分極していて，光強度 I_x はすべての振動数で一定（等しく共通）とする．

2.　分子振動スペクトル中で，弱い遷移を選り分けることがそう簡単ではないことの現実的な感覚をつかむために，問題 1 で扱った吸収スペクトルの状況を少し変えて，再検討してみよう．それは，すべての状態占有が最低エネルギー状態だけから始まる（i.e. $T=0$ K）のではなくて，たとえば系が，300 K で熱平衡状態にある場合である．入射光の強度は十分に弱く（しかも，波長に関して強度は一定），$T=300$ K でのボルツマン分布は，光の吸収によって乱されることはないとする．時間に依存する摂動論は成り立つものとする．基底状態の占有数に比べて，占有数が 10^{-5} 倍以下の低い準位は，すべて占有数は 0 と仮定せよ．問題 1 で得られたエネルギー表現は，1 次（の摂動）までの結果を用いよ．

　a.　可能な遷移のエネルギーを（cm^{-1} の単位で）計算するに当たり，4 次の非調和項 Ax^4 の大きさは，調和振動子の基底状態の古典的な転換点でポテンシャルの 2 次の項 $1/2kx^2$ の 2.0% とし（A は負とする），$\bar{\nu}_0=800$ cm^{-1}（cm^{-1} で表した調和振動子のエネルギー）という条件を用いよ．スペクトル中で，何本の吸収線が観測される可能性があるだろうか？　これらの吸収線の相対的な強度を，最強の線との比として計算せよ．

　　注：吸収強度の計算に際し，誘導放出からの寄与は無視せよ．各遷移で，上準位の占有率は，低準位の占有率のわずかな割合しかない（たかだか 2%）からである．吸収により，光の強度は試料中を進行するに従って減少する．一方誘導放出は，この光強度をわずかながらも増加させる．したがって実際には，誘導放出は見かけ上，吸収が本来よりも弱くなるように働く．

　b.　上記で計算されたスペクトルについて論じよ．（ポテンシャルに）4 次項の摂動が存在しない場合，すなわち $A \to 0$ の場合には，何本の吸収線が現れるはずであろうか？　A は必要な大きさがあるものとして，$T \to 0$ K の場合にはどうなるか？

　c.　4 次項の 1 次摂動によるスペクトルは，ある際立ったパターンを示す．あ

408　演習問題

る分子の 300 K での観測スペクトルに，このパターンが現れたとする．どのようにすれば，非調和性をこのスペクトル分裂の顕著な特徴から抽出できるか？

第13章

1. 縮退がない場合に，2状態問題の固有値と固有ベクトルを見いだせ．すなわち式（13.84）で，E_0 をそれぞれ E_1 と E_2 で置き換えることに対応する．固有値と固有ベクトルの特性は，$\gamma \gg E_1 - E_2$ あるいは $\gamma \ll E_1 - E_2$ の場合に，それぞれどうなるか？

2. 配位子を介して互いに接続された，2個の同種金属原子を考える．2個の金属原子のそれぞれに所属する電子，配位子に所属する電子，および金属原子と配位子に共有される電子に加え，系に余分の電子1個を付け加える．余分の電子が第1の金属原子上にある場合の系の状態を $|m_1\rangle$，配位子上にある場合の状態を $|l\rangle$，第2の原子上にある場合を $|m_2\rangle$ とする．これらのケットは，各構成要素間に相互作用（結合）がないとした場合の系の状態を表す．たとえば状態 $|m_1\rangle$ に系があるときには，$|m_1\rangle$ の状態は，$|m_2\rangle$ あるいは $|l\rangle$ の状態の存在は "知らない"（つまり，結合していない）．これらのケットは互いに直交し，規格化されているものとする．これらのケットは時間によらず，全ケットベクトルの各空間部分に対応する．電子が金属原子のいずれかの上にある場合には，そのエネルギーは E_m であり，配位子上にある場合には E_l であるとする．すなわち，

$$\hat{H}_0 | m_1\rangle = E_m | m_1\rangle$$
$$\hat{H}_0 | l\rangle = E_l | l\rangle$$
$$\hat{H}_0 | m_2\rangle = E_m | m_2\rangle$$

であり，ここで $\hat{H}_0$ は，この余分の電子に作用するハミルトニアンの部分とする．
　現実には，系が状態 $|m_1\rangle$ にある（電子が第1の金属原子上にある）場合には，$|l\rangle$ との相互作用があるはずであり，系が状態 $|l\rangle$ にある場合には $|m_1\rangle$ あるいは $|m_2\rangle$ との相互作用があるはずであり，…等々となる．$|m_1\rangle$ と $|m_2\rangle$ の間の直接の相互作用はここでは無視する．$\hat{H}_0$ に加えて，ハミルトニアンには，これらの相互作用を表す項が存在するに違いない．その結果，これらの状態間に結合が生じるので，$\hat{H}$ をこれらのケットに作用させると，それぞれ

$$\hat{H} | m_1\rangle = E_m | m_1\rangle + \gamma | l\rangle$$
$$\hat{H} | l\rangle = E_l | l\rangle + \gamma | m_1\rangle + \gamma | m_2\rangle$$
$$\hat{H} | m_2\rangle = E_m | m_2\rangle + \gamma | l\rangle$$

を与える．ここで，γ は相互作用（結合ハミルトニアンの非対角行列要素）の強さである．一般に，$E_l > E_m$ および $|\gamma| < (E_l - E_m)$ とする．問題を扱う際の数学

演習問題　409

を簡単化するために，特別の場合を考察する．すなわち，これらの不等式条件を満たしたうえで，γ は正として，次の特別な状況を採用する．

$$(E_l - E_m) = \sqrt{8}\,\gamma$$

　上記の条件を用い，行列を対角化する方法（コンピューターに頼らず，解析的に行うこと）により，固有値と固有ベクトルを導け．得られる3個の固有状態について，電子を金属原子あるいは配位子上にそれぞれ見いだす確率を求めよ．また，エネルギー準位の図を描け．$\sqrt{1/(8+4\sqrt{2})}$ の形の係数が，解答の途中で現れることに注意すること．

第14章

1. 調和振動子の固有状態の重ね合わせ，

$$|t\rangle = \sum_{n=0}^{m} c_n |n\rangle$$

を考える．密度行列による定式化の方法から得られる次の関係式（式 (14.50)）を用い，$c_0 = 1/\sqrt{2}$，$c_1 = 1/\sqrt{2}$ として，$n=0$ と1の場合について，位置演算子の時間に依存する期待値 $\langle \hat{x}(t) \rangle$ を計算せよ．

$$\langle \hat{A} \rangle = Tr \rho(t) A$$

2. 問題1の場合と同様に，密度行列の方法を用いて位置演算子の時間に依存する期待値 $\langle \hat{x}(t) \rangle$ を計算せよ．ただし本問では，$c_0 = 1/\sqrt{3}$，$c_1 = 1/\sqrt{3}$，$c_2 = 1/\sqrt{3}$ で，$n=0$，1，2の場合について計算せよ．また，この計算結果を用いて，C–H 伸縮振動で動く運動距離（$\langle \hat{x}(t) \rangle$ の最大値と最小値の差）を Å 単位で決定せよ．振動の周波数は 3000 cm^{-1} とし，質量は ^{12}C と ^{1}H の換算質量を用いよ．

第15章

1. a. 次の定義式

$$\hat{J}_x = -i\hbar \left(y \frac{\partial}{\partial z} - z \frac{\partial}{\partial y} \right)$$

$$\hat{J}_y = -i\hbar \left(z \frac{\partial}{\partial x} - x \frac{\partial}{\partial z} \right)$$

$$\hat{J}_z = -i\hbar \left(x \frac{\partial}{\partial y} - y \frac{\partial}{\partial x} \right)$$

と，$[\hat{x}, \hat{P}_x] = i\hbar$ などの交換関係を用いて，

$$[\hat{J}_y, \hat{J}_z] = i\hbar \hat{J}_x$$

を証明せよ．

b. 問 a の交換関係と

410　演習問題

$$[\hat{J}_x, \hat{J}_y] = i\hbar\hat{J}_z$$
$$[\hat{J}_z, \hat{J}_x] = i\hbar\hat{J}_y$$

を用いて，角運動量演算子の間に成り立つ次の関係式を証明せよ．

$$[\hat{J}_+, \hat{J}_z] = -\hat{J}_+$$
$$[\hat{J}_+, \hat{J}_-] = 2\hat{J}_z$$
$$\hat{J}_-\hat{J}_+ = \hat{J}^2 - \hat{J}_z^2 - \hat{J}_z$$

2. 演算子 $\hat{J}_z$ の最大の固有値 j が $j = 3/2$ の場合に，演算子 $\hat{J}^2$, $\hat{J}_z$, $\hat{J}_+$, $\hat{J}_-$ に関する行列表示を具体的に表せ．

3. 角運動量がそれぞれ

$$J_1 = 3/2 \quad \text{および} \quad J_2 = 1/2$$

である，2個の粒子を考える．

    a. $m_1 m_2$ 表示の積状態はどうなるか？

    b. JM 表示の結合（合成）状態はどうなるか？

    c. 第15章 E 節に与えられた下降演算子による手順を用いて，$m_1 m_2$ 表示を JM 表示に変換するクレブシュ–ゴルダン係数の表を，$J_1 = 3/2$ と $J_2 = 1/2$ の場合について作成せよ．ケットの順番に関しては，第15章 E 節のクレブシュ–ゴルダン係数の表を参照して，表が適切な形態になるように定めよ．

第 16 章

1. 第10章問題2で，リチウム原子の基底状態のエネルギーを計算するのに用いた試行関数は，パウリの原理に背く関数ではない．しかし，それは真の反対称波動関数でもない．スピンを含めて波動関数の行列式形式を拡張し，2電子が $1s$ 状態にあり，同時に他の1電子が $2s$ 状態にあり，全体として反対称になる関数を作成せよ．

2. 基底状態のナトリウム原子を考える．核スピンは $I = 3/2$ であり，Na は電子スピン $s = 1/2$ の不対電子を1個もつ．この電子は s 軌道を占め，したがって軌道角運動量はもたない．水素原子のエネルギー固有値問題を解く際に扱った型のクーロン相互作用と，Na 原子の p 状態を得るのに計算されたスピン–軌道相互作用に加えて，核磁気モーメントと電子磁気モーメントとの間に働く相互作用がある．これは，Na やその他の原子あるいは分子のスペクトル線に，非常に小さい分裂（超微細分裂；hyperfine splitting）を引き起こす原因となるため，**超微細相互作用**（hyperfine interaction）と呼ばれる．この相互作用のハミルトニアンは，

$$\hat{H}_{\mathrm{HF}} = \alpha\hat{\boldsymbol{I}}\cdot\hat{\boldsymbol{S}}$$

の形式で書き表される．ここで，$\hat{\boldsymbol{I}} = \hat{I}_x\boldsymbol{e}_x + \hat{I}_y\boldsymbol{e}_y + \hat{I}_z\boldsymbol{e}_z$ は核スピン状態に作用し，

$\hat{S} = \hat{S}_x e_x + \hat{S}_y e_y + \hat{S}_z e_z$ は電子スピンに作用する（2種類のスピンは別々に分離して考えることができるので，これらの演算子は $m_1 m_2$ 表示で表される）.

a. $m_1 m_2$ 表示で，$m_1 = m_I$ は核スピン状態，$m_2 = m_S$ は電子スピン状態にそれぞれ対応するならば，Na原子の角運動量状態はどうなるか（状態は8個あるはずである）.

b. $\hat{I}_z$, $\hat{I}_+$, $\hat{I}_-$, $\hat{S}_z$, $\hat{S}_+$, $\hat{S}_-$ を用いて，演算子 $a\hat{\boldsymbol{I}} \cdot \hat{\boldsymbol{S}}$ を表す表式を導け.
注：これらが角運動量演算子であることを忘れないこと. それらがどう呼ばれようと，他の角運動量演算子が同様に従うすべての規則と関係式に従う.

c. 問aで得られたケットを用いて，ハミルトニアン行列 H_{HF} を構成せよ.
注：この行列は，2個のスピンはそれぞれが独立に考えられるので，$m_1 m_2$ 表示に基づく. すなわちそれは，8×8行列になる. 上昇・下降演算子の定式化を用いる場合には，これらの（基底となる）ケットは，実際には $|j_1 j_2 m_1 m_2\rangle$ であることを思い起こしてほしい. 昇降演算子による定式化は，j と m に基づいて書き表される. そのため，ある型のスピンに作用するときには，j_1 と m_1，また j_2 と m_2 が連動する.

d. 超微細ハミルトニアンの固有値を求めよ. またエネルギー準位の模式図を描いてみよ.
ヒント：状態を正しい順番で書き出せていたら，この行列はブロック対角化されているはずである. 最大のブロックは，2×2である.

e. $J_1 = 3/2$ と $J_2 = 1/2$ の場合のクレブシュ–ゴルダン係数の表を用いて，ユニタリ行列を構成し，問cで得られた超微細ハミルトニアン行列に対し，$m_1 m_2$ 表示から jm 表示への相似変換を実行せよ（クレブシュ–ゴルダン係数の表は，第15章問題3で求められているし，既存の一覧表やコンピュータープログラムからも得られる）. 変換された超微細ハミルトニアン行列は，対角化されているかどうか？ そのことは，H_{HF} の固有値について何を意味するのであろうか？

f. $m_1 m_2$ ケットの重ね合わせとして，H_{HF} の固有ベクトルを書き表せ. どの固有ベクトルの組が，それぞれどの固有値に対応するだろうか？

3. 本問では，同じ1組の1電子波動関数から構成される一重項と三重項状態について，空間的な電子配置の違いを考察する. 問題の単純化のため，**エチレン** (ethylene; C_2H_2) の **π電子系** (π-electron system) に関する，非常に初歩的なモデルに特化して考える. エチレンは，1個の**二重結合** (double bond) をもち，それは1個の σ 結合 (σ bond) と1個の π 結合 (π bond) とからなるものとする. エチレンの最低励起状態を，1次元の箱の中の電子のモデルで考えよう. π電子系の基底状態は，両電子とも箱の中の $n = 1$ 状態にあるものとすると，最低励起状態は，（一重項にせよ三重項にせよ）一方の電子が $n = 1$ 状態にあるなら，他方の電子は $n = 2$ の状態にあるはずである（それらが入れ替わった場合も同等）. よって最低励起状態の全波動関数（軌道×スピン）は，電子の交換に関

412 演習問題

して反対称でなければならないので，軌道部分は，箱の中の粒子の $n=1$ と $n=2$ の関数の積の対称な線形結合（一重項），あるいは反対称な線形結合（三重項）でなければならない．

本問では，箱の中心（2 個の炭素原子の中間点）を $x=0$ にとり，箱の長さは 1.30 Å，すなわち箱の範囲は，$x=-0.65$ Å から $x=+0.65$ Å までとする．

a. 箱の中の粒子の波動関数を用いると，最初の励起一重項状態の波動関数の空間部分は，どうなるか？　この一重項空間関数と組み合わされるべきスピン関数は，具体的にはどうなるか？

b. 最初の励起三重項状態の波動関数の空間部分はどうなるか？　また，この三重項空間関数に組み合わさるべきスピン関数はどうなるか？

c. この系の励起一重項に関する一連の**相関図**をグラフ化して見よ．すなわち，電子 1 について，ある固定点 x_1 を選び，空間分布関数

$$D(x_1, x_2)=[\psi_{\mathrm{singlet}}(x_1, x_2)]^2 dx_1 dx_2$$

を，第 2 の電子の x_2 の関数としてグラフ化する．次に電子 1 を新しい位置に置き，同様のグラフをつくる．空間分布関数 $D(x_1, x_2)$ は，最初の電子が位置 x_1 で幅 dx_1 の区間内にある場合に，第 2 の電子を幅 dx_2 の狭い区間内に見いだす確率になる（*i.e.* この種の条件付き確率を，一般に**電子相関**と呼ぶ）．電子間の相対的な位置が変化する場合の傾向を把握するために，次の 6 通りのグラフ化を試みよ．すなわち，電子 1 を $x_1=0.55$ Å, 0.45 Å, 0.35 Å, 0.25 Å, 0.15 Å, 0.05 Å の各点に置く．結果は $x_1=0$ に関して対称なので，傾向を見るには正の値だけでよい．幅が 0 の区間内に電子を見いだす確率は 0 になるので，微分 $dx_1 dx_2$ は形式上必要になることに注意せよ．これにより，単位も正しく見えてくる．しかし実際の計算の際には，これらの範囲の選択は任意である．グラフのピークの高さはこの選択に依存するが，ここで重要なのはグラフの形状のみであり，その振幅ではない（これらの計算は，プログラム可能な計算機で表計算ソフトを用いて計算できるし，電卓を援用した筆算でも可能である）．

d. 問 c の手順を，三重項励起状態についても同様に実行せよ．

e. 一重項励起状態と三重項励起状態の，それぞれの場合の**電子相関**（electron correlation）の違いについて考えよ．一重項と三重項の電子相関の違いが，なぜ状態のエネルギーに影響を及ぼすのだろうか？

第 17 章

1. 固有値問題の行列対角化による解法における，規格化されてはいるが互いに直交化されていない基底を用いることの影響を見るために，式 (17.12) と (17.11) を用いて式 (17.13) に与えられている固有値と固有ベクトルを求めよ．
2. 図 17.4 の曲線 E_S は，核間距離の関数としての水素分子の結合状態のエネルギ

ーを示す．第6章で議論した調和振動子は，分子振動に関する最も簡単なモデルである．H_2分子の分子振動の振動数を見積もるために，ポテンシャル関数としてのE_S（式（17.39a））を，曲線の極小近傍での放物線で近似することができる．この放物線から，H_2振動周波数に関する近似値として，調和振動子の振動周波数を導きだせる．

a. 図17.4のE_S曲線，すなわち式（13.79a）を，$D \approx 0.75$から6.0の範囲で計算せよ．

b. E_S曲線を，$D = 1.3$から2.2の範囲で計算せよ．これは極小点近傍のH_2ポテンシャルである．E_Sのこの部分に対し，放物線の表式

$$E = \frac{1}{2}k(x-x_0)^2 + E_0$$

を用いてパラメーターを最適化し，グラフをできる限りすり合わせよ（この操作を**フィッティング**（fitting）という）．ここで，kは調和振動子の力の定数，x_0は$x = 0$からの極小点の位置，E_0は$E = 0$から測った極小値である．E_S曲線のグラフに最適化して得られた放物線を表示せよ．グラフは，エネルギーが-2.18から-2.24にわたり，位置は1.3から2.2の範囲にわたる．最適化の作業を簡略化するために，$E_0 = -2.23205 (e^2/8\pi\varepsilon_0 a_B)$ととってよい．ここで$-(e^2/8\pi\varepsilon_0 a_B)$は，水素原子の基底状態のエネルギーである．したがって，具体的な最適化の作業には，2個のパラメーターkとx_0が含まれる．kとx_0は，どのような値が得られたか？

c. kを伝統的な単位系に変換し，

$$\omega = \sqrt{\frac{k}{\mu}}$$

を用い，振動の周波数をcm^{-1}を単位として決定せよ．ここでμは，H_2分子の換算質量である．

注：ωは角振動数である．ωを求めたのち，振動エネルギーをcm^{-1}単位で求めるに先立って，2πで割って振動周波数νを求める．結果は，問bでの最適化に多少依存する．

物理定数表とエネルギー単位の変換因子

物理定数

光速（真空中）	c	$2.99792458 \times 10^8 \ \mathrm{ms}^{-1}$
電子の電荷（絶対値）	e	$1.602177 \times 10^{-19} \ \mathrm{C}$
プランク定数	h	$6.62608 \times 10^{-34} \ \mathrm{Js}$
	$\hbar$	$1.05457 \times 10^{-34} \ \mathrm{Js}$
電子の質量	m_e	$9.10939 \times 10^{-31} \ \mathrm{kg}$
陽子の質量	m_p	$1.67262 \times 10^{-27} \ \mathrm{kg}$
中性子の質量	m_n	$1.67493 \times 10^{-27} \ \mathrm{kg}$
真空の誘電率	ε_0	$8.85419 \times 10^{-12} \ \mathrm{J}^{-1}\mathrm{C}^2\mathrm{m}^{-1}$
	$4\pi\varepsilon_0$	$1.11265 \times 10^{-10} \ \mathrm{J}^{-1}\mathrm{C}^2\mathrm{m}^{-1}$
ボーア磁子	$\mu_B = e\hbar/2m_e$	$9.27402 \times 10^{-24} \ \mathrm{JT}^{-1}$

水素原子

H原子のボーア半径	$a_B = \varepsilon_0 h^2/\pi\mu e^2$	$5.288891 \times 10^{-11} \ \mathrm{m}$
（μ＝水素原子の換算質量）		
ボーア半径（核質量無限大）	$a_B = \varepsilon_0 h^2/\pi m_e e^2$	$5.291771 \times 10^{-11} \ \mathrm{m}$
リドベルグ定数	R_H	$1.0967732 \times 10^7 \ \mathrm{m}^{-1}$
リドベルグ定数（核質量無限大）	R_∞	$1.0973731 \times 10^7 \ \mathrm{m}^{-1}$
基底状態のエネルギー	E_H	$-13.5983 \ \mathrm{eV}$
		$-2.17864 \times 10^{-18} \ \mathrm{J}$
オングストローム	$\mathrm{Å}$	$1 \times 10^{-10} \ \mathrm{m}$

エネルギー単位の変換因子

$1 \ \mathrm{J}$	$= 6.241506 \times 10^{18} \ \mathrm{eV}$	$= 5.03411 \times 10^{22} \ \mathrm{cm}^{-1}$
$1 \ \mathrm{eV}$	$= 1.602177 \times 10^{-19} \ \mathrm{J}$	$= 8065.54 \ \mathrm{cm}^{-1}$
$1 \ \mathrm{cm}^{-1}$	$= 1.239842 \times 10^{-4} \ \mathrm{eV}$	$= 1.986447 \times 10^{-23} \ \mathrm{J}$

索引

[あ行]

アインシュタイン 4, 234
　　——の A 係数 252–253, 259
　　——の B 係数 250, 251
跡 286, 294
イオン化 79–81, 88–90
　　——エネルギー 207–208, 213
イオン-分子衝突 218–226
位相因子 16, 40
　　位置に依存する—— 169, 172
　　時間に依存する—— 40, 66, 121, 154–155, 161, 173, 216, 221, 227, 291, 294, 296
位相速度 42, 394
位置 57
位置演算子 115, 122, 127, 186, 222, 243–244, 311
1 次元格子 167–170
一重項 79, 369, 391
　　——状態 79, 366, 369, 391, 411–412
　　——励起状態 79, 153
井戸型ポテンシャル 73, 80, 88
インコヒーレント 166
インコヒーレントでない輸送 175
因果律 2
ウイグナー係数 329
うなり周波数 304–305
運動エネルギー 51, 63, 71
運動方程式 67–70, 156, 288, 290, 297
運動量 25, 26–28, 57, 310
　　——演算子 26–27, 49, 52, 107, 115
　　——固有関数 28, 32, 39–41
　　——表示 396
エネルギー演算子 51, 63, 65, 70
エネルギーギャップ 163–165
エネルギー準位 139
エネルギー分母 183
エルミート（の線形）演算子 21, 23–24,

（274–275,）393
エルミート共役（行列の——）（19, 21, 29,）266–267
エルミート行列 267, 274–276
エルミートの多項式 99, 104
エルミート（の微分）方程式 95
演算子 16, 48, 50–53, 58, 107, 109–111, 114, 158, 243, 244, 285, 310, 314

[か行]

回転行列（座標系の——） 270
回転波近似 246, 297
外部重原子効果 349
解離エネルギー → 結合エネルギー
ガウス関数型波束 37, 394, 395
可換 47, 51
角運動量 309–337
　　——の合成（加法） 309–320
　　——行列 301–304
　　——演算子 293–296
　　——量子数 319–20
　　軌道—— 125, 135, 319, 321, 324
　　スピン—— 317–318, 341, 355
核から電子までの距離 376–377, 385
核スピン 327, 355, 410
核の波動関数 375
確率 249
確率振幅 35, 74, 77, 84, 100, 285
下降演算子 108–110, 113–115, 314–316, 319
下降演算子行列 277–278
重なり積分 378, 386
重ね合わせ 3, 5, 7, 11–12, 33, 39, 54–56
　　調和振動子固有状態の—— 121–124, 409
　　——の原理 1, 3, 5, 8, 11, 33, 38, 54, 261, 268
過渡的章動 299
換算質量 124, 127, 140

416　索引

干渉　3, 5–7, 44
　——縞（パターン）　6–7
完全系　53, 54, 205, 261
観測可能量　1, 16, 17, 19–22, 50, 52, 55–56,
　107, 399, 400
緩和速度（損失速度）　227, 230
規格化　15, 21, 28–29
　——する　15
期待値　53, 57, 67, 162, 293
　双極子演算子の——　302
基底　69
基底系　(11, 33,)　53–54, 69, 193–194, 261,
　277, 289, 291, 329, 350
　——の変換　268–273, 329
軌道　2–3, 78, 125, 382–383, 389–390
軌道角運動量　52, 125, 309, 313, 317, 324,
　325
基本ベクトル　11
逆行列　265–267
逆格子（ベクトルの張る）空間　172
吸収　42, 78, 114, 233–234, 245, 246, 249,
　251, 295
球ベッセル関数　31, 35, 229, 247–248,
球面極座標　125, 127–128, 204
球面調和関数　125, 205–206, 309, 325, 343,
　344
境界条件　74
強度（光——）　35, 249–250, 303
行（横）ベクトル　262, 268
共鳴エネルギー　381–383, 388–390
共鳴光（電）場　295, 298
共鳴積分　383, 388
共鳴（的）相互作用　cf. 155, 164, 298, 301
共有結合　373–391
行列　261–268
　——の乗法（積）　265
　——の対角化　275–276, 279–281, 283
　——表示　261–265
　——要素　262–263, 269, 293
行列式　266–267
　——による波動関数　367–369
極座標　127
虚数行列　267

クーロン積分　358, 380–381, 388
クーロン斥力　385
クーロン反発相互作用　371
屈折率　41, 394
グラム–シュミットの正規直交化法　54, 394
クレブシュ–ゴルダン係数（の表）　329,
　334–336, 337, 410
クロネッカーのデルタ（δ）　105, 264, 269
群速度　39, 43–45, 84, 394
蛍光　226, 252
蛍光放出　114
系の状態　8–9
結合（化学——）　373–391
　——エネルギー　175, 188, 207, 213, 383,
　389, 393
　——強度　383–384, 389–390
結合性分子軌道　383, 389
　——長　383, 389–390
結合長（平衡状態での——）　383, 389
結合（連成）振り子　149
結合法則　18
結晶　166
ケット　11–13
ケットベクトル　11–13
光学的ブロッホ方程式　298
交換（する）　17, 51, 71
交換エネルギー　381, 388
交換可能（可換）な演算子　47, 51
交換子　47, 50, 51, 58, 71, 287, 312–313, 314,
　409
交換積分　358, 381, 388
交換相互作用　389–390
交換法則　18, 19
項記号　359, 365, 370
格子の規則性（並進対称性）　166
格子の波動ベクトル　169
高周波シュタルク効果　246, cf. 297
剛体平板回転子　189
光電効果　4, 45
恒等演算子　49, 61, 107, 264
黒体輻射密度　253
個数演算子　257
古典的禁制領域　82, 101

索引　417

古典的転換点　92, 100-101
古典的な運動方程式　cf. 68, 91, cf. 156, 395
古典的なポアソン括弧式　48, 395
古典電磁気学（電気力学）　3, cf. 114, 234
コヒーレンス　165-166, 174, 301, 306
コヒーレント　124
　　——移動　154-159, 165
　　——結合　295-301
　　——振動　165, 303
　　——成分　299-301, 302-303
　　——放出　303, 306
　　——輸送　174
固有関数　27, 28, 126, 387
固有ケット　20
固有値　20, 25, 70-78
　　——方程式　20-24, 26, 274
　　——問題　20, 35, 65, 70, 72, 93, 126
固有ブラ　20, 22-23
固有ベクトル　20, 25
　　——（のベクトル）表示　280-281
混合状態の密度行列　303-306

[さ行]

最近接相互作用　168, 171, 400
歳差　301-303
三重項状態　79, 366, 369, 391, 412
時間に依存する（を含む）摂動論　215-231, 233, 245, 404, 406
時間に依存する2状態問題　149-166, 291-293, 295-301
時間微分（演算子の——）　68-69
　密度行列の——　286-291
磁気双極子　256, 305, 324, 341, 347
磁気量子数　131, 135, 140, 318, 321, 325, 341-342
自己随伴　21
自然放出　251-253, 259-260, 307
実行列　267
射影演算子　18, 158-159, 195
周期的境界条件　167-172
周期的ポテンシャル　168-170
重原子効果　348
自由歳差運動　301-303, 306

重心　127-128
自由誘導減衰　305-307
自由粒子　25, 39-41, 70
縮退　155, 160, (163,) 167, (357)
縮退のある状態の摂動論　192-196, 356-357
主対角（線，行列）　264
シュタルク効果　183, 189-190, 198
シュミットの正規直交化法　→　グラム——
寿命（励起状態の——）　230, 248, 254
主量子数　139
シュレーディンガー表示　27, 49, 63-65, 93, 238
シュレーディンガー方程式　63-65, 70, 73, 93, 126, 156, 203, 216, 242
純粋状態の密度行列　303
準粒子　173
上昇演算子　112-114, 115, 186, 222, 259, 276, 315, 318, 321
上昇演算子行列　278
状態　11-13, 20
状態密度　229
衝突パラメーター　219, 224-225
消滅演算子　110, 114, 257, 259
真空状態　259
　　——の揺らぎ　259
振動エネルギー移動　152
振動緩和　226
振動状態　121, 375-376
振動波束（分子）　121
水素原子　9, 125-148
　　——エネルギー準位　139-140
　　——波動関数　141-148
水素（H_2）分子　373, 384-391, 412
　　——イオン　376-384
　　——振動周波数　390-391, 413
随伴　19
スカラー積（内積）　14, 15, 29
スピン　318, 322, 327, 339, 341
スピン-軌道結合（相互作用）　344-356, 370
スピン-軌道結合ハミルトニアン　346-348
スピン状態　343, 344, 361-362
スピン波動関数　343
スペクトル遷移　117, 244, 248-249, 398

418 索引

スペクトル幅　59, 123, 306, 373, 394
正規直交（基底）系　54, 107, 179, 193, 216,
　261, 268-269, 274-275, 285
生成演算子　112, 114, 257, 259
生成（表示）公式　142, 144
ゼーマン効果　322, 327
絶対寸法　1, 2
摂動　178, 184-186, 190-191, 203
　——のある調和振動子　184-188, 406
　——論　178-200, 202-207, 216-231, 400
零行列　264
零点エネルギー　92, 99, 259-260, 352
遷移確率　245, 246-247
遷移双極子　244
　——演算子　244, 296
　——（間）相互作用　153
　——ブラケット　244, 251
　——モーメント演算子　244
漸化関係　138
漸化式　96, 134, 138
線形演算子　16-20
線形変換　262, 272
全体として反対称な状態　364, 366
　——波動関数　364, 411-412
選択則　116-117, 254-255, 326
選択則（静磁場中での——）　326
占有数（——密度）　252, 257, 277, 299　→
　個数（粒子数）演算子
相関図　412
相似変換　272, 275-276, 283, 355, 411
速度演算子　68, 397
損失速度　230

［た行］

対応原理　44
対角行列　267, 274, 275
対称行列　267
対称性　254, 256
対称波動関数　360-361, 379, 387
多項式法　94, 133, 137
単位行列　264
置換（パリティ）演算子　360, 364, 387
置換対称性　367

超伝導　175
超微細相互作用　355, 410
調和振動子　91, 93, 107
　——行列表示　276-279
　——選択則　116-117, 398-399
　——波束　121-123
　——ハミルトニアン行列　276-279
直交　15, 23, 106, 107
直交（性）定理　23
強めあう（加算的な）干渉　36, 44
定常状態　159-163
ディラックのデルタ（δ）関数　30, 32, 248
ディラックの量子条件　47-50
ディラック表示　11-20, 107
デルタ（δ）関数　→　ディラックの——
転換点（古典的な——）　92, 100-102
電子移動　151-152, 404, 408
電子エネルギー曲面　375-376, 390
電子（に固有の）角運動量　329, 341
電子間反発（クーロン斥力）　371, 385, 388
電子スピン　317, 327, 339-371
電子相関　370-371, 412
　（——が）反相関（の状態）　370-371
電磁場（界）　234-235, 241
電子波動関数　374-375
電磁輻射（放射）　233
電子励起移動　153, 154-158, 167-173
転置（行列の——）　266
伝導帯　174
動径量子数　139
同時固有関数　50-52
同時固有ベクトル　50, 51, 312-314
同時対角化　275-276, 313
同種（見分けのつかない）粒子　56, 85, 154,
　(163-165,) 201-204, 211, 356, 361, 384,
　402, 411
動的変数　→　力学的変数
特異な（正則でない）行列　267
ド・ブロイ波長　44
トンネル（——現象，——効果）　79, 81-87
トンネル確率　86
トンネル変数（パラメーター）　86

索引　419

［な行］

内部転換　226
ナトリウム原子　339, 354, 410
ナトリウムのD線　339, 344, 349, 410
2次元矩形型箱の中の粒子　397
2状態問題　149–158, 163–173
2分のπパルス　299
2量体分裂　160
熱的揺らぎ　154, 165
熱平衡　252, 407

［は行］

ハイゼンベルクの不確定性関係　39, 57, 59, 61, 62, 119
ハイゼンベルクの不確定性原理　39, 57–59, 76, 92, 99, 117–20
排他律　→　パウリの——
πパルス　299
バイブロン　174
パウリの原理　356, 403
パウリの排他律　366–369, 402
箱の中の粒子　72–87
波束　25, 32–39, 42–43, 84, 121, 123
　　——の拡がり　395
波動関数　6–7, 27, 35, 63, 74, 97, 126, 128–130
波動（波数）ベクトル　28, 33–39, 42, 169, 172, 259
波動-粒子二重性　45
ハミルトニアン　51, 63, 70–71, 73, 93, 126, 154, 178, 185, 201, 216, 239
　　（電磁場中の）荷電粒子の——　234, 238–240
反結合性分子軌道　382, 389
反交換子　58
半古典（的）　233, 251, 257
半古典的取扱い　233, 257
反対称化　356–369
反対称関数　362, 367, 410
反対称波動関数　361, 364, 379, 412
バンド構造　168, 172–173, 400
非可換性　17

非局在化した固有状態　27, 32–33, 70–72, 162, 167, 172–173, 359, 369–371
微細構造　339–340, 344
非縮退　163–164, 178, cf. 280–281, 408
非調和振動子　185, 376, 406
　　——選択則　407
非調和項　185
非調和性　185
非調和相互作用　152, 185
非調和ポテンシャル　185, 188, 389
非直交性の基底系　54, 274–275, 378, 386, 412
表示公式　142
標準偏差　37–38, 59
ヒルベルト空間　24, 32
フーリエ変換核磁気共鳴　254, 305
フェルミの黄金律　226, 230
フォノン　175
不確定性（不定性）　3
不確定性　38, 59, 120
不確定性関係　→　ハイゼンベルクの——
不確定性原理　→　ハイゼンベルクの——
不均一（吸収，発光）線　305
不均一拡がり　305
輻射（放射）密度　250
複素共役　14, 19
　　行列の——　266
フックの法則　91
物理定数（表）　414
物理量　19　→　力学的変数
ブラ　14
ブラケット　14–15
フランク-コンドン因子　398
振り子　149
フリップ（転向）角　301, 302–303, 305
ブリュアン域（第一）　172
ブロッホ-シーゲルト周波数シフト　297, cf. 246
ブロッホの定理（固体物理）　168
分散関係　41–42, 44
分散（性）媒質　41–42, 395
分子　78–79, 373, 376, 384
分子間相互作用　165, 167–168

420　索引

分子軌道　382–383, 389
分子振動スペクトル　117, 121, 123, 398–399
分子波動関数　374
分配法則　18
分布（占有密度）反転　299
平板回転子　189
平面波　28, 32, 41, 239, 241
冪級数展開法　94, 95, 133, 137
ベクトル　11, 20, 25, 29, 32, 262, 267
　——関数　29, 32
　——空間　11, 24, 32, 261, 268
　——結合係数　329
　——三重積（クロス積，外積）　322
　——積（クロス積，外積）　234–235, 310, 322
　——表示　262, 267–268, 270, 280
　——ポテンシャル　235, 239, 241, 249
ヘリウム原子　201, 211, 356, 361
変換因子（エネルギー単位の——）　414
変分定理（——法，——原理）　201, 208–210, 402
ポアソン括弧（式）　48, 395
ポインティングベクトル　249
放出（光）　114, 233, 251–253, 295, 326, 339
ボーア磁子　324, 341
ボーア半径　140, 380
ポーラロン　174
母（生成）関数　104, 132, 134
ポテンシャル（位置）エネルギー　51, 63, 70–73, 80, 86, 91, 121, 126, 185, 234–236, 239, 390
ボルン–オッペンハイマー近似　373–376
ボルン解釈　35
ボルン条件　74

［ま行］

マクスウェル方程式　234, 241, 257
密度演算子　285
密度行列　285–286, 293, 297
　——の運動方程式　288
無輻射緩和　226

［や行］

有効周波数　299
誘導放出　234, 245, 251
ユニタリ行列　267, 269, 283
ユニタリ変換　269, 275,（283，）329
揺らぎ（真空状態の——）　259
弱めあう（減算的な）干渉　36, 44

［ら行］

ラグランジュアン　234, 236
ラゲールの多項式　144
ラゲールの陪（随伴）多項式　144–145
ラビ振動数（周波数）　296, 299
ラプラシアン（ラプラス演算子）　64, 127, 202, 238, 373
力学的（動的）変数　18–19, 48, 50, 67, 238–239
リチウム（原子，Li）　402
リュードベリ定数　140, 357
粒子数（個数）演算子　114, 257–258, 278
量子条件　19, 26, 27, 48–50
量子数　75, 99, 113–114, 131, 135, 138–139, 309–310, 318
燐（リン）光　252
ルジャンドルの多項式　142
ルジャンドルの陪（随伴）関数　135
ルジャンドルの陪（随伴）多項式　142
励起子　167–173
　——エネルギー　172–173
　——群速度　173–174
　——波束　173
　——バンド　172
列（縦）ベクトル　267

［欧文］

H_2　373
H_2^+　296

$\hat{I}$　49, 61
I_2　123
I_2（ヨウ素）分子　123

J_2 演算子　311–313, 314, 320
jm 表示　328, 345, 352, 411
J_z 演算子　312–313, (314), 320

$m_1 m_2$ 表示　328, 345, 355–356, 362, 411

Na　339
NaD　354

マイケル D. フェイヤー（Michael D. Fayer）
スタンフォード大学化学科量子化学講座教授
1974 年　カリフォルニア大学バークレー校博士課程（化学）
　　　　修了，同年　同学部助教
1980 年　同准教授
1984 年より現職
主要著書：『絶対微小』（化学同人，2013）

谷　俊朗
東京農工大学名誉教授（工学博士）
1976 年　東京大学博士課程（物理工学）修了
同工学部（物理工学科）助手，講師を経て
（*1978 年　米国 IBM San Jose 研究所博士研究員（1 ヵ年））
1982 年　電子技術総合研究所主任研究官
同材料科学部光材料研究室長を経て
1998 年　東京農工大学工学部物理システム工学科教授
2013 年　定年退職，同名誉教授
2014 年　芝浦工業大学工学部非常勤講師（～2018 年 3 月）

量子力学　物質科学に向けて

2018 年 5 月 16 日　初　版

［検印廃止］

著　者　マイケル D. フェイヤー

訳　者　谷　俊朗
　　　　たに　としろう

発行所　一般財団法人　東京大学出版会

代表者　吉見俊哉
153-0041 東京都目黒区駒場 4-5-29
http://www.utp.or.jp/
電話　03-6407-1069　Fax 03-6407-1991
振替　00160-6-59964

印刷所　株式会社理想社
製本所　牧製本印刷株式会社

© 2018 Toshiro Tani
ISBN 978-4-13-062617-0　Printed in Japan

JCOPY 〈(社)出版者著作権管理機構　委託出版物〉
本書の無断複写は著作権法上での例外を除き禁じられています．複写され
る場合は，そのつど事前に，(社)出版者著作権管理機構（電話 03-3513-6969,
FAX 03-3513-6979, e-mail: info@jcopy.or.jp）の許諾を得てください．

須藤 靖
解析力学・量子論 A5判／288頁／2,800円

高塚和夫
化学結合論入門 量子論の基礎から学ぶ A5判／244頁／2,600円

酒井邦嘉
高校数学でわかるアインシュタイン 科学という考え方 四六判／240頁／2,400円

柴田文明他
量子と非平衡系の物理 A5判／384頁／4,000円
量子力学の基礎と量子情報・量子確率過程

長谷川修司
見えないものをみる ナノワールドと量子力学 A5判／224頁／2,400円
（UT Physics 5）

全 卓樹
エキゾティックな量子 四六判／256頁／2,600円
不可思議だけど意外に近しい量子のお話

大野克嗣
非線形な世界 A5判／304頁／3,800円

清水 明
熱力学の基礎 A5判／432頁／3,800円

高塚和夫・田中秀樹
分子熱統計力学 化学平衡から反応速度まで A5判／232頁／2,800円

ここに表示された価格は本体価格です．御購入の
際には消費税が加算されますので御了承下さい．